普通高等教育"十三五"规划教材

混凝土工艺学

侯 伟 主编 李坦平 吴锦杨 副主编 马保国 主审

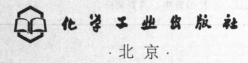
化学工业出版社
·北京·

内容简介

《混凝土工艺学》结合高等学校"卓越工程师教育培养计划""工程教育专业认证"要求，着重介绍了混凝土生产技术和生产设备相关知识。内容共分为10章，主要包括混凝土的结构和组成材料、混凝土拌合物的性能、混凝土的力学性能、混凝土的耐久性、混凝土的配合比设计、混凝土的搅拌工艺、混凝土的输送工艺、混凝土的施工工艺、特种混凝土；附录中给出了混凝土工程常见外观质量弊病和防治措施以及常用标准目录。

本书配有丰富的电子资源（电子教案、PPT电子课件以及模拟试卷），为教师多媒体授课、编写教案提供方便条件。电子资源请从化学工业出版社教学资源网（http://www.cipedu.com.cn）上下载。

本书配套实验教材为《混凝土工艺学实验》，两本教材在理论和实验部分侧重点有所不同，建议读者结合使用，从而更全面地了解相关知识。

本书可供高等学校无机非金属材料工程专业、土木工程专业的师生作为教材使用，也可供从事相关研究的专业人员阅读参考；对于建筑材料方向师生和混凝土行业的工作人员也有较高的参考价值。

图书在版编目（CIP）数据

混凝土工艺学/侯伟主编. —北京：化学工业出版社，
2018.8（2023.1重印）

普通高等教育"十三五"规划教材

ISBN 978-7-122-32649-2

Ⅰ.①混… Ⅱ.①侯… Ⅲ.①混凝土-生产工艺-高
等学校-教材 Ⅳ.①TU528.06

中国版本图书馆CIP数据核字（2018）第153710号

责任编辑：朱 理 闫 敏 杨 菁　　　　　　文字编辑：陈 雨
责任校对：宋 夏　　　　　　　　　　　　　装帧设计：张 辉

出版发行：化学工业出版社（北京市东城区青年湖南街13号 邮政编码100011）
印　　装：北京科印技术咨询服务有限公司数码印刷分部
787mm×1092mm 1/16 印张18¾ 字数500千字 2023年1月北京第1版第6次印刷

购书咨询：010-64518888　　　　　　售后服务：010-64518899
网　　址：http://www.cip.com.cn
凡购买本书，如有缺损质量问题，本社销售中心负责调换。

定　　价：49.80元　　　　　　　　　　　　　　版权所有　违者必究

前 言

混凝土是世界上使用量最大、使用范围最广的建筑材料。混凝土是由水泥、砂、石、水、外加剂和掺合料等多组分材料组成的一种复合材料，其性能除了受混凝土配合比设计影响以外，还受到混凝土的搅拌工艺、输送工艺以及施工工艺的影响。随着技术的进步，人们对混凝土的性能提出了更高的要求。

近几年，混凝土行业的国家标准和行业标准更新较多，而相关教材出版较少。目前，大部分关于混凝土的教材都是介绍高性能混凝土，对于大学生入门课程"普通混凝土"的介绍较少；主流教材主要侧重介绍混凝土的原材料、拌合物性能、力学性能及混凝土配合比设计，并未详细介绍搅拌设备、运输设备、浇筑设备、密实成型设备以及养护设备；主流教材介绍的特种混凝土，知识点更新较少，关于近十年内新型3D打印混凝土、透光混凝土的介绍更是极少提及，无法拓展学生视野。因此，现有的混凝土方面的教材既不能充分满足师生教学要求，也不能满足对从业人员进行技术指导的要求。鉴于此，笔者联合武汉理工大学、湖南工学院、安徽建筑大学城市建设学院、洛阳理工学院的同行教师，将理论知识和工程实践相结合，共同编写了本书。本书主要特点如下：

（1）本书将混凝土生产技术和混凝土生产设备结合在一起来讲述。书中系统全面地对混凝土原材料、拌合物性能、力学性能、耐久性、配合比设计、搅拌工艺、输送工艺、施工工艺进行了介绍。

（2）本书附录中增设了混凝土工程常见外观质量弊病和防治措施，目的就是为了让学生能够用所学理论知识分析实际工程中遇到的问题，培养学生分析解决实际问题的能力。

（3）由于近几年混凝土相关的国家标准和行业标准更新较多，本书及时将知识点更新至目前最新标准，同时将标准代号附在每个知识点的位置，便于读者能够知晓理论知识来源。

（4）本书配套实验教材为《混凝土工艺学实验》，理论教材侧重理论知识讲解，实验教材侧重实验操作，能够让学生做到学-做结合，提高学生动手能力。建议读者两本书结合使用，从而更全面地了解相关知识。

本书由侯伟担任主编，李坦平、吴锦杨担任副主编。第1章～第5章由侯伟编写；第6章由李坦平编写；第7章和附录由吴锦杨编写；第8章由石明明编写；第9章由茹晓红编写；第 10 章由朱莉云编写。在本教材的编写过程中，王文革、周学忠、曾利群、赵洪、王宇东、袁龙华、吴智、张婵娟对教材初稿的审阅和修订提出了宝贵的意见，在此一并表示感谢。全书由侯伟统稿。

本书由武汉理工大学博士生导师马保国教授主审。编者对主审人的精心审阅表示衷心的感谢。

本书在编写过程中，得到了教育部卓越工程师教育培养计划、湖南省重点建设学科"材料学"的资助，在此表示衷心的感谢。

由于建筑材料种类繁多，近几年混凝土理论和技术发展较快，且行业内各标准并不完全统一，加之编者水平有限，教材中如有不妥或遗漏之处，敬请广大读者和同仁批评指正，以便再版时修订和更正。（E-mail：2007houwei@163.com）

编者

目 录

第1章
绪 论

1.1 混凝土发展概况及趋势

1.1.1 混凝土发展概况

早在公元前，古罗马人就利用石灰与火山灰混合料浆加入石渣、砖块、天然卵石等制成混凝土。利用这种混凝土建成的各种建筑，如著名的万神庙、古罗马竞技场等已有 2000 年左右的历史，其整体结构或主要部分至今依然完好。我国也有利用石灰与火山灰筑造的部分长城和城墙，而且进一步利用人造火山灰——烧黏土或红砖粉拌合石灰，在明代和清代建成各种储水和输水建筑，其功效也历经考验。不同的是古罗马火山灰本身含有约 10% 的 Na_2O 和 K_2O（与石灰混合后实质就是最原始的碱激发水泥），我国和世界上大多数国家的火山灰含 Na_2O 和 K_2O 较少。因此，世界上大多数石灰火山灰混凝土，凝结硬化较慢、早期强度较低。随着历史的发展，石灰火山灰胶凝材料逐步被天然水泥和波特兰水泥所取代。对比混凝土所用胶凝材料种类的变化过程，可发现其实质上是矿物组成由基本独立的活性 CaO、SiO_2 和 Al_2O_3 矿物体系向合成的活性硅铝酸钙矿物体系的转变，也是其化学成分当中 CaO 含量与 $SiO_2+Al_2O_3$ 含量之比大体上由低向高的转变。因而使混凝土具有更优良的工作性、凝结时间和早期强度。

1824 年英国工程师约瑟夫·阿斯普丁（Joseph AsPdih）获得第一份水泥专利，标志着水泥的发明。这以后，水泥以及混凝土才开始广泛应用到建筑上。19 世纪中叶，法国人约瑟夫·莫尼哀（1823—1906）制造出钢筋混凝土花盆，并在 1867 年获得了专利权。在 1867 年巴黎世界博览会上，莫尼哀展出了钢筋混凝土制作的花盆、枕木，另一名法国人兰特姆展出了钢筋混凝土制造的小瓶、小船。1928 年，美国人 Freyssinet 发明了一种新型钢筋混凝土结构形式：预应力钢筋混凝土，并于二次世界大战后被广泛地应用于工程实践。钢筋混凝土和预应力钢筋混凝土解决了混凝土抗压强度高，抗折、抗拉强度较低的问题，使高层建筑与大跨度桥梁的建造成为可能。

19 世纪中后期，清朝洋务派进步人士掀起学习西方先进工业技术的高潮，并在唐山建成了我国第一家水泥厂，当时，称水泥为"洋灰"。在 19 世纪末 20 世纪初，我国也开始有了钢筋混凝土建筑物，如上海市的外滩、广州市的沙面等，但工程规模很小，建筑数量也很少。1949 年以后，我国在落后的国民经济基础上进行了大规模的社会主义建设。随着工程建设的发展及国家进一步的改革开放，混凝土结构在我国各项工程建设中得到迅速的发展和广泛的应用。

早期混凝土组分简单（水泥、砂、石子、水），强度等级低，施工劳动强度巨大，靠人工搅拌或小型自落式搅拌机搅拌，施工速度慢，质量控制粗糙。高性能混凝土外加剂的广泛应用，是混凝土发展史上又一座里程碑。外加剂不但可以减少用水量、实现大流动性，还能够使混凝土施工变得省力、省时、经济。

20 世纪 30 年代末，美国发明了松脂类引气剂和纸浆废液减水剂，使混凝土的耐久性以及和易性得到前所未有的提高。20 世纪 60 年代，日本和德国相继成功研制出了萘系高效减水剂和三聚氰胺树脂系高效减水剂。在相同水胶比的条件下，掺入高效减水剂可以使混凝土的坍落度成倍提高，即使是水胶比很低的高性能混凝土，坍落度仍能达到 200～250mm。其实，在混凝土中掺入外加剂的做法并非现代才有，罗马建筑告诉我们，当时的混凝土中经常加入动物血或鸡蛋白，来改善混凝土的工作性和耐久性。唐宋以来用桐油、糯米汁、牛马血、杨桃藤汁掺入石灰砂浆中提高防水与耐久性。近代的各种增强混凝土，掺加混合材与各种外加剂，都是用来改善混凝土性能，以达到增强、耐久、经济等目的。

20 世纪末期，出现了集中搅拌的专业混凝土企业，使泵送混凝土施工中混凝土的搅拌供料有了保证。1978 年，在江苏省常州市，中国建成第一家混凝土搅拌站，当时每盘混凝土只能搅拌 $1m^3$。十一届三中全会后，我国确立了经济改革开放的基本国策，城市建设突飞猛进，混凝土搅拌站在沿海地区如雨后春笋般大量涌现。

跨入 21 世纪，计算机技术、机械工业技术、先进检测分析研究技术、现代管理技术的飞速进步，我国预拌混凝土技术的发展与时俱进，取得了世界瞩目的成就。天津 117 大厦其混凝土泵送高度达 621m，创下混凝土泵送高度吉尼斯世界纪录。天津 117 大厦的建造成为中国乃至世界的又一标志性建筑，从混凝土实际泵送高度上，621m 的泵送高度一举超越了迪拜哈利法塔 601m 的"净身高"，同时也超越了上海中心大厦 606m 的混凝土泵送高度，创造了世界混凝土泵送第一高度。

目前一些发达国家，如日本、美、英等许多国家已基本在全部混凝土中掺用外加剂，其中必掺的外加剂是引气剂，只有在少数的特种混凝土中才不掺引气剂。我国在 20 世纪 50 年代就开始使用外加剂，在 70 年代中期，又掀起了使用和研制外加剂的热潮，但与国外发达国家相比仍存在很大差距。尤其是引气剂的使用情况，目前与发达国家的使用情况几乎相反，只在少数的混凝土中掺用了引气剂。

20 世纪 50 年代，国际上将高强混凝土定义为抗压强度 35MPa 及以上，70 年代为 50MPa 及以上，80 年代为 60MPa 及以上，90 年代为 80MPa 及以上。我国《普通混凝土配合比设计规程》（JGJ 55—2011）和《建筑材料术语标准》（JGJ/T 191—2009）将高强混凝土定义为：强度等级不低于 C60 的混凝土。我国天津 117 大厦，其中混凝土最高强度等级达到 C120。现在人们已经能够配制 150MPa 的混凝土；配制 200MPa 的活性粉末混凝土（掺入纤维，去除粗骨料，增大堆积密度和匀质性）。活性粉末混凝土在薄壁钢管的约束下，抗压强度可提高至 375MPa；使用金属粉末取代砂子时，混凝土的抗压强度甚至可达 800MPa。

然而，在混凝土强度不断提高的进程中，混凝土的耐久性并非全部得到了提高，其中甚至还有降低的情况。从 20 世纪 70 年代起，发达国家已有投入使用的诸多基础建设和重大工程出现了过早破坏的问题。如美国有 25.3 万座混凝土桥梁，桥面板使用不到 20 年就开始破裂。英国英格兰的中环城快车道上有 8 座高架桥，全长 21km，总造价约 2800 万英镑，而 2004 年修补费用达 1.2 亿英镑。我国房屋与基础设施的使用年限低于世界平均水平，且远远达不到设计的要求。有的公路桥梁甚至仅使用 3～5 年就出现了破损现象，个别桥梁建成后尚未投入使用便开始维修，甚至边建边修，大大缩短了混凝土结构的服役寿命。其内在原因与水泥中 C_3S 含量和粉磨细度的盲目提高以及混凝土水胶比的不适当变化都有必然的联系。

为提高混凝土的耐久性，1968 年以来，日本、美国、加拿大、法国、德国等国家大力投入开发和研究高性能混凝土。1990 年，美国国家标准与技术研究院（NIST）和 ACI201 委员会将其定名为"HPC"，它否定了过去过于偏重强度的发展道路，美国学者认为：HPC 是一种易于浇筑、捣实、不离析，能长期保持高强度、高韧性和体积稳定性，在严酷条件下使用寿命很长的混凝土。我国学者及专家认为：高性能应体现在工程力学特性、新拌混凝土施工特性、使用寿命和节能利废（经济学特性）的综合能力之上。然而，在何种应用环境下何种结构的混凝土才具有最佳的技术经济性能，以及如何采用切实可行的手段使各种混凝土具有相对的高性能，目前尚需不断深入的研究。

1.1.2 混凝土发展趋势

现代科技革命给混凝土的研究和发展带来巨大的冲击和挑战，同时也带来了机遇和促进。随着混凝土朝着高性能、智能和绿色化的方向不断发展，随着人类社会经济的高速发展，基础设施建设的不断加快，人民生活水平逐渐提高而对住房的需求日益增大，混凝土材料必将以其经济、耐久、智能、绿色等特点成为建筑工程领域中使用最广泛的材料。

（1）高性能化

混凝土的高性能化主要体现在高工作性、高强度和高耐久性（水工混凝土的抗渗、寒冷地区的抗冻、机场和公路混凝土路面的抗冲耐磨、海工或化工混凝土工程的抗酸性侵蚀、大体积混凝土的抗裂等）几个方面。高工作性可通过复合超塑化剂来实现，使得混凝土能够无须振捣靠自重流平模板的每一个角落，即自密实混凝土。高强度可以通过复合各种纤维来实现，法国研究人员通过特殊工业复合直径 0.15mm、长度 13mm、最大体积掺量为 2.5% 的钢纤维，在 400℃ 的养护条件下，制备出的超高强混凝土其抗压强度达到 800MPa。这种混凝土在韩国得到了商业应用，如 Cheong 人行桥，跨度 120m，拱高 130m，其细长比创造了世界纪录。高的耐久性，根据不同要求复合不同的材料，如复合化学纤维、超细矿物掺合料或引气剂等可以提高混凝土的抗渗性和抗冻性，复合钢纤维和硅灰可以提高路面的抗冲耐磨性能，复合高炉矿渣和粉煤灰可以有效提高混凝土的抗硫酸盐侵蚀能力，复合大掺量粉煤和相变材料（如冰）可以减少大体积混凝土内部温升从而控制其开裂等。

（2）智能化

所谓智能化，就是在混凝土原有的组分的基础上复合智能型组分，使混凝土材料成为具有自感知、自记忆、自调节、自修复特性的多功能材料。自感知混凝土就是在混凝土基材中加入导电相可使混凝土具备本征自感应功能，例如在混凝土中加入具有温敏性的碳纤维，使得混凝土具有热电效应和电热效应。

日本学者研制了自动调节环境湿度的混凝土，该混凝土本身即可完成对室内环境湿度的探测，并根据需求对其进行调控。这种为混凝土材料带来自动调节环境湿度功能的关键组分是沸石粉，其作用机理为：沸石中的硅钙酸盐含有 $3 \times 10^{-10} \sim 9 \times 10^{-10}$ m 的孔隙，这些孔隙可以对水分、NO_x 和 SO_x 气体选择性吸附，通过对沸石种类进行选择（天然的沸石有 40 多种），可以制备出符合实际需要的自动调节环境湿度的混凝土复合材料。它具有如下特点：优先吸附水分；水蒸气压低的地方，其吸湿容量大；吸放湿与温度相关，温度上升时放湿，温度下降时吸湿。这种材料已成功用于多家美术馆的室内墙壁，取得非常好的效果。

自修复混凝土是模仿动物的骨组织结构和受创伤后的再生、恢复机理，采用粘结材料和基材相复合的方法，对材料损伤破坏具有自行愈合和再生功能，恢复甚至提高材料性能的新型复合材料。日本学者将内含粘结剂的空心胶囊掺入混凝土材料中，一旦混凝土材料在外力作用下发生开裂，空心胶囊就会破裂而释放粘结剂，粘结剂流向开裂处，使之重新粘结起来，起到愈伤的效果。

（3）绿色环保化

混凝土虽然拥有众多优势，但其对环境的影响却不能忽视。混凝土每年大约消耗 15 亿吨的水泥和近 90 亿吨的天然砂石料，可以说是世界上最大的天然资源用户，其生产和应用必将给生态环境带来许多不利的影响。所以混凝土就必然面临这一问题所带来的冲击，可持续经济、循环经济、节能减排等一系列国家政策要求混凝土必须走绿色环保之路。

① 以工业废料代替水泥　许多工业废料如煤热电厂排放的粉煤灰、炼钢厂排放的粒化高炉矿渣（磨细）、工业燃煤后留下的未能充分燃烧的煤矸石（磨细），生产硅金属时排放的硅灰等都可以用来部分代替水泥，而不降低混凝土的性能。事实上，这些工业废料等量代替水泥后，如果配料得当，往往能够提高混凝土的各种性能，如强度和耐久性能。我国的三峡大坝，使用 2800 万立方米混凝土，混凝土约 6720 万吨，其中的粉煤灰替代水泥的量为 40%，既减少了成本，又成功解决了三峡大坝大体积混凝土温升的问题。硅灰已成为现代高强高性能混凝土必不可少的矿物掺合料之一。

② 建筑垃圾循环利用　如果将占混凝土质量 80% 左右的天然骨料（砂、石）全部用工业和建筑垃圾代替，将具有重要意义。将工业和建筑垃圾（如拆迁的废砖和废旧混凝土）破碎后，经过分级、清洗和配比等可以制成再生骨料，再用其部分或全部代替天然骨料制成混凝土（再生混凝土），这种再生骨料的替代率越高，混凝土的绿色度自然就越高。香港理工大学的 S. C. Kou 等人将废旧混凝土破碎后制成再生粗细骨料，100% 代替天然砂石，配制出 28d 强度为 64.2MPa 的高性能再生自密实混凝土。

1.2　混凝土的基本特征

1.2.1　混凝土的定义及分类

凡由胶凝材料、粗细骨料、水（必要的时候可加入外加剂）按一定比例，均匀搅拌、密实成型，经过一定的时间养护硬化后而制成的一种人造石材，称为混凝土（也称为砼）。

商品混凝土，又称预拌混凝土，简称为商砼，是由水泥、骨料、水及根据需要掺入的外加剂、矿物掺合料等组分按照一定比例，在搅拌站经计量、拌制后出售并采用运输车在规定时间内运送到使用地点的混凝土拌合物。

混凝土的种类很多，从不同的角度考虑，有以下几种分类方法。

（1）按表观密度分类

① 轻混凝土：干表观密度小于 2000kg/m³，采用陶粒、页岩等轻质多孔骨料或掺加引气剂、泡沫剂形成多孔结构的混凝土，具有保温隔热性能好、质量轻等优点，多用作保温材料或高层、大跨度建筑的结构材料。

② 普通混凝土：干表观密度 2000～2800kg/m³，由天然砂石做骨料制成。是土建工程中最常用的混凝土，主要用作各种土木工程的承重结构材料。

③ 重混凝土：干表观密度大于 2800kg/m³，常采用重晶石、铁矿石、钢屑等做骨料和锶水泥、钡水泥共同配制防辐射混凝土，作为核工程的屏蔽结构材料。具有不透过 X 射线和 γ 射线的性能。

（2）按所用胶凝材料分类

按照所用胶凝材料的种类，混凝土可以分为水泥混凝土、硅酸盐混凝土、石膏混凝土、水玻璃混凝土、沥青混凝土、聚合物混凝土等。

（3）按流动性分类

按照新拌混凝土流动性的大小，可分为干硬性混凝土（坍落度小于 10mm 且需用维勃稠度表示）、塑性混凝土（坍落度为 10～90mm）、流动性混凝土（坍落度为 100～150mm）及大流动性混凝土（坍落度大于或等于 160mm）。

（4）按生产和施工方法分类

按生产和施工方法可分为预拌混凝土（商品混凝土）、泵送混凝土、喷射混凝土、压力灌浆混凝土（预填骨料混凝土）、造壳混凝土（裹砂混凝土）、碾压混凝土、挤压混凝土、离心混凝土、真空脱水混凝土、热拌混凝土等。

（5）按用途分类

按用途分类，可分为结构混凝土、大体积混凝土、防水混凝土、耐热混凝土、膨胀混凝土、防辐射混凝土、道路混凝土等。

（6）按强度等级分类

① 低强度混凝土，抗压强度 $f_{cu} < 30MPa$。

② 中强度混凝土，抗压强度 $30 \leqslant f_{cu} < 60MPa$。

③ 高强度混凝土，抗压强度 $60MPa \leqslant f_{cu} \leqslant 100MPa$。

④ 超高强混凝土，抗压强度在 $f_{cu} > 100MPa$。

（7）按配筋方式分类

按配筋方式可分为素混凝土、钢筋混凝土、纤维混凝土、钢丝网混凝土、预应力混凝土等。

混凝土分类方式较多，本书并未逐一列举。混凝土的品种虽然繁多，但在实际工程中还是以普通的水泥混凝土应用最为广泛，如果没有特殊说明，狭义上通常称其为混凝土，也是本书所涉及的内容。

1.2.2　混凝土的特点

（1）混凝土的优点

混凝土作为用量最大的土木工程材料，必然有其独特之处。它的优点主要体现在以下几个方面：

① 可塑性强。现代混凝土可以具备很好的可塑性，可以通过改变模板的尺寸和形状制成形态各异的建筑物及构件。

② 握裹力好。与钢筋等有牢固的粘结力，与钢材有基本相同的线膨胀系数，能在混凝土中配筋或埋设钢件制成钢筋混凝土构件或整体结构。

③ 经济性好。同其他材料相比，混凝土所需原材料价格较低，来源广，容易就地取材，结构建成后的维护费用也较低。

④ 安全性高。硬化混凝土具有较高的抗压强度，同时与钢筋有牢固的粘结力，使结构安全性得到充分保证。

⑤ 耐火性好。混凝土一般可有 1～2h 的防火时效，比钢铁更为耐火，钢结构建筑物在高温下很快软化，容易造成坍塌的现象。

⑥ 应用范围广。混凝土在土木工程中适用于多种结构形式，满足多种施工要求，可以根据不同要求配制出不同强度等级的混凝土加以满足，所以被称为"万用之石"。

⑦ 耐久性好。混凝土水化反应是一个长期而漫长的过程，水化需要数十年甚至上百年的时间才能完成，因此，混凝土本身就是一种耐久性很好的材料。古罗马建筑经过几千年的风雨仍然屹立不倒，这本身就意味着混凝土应该"历久弥坚"。

⑧ 能耗相对较低。混凝土及其制品的生产相对其他建筑材料能耗较低。

（2）混凝土的缺点

① 抗拉强度低。混凝土抗拉强度是混凝土抗压强度的1/10左右，是钢筋抗拉强度的1/100左右。

② 延展性差。混凝土属于脆性材料，变形能力差，只能承受少量的张力变形（约0.003），否则就会因无法承受而开裂；抗冲击能力差，在冲击荷载作用下容易产生脆性断裂。

③ 自重大。高层、大跨度建筑物要求材料在保证力学性质的前提下，以轻为宜，而普通混凝土干表观密度一般为2000～2800kg/m³。

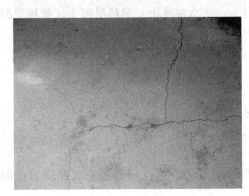

图1-1 水泥用量多导致混凝土干缩开裂

④ 体积稳定性差。尤其是当水泥浆量过大时，这一缺陷表现得更加突出。随着温度、湿度、环境介质的变化，容易引发体积变化，产生裂纹等内部缺陷，直接影响建筑物的使用寿命，如图1-1所示。

⑤ 热导率大，保温性差。普通钢筋混凝土热导率高达1.74W/(m·K)，而泡沫混凝土（$\rho=700$kg/m³）的热导率为0.22W/(m·K)，相差约8倍。

⑥ 生产周期长。混凝土硬化较慢，水化至少28d才能达到设计强度值，并且在之后的漫长时间内，混凝土水化可达数十年甚至上百年。

⑦ 生产工艺复杂，质量难以控制。混凝土的性能受到原材料、配合比、搅拌、运输、浇筑、成型及养护工艺的影响，由于各个阶段均存在许多不确定因素，各因素波动均有可能导致混凝土性能降低。如砂石含泥量过高导致的拌合物流动性较差，混凝土后期容易产生开裂；浇筑过程中工人加水导致混凝土强度不足；振捣过程中的过振或漏振导致密实性较低；养护时间不足引起的一系列问题等，均会降低混凝土的工程质量。

与此同时，在混凝土新技术平台上，混凝土还呈现出如下特点：减少了强度对水泥的依赖性；水胶比较低，浆骨比较大；严酷环境下的工程增加，使耐久性要求日益突现；在水泥水化热增大、强度提高的同时，结构尺度增大，改变了大体积混凝土的概念；混凝土强度使用范围很宽，从C10到C120都可适用。

思 考 题

1.1 混凝土的分类方法有哪几种？

1.2 你对你所在城市周边混凝土的发展过程和发展趋势有什么看法？

1.3 为什么混凝土是使用最广泛的工程材料？

1.4 与钢材相比，将混凝土用于结构工程中能带来哪些好处？

1.5 混凝土的缺点是什么？

第2章
混凝土的结构和组成材料

混凝土是由胶凝材料、粗细骨料、水（必要的时候可加入外加剂）按一定比例，均匀搅拌、密实成型，经过一定的时间养护硬化后而制成的一种人造石材。硅酸盐水泥是最主要的胶凝材料，近年来，优质粉煤灰、矿粉、硅灰等活性矿物掺合料，也成为配制高性能混凝土必不可少的辅助胶凝材料。胶凝材料的水化硬化是粘结粗细骨料，并使混凝土具有整体性的决定因素，其水化产物不断填充粗细骨料等固相组分堆积后留下的空隙，与固相颗粒紧密粘结，不断形成致密的内部结构，从而使物理、力学性能得以提高。因此，混凝土内部结构的含义不仅包括水泥石的结构，即水化产物的类型、结晶状态、大小以及聚集形式等，还包括固相组分的堆积状态、孔结构及水泥石-骨料的界面等。混凝土原材料的性能以及配合比是决定混凝土内部结构和各项性能形成与发展的内在因素。但是，无论是预制混凝土制品，还是现浇混凝土，其成型和养护工艺是决定混凝土结构的形成与发展的重要外因。特别是混凝土内部结构发展将经历相当长的时间，在工程服役过程中，胶凝材料仍然在继续水化，甚至在几十年的老结构中仍然存在未水化的水泥颗粒。水泥的水化，特别是早期，合适的养护温度和足够的湿度就显得格外重要。

为了生产优质经济的混凝土，使其同时满足强度、耐久性、工作性和经济性四方面的要求，首要的基本条件就是选择适宜的原材料（水泥、外加剂、矿物掺合料、砂石骨料等），其次是选择适宜的混凝土配合比和施工方法。原材料的选择是保证混凝土工程质量的基础和关键。

2.1 混凝土的结构特点

普通混凝土的组成材料如表2-1所示。普通混凝土是由粗、细骨料作为填充材料，水泥净浆作为胶凝材料构成的。骨料是粒状材料，如砂、卵石、碎石，与胶凝介质共同形成水泥混凝土或砂浆，骨料占总体积的70%左右。粒径大于4.75mm的骨料称为粗骨料，包括碎石和卵石。粒径小于4.75mm的骨料称为细骨料，包括天然砂和人工砂。占总体积30%左右的水泥净浆又可分为水泥胶体、凝胶孔、毛细孔、空隙和未水化的水泥颗粒等。在大气环境中，凝胶孔和微毛细孔通常充满着自由水，大毛细孔和空隙通常充满蒸汽空气混合气体；与水接触时，大毛细孔和空隙也可以被水充填。水泥净浆的质量（即组成结构）对于混凝土的性能起决定性的作用，骨料的质量对于混凝土的性能也有很大的影响。

表 2-1 普通混凝土各组成材料

组成部分	水泥净浆胶凝材料					骨料	
	水泥胶体	未水化的水泥颗粒	凝胶孔、微毛细孔	凝胶细孔	空隙	细骨料（砂）	粗骨料（石）
	水泥		水		空气		
占混凝土总体积的百分数/%	10～15		15～20		1～3	20～33	35～48
	22～35				1～3	66～78	

混凝土中除了水泥、砂、石子和水这四种材料外，有时还掺入少量的外加剂和一定量的掺合料，以改善混凝土某些性能或节省水泥。混凝土中各组成材料的作用如下。

（1）骨料

① 由于骨料比水泥便宜很多，因此可作为廉价的填充材料，节省水泥用量，降低混凝土的成本。

② 掺入骨料可以减少水泥用量，从而减少混凝土的收缩等不良现象，骨料的存在使混凝土比单纯的水泥浆具有更高的体积稳定性和更好的耐久性。

③ 骨料表观密度要低于水泥表观密度，加入骨料还可以降低混凝土的表观密度，特别是在轻骨料混凝土中，该作用表现更加明显。

④ 由于混凝土的耐磨性取决于骨料的耐磨性，因此，混凝土中掺入耐磨性较高的骨料，便可以改善混凝土的耐磨性。

（2）水泥浆

① 润滑作用。与水形成水泥浆，砂石分散在水泥浆中，从而赋予新拌混凝土以流动性。

② 填充作用。由于水泥颗粒较细，水泥浆体可以占据骨料的间隙，从而填充砂和石子的空隙，并包裹砂粒和石子。

③ 胶结作用。水泥浆体能够包裹在所有骨料表面，硬化前赋予混凝土以流动性，后期通过水泥浆的凝结硬化，将砂、石骨料胶结成整体，形成固体。

（3）外加剂

① 改善混凝土拌合物流变性能，主要包括减水剂、引气剂等。

② 调节混凝土凝结时间和硬化性能，主要包括缓凝剂、速凝剂及早强剂等。

③ 改善混凝土耐久性能，主要包括引气剂、膨胀剂、防水剂及防锈剂等。

④ 改善其他性能，如加气剂、防冻剂及着色剂等。

（4）矿物掺合料

① 减少水泥用量。矿物掺合料取代部分水泥，不仅能够降低水化热，而且掺合料具有一定的活性，能够保证混凝土的后期强度，因此，掺合料的掺入，能够降低水泥用量。

② 改善混凝土性能。矿物掺合料的形态效应可以改善混凝土拌合物的和易性，提高混凝土的流动度，加入掺合料一般可以减少混凝土的用水量，但硅灰需水量大，加入之后反而提高混凝土的用水量；矿物掺合料的火山灰效应和微集料填充效应可以提高混凝土的力学性能和耐久性等性能。

（5）水

① 混凝土拌合物中加入的水为水泥的水化反应提供所需用水，由于水泥水化用水一般不超过水泥质量的25%，多余的水分有一部分被蒸发掉，还有一部分留在混凝土的孔（空）隙中，对混凝土的强度、抗渗性等耐久性产生不利影响。因此，高性能混凝土中必须掺入高效减水剂，降低混凝土的水胶比。

② 赋予混凝土和易性。混凝土拌合用水在混凝土硬化前能够使水泥形成水泥浆体，从

而使混凝土拌合物具有一定的流动性。

2.1.1　混凝土内部结构概述

（1）借鉴沥青拌合物的物理结构，可用两种方式理解混凝土物理结构的形成原理。

① 表面胶结原理　混凝土是由粗骨料、细骨料和水泥石组成的密实的体系，粗、细骨料构成骨架，水泥石包裹在骨料颗粒表面，将它们胶结为一个具有强度的整体，可采用图2-1进行图解。

$$混凝土\begin{cases}骨料骨架\begin{cases}粗骨料\\细骨料\end{cases}\\胶结料：水泥石\end{cases}$$

图 2-1　混凝土内部结构的表面胶结原理示意图

② 多级分散原理　混凝土的物理结构也可理解为以粗骨料为分散相分散在砂浆中而形成的一种粗分散系，同样，砂浆是以细骨料为分散相而分散在水泥石中的一种细分散系，水泥石是以水化硅酸钙（C-S-H凝胶）为连续相，其他晶体水化产物、未水化水泥颗粒、胶凝材料中的惰性颗粒为分散相而形成的微分散系，如图2-2所示。

$$混凝土（粗分散系）\begin{cases}分散相：粗骨料\\连续相（细分散系）：砂浆\begin{cases}分散相：细骨料\\连续相（微分散系）：水泥石\begin{cases}分散相：晶体、颗粒等\\连续相：C-S-H凝胶\end{cases}\end{cases}\end{cases}$$

图 2-2　混凝土内部结构的多级分散原理示意图

（2）按照表面胶结原理和多级分散原理，为了形象地理解，又可以将混凝土的内部结构分为以下三类。

① 悬浮-密实结构　统一考察粗、细骨料颗粒整体的紧密堆积，按粒子干涉理论，为避免次级颗粒对前级颗粒密排的干涉，前级颗粒之间必须留出比次级颗粒粒径稍大的空隙供次级颗粒排布。按此组合的混凝土，经过多级密堆垛虽然可以获得很大的密实度，但是各级骨料均被次级骨料所隔开，不能直接靠拢而形成骨架，其结构如图2-3(a) 所示。这种结构的新拌混凝土具有较小的内摩擦力，易于泵送、振捣。但是弹性模量、抗折强度、收缩、徐变等性能不佳。

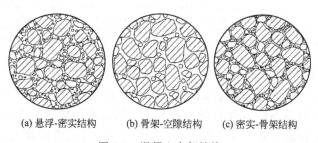

(a) 悬浮-密实结构　　　(b) 骨架-空隙结构　　　(c) 密实-骨架结构

图 2-3　混凝土内部结构

② 骨架-空隙结构　当混凝土中粗骨料所占的比例较高，细骨料很少时，粗骨料可以相互靠拢形成骨架；但由于细颗粒数量过少，不足以填满粗骨料之间的空隙，因此形成骨架-空隙结构，如图2-3(b)所示。除了透水混凝土等特殊场合，应当避免这种结构，其抗水、抗化学介质渗透的能力差。

③ 密实-骨架结构　当骨料中除去中间尺寸的颗粒，既有较多数量粗骨料可形成空间骨

架，同时又有相当数量细骨料可填实骨架的空隙时，形成密实-骨架结构，如图 2-3（c）所示。这种结构的新拌混凝土有较高的内摩擦阻力，不易泵送。但弹性模量、抗折强度高，收缩、徐变小。

由以上的分析可知，粗、细骨料的级配和堆积状态对混凝土的结构和性能有重要影响，而水泥石是将粗、细骨料胶结成整体的关键。因此水泥水化形成水泥石的过程、水泥石的结构以及骨料与水泥石的界面是混凝土内部结构的决定因素。

2.1.2　水泥石的组成

水泥石作为混凝土中重要的组成部分，它由固、液、气三相组成。水泥石孔中的水溶液构成液相；当孔中不含溶液时，则为气相。为提高混凝土抗冻性而引入的微小气泡，也是气相的重要部分。固相则主要由 C-S-H 凝胶、氢氧化钙（也称羟钙石，CH）、三硫型水化硫铝酸钙 $C_6A\bar{S}_3H_{32}$（也称钙矾石）、单硫型水化硫铝酸钙 $C_4A\bar{S}H_{18}$、水化铝酸钙、水化铁酸钙、水化硫铝（铁）酸钙、未水化的水泥颗粒以及混合材和掺合料中尚未水化的颗粒或惰性颗粒组成。

C-S-H 凝胶在完全水化的水泥浆体中，占据 $50\%\sim60\%$ 的体积，是浆体长期强度和耐久性的主要来源，C-S-H 这个术语使用连字符，表明了它不是一个很确定的化合物，其 C/S 之比在 $1.2\sim2.3$，且结构水含量变化更大。氢氧化钙晶体占水泥浆体固相体积的 $20\%\sim25\%$，与 C-S-H 不同，氢氧化钙是具有确定化学组成的化合物 $Ca(OH)_2$。水化硫铝酸钙占水泥浆体固相体积的 $15\%\sim20\%$。由于水化硫铝酸钙中的铝可以被铁置换而成为含铝、铁的水化产物，故三硫型水化硫铝酸钙常用 AFt 表示，单硫型水化硫铝酸钙常用 AFm 表示。

但是，随着活性矿物外掺料的广泛应用，由于火山灰反应，水泥中的 CH 数量减少，并形成更多的 C-S-H 凝胶。这些水化产物的特性列于表 2-2，其中 C-S-H 是一种成分（Ca/Si、H/Si）不确定、结晶度很差、微观形貌多样的凝胶体。

表 2-2　硬化水泥浆体主要水化产物的基本特性

产物	密度/(g/cm³)	结晶程度	微观形貌	尺度	观察手段
C-S-H	$2.3\sim2.6$	很差	针状、网络状等大粒子状等	$1\mu m\times0.1\mu m\times0.01\mu m$	SEM
CH	2.24	很好	六方板状	$0.01\sim0.1mm$	OM，SEM
AFt	1.75	好	细长棱柱状	$10\mu m\times0.5\mu m$	OM，SEM
AFm	1.95	尚好	薄六方板状、不规则花瓣状等	$1\mu m\times1\mu m\times0.1\mu m$	SEM

注：OM 表示光学显微镜（optical microscopy）；SEM 表示扫描电子显微镜（scanning electronic microscopy）。

2.1.3　混凝土界面过渡区

硬化后的混凝土，可以分为水化水泥基相（水泥石）、分散粒子和界面过渡区三个构成要素。混凝土作为一种典型的水泥基复合材料，其结构和性能不再是其组成成分的简单叠加。从国内外的研究现状来看，关于水化水泥基相的研究比较全面深入，所形成的理论也比较成熟。分散粒子由于其自身性质单一稳定，对混凝土性能的影响相对较小；而界面过渡层其结构和性能与非过渡区水泥水化物存在较大的差异，许多关于混凝土性能方面的现象难以从其他方面寻求解答，却能通过对界面过渡区的分析而得到解释。诸如在相同水胶比、相同水化时间的前提下，水泥砂浆的强度比混凝土要高；随着粗骨料粒径的增大，混凝土的强度降低，在遭遇火灾时，混凝土弹性模量比抗压强度的降低要快；混凝土的抗拉强度比抗压强度小一个数量级等。

界面过渡区是指硬化水泥浆（水泥基相）和骨料（分散基相）之间的薄层部分，也称为混凝土的第三相，如图2-4～图2-6所示。通常，其厚度约为$10～50\mu m$，存在于骨料的外围，约占全部水泥浆体的1/3。该区域的密实性和强度都远小于硬化水泥石本体，是混凝土结构中最薄弱的环节，该过渡区的结构与性能在很大程度上制约了水泥混凝土整体的结构性能。

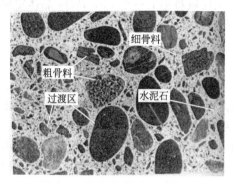

图2-4　混凝土的宏观结构

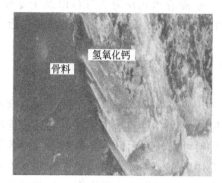

图2-5　混凝土过渡区微观结构

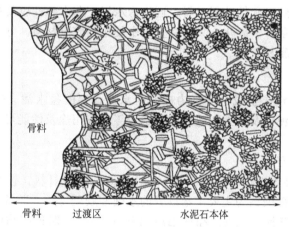

图2-6　混凝土过渡区结构示意图

新拌水泥混凝土中各种颗粒的沉降不均匀，特别在振捣作用下，密度相对较小的水分子向上运动并在粗骨料的下方富集形成水囊，同时水泥熟料颗粒水化产生的大量气孔也被带到了该区域，这样在粗骨料的下方形成了较一般界面过渡区结构更为薄弱的过渡区。

法国学者J.C.Maso曾观察过混凝土浇筑后界面过渡区随时间发展的结构特性，他认为界面过渡区的形成机理如下：首先，在新拌混凝土中，粗骨料周围有水膜形成，这是由于浆体中的水分向亲水的骨料表面迁移，离粗骨料表面越近的区域水胶比越大；然后，由硫酸钙（石膏）、铝酸钙等化合物溶解而产生的钙离子、硫酸根离子、氢氧根离子和铝离子结合而形成针状钙矾石晶体和六方片状氢氧化钙晶体，由于水胶比较高，这些粗骨料界面附近的结晶产物相对粗大，从而形成一个比普通水泥基相或砂浆更多孔的结构，平板状的氢氧化钙晶体趋向于形成定向层状排列并附着在骨料表面；最后，随着水化过程的继续，产生的C-S-H凝胶和较细小的钙矾石及CH晶体填充多孔结构中的孔隙，这使得过渡层的密实程度稍有增大。

界面过渡层是富集于界面上定向排列的$Ca(OH)_2$（以下简写为CH）粗大结晶。过渡区范围内，接触层与骨料表面处几乎都是定向排列的六方片状 CH 结晶，中间层分布着 CH 及粗大的 AFt、AFm 晶体及少量的 C-S-H 凝胶。

界面过渡区约占胶凝材料基本体积的 30％～40％。其结构性质如下：

① 具有较高的孔隙率，离骨料表面距离越近孔隙率越高。如骨料表面处水泥石的孔隙率为 40％，离骨料表面 35～40μm 处则降至 12％左右，已接近水泥石本体。

② 随着水化反应的进行以及干燥作用的影响，该区域将形成一个 $Ca(OH)_2$ 晶体定向排列的结构疏松层，极易产生裂缝并诱导裂缝进一步扩展。

2.2 水泥

凡能在物理、化学作用下，从具有可塑性的浆体逐渐变成坚固石状物体的过程中，能将其他物料胶结为整体并具有一定机械强度的物质，统称为胶凝材料（binding materials）。胶凝材料可以分为无机和有机两大类。各种树脂和沥青等属于有机胶凝材料。无机胶凝材料按其硬化条件，又可分为水硬性和非水硬性两种。水硬性胶凝材料加水后既能在空气中硬化，又能在水中硬化并具有强度，如硅酸盐水泥、铝酸盐水泥、硫铝酸盐水泥等。凡磨细成粉末状，加入适量水后成为塑性浆体，既能在空气中硬化，又能在水中硬化，并能将砂、石等散粒或纤维材料牢固地胶结在一起的水硬性胶凝材料，通称为水泥。非水硬性胶凝材料不能在水中硬化，但能在空气中或其他条件下硬化。只能在空气中硬化的胶凝材料，称为气硬性胶凝材料，如石膏、石灰、镁质胶凝材料等。

2.2.1 水泥的组成与分类

水泥的种类很多，按其水硬性矿物成分可分为硅酸盐水泥、铝酸盐水泥、硫铝酸盐水泥、氟铝酸盐水泥、铁铝酸盐水泥以及少熟料或无熟料水泥等；按用途及性能可分为通用水泥、专用水泥和特种水泥三大类。

硅酸盐水泥的组分材料主要有：

① 硅酸盐水泥熟料：由主要含 CaO、SiO_2、Al_2O_3、Fe_2O_3 的原材料，按适当比例磨成细粉烧至部分熔融所得到的以硅酸钙为主要矿物成分的水硬性胶凝物质。通常由硅酸三钙（C_3S）、硅酸二钙（C_2S）、铝酸三钙（C_3A）和铁铝酸四钙（C_4AF）四种矿物组成。其中硅酸钙矿物含量不少于 66％，氧化钙和氧化硅质量比不小于 2.0。

② 石膏：天然石膏或工业副产品石膏。天然石膏应符合《天然石膏》（GB/T 5483—2008）中规定的 G 类或 M 类二级（含）以上的石膏或混合石膏。工业副产品石膏即以硫酸钙为主要成分的工业副产物，采用前应经过试验证明对水泥性能无害。

③ 活性混合材：指符合《用于水泥中的粒化高炉矿渣》（GB/T 203—2008）、《用于水泥、砂浆和混凝土中的粒化高炉矿渣粉》（GB/T 18046—2017）、《用于水泥和混凝土中的粉煤灰》（GB/T 1596—2017）、《用于水泥中的火山灰质混合材料》（GB/T 2847—2005）标准要求的粒化高炉矿渣、粒化高炉矿渣粉、粉煤灰、火山灰质混合材。火山灰质混合材按其成因可分成天然混合材和人工混合材两大类。

④ 非活性混合材：活性指标低于《用于水泥中的粒化高炉矿渣》（GB/T 203—2008）、《用于水泥、砂浆和混凝土中的粒化高炉矿渣粉》（GB/T 18046—2017）、《用于水泥和混凝土中的粉煤灰》（GB/T 1596—2017）、《用于水泥中的火山灰质混合材料》（GB/T 2847—2005）标准要求的粒化高炉矿渣、粒化高炉矿渣粉、粉煤灰、火山灰质混合材；石灰石和砂岩，其中石灰石中的三氧化二铝含量应不大于 2.5％。

⑤窑灰：从水泥回转窑窑尾废气中收集的粉尘。应符合《掺入水泥中的回转窑窑灰》（JC/T 742—2009）的规定。

⑥助磨剂：水泥粉磨时允许加入助磨剂，其加入量应不大于水泥质量的0.5%，助磨剂应符合《水泥助磨剂》（GB/T 26748—2011）的规定。

通用硅酸盐水泥按混合材的品种和掺量分为硅酸盐水泥、普通硅酸盐水泥、矿渣硅酸盐水泥、火山灰质硅酸盐水泥、粉煤灰硅酸盐水泥和复合硅酸盐水泥六大品种。其主要组成及性能如表2-3所示。

表2-3　通用硅酸盐水泥的组成和性能

名称	简称	代号	组　成	性能特点
硅酸盐水泥	纯硅酸盐水泥	P·Ⅰ	由硅酸盐水泥熟料加适量石膏磨细而成，不掺加任何混合材	具有强度高、凝结硬化快、抗冻性好、耐磨性好和不透水性强等优点。缺点是水化热较高、抗水性差、耐酸碱和硫酸盐类的化学腐蚀性较差
		P·Ⅱ	由硅酸盐水泥熟料、0～5%石灰石或粒化高炉矿渣、适量石膏磨细而成	
普通硅酸盐水泥	普通水泥	P·O	由硅酸盐水泥熟料、6%～20%混合材、适量石膏磨细而成	与硅酸盐水泥相比，早期强度略有降低，抗冻性与耐磨性稍有下降，低温凝结时间有所延长
矿渣硅酸盐水泥	矿渣水泥	P·S	由硅酸盐水泥熟料和20%～70%粒化高炉矿渣、适量石膏磨细而成。允许用石灰石、窑灰、粉煤灰和火山灰质混合材料中的一种材料代替矿渣，代替数量不能超过水泥质量的8%，代替后水泥中的粒化高炉矿渣含量不得少于20%	具有水化热低、抗硫酸盐腐蚀性能好、抑制碱-骨料反应，蒸汽养护效果好，耐热性高，凝结时间长，早期强度低，后期强度增进大，保水性、抗冻性较差等特点
火山灰质硅酸盐水泥	火山灰水泥	P·P	由硅酸盐水泥和20%～40%的火山灰质混合材、适量石膏磨细而成	具有水化热低、抗硫酸盐腐蚀性能好，保水性好，凝结时间长，早期强度低、后期强度增进大，需水量大，干缩大等特点
粉煤灰硅酸盐水泥	粉煤灰水泥	P·F	由硅酸盐水泥熟料和20%～40%的粉煤灰、适量石膏磨细而成	具有蓄水量少，和易性好，泌水小，干缩小，水化热低，耐腐蚀性好，抑制碱-骨料反应，早期强度低，后期强度增进大，抗冻性差等特点
复合硅酸盐水泥	复合水泥	P·C	由硅酸盐水泥熟料、两种或两种以上混合材、适量石膏磨细而成。混合材总掺加量按质量百分比应大于20%，不超过50%，允许用不超过8%的窑灰代替部分混合材。掺矿渣时混合材掺量不得与矿渣水泥重复	具有较高的早期强度，较好的和易性，但需水量较大，配制混凝土的耐久性略差

在混凝土结构工程中，通用水泥的使用可参照表2-4进行选择。

表2-4　常用水泥的选用

	所处环境条件或混凝土工程特点	优先选用	可以使用	不得使用
环境条件	在普通气候环境中的混凝土	普通硅酸盐水泥	矿渣硅酸盐水泥 火山灰质硅酸盐水泥 粉煤灰硅酸盐水泥	—
	在干燥环境中的混凝土	普通硅酸盐水泥	矿渣硅酸盐水泥	火山灰质硅酸盐水泥 粉煤灰硅酸盐水泥

	所处环境条件或混凝土工程特点	优先选用	可以使用	不得使用
环境条件	在高湿度环境中或永远处在水下的混凝土	矿渣硅酸盐水泥	普通硅酸盐水泥 火山灰质硅酸盐水泥 粉煤灰硅酸盐水泥	—
	严寒地区的露天混凝土、寒冷地区的处在水位升降范围内的混凝土	普通硅酸盐水泥	矿渣硅酸盐水泥	火山灰质硅酸盐水泥 粉煤灰硅酸盐水泥
	严寒地区处在水位升降范围内的混凝土	普通硅酸盐水泥	—	火山灰质硅酸盐水泥 粉煤灰硅酸盐水泥 矿渣硅酸盐水泥
	受侵蚀性环境水或侵蚀性气体作用的混凝土	根据侵蚀性介质的种类、浓度等具体条件按专门(或设计)规定选用		
	大体积混凝土	粉煤灰硅酸盐水泥 矿渣硅酸盐水泥	普通硅酸盐水泥 火山灰质硅酸盐水泥	硅酸盐水泥 快硬硅酸盐水泥
工程特点	要求快硬的混凝土	快硬硅酸盐水泥 硅酸盐水泥	普通硅酸盐水泥	矿渣硅酸盐水泥 火山灰质硅酸盐水泥 粉煤灰硅酸盐水泥
	高强(大于C60)的混凝土	硅酸盐水泥	普通硅酸盐水泥 矿渣硅酸盐水泥	火山灰质硅酸盐水泥 粉煤灰硅酸盐水泥
	有抗渗性要求的混凝土	普通硅酸盐水泥 火山灰质硅酸盐水泥	—	矿渣硅酸盐水泥
	有耐磨性要求的混凝土	硅酸盐水泥 普通硅酸盐水泥	矿渣硅酸盐水泥	火山灰质硅酸盐水泥 粉煤灰硅酸盐水泥

注：1. 蒸汽养护时用的水泥品种，宜根据具体条件通过试验确定。

2. 复合硅酸盐水泥选用应根据其混合材的比例确定。

2.2.2 硅酸盐水泥的质量指标

(1) 细度

细度是指水泥颗粒总体的粗细程度。水泥颗粒越细，与水发生反应的表面积越大，因而水化反应速率越快，而且反应较完全，早期强度也越高。但是，粉磨过细，会导致成本提高，水化放热速度过快，在空气中硬化收缩性较大。水泥颗粒过粗则不利于水泥活性的发挥。在水泥行业质量控制中，常用180目（80μm）和325目（45μm）标准筛的筛余来表示细度。目前普遍认为，水泥颗粒小于45μm时才具有较高的活性，大于45μm的水泥颗粒水化缓慢，大于80μm的水泥颗粒活性很小，甚至不能完全水化。

硅酸盐水泥、普通硅酸盐水泥细度用比表面积表示。比表面积是水泥单位质量的总表面积（m^2/kg）。国家标准《通用硅酸盐水泥》（GB 175—2007）中规定，硅酸盐水泥比表面积应大于$300m^2/kg$；矿渣硅酸盐水泥、火山灰质硅酸盐水泥、粉煤灰硅酸盐水泥和复合硅酸盐水泥的细度以筛余表示，其45μm方孔筛筛余不大于30%或80μm方孔筛筛余不大于10%。

(2) 标准稠度用水量

确定标准稠度的目的是为了在进行水泥凝结时间和安定性试验时，对水泥净浆在标准稠度的条件下测定，使不同的水泥具有可比性。利用水泥净浆搅拌机和标准法维卡仪，水泥标准稠度净浆对标准试杆的沉入具有一定的阻力。通过试验不同含水量水泥净浆的穿透性，以确定水泥标准稠度净浆所需加入的水量。

达到标准稠度时的用水量称为标准稠度用水量，以水与水泥质量之比的百分数表示，按《水泥标准稠度用水量、凝结时间、安定性检验方法》（GB 1346—2011）规定的方法测定。

（3）凝结时间

水泥的凝结时间有初凝与终凝之分。自加水拌合起到水泥浆体开始失去塑性、流动性减小所需的时间，称为初凝时间；自加水拌合起至水泥浆体完全失去塑性、开始有一定结构强度所需的时间，称为终凝时间。硅酸盐水泥初凝时间不少于 45min，终凝时间不大于 390min。普通硅酸盐水泥、矿渣硅酸盐水泥、火山灰质硅酸盐水泥、粉煤灰硅酸盐水泥和复合硅酸盐水泥初凝时间不少于 45min，终凝时间不大于 600min。

（4）安定性

安定性是指水泥在凝结硬化过程中体积变化的均匀性。当水泥浆体硬化过程发生了不均匀的体积变化，会导致水泥石膨胀开裂、翘曲，即安定性不良。熟料中游离氧化钙、游离氧化镁过多以及石膏掺量过多均会导致水泥安定性不良。安定性不良的水泥会降低建筑物质量，甚至引起严重事故。安定性试验可采用试饼法、雷氏法，当试验结果有争议时以雷氏法为准。当雷氏夹指针尖端沸煮后与沸煮前距离增加量不大于 5.0mm 时，认为水泥安定性合格。

（5）化学指标

通用硅酸盐水泥的化学指标应符合表 2-5 的规定。

表 2-5　通用硅酸盐水泥的化学指标

品种	代号	不溶物 （质量分数）/%	烧失量 （质量分数）/%	三氧化硫 （质量分数）/%	氧化镁 （质量分数）/%	氯离子 （质量分数）/%
硅酸盐水泥	P·Ⅰ	≤0.75	≤3.0	≤3.5	≤5.0	≤0.06
	P·Ⅱ	≤1.50	≤3.5			
普通硅酸盐水泥	P·O	—	≤5.0			
矿渣硅酸盐水泥	P·S·A	—	—	≤4.0	≤6.0	
	P·S·B	—	—			
火山灰质硅酸盐水泥	P·P	—	—	≤3.5	≤6.0	
粉煤灰硅酸盐水泥	P·F					
复合硅酸盐水泥	P·C					

在表 2-5 中，如果硅酸盐水泥和普通硅酸盐水泥的压蒸试验合格，则水泥中氧化镁的含量允许放宽至 6.0%（质量分数）。当矿渣硅酸盐水泥、火山灰质硅酸盐水泥、粉煤灰硅酸盐水泥和复合硅酸盐水泥中氧化镁的含量大于 6.0%（质量分数）时，需进行水泥压蒸安定性试验并应合格。当对水泥的氯离子含量（质量分数）有更低要求时，该指标由买卖双方协商确定。

（6）强度

水泥强度是评定水泥质量的重要指标，通常把 28d 以前的强度称为早期强度，28d 及以后的强度则称为后期强度。不同品种、不同强度等级的通用硅酸盐水泥，其不同龄期的强度应符合表 2-6 的规定。

表 2-6 通用硅酸盐水泥不同龄期的强度

品种	强度等级	抗压强度/MPa		抗折强度/MPa	
		3d	28d	3d	28d
硅酸盐水泥	42.5	≥17.0	≥42.5	≥3.5	≥6.5
	42.5R	≥22.0		≥4.0	
	52.5	≥23.0	≥52.5	≥4.0	≥7.0
	52.5R	≥27.0		≥5.0	
	62.5	≥28.0	≥62.5	≥5.0	≥8.0
	62.5R	≥32.0		≥5.5	
普通硅酸盐水泥	42.5	≥17.0	≥42.5	≥3.5	≥6.5
	42.5R	≥22.0		≥4.0	
	52.5	≥23.0	≥52.5	≥4.0	≥7.0
	52.5R	≥27.0		≥5.0	
矿渣硅酸盐水泥 火山灰质硅酸盐水泥 粉煤灰硅酸盐水泥	32.5	≥10.0	≥32.5	≥2.5	≥5.5
	32.5R	≥15.0		≥3.5	
	42.5	≥15.0	≥42.5	≥3.5	≥6.5
	42.5R	≥19.0		≥4.0	
	52.5	≥21.0	≥52.5	≥4.0	≥7.0
	52.5R	≥23.0		≥4.5	
复合硅酸盐水泥	32.5R	≥15.0	≥32.5	≥3.5	≥5.5
	42.5	≥15.0	≥42.5	≥3.5	≥6.5
	42.5R	≥19.0		≥4.0	
	52.5	≥21.0	≥52.5	≥4.0	≥7.0
	52.5R	≥23.0		≥4.5	

2.2.3 水泥的水化与凝结硬化

2.2.3.1 水泥的水化过程

当水泥颗粒与水接触后，熟料矿物与水的作用称为水化反应（hydration）。Taylor（泰勒）在《水泥化学》中将水化定义为：在水泥化学中"水化"一词是笼统地指水泥或水泥熟料矿物在和水混合后所发生的全部变化，而期间发生的化学反应要比单一的无水化合物转变为水化产物复杂得多。水化反应生成水化产物，并放出一定的热量，水泥中各矿物的水化反应式如下：

$$2(3CaO \cdot SiO_2) + 6H_2O \longrightarrow 3CaO \cdot 2SiO_2 \cdot 3H_2O + 3Ca(OH)_2 \qquad (2-1)$$

硅酸三钙　　　　　　　　　水化硅酸钙　　　　　氢氧化钙

$$2(2CaO \cdot SiO_2) + 4H_2O \longrightarrow 3CaO \cdot 2SiO_2 \cdot 3H_2O + Ca(OH)_2 \qquad (2-2)$$

硅酸二钙

$$3CaO \cdot Al_2O_3 + 6H_2O \longrightarrow 3CaO \cdot Al_2O_3 \cdot 6H_2O \qquad (2-3)$$

铝酸三钙　　　　　　　　水化铝酸钙

$$4CaO \cdot Al_2O_3 \cdot Fe_2O_3 + 7H_2O \longrightarrow 3CaO \cdot Al_2O_3 \cdot 6H_2O + CaO \cdot Fe_2O_3 \cdot H_2O \qquad (2-4)$$

铁铝酸四钙　　　　　　　　　　　　　　　　　　　水化铁酸一钙

硅酸三钙和硅酸二钙水化生成的水化硅酸钙不溶于水，以胶体微粒析出，并逐渐凝聚成凝胶体（称为 C-S-H 凝胶），构成强度很高的空间网状结构；生成的氢氧化钙在溶液中很快达到饱和，呈六方晶体析出，以后的水化是在氢氧化钙的饱和溶液中进行的。硅酸三钙与水作用，反应较快，水化放热量较大；而硅酸二钙则反应较慢，水化放热量较小，产物中氢氧化钙量也较少。

铝酸三钙和铁铝酸四钙水化生成的水化铝酸钙为立方晶体，在氢氧化钙饱和溶液中还能与氢氧化钙进一步反应，生成六方晶体的水化铝酸四钙。在有石膏存在时，水化铝酸钙与石膏反应，生成针状的三硫型水化硫铝酸钙晶体（$3CaO \cdot Al_2O_3 \cdot 3CaSO_4 \cdot 32H_2O$），简称钙矾石（ettringite），常用 AFt 表示，见图 2-7。当石膏消耗完后，部分钙矾石将转变为片状的单硫型水化硫铝酸钙晶体（$3CaO \cdot Al_2O_3 \cdot CaSO_4 \cdot 12H_2O$），常用 AFm 表示，见图2-8。铝酸三钙与水的反应速率极快，水化放热量最大；而铁铝酸四钙与水作用时，反应也较快，水化放热量相对较小，生成的水化铁酸一钙溶解度很小，呈胶体微粒析出，最后形成凝胶。

图 2-7　AFt 扫描电镜图

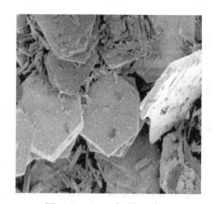
图 2-8　AFm 扫描电镜图

硅酸盐水泥是一种多矿物、多组分的物质，它的水化不同于单矿物水化，它的特点是不同矿物之间会对水化过程产生影响，例如，有少量硅酸三钙存在的情况下，硅酸二钙的水化速度比只有硅酸二钙单矿物的水化速度快些。硅酸盐水泥与水拌合后，就立即发生化学反应。硅酸盐水泥加水后，铝酸三钙立即发生反应，硅酸三钙和铁铝酸四钙也很快水化，而硅酸二钙则水化较慢。如果忽略一些次要的和少量的成分，则硅酸盐水泥与水作用后，生成的主要水化产物有水化硅酸钙和水化铁酸一钙凝胶，氢氧化钙、水化铝酸钙和水化硫铝酸钙晶体；水泥浆体扫描电镜图如图 2-9 所示。在充分水化的水泥石中，C-S-H

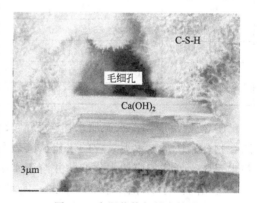
图 2-9　水泥浆体扫描电镜图

凝胶约占 70%，$Ca(OH)_2$ 约占 20%，钙矾石和单硫型水化硫铝酸钙约占 7%。

2.2.3.2　水泥凝结硬化过程

水泥加水拌合后，首先是水泥颗粒表面的矿物溶解于水并与水发生水化反应，最初形成具有可塑性的浆体，随着水化反应的进行，水泥浆体逐渐变稠失去可塑性，这一过程称为水泥的凝结；随着水化反应的进一步进行，凝结的水泥浆体开始产生强度，并逐渐发展成为坚硬的水泥石，这一过程称为硬化。水泥浆的凝结、硬化是水泥水化的外在反映，它是一个连续的、复杂的物理化学变化过程，其结果决定了硬化水泥石的结构和性能。

硅酸三钙（C_3S）在水泥熟料中的含量一般占50％左右，有时高达60％以上，故硬化水泥浆体的性能在很大程度上取决于C_3S的水化作用、产物以及所形成的相应结构。

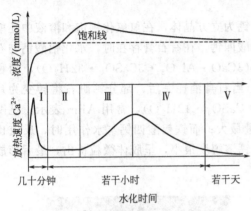

图2-10 C_3S水化放热速度-时间曲线和
Ca^{2+}浓度变化曲线

硅酸三钙的水化速度很快，其水化过程根据水化放热速度-时间曲线，可划分为五个阶段，如图2-10所示，图中同时也显示了Ca^{2+}浓度变化曲线。

① 诱导前期（Ⅰ）。加水后立即发生急剧反应，但该阶段时间很短，在15min以内结束。

② 诱导期（Ⅱ）。这一阶段反应速度极其缓慢，又称静止期，一般持续1～4h，是硅酸盐水泥浆体能在几小时内保持塑性的原因。初凝时间基本上相当于诱导期的结束。

③ 加速期（Ⅲ）。反应重新加快，反应速度随时间延长而增大，出现第二个放热峰，在到达峰顶时本阶段即告结束。一般持续4～8h，此时终凝已过，开始硬化。

④ 减速期（Ⅳ）。反应速度随时间延长而下降，该阶段一般持续约12～24h，水化作用逐渐受扩散速度的控制。

⑤ 稳定期（Ⅴ）。反应速度很低、处于基本稳定的阶段，水化作用完全受扩散速度控制。

硅酸盐水泥的凝结硬化过程，一般按水化反应速率和物理化学的主要变化可分为四个阶段，如表2-7所示。

表2-7 水泥凝结硬化过程

阶段	放热反应速率	持续时间	主要的物理化学变化
初始反应期	168J/(g·h)	5～15min	初始溶解和水化
潜伏期	4.2J/(g·h)	约1h	凝胶体膜层围绕水泥颗粒成长
凝结期	在6h内逐渐增加到21J/(g·h)	约6h	膜层增厚，水泥颗粒进一步水化
硬化期	在24h内逐渐降低到4.2J/(g·h)	6h至若干年	凝胶体填充毛细孔

① 初始反应期。水泥加水拌合后，未水化的水泥颗粒分散在水中，成为水泥浆体，如图2-11（a）所示。水泥颗粒的水化从其表面开始。水和水泥接触，水泥颗粒表面的熟料矿物与水反应，形成相应的水化产物并溶于水中。

② 潜伏期。水化作用继续下去，使水泥颗粒周围的溶液很快达到水化产物的饱和或过饱和状态。由于各种水化产物的溶解度都很小，继续水化的产物以细分散状态的胶体颗粒析出，附在水泥颗粒表面，形成凝胶膜包裹层，如图2-11（b）所示。在水化初期，水化产物不多，包有水化产物膜层的水泥颗粒之间仍彼此分离着，水泥浆具有可塑性。水泥颗粒不断水化，水化产物膜层逐渐增厚，减缓了外部水分的渗入和水化产物向外扩散的速度，使水化反应在一段时间变得缓慢。

③ 凝结期。随着水化反应的不断深入，膜层内部的水化产物不断向外突出，最终导致

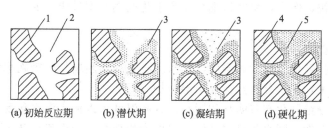

图 2-11　水泥凝结硬化过程示意图
1—水泥颗粒；2—水分；3—凝胶层；4—水泥颗粒的未水化内核；5—毛细孔

膜层破裂，水化又重新加速。水泥颗粒间的空隙逐渐缩小，而包有凝胶体的颗粒则逐渐接近，以致相互接触，接触点的增多形成了空间网状结构，如图 2-11(c) 所示。凝聚结构的形成，使水泥浆开始失去可塑性，此为水泥的初凝，但这时还不具有强度。

④ 硬化期。以上过程不断地进行，固态的水化产物不断增多并填充颗粒间的空隙，毛细孔越来越少，结晶体和凝胶体互相贯穿形成的凝聚-结晶网状结构不断加强，结构逐渐紧密。水泥浆体完全失去可塑性，达到能担负一定荷载的强度，水泥表现为终凝，并开始进入硬化阶段，如图 2-11(d) 所示。水泥进入硬化期以后，水化速度逐渐减慢，水化产物随时间的增长而逐渐增加，扩展到毛细孔中，使结构更加致密，强度也相应提高。

水泥的水化反应是从颗粒表面深入到内核的。开始时水化速度较快，水泥的强度增长快，但由于水化反应不断进行，聚积在水泥颗粒周围的水化产物不断增多，阻碍了水和未水化的水泥接触，水化速度减慢，强度增长也逐渐减慢。但无论时间多久，水泥颗粒的内核很难完全水化。因此，在硬化水泥石中，同时包含有水泥熟料矿物水化的凝胶体和结晶体、未水化的水泥颗粒、水（自由水和吸附水）和孔隙（毛细孔和凝胶孔），它们在不同时期相对数量的变化，使水泥石的性质随之改变。

2.2.3.3　影响水泥凝结硬化的主要因素

水泥的强度发展过程也就是水泥的凝结硬化过程，为了正确使用水泥，必须了解水泥凝结硬化的影响因素，以便采取合理有效的措施，调节水泥的性能。

（1）熟料矿物组成

熟料矿物组成是影响水泥凝结硬化主要内因。各种矿物的水化特性不同，当水泥中各矿物的相对含量不同时，水泥的凝结硬化将产生明显的变化。其中 C_3S 和 C_3A 在熟料中的相对含量越多，水泥凝结硬化速度越快。

（2）石膏掺量

水泥粉磨时掺入适量石膏，可以调节水泥的凝结硬化速度。若不掺石膏或石膏掺量不足时，水泥会发生瞬凝现象。这是由于铝酸三钙在溶液中电离出三价离子（Al^{3+}），它与硅酸钙凝胶的电荷相反，促使胶体凝聚。加入石膏后，石膏与水化铝酸钙反应，生成难溶于水的钙矾石，沉淀在水泥颗粒表面上形成保护膜，降低了溶液中 Al^{3+} 的浓度，并阻碍了铝酸三钙的水化，延缓了水泥的凝结。但石膏掺量过多时，则会促使水泥凝结加快，并且还会在后期引起水泥石的膨胀而产生开裂破坏。

石膏的适宜掺量主要取决于水泥中 C_3A 的含量和石膏中 SO_3 的含量，同时与水泥细度及熟料中 SO_3 的含量有关。石膏掺量一般为水泥质量的 $3\%\sim5\%$。

（3）细度

水泥颗粒粉磨得越细，总表面积越大，与水接触时水化反应面积也越大，则水化速度越快，凝结硬化也越快，但是，粉磨过细会导致水化放热速度过快，因此，应控制较为合理的细度最为合适。

（4）温度和湿度

在工程中，保持环境的温度和湿度，使水泥石强度不断增长的措施称为养护。混凝土在浇筑后的一段时间里，应十分注意保温保湿养护。

温度对水泥的凝结硬化有着明显的影响。升高温度可以使水泥水化反应加快，强度增长加快；相反，降低温度，则水化反应减慢，强度增长变慢。当温度低于5℃时，水化速度大大降低；当温度低于0℃时，水化反应基本停止，当水结冰膨胀时，还会破坏水泥石的结构。实际工程中，常通过蒸汽养护来加速水泥制品的凝结硬化过程，使早期强度能较快增长，但高温养护时水化产物晶粒粗大，往往导致水泥后期强度增长缓慢，甚至下降。而常温养护的水化产物较致密，可获得较高的最终强度。

湿度是保证水泥水化的一个必备条件，水泥的凝结硬化实质上是水泥的水化过程。因此，在缺乏水的干燥环境中，水化反应不能正常进行，硬化也将停止；潮湿环境下的水泥石，能保持足够的水分进行水化和凝结硬化，生成的水化产物进一步填充毛细孔，从而促进了强度的不断增长。

（5）养护龄期

水泥的水化是从表面开始向内部逐渐深入进行的，随着时间的延长，水泥的水化程度不断增加，水化产物也不断地增加并填充毛细孔，使毛细孔孔隙率降低，凝胶孔孔隙率相应增大。

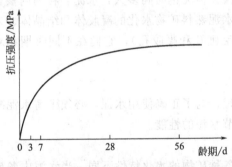

图 2-12　硅酸盐水泥强度发展与龄期关系

龄期是指水泥在正常养护条件下所经历的时间，只要维持适当的温度与湿度，水泥的水化将不断进行，其强度在数月、数年甚至数十年后还会继续增长。强度的增长规律为：水泥水化作用的最初几天内强度增长较快，如 7d 的强度可达 28d 强度的 70% 左右，28d 以后的强度增长明显减缓，如图 2-12 所示。

水泥的凝结硬化除受上述因素影响外，还与混合材的掺量、水泥的受潮程度、拌合用水量及外加剂种类等因素有关。

2.2.4　水泥组成对混凝土性能影响

2.2.4.1　水泥组成结构对混凝土和易性的影响

（1）水泥矿物组成对和易性的影响

和易性（又称工作性）是指混凝土拌合物易于施工操作（即易于拌合、运输、浇筑及振捣），并能获得质量均匀、成型密实的混凝土的性能。混凝土的和易性包括流动性、黏聚性和保水性三个方面，它们是互相矛盾又互相依存的整体。水泥矿物组成当中 C_3S 和 C_3A 含量越多，水泥的凝结硬化速度越快，在同样时间内会导致水泥浆体的流动性相对变差，使混凝土的坍落度损失增加，在这方面不利于混凝土的和易性；而 C_2S 的含量越多，C_3S 和 C_3A 的含量越少则相对有利。

（2）水泥混合材组成对和易性的影响

水泥混合材种类繁多，根据混合材对水泥性能的影响，概括的分类方法有三种：一是根据水泥混合材的活性程度，可以大致分为活性混合材与惰性混合材；二是根据混合材的化学成分，可以概括分为酸性、中性和碱性混合材；三是根据混合材的吸水性高低，可以粗略分为低吸水性、中吸水性、高吸水性和特高吸水性混合材。具有不同性质的混合材，对混凝土和易性的影响差异很大。

① 混合材的酸碱性对和易性的影响　混合材的酸碱性与其表面的亲水性和憎水性密切相关。由于液态水中含有大量断裂的氢键（室温下，水的氢键大约有50%断开），致使水分子的表面电荷不饱和而带有一定的正电性，所以电负性较强的酸性掺合料相对电负性较弱的碱性掺合料，表面的亲水性较大、憎水性较小。亲水性材料的表面容易被水润湿，而且水能通过毛细管作用被吸入材料内部；憎水性材料表面不易被水润湿，而且能阻止水分渗入毛细管中，从而降低材料的吸水性。因此，水泥混合材的酸性越强，吸附水分的能力也就越强。在混合材比表面积（包括颗粒孔隙内部的比表面积）相同的条件下，由于颗粒表面及内部吸水量的增大，混凝土拌合物保持相同流动性时的需水量也就增大，对混凝土流动性的影响自然是不利的，但对提高混凝土的黏聚性和保水性则是有利的。反之，混合材的碱性越强，其亲水性和吸水性越小，用这类混合材制备的混凝土流动性相对较好，但黏聚性和保水性则相对较差。

② 混合材的活性、吸水性对和易性的影响　一般来讲，混合材的活性越高，其表面能越大，对水分子的化学吸附和物理吸附能力也就越强，因而在固体颗粒表面的每一个吸附活性中心点都会吸附更多的水分子。在材料酸碱性和比表面积相同的情况下，要使水分完全包裹颗粒的内表面和外表面，就需要吸附更多数量的水，才能保证混凝土的流动性不致降低。因此，混合材的活性越高，水泥混凝土的流动性越差，但黏聚性和保水性则越好。

混合材的吸水性可以分为物理吸水性和化学吸水性。混合材的物理吸水性与混合材的致密程度（表观密度）、粉磨细度（比表面积）、颗粒级配及表面形态等密切相关；混合材的化学吸水性与其化学活性和酸碱性有关。控制适当的化学吸水性，可以通过掺合料活性与惰性、酸性与碱性的合理搭配得以实现；而控制适当的物理吸水性，实际就是控制掺合料的致密程度、粉磨细度、颗粒级配以及形态的优化组合，从而保证混凝土具有优良的流动性、黏聚性和保水性。

（3）水泥颗粒组成对和易性的影响

水泥的颗粒组成，包括水泥熟料与混合材的粉磨细度及颗粒级配。水泥的粉磨细度越细，比表面积越大，其物理吸水性越强，在配制混凝土时，越不利于混凝土流动性的提高，但有利于混凝土黏聚性和保水性的提高。合理的颗粒级配既能保证水泥浆体具有较小的空隙率，又能保证水泥颗粒具有合适的比表面积，使硅酸盐水泥具有适宜的标准稠度用水量（一般在23%～31%）。一般情况下，标准稠度用水量每增加1%，普通混凝土用水量增加6～8kg/m³。因此，颗粒级配合理的水泥，在配制混凝土时，对混凝土的流动性、黏聚性和保水性都是有利的。

2.2.4.2　水泥组成对混凝土强度的影响

（1）水泥矿物组成对强度的影响

水泥矿物组成对强度、水化速度和水化热的影响如下：

① 硅酸三钙（C_3S）水化较快，28d强度可达其一年强度的70%～80%，就28d强度或一年强度而言，是四种矿物中强度最高的。硅酸三钙含量通常为50%，有时甚至高达60%以上，含量越高，水泥的28d强度越高，但水化热也越大。

② 硅酸二钙（C_2S）水化较慢，早期强度较低，一年以后赶上 C_3S。其含量一般为 20% 左右，含量越高，水泥的长期强度越高，且水化热也越小。

③ 铝酸三钙（C_3A）水化较快，放热较多，凝结很快，若不加石膏等缓凝剂，水泥容易产生急凝，硬化也很快。它的强度 3d 内就大部分发挥出来，故早期强度较高，但绝对值不高，以后几乎不再增长，甚至倒缩。因此，其含量应控制在一定的范围内。

④ 铁铝酸四钙（C_4AF）早期强度类似 C_3A，而后期还能不断增长，类似于 C_2S。一般 C_3A 与 C_4AF 之和约占 22% 左右。

（2）水泥混合材组成对强度的影响

① 混合材酸碱性、活性对强度的影响　有研究表明，水泥混合材的酸性和活性对提高水泥和混凝土的 28d 强度有利；而混合材的惰性和碱性对提高水泥和混凝土的 3d 强度和 7d 强度有利，如表 2-8 所示。

表 2-8　掺合料种类和组合方式对水泥强度的影响

组别	水泥配比/%				抗折强度/MPa			抗压强度/MPa		
	熟料石膏	矿渣	沸石	石灰石	3d	7d	28d	3d	7d	28d
1	70	30	—	—	4.3	5.7	8.5	21.3	33.7	58.4
2	65	27	8	—	3.6	5.3	8.2	18.2	27.0	58.7
3	65	22	8	5	4.2	6.2	8.9	21.6	36.5	61.1

表 2-8 中的矿渣、沸石和石灰石分别代表了碱性活性混合材、酸性活性混合材和碱性惰性混合材，是三种最常用的典型混合材。从中可以看出碱性矿渣与酸性沸石复合（第 2 组），在混合材总量增加 5%（相对第 1 组）的情况下，28d 抗压强度仍有所提高，但 3d 及 7d 抗压强度明显降低。这是因为大多数掺合料的活性主要来自于其中的 SiO_2、Al_2O_3 和这些酸性氧化物，它们能够与水泥水化产物当中胶结强度最低的 $Ca(OH)_2$ 发生二次水化反应，生成强度较高的 C-S-H 凝胶。所以，随着二次水化反应生成 C-S-H 凝胶的逐渐增多，对提高水泥的 28d 强度及更长龄期的后期强度有较好的效果。混合材的活性和酸性越强，二次水化速度相应越快，水泥强度明显提高，水化龄期也会相应提前。但因酸性活性混合材的加入量一般比较多，相对减少了水泥用量和水泥一次水化产物的生成数量，故对水泥混凝土早期强度往往具有降低作用。

从表 2-8 中可以看出在矿渣与沸石复合的基础上，以少量惰性碱性石灰石取代等量矿渣（第 3 组），3d 抗压强度明显提高（相对第 2 组提高 18.7%）；28d 抗压强度也有提高，但提高的幅度（相对第 2 组提高 4.1%）远不如 3d 抗压强度。其作用机理主要是因为这类惰性和碱性微粉填充物（如石灰石或硬化的水泥石）的存在，为碱性硅酸盐水泥浆体的水化和硬化提供了许多起"晶种"作用的结点，从而加速了发生在水泥水化产物薄膜上的核晶作用，促进了薄膜的破裂和水泥颗粒的继续水化与硬化。而水泥一次水化产物形成速度的加快，必然对水泥早期强度的增长起促进作用。

因此，将酸性混合材与适量碱性混合材合理组合、活性混合材与适量惰性混合材合理组合，不仅能够提高混凝土的早期强度，而且能够提高混凝土的后期强度。

② 混合材吸水性对强度的影响　混合材的物理吸水性和化学吸水性的高低，实质上是其化学活性、酸碱性、颗粒的致密程度、粉磨细度及表面形态等物化性能的综合表现。高吸水性掺合料和低吸水性掺合料的合理组合，一方面可以使混凝土拌合物保持良好的和易性，适当降低混凝土的水胶比，从而有利于混凝土强度的提高；另一方面也可以使混凝土拌合物

保持适当的酸碱性和化学活性以及合理的颗粒级配等，从而进一步改善混凝土的各龄期强度。

2.2.4.3　水泥组成对混凝土耐久性的影响

（1）水泥矿物组成对混凝土耐久性的影响

① 水泥矿物组成对水化产物结构稳定性的影响。水泥矿物组成中 C_3S 含量的提高会导致水泥水化产物中钙硅比的提高，使水化产物的结构稳定性下降。在水泥水化产物的各组分中，钙硅比值较小的水化硅酸钙凝胶具有相对较好的结构稳定性，而 $Ca(OH)_2$ 是相对不稳定的。C_3S 与 C_2S 相比，C_2S 水化生成的水化硅酸钙凝胶的钙硅比相对较低，同时生成的 $Ca(OH)_2$ 数量也相对较少。因此，水泥的矿物组成中，C_2S 的含量越多，C_3S 的含量越少，越有利于提高水泥混凝土的化学结构稳定性，从而有利于混凝土的耐久性。而水泥中的 C_3A 非常容易与硫酸盐反应形成膨胀性的水化产物，故其含量过高会导致混凝土的结构稳定性破坏，对混凝土耐久性不利。

② 水泥矿物组成对混凝土化学收缩的影响。在硅酸盐水泥水化过程当中，水泥-水体系的总体积随着水化反应的进行不断减小，这种现象称为化学收缩。发生化学收缩的原因是由于水化反应前后反应物的平均密度小于生成物的平均密度，从而导致生成物的总体积小于反应物的总体积。化学收缩主要在早期增长的幅度较大，随着水化龄期的延长，化学收缩增长的幅度逐渐减小。

水泥熟料中四种矿物的化学收缩作用，无论是绝对值或相对值，其大小都可以按下列次序排列：

$$C_3A > C_4AF > C_3S > C_2S$$

对硅酸盐水泥而言，每 $100g$ 水泥水化的减缩总量为 $7 \sim 9mL$。如果每 $1m^3$ 混凝土中水泥用量为 $250kg$，则体系中减缩量将达 $20L/m^3$，可见这个数值是非常大的，它会引起混凝土空隙率的增加，并影响混凝土的耐久性。

③ 水泥矿物组成对混凝土自收缩的影响。自收缩是高密实混凝土产生收缩裂缝的主要原因之一。由于化学收缩引起水泥浆体绝对体积的减小，生成物的体积不足以填充原有反应物所占有的空间体积，在各种固相颗粒的限制下，使水泥浆内部不可避免地出现未被水和固相粒子所填充的空隙。这种空隙的出现导致混凝土内部凹液面的生成，从而产生了毛细孔压力，在这种压力的作用下引起的混凝土收缩称为自收缩。

混凝土自收缩的大小与混凝土内部毛细孔压力的大小成正比关系。根据式（2-5）Cantor 方程，毛细孔压力 P 和表面张力 γ、湿润角 θ 及孔半径 r 有如下关系：

$$P = \frac{2\gamma\cos\theta}{r} \tag{2-5}$$

混凝土化学收缩产生的未被水充满的毛细孔数量越多，毛细孔半径越小，产生的毛细孔压力也越大，自收缩程度也就越高。因此，混凝土化学收缩是造成混凝土自收缩的起因。而化学收缩特别是早期化学收缩的幅度和混凝土内部毛细孔半径的大小则是影响自收缩程度的重要条件。

在混凝土孔结构相同的情况下，水泥矿物组成的化学收缩幅度与混凝土自收缩的幅度成正比，即水泥熟料中四种矿物使自收缩产生的幅度，其大小仍可按下列次序排列：

$$C_3A > C_4AF > C_3S > C_2S$$

④ 水泥矿物组成对混凝土渗透性和抗冻性的影响。水泥矿物组成对化学收缩和自收缩的影响，还会引起混凝土孔隙率和孔结构的变化，进而影响混凝土的毛细孔压力渗透性、水

压力渗透性和离子渗透性。其中，毛细孔压力对混凝土渗透性的影响是相当大的。当相对湿度在 $80\%\sim100\%$ 时，水泥浆体内部毛细孔负压可达 $0\sim30MPa$，而国家标准中规定的混凝土抗渗等级所对应的水压差也仅为 $0.4\sim1.2MPa$。因此，在很多情况下，毛细孔压力的大小对混凝土渗透性的影响起主要作用。

毛细孔压力影响混凝土渗透性的作用机理与毛细孔压力影响混凝土自收缩的作用机理相同。毛细孔压力越大，混凝土的自收缩和毛细孔压力渗透性越大，两者呈正比关系。因此，水泥的矿物组成当中产生化学收缩和自收缩较大的组分，如 C_3A 和 C_3S，均会使混凝土的毛细孔压力渗透性相应增大。

由于混凝土的毛细孔压力渗透性和毛细孔凝结现象对混凝土的大气抗冻性起着重要的作用，它不仅控制结冰时由内部水分迁移引起的水压力，还控制结冰前的饱和度。当混凝土暴露于潮湿环境或临近水面的大气环境中时，使混凝土毛细孔压力渗透性增大的矿物组分（如 C_3S 和 C_3A），更有可能使混凝土的饱和度达到甚至超过临界饱和度，从而降低混凝土的大气抗冻性。

(2) 水泥混合材组成对混凝土耐久性的影响

① 混合材酸碱性、活性对化学收缩和自收缩的影响。化学收缩是造成混凝土自收缩的起因，而化学收缩特别是早期化学收缩的幅度则是影响自收缩程度的重要条件之一。活性混合材能够与水泥水化析出的密度较低的 $Ca(OH)_2$（密度 $2.23g/cm^3$）发生二次水化反应，生成密度较大的 C-S-H 凝胶（密度 $2.71g/cm^3$），使水化生成物的平均密度进一步增大，从而产生二次化学收缩。混合材的活性越高，酸性越强，与 $Ca(OH)_2$ 发生二次水化的速度越快，早期的化学收缩越大，使混凝土内部的凹液面出现在更细的毛细孔当中，自收缩的幅度也就越大。

另外，根据式(2-5) Cantor 方程可知，毛细孔压力与毛细孔半径成反比，与组成材料的亲水性和表面能成正比。因此，组成材料的酸性与活性越强，其亲水性和表面能越大，毛细孔压力越强，混凝土的自收缩也就越大。反之，组成材料的碱性与惰性越强，毛细孔压力则越小，混凝土的自收缩也就越小。所以，当混凝土中采用较多活性高或同时呈较强酸性的掺合料时，应掺入适量磨细的惰性和碱性掺合料（如石灰石粉）复合使用。不但能降低组成材料的表面能和亲水性，增大毛细孔壁与液体的接触角，减小毛细孔压力，而且因取代了部分水泥和活性掺合料，使胶凝材料的一次化学收缩和二次化学收缩的幅度都得到降低，从而进一步减小了混凝土的自收缩。

② 混合材吸水性对干燥收缩和自收缩的影响。一般情况下，水泥混合材的吸水性越大，混凝土凝结硬化后因水分挥发而产生的干燥收缩越大，作用机理相对简单，而混合材吸水性对混凝土自收缩的影响机理则相对复杂。其中，混合材的化学吸水性对混凝土自收缩的影响，实质上反映的是混合材的酸碱性和活性对混凝土自收缩的影响。因此，降低混凝土组成材料的酸性与活性，增大其碱性与惰性，从而降低组成材料的亲水性和表面能，是改善混凝土自收缩的有效手段之一。

混合材的物理吸水性对混凝土自收缩的影响，实际上体现的是混合材的致密程度、颗粒级配及表面形态等物理性能对混凝土孔径分布和自收缩的影响。混合材的颗粒级配和形态，直接影响混凝土拌合物的表观密度、早期水化速度以及形成的孔隙结构，从而也会对混凝土的自收缩造成影响。较细的混合材不仅活性高，而且使水泥的二次水化速度得以加快，产生较大的早期化学收缩；并可能使混凝土形成较细的毛细孔结构。由式(2-5) Cantor 方程可知，毛细孔半径越细，毛细孔压力越大。这些因素无疑都会增加混凝土的自收缩，而在混凝土中采用含玻璃微珠较多的粉煤灰做掺合料时，能有效降低混凝土的自收缩。其原因不仅是由于粉煤灰的活性稍低、二次水化速度较慢、所产生的早期化学收缩幅度较小，更重要的是由于粉煤灰含有较多表面光滑的玻璃微珠，在固相颗粒体积相同的情况下，具有相对较低的比表面积和颗粒之间的接触面积，因而能够使混凝土浆体形成较大的空隙体积和毛细孔孔径，从而减小混凝土的早期自收缩。

高吸水性混合材和低吸水性混合材的合理组合，不仅可以使其化学活性、酸碱性得到合理的搭配，也可以使其颗粒的致密程度、级配及表面形态得到合理的搭配，从物理和化学两个方面减小混凝土的自收缩。

③ 混合材组成对混凝土渗透性和抗冻性的影响。混合材的酸碱性、活性以及颗粒级配、形态等因素对混凝土自收缩的影响，同样影响混凝土的毛细孔压力渗透性和大气抗冻性。毛细孔压力的增加不仅会增大混凝土的自收缩，而且会增大混凝土的毛细孔压力渗透性，降低混凝土的大气抗冻性。通过混合材的优化组合，在改善混凝土自收缩的同时，也可以改善混凝土的毛细孔压力渗透性和大气抗冻性。

(3) 水泥颗粒组成对混凝土耐久性的影响

① 水泥颗粒组成对混凝土孔结构的影响。水泥颗粒组成中的细颗粒（$<5\mu m$）含量相对较多，由于分散度很高，水化产物充填了大部分毛细孔空间，使水泥石中的微毛细孔数量增多，大毛细孔数量明显降低，从而使混凝土的毛细孔凝结现象加重，增大混凝土的吸湿性特别是孔隙体积的吸湿性，使混凝土孔隙内部的湿度提高。

② 水泥颗粒组成对混凝土毛细孔压力渗透性的影响。水泥颗粒组成影响混凝土孔结构的变化，同样也是决定混凝土毛细孔压力渗透性的主要因素。在多数情况下毛细孔压力对混凝土渗透性的影响远大于水压力的影响，因而混凝土的毛细孔压力渗透性对混凝土耐久性的影响，比混凝土在水压力作用下的渗透性更加重要。混凝土的毛细孔压力渗透性变差，更容易使大多数混凝土遭受腐蚀和冻害并使钢筋产生锈蚀，从而导致混凝土耐久性急剧下降。

有试验表明，水泥中细颗粒较多的非引气型普通混凝土，比水泥中细颗粒较少的非引气型普通混凝土毛细孔压力渗透性更大。其原因仍然是利用细颗粒较多的水泥制备出的混凝土中微毛细孔数量相对较多，大毛细孔数量相对较少。

③ 水泥颗粒组成对混凝土干燥收缩、自收缩的影响。水泥颗粒组成与混凝土孔结构密切相关，而孔结构又是影响混凝土干燥收缩和自收缩的主要因素。水泥颗粒组成细化至一定程度之后，比表面积的增加不仅会增大混凝土的用水量和干燥收缩，而且会形成数量相对较多的微毛细孔和较少的大毛细孔，使混凝土的毛细孔压力加大，自收缩幅度增加，自收缩裂缝增多，不仅使混凝土的力学性能下降，而且直接导致混凝土在水压力作用下的抗渗性降低，进而加速了水和各种腐蚀性液体的侵蚀速度。目前混凝土自收缩裂缝的增多，其原因与水泥粉磨细度的盲目提高和混凝土水胶比的不适当降低都有不同程度的关系。

必须强调指出，如果能够采用特殊方法和手段（如采用超高效减水剂和超细微粉结合或加压成型等）进行超密实混凝土制备，水泥颗粒组成对混凝土上述各种性能的影响效果又会发生变化。

2.3　矿物掺合料

混凝土矿物掺合料是指在配制混凝土拌合物过程中，直接加入的具有一定细度和活性的、用于改善新拌混凝土和硬化混凝土性能（特别是混凝土耐久性）的矿物细粉材料。它是一种以硅、铝、钙等一种或多种氧化物为主要成分，掺入混凝土中代替部分水泥、改善新拌混凝土和硬化混凝土性能，且掺量一般不少于 5% 的具有火山灰活性或潜在水硬性的粉体材料。

矿物掺合料绝大多数来自工业固体废渣，它们在混凝土胶凝组分中的掺量通常超过水泥用量的 5%，细度与水泥细度相同或比水泥细度更细。混凝土掺合料的作用与水泥混合材相似，在碱性或兼有硫酸盐成分存在的液相条件下，许多掺合料可以发生水化反应，生成具有固化特性的胶凝物质。但由于掺合料的质量要求与水泥混合材的质量要求并不完全一样，所以，掺合料对混凝土性能的影响与混合材也并不完全相同。例如，利用粉煤灰水泥配制的混凝土和易性通常较差，而利用优质的 I 级粉煤灰掺合料可以配制出高和易性的混凝土，用劣质的 III 级粉煤灰掺合料配制的混凝土和易性比粉煤灰水泥还要差；此外，掺合料和混合材对强度和耐久性的影响也有所不同。目前，掺合料也被称为混凝土的"第二胶凝材料"或"辅助性胶凝材料"。

在混凝土中合理使用掺合料不仅可以达到节约水泥、降低能耗和成本的目的，而且可以改善混凝土拌合物的工作性，提高硬化混凝土的强度和耐久性。另外，掺合料的应用对于改善环境，减少二次污染，推动可持续发展的绿色混凝土，也具有十分重要的意义。

常用的混凝土掺合料有粉煤灰、矿渣微粉、硅灰、石灰石粉、沸石粉和偏高岭土超细粉等。由于掺合料的化学成分、矿物组成、致密程度（或孔隙结构）、颗粒形态、级配和细度各不相同，其对混凝土性能的影响差别也比较大。在混凝土配制过程中可以只掺入一种掺合料，也可以同时掺入多种掺合料。

（1）掺合料的分类

① 根据掺合料的活性程度可分为有胶凝性（或称潜在水硬活性）的掺合料，如粒化高炉矿渣、高钙粉煤灰或增钙液渣、沸腾炉燃煤脱硫排放的废渣等；有火山灰活性的掺合料，如粉煤灰、原状的或焙烧的酸性火山玻璃和硅藻土、某些烧页岩和黏土，以及某些工业废渣（如硅灰）等；惰性掺合料，如细磨的石灰岩、石英砂、白云岩以及各种硅质岩石的产物等。

② 根据掺合料的化学成分，在活性分类方法基础之上，将其分为酸性、中性和碱性掺合料。它可以更好地反映掺合料化学成分的影响。具体方法可以参照矿渣的碱性系数计算方法，对混凝土掺合料进行分类：

$$碱性系数（M_0）= \frac{w(CaO)+w(MgO)}{w(SiO_2)+w(Al_2O_3)} \times 100\% \qquad (2-6)$$

式中，$M_0 > 1$，表示碱性氧化物多于酸性氧化物，称为碱性掺合料；$M_0 = 1$，称为中性掺合料；$M_0 < 1$，称为酸性掺合料。

③ 根据掺合料吸水性的高低，可将其分为低吸水性、中吸水性、高吸水性和特高吸水性掺合料。具体分类方法可参照粉煤灰级别分类指标中需水量比的高低进行划分。其中，低吸水性掺合料的需水量比为 <95%，中吸水性掺合料的需水量比为 95%～105%，高吸水性掺合料的需水量比为 105%～115%，特高吸水性掺合料的需水量比 >115%。这一指标概括反映了掺合料的致密程度、粉磨细度（比表面积）、颗粒级配和表面形态等因素的影响。吸水性也是混凝土掺合料优化组合时应该考虑的一个重要因素。

（2）掺合料优势互补组合

根据掺合料酸碱性、活性和吸水性对混凝土性能的不同影响，以及混凝土性能的具体要求，将不同类别的掺合料进行优化组合，可以使混凝土的和易性、强度和耐久性得到全面改善和提高。一般确定混凝土掺合料优势互补的组合方法有以下三种：

① 酸性掺合料与碱性掺合料合理组合。如碱性矿渣与酸性或中性粉煤灰、沸石等火山灰质掺合料的适当搭配组合。

② 活性掺合料与惰性掺合料合理组合。如活性矿渣、硅灰、粉煤灰以及火山灰质掺合料与惰性石灰石或水泥石的适当搭配组合。

③ 高吸水性掺合料和低吸水性掺合料合理组合。如结构疏松、表面粗糙的火山灰质掺合料及高吸水性粉煤灰与结构致密的矿渣、石灰石及表面光滑的优质粉煤灰的适当搭配组合。

（3）掺合料的掺量

根据工程所处的环境条件、结构特点，混凝土中矿物掺合料占胶凝材料总量的最大百分率（β_b）宜按表 2-9 控制。

表 2-9　矿物掺合料占胶凝材料总量的最大百分率（β_b）

矿物掺合料种类	水胶比	水泥品种	
		硅酸盐水泥	普通硅酸盐水泥
粉煤灰（F 类Ⅰ、Ⅱ级）	≤0.40	≤45	≤35
	>0.40	≤40	≤30
粒化高炉矿渣粉	≤0.40	≤65	≤55
	>0.40	≤55	≤45
硅灰	—	≤10	≤10
石灰石粉	≤0.40	≤35	≤25
	>0.40	≤30	≤20
钢渣粉	—	≤30	≤20
磷渣粉	—	≤30	≤20
沸石粉	—	≤15	≤15
复合掺合料	≤0.40	≤65	≤55
	>0.40	≤55	≤45

注：1. C 类粉煤灰用于结构混凝土时，安定性应合格，其掺量应通过试验确定，但不应超过本表中 F 类粉煤灰的规定限量；对硫酸盐侵蚀环境下的混凝土不得用 C 类粉煤灰。

2. 混凝土强度等级不大于 C15 时，粉煤灰的级别和最大掺量可不受表 2-9 规定的限制。

3. 复合掺合料中各组分的掺量不宜超过任一组分单掺时的上限掺量。

2.3.1　粉煤灰

粉煤灰又称飞灰（fly ash，FA），是用于煤炉发电厂排放出的烟道灰或对其风选、粉磨后得到的具有一定细度的产品。在燃煤发电厂燃炉中，挥发性物质和碳充分燃烧，大多数矿物杂质形成灰并随尾气排出。粉煤灰颗粒在燃烧炉中为熔融态，但在离开燃烧区后，熔融态粉煤灰被迅速冷却，固化成球体、玻璃质颗粒。粉煤灰一部分呈球形，表面光滑，由直径以微米计的实心和中空玻璃微珠组成，一部分为玻璃碎屑以及少量的莫来石、石英等结晶物质，如图 2-13 所示。由于其独特的矿物和颗粒特性，热能电厂生产的粉煤灰通常可以不需进行任何加工便可用作硅酸盐水泥的矿物掺合料。底灰的颗粒较粗、活性较低，因而通常需要磨细以提高其火山灰

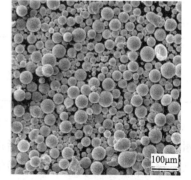

100μm

图 2-13　粉煤灰微观形貌

活性。

由于水泥和某些高活性矿物掺合料会引起水化反应加剧、凝结硬化过快、混凝土温升提高、显著增大混凝土收缩而引起开裂等一系列问题，因此，现代混凝土在许多情况下需要具有低反应活性的、易于加工而且具有良好需水行为的超细填料。粉煤灰正符合现代混凝土的上述要求，所以成为现代混凝土中最重要的矿物掺合料之一。

2.3.1.1 粉煤灰的分类及物理指标

从化学成分上来讲，粉煤灰有高钙灰（C类，一般 CaO 含量≥10％）和低钙灰（F类，CaO 含量<10％）之分。F类粉煤灰是指由无烟煤或烟煤煅烧收集的粉灰，C类粉煤灰是由褐煤或次烟煤煅烧收集的粉煤灰。

粉煤灰由于产地不一样，化学组成变化较大，其颗粒多数呈球形，表面光滑，色灰。低钙粉煤灰的表观密度一般为 $1800\sim2600kg/m^3$，松散堆积密度为 $600\sim1000kg/m^3$，粉煤灰成品根据细度、烧失量、需水量比、含水量和三氧化硫含量可划分为Ⅰ、Ⅱ、Ⅲ级别，具体物理性质指标如表 2-10 所示。

表 2-10 粉煤灰物理性质指标和要求

项　　目		技术要求		
		Ⅰ 级	Ⅱ 级	Ⅲ 级
细度（45μm 方孔筛筛余）/％	F 类	≤12.0	≤30.0	≤45.0
	C 类			
需水量比/％	F 类	≤95	≤105	≤115
	C 类			
烧失量/％	F 类	≤5.0	≤8.0	≤10.0
	C 类			
含水量/％	F 类	≤1.0		
	C 类			
三氧化硫含量/％	F 类	≤3.0		
	C 类			
游离氧化钙含量/％	F 类	≤1.0		
	C 类	≤4.0		
SiO_2、Al_2O_3、Fe_2O_3 总质量分数/％	F 类	≥70.0		
	C 类	≥50.0		
密度/（g/cm³）	F 类	≤2.6		
	C 类			
强度活性指数/％	F 类	≥70.0		
	C 类			
雷氏夹沸煮后增加距离/mm	C 类	≤5.0		

细度和需水量比是评定粉煤灰品质的重要指标。粉煤灰中实心微珠颗粒最细、表面光滑，是粉煤灰中需水量最少、活性最高的成分，如果粉煤灰中实心微珠含量较多、未燃尽碳及不规则的粗粒含量较少时，粉煤灰较细，品质较好。未燃尽的碳粒颗粒较粗，会降低粉煤灰的活性，增大粉煤灰的需水性，是有害成分，一般用烧失量来评定。多孔玻璃体等非球形

颗粒，表面粗糙、粒径较大，会增大粉煤灰的需水量，当其含量较多时，会使粉煤灰品质下降。SO_3 是有害成分，应限制其含量。

2.3.1.2 粉煤灰的化学成分

粉煤灰的活性主要取决于玻璃体的含量，以及无定形氧化铝和氧化硅的含量。经过超高温处理后的粉煤灰通常含有 $60\%\sim90\%$ 的玻璃体，而玻璃体的化学成分和活性又主要取决于钙的含量。我国大部分火力发电厂排放和生产的粉煤灰成分为：SiO_2（$40\%\sim60\%$）、Al_2O_3（$20\%\sim30\%$）、Fe_2O_3（$5\%\sim10\%$）、CaO（$2\%\sim8\%$）、烧失量（$0.2\%\sim8\%$）。SiO_2 和 Al_2O_3 是粉煤灰中的主要活性成分，粉煤灰的烧失量主要是未燃尽的碳，其混凝土吸水量大，强度低，易风化，抗冻性差，为粉煤灰中的有害成分。

因烟煤生产的低钙粉煤灰含有铝硅玻璃体，其活性通常要低于高钙粉煤灰中的玻璃体。低钙粉煤灰中的晶体矿物主要有石英（SiO_2）、莫来石（$3Al_2O_3\cdot2SiO_2$）、硅线石（$Al_2O_3\cdot SiO_2$）、磁铁矿（Fe_3O_4）和赤铁矿（Fe_2O_3），这些矿物不具备任何的火山灰活性。高钙粉煤灰中的晶体矿物主要有石英（SiO_2）、铝酸三钙（$3CaO\cdot Al_2O_3$）、硫铝酸钙（$4CaO\cdot3Al_2O_3\cdot SO_3$）、硬石膏（$CaSO_4$）、方镁石（f-MgO）、游离氧化钙（f-CaO）和碱性硫酸盐。除了石英和方镁石外，高钙粉煤灰中所有的晶体矿物均具有较高活性，这就是高钙粉煤灰比低钙粉煤灰具有更高活性的原因。高钙粉煤灰不仅具有火山灰活性，还有一定自硬性，如果没有石膏或其他外加剂的缓凝作用，还会加速水泥的凝结硬化。

2.3.1.3 粉煤灰的三大效应

（1）活性效应（火山灰效应）

粉煤灰是从燃煤电厂烟尘中收集到的一种细颗粒粉末，其成分主要是二氧化硅、氧化铝、氧化铁，形状为微细硅铝玻璃微珠，这些玻璃体单元（硅氧四面体、铝氧四面体和铝氧八面体）的聚合度较大，一般呈无规则的长链式和网络式结构，不易解体断裂。

粉煤灰的火山灰效应是指粉煤灰中的活性二氧化硅、活性氧化铝等活性组分与氢氧化钙反应，生成水化硅酸钙、水化铝酸钙或水化硫铝酸钙等二次水化产物。其中，氢氧化钙可以来源于外掺的石灰，也可以来源于水泥水化时所析出的氢氧化钙。

水泥中的 C_3S、C_2S 在水化时析出 $Ca(OH)_2$，粉煤灰处在这种碱性介质中，其硅铝玻璃体中的部分 Si—O、Al—O 键与极性较强的 OH^-、Ca^{2+} 及剩余石膏发生反应，生成水化硅酸钙、水化铝酸钙和钙矾石，从而产生强度。粉煤灰火山灰活性，其反应的过程主要是受扩散控制的溶解反应，早期粉煤灰微珠表面溶解，反应生成物沉淀在颗粒的表面上，后期 Ca^{2+} 继续通过表层和沉淀的水化产物层向芯部扩散。但是，由于活性较高的硅铝玻璃球体表面致密且光滑，OH^- 或极性水分子对它的侵蚀过程缓慢，因而上述反应过程非常缓慢，相应生成的水化产物数量较少，当粉煤灰掺量较大、水胶比较高时，混凝土的早期强度会有所降低。

（2）形态效应

粉煤灰中含有较多的表面光滑的球形玻璃微珠颗粒，由于粉煤灰玻璃微珠的"滚珠作用"，使得粉煤灰在混凝土中具有一定的减水作用，这将有利于减少混凝土的单方用水量，从而减少多余水在混凝土硬化后所形成的直径较大的孔隙。混凝土的需水量主要取决于混凝土固体材料混合颗粒之间的空隙，因此，在保持一定的稠度指标的条件下，若要降低混凝土的需水量，就必须减少固体材料混合颗粒之间的空隙。混凝土孔隙率的变化范围一般为 $10\%\sim20\%$，其值越大，需水量就越大。在混凝土中应用粉煤灰，虽然减水量不如减水剂效果明显，但也有一定的效果，还可以改善新拌混凝土的流变性质。

粉煤灰的细度是影响混凝土和易性的主要因素，粉煤灰颗粒越细、球形颗粒含量越高，则需水量就越少。粉煤灰中细度大于 $45\mu m$ 的颗粒越少，混凝土的和易性能越好。细度小于 $45\mu m$ 的球形粉煤灰颗粒可以明显降低新拌混凝土的需水量。试验采用 I 级粉煤灰替代 50% 水泥时发现，混凝土的需水量可以降低约 20%。

（3）微集料填充效应（微集料效应）

粉煤灰的微细颗粒分布在水泥中，填充了水泥空隙和毛细孔隙，能产生致密势能，可以减少硬化混凝土的有害孔的比例，有效提高混凝土的密实性，该效应称为粉煤灰的微集料填充效应。由于粉煤灰在混凝土中活性填充行为的综合效果，粉煤灰通常具有提高混凝土致密度的作用。混凝土中使用优质粉煤灰，在新拌混凝土阶段，粉煤灰分散于水泥颗粒之间，有助于水泥颗粒"解絮"，改善和易性，提高拌合物抵抗离析和泌水的能力，从而使混凝土初始结构致密化；在硬化发展阶段，粉煤灰可以发挥物理填充料的作用；在硬化后，粉煤灰又发挥活性填充料的作用，改善混凝土中水泥石的孔结构特征。

2.3.1.4 粉煤灰对混凝土性能的影响

我国在 20 世纪 50～60 年代，曾尝试在混凝土中掺入粉煤灰以替代水泥，但并未取得满意效果，且出现了一些工程问题。主要体现在强度不足、抗渗性、抗冻性、抗碳化能力差等方面。因此，许多规范、标准均对粉煤灰的掺量进行限定，尤其是预应力混凝土构件中粉煤灰的掺量。这主要是因为传统混凝土中没有掺用减水剂，混凝土的水胶比较大（一般都高于 0.50）。在这种情况下掺入粉煤灰，减少水泥的用量，就会使混凝土的凝结时间明显延缓、硬化速度减慢，表现为早期强度低、渗透性大等问题。

现今高效减水剂的应用已经非常普遍，混凝土所用水胶比，尤其是掺有矿物掺合料的混凝土水胶比已经很容易降到 0.50 以下，并且现在的水泥活性远高于 20 世纪 80 年代以前的水泥（因为早强矿物 C_3S 含量显著提高、粉磨细度更细）。因此掺加粉煤灰的混凝土，即使是掺量很大，与过去混凝土相比，其早期强度的发展速度也加快了很多。

（1）对新拌混凝土和易性的影响

由于粉煤灰的颗粒大多是球形的玻璃体，优质粉煤灰由于其"滚珠"作用，可以改善混凝土拌合物的和易性，减少混凝土的单方用水量，减小硬化后水泥浆体的干缩值，提高混凝土的抗裂性。当前绝大部分混凝土都是在搅拌站进行预拌生产的，由于搅拌站距离施工场地还有一定距离，通常要求混凝土的坍落度损失越小越好。图 2-14 显示了随着粉煤灰掺量增加，坍落度经时损失随之减小的规律。

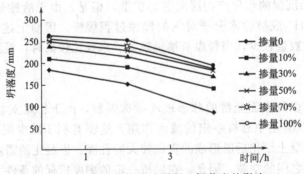

图 2-14　粉煤灰掺量对混凝土坍落度的影响

掺入粉煤灰可以补偿细骨料中细屑的不足，中断砂浆基体中泌水渠道的连续性，同时粉煤灰作为水泥的取代材料，在同样的稠度下会使混凝土的用水量有不同程度的降低，因而掺用粉煤灰对防止新拌混凝土的泌水是有利的。

（2）对混凝土水化温升的影响

对于一些大型、超大型混凝土结构，其断面尺寸增大，混凝土设计强度等级提高，所用水泥强度等级提高，实行新标准后水泥粉磨得更细，这些因素的叠加，导致混凝土硬化过程温度升高明显加剧，温峰升高，这是导致许多混凝土结构在施工期间，模板刚拆就发现存在大量裂缝的原因。粉煤灰混凝土可减少水泥的水化热，减少结构物由于温度而造成的裂缝。大掺量粉煤灰混凝土特别适合于大体积混凝土结构，在低水胶比的条件下，大掺量粉煤灰的混凝土可以明显降低水化温升。掺入 30％的粉煤灰后，不仅温升可以降低近 10℃，也可以使温度收缩和开裂的风险降低。

（3）对混凝土强度的影响

在一定掺量下，随着粉煤灰掺量的增加，可以通过降低混凝土的水胶比来保证早期强度（28d 以前）不降低，而后期强度逐渐增加。粉煤灰对混凝土的强度有三重影响：减少用水量、增大粉体胶结料体积和通过火山灰反应提高后期强度。

在混凝土原材料和环境条件相同的条件下，掺粉煤灰混凝土的强度增长速度主要取决于粉煤灰的火山灰效应，即粉煤灰中玻璃态的活性氧化硅、氧化铝与水泥浆体中 $Ca(OH)_2$ 作用生成碱度较小的二次水化硅酸钙、水化铝酸钙的速度和数量。当 $Ca(OH)_2$ 薄膜覆盖在粉煤灰颗粒表面上时，粉煤灰便开始发生火山灰反应。由于在 $Ca(OH)_2$ 薄膜与粉煤灰颗粒表面之间存在着水解层，钙离子要通过水解层与粉煤灰的活性组分发生反应，反应产物在层内逐渐聚积，水解层未被火山灰反应产物充满到某种程度时，不会使强度有较大提高。随着反应产物逐渐充满水解层，粉煤灰颗粒和水泥水化产物之间逐步形成牢固联系，强化混凝土界面过渡区，从而提高了混凝土的强度、抗渗性和耐磨性。掺优质粉煤灰的混凝土后期（90d或180d以后）强度一般均会超过基准混凝土。F 类粉煤灰混凝土后期强度更高的原因是该粉煤灰与混凝土中析出的 $Ca(OH)_2$ 缓慢反应，生成的水化产物结晶更好地填充了混凝土中的原始空隙，从而提高抗压强度。

（4）对混凝土抗冻性的影响

粉煤灰需水量比和烧失量较高时，会对混凝土抗冻性产生不利影响。当需水量比和烧失量较低且同时适当降低水胶比时，则可以起到改善混凝土抗冻性的效果。《混凝土结构耐久性设计规范》（GB/T 50476—2008）中规定，掺粉煤灰的混凝土水胶比在 0.50 以下，粉煤灰最佳掺量应在 20％～30％。此外，在等强度、等含气量条件下，掺粉煤灰混凝土的抗冻性会高于不掺粉煤灰混凝土。低水胶比的大掺量粉煤灰混凝土具有优异的抗冻性，中国水利水电科学研究院李金玉教授曾将等级同为 C60 的大掺量粉煤灰混凝土与纯水泥混凝土作对比，结果证明前者的抗冻性达到 F1000，而后者仅为 F250。大量试验也表明，只要水胶比低于 0.40，中等强度大掺量粉煤灰混凝土 90d 后的抗冻性一般都能满足 F300的要求。

（5）对混凝土抗碳化性能的影响

传统观点认为，掺粉煤灰会加剧混凝土的碳化，而碳化会降低混凝土的碱度，加速钢筋锈蚀，降低混凝土结构的耐久性。通过长期研究和工程实践，尤其是近年来的工程调研资料表明，防止掺粉煤灰混凝土碳化，首要因素是确保粉煤灰混凝土的密实性，即使是不掺粉煤灰但密实性差的混凝土也同样存在碳化问题。Mahotra 说："大掺量粉煤灰混凝土水胶比很低，碳化不成问题。"粉煤灰在混凝土中的掺量应通过试验确定，最大掺量宜符合表 2-11 的规定。

混凝土工艺学

表 2-11　粉煤灰的最大掺量　　　　　　单位：%

混凝土种类	硅酸盐水泥		普通硅酸盐水泥	
	水胶比≤0.40	水胶比>0.40	水胶比≤0.40	水胶比>0.40
预应力混凝土	30	25	25	15
钢筋混凝土	40	35	35	30
素混凝土	55		45	
碾压混凝土	70		65	

注：1. 对浇筑量比较大的基础钢筋混凝土，粉煤灰最大掺量可增加 5%～10%。
2. 当粉煤灰掺量超过本表规定时，应进行试验论证。

（6）对混凝土碱-骨料反应的影响

对早期强度要求较高或环境温度、湿度较低条件下施工的粉煤灰混凝土宜适当降低粉煤灰的掺量。特殊情况下，工程混凝土不得不采用具有碱-硅酸反应的活性骨料时，粉煤灰的掺量应通过碱活性抑制试验确定。

碱-骨料反应（alkali aggregate reaction，AAR）导致混凝土产生膨胀和开裂，当混凝土中掺入粉煤灰后，粉煤灰和水泥中的碱反应，从而能够防止这种过度的膨胀，可见，粉煤灰对抑制混凝土中的碱-骨料反应是有利的。粉煤灰对碱-骨料反应的抑制作用表现为对混凝土中碱和活性骨料成分活跃程度的控制，有些学者称为对有害成分的捆绑作用。必须提到的是，作为预防碱-骨料病害的技术措施，掺加粉煤灰含量必须达到足够的比例，建议掺加比例大于 30%。图 2-15 所示为粉煤灰对砂浆碱-骨料反应的有效控制作用。

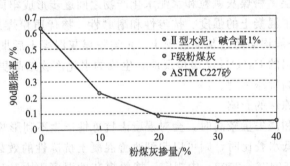

图 2-15　粉煤灰掺量对砂浆 90d 膨胀率的影响

可见在混凝土中掺加适量粉煤灰，可以显著降低混凝土的水化温升，改善混凝土的细观结构，并有利于后期强度的发展，提高混凝土的耐久性。当然，混凝土中粉煤灰的最大掺量应该有一定的限制，过高的掺量除了造成强度降低之外，还可能会造成混凝土的贫钙现象甚至对混凝土的耐久性产生不利影响。迄今为止，大量试验表明，在一般情况下，如果按中国当前普通硅酸盐水泥产品质量现状考虑，混凝土中粉煤灰掺加量应不超过 50%，这样才能够降低发生工程质量问题的风险。

2.3.1.5　粉煤灰在混凝土中应用时注意的问题

粉煤灰在混凝土中的应用在具有诸多技术优势的同时也存在一些问题。第一，优质粉煤灰可以改善混凝土拌合物的工作性，但坍落度过大时，粉煤灰颗粒易上浮发生泌浆；第二，低温下粉煤灰掺量较大时混凝土拌合物凝结缓慢，导致混凝土早期强度较低；第三，掺粉煤灰的混凝土早期孔隙率大，湿养护不够，碳化问题较突出，且表层混凝土失水影响水化，强度偏低，回弹值偏低；第四，对水敏感，在保湿欠缺的条件下，因内部黏度增加，阻碍持续泌水而加剧塑性开裂。

所以粉煤灰在混凝土中应用的技术措施为：

① 对于中低强度等级的混凝土，在满足施工条件下，坍落度值应尽可能小。《混凝土质量控制标准》（GB 50164—2011）中要求泵送混凝土的坍落度设计值不宜大于 180mm。

② 成型时注意不要过度振捣，防止粉煤灰颗粒上浮。

③ 要注意水胶比，掺量越大，水胶比应越低，以确保掺入粉煤灰的混凝土强度，特别是早期强度。

④ 应注意及早、有效的养护以及足够的湿养护时间。浇筑后开始覆盖养护防止失水。湿养护时间也很重要，最好养护 14d，至少 7d，总之，要养护到混凝土实现较高抗渗性的龄期。这对于避免混凝土塑性开裂，控制早期碳化，提高混凝土面层质量意义重大。

在粉煤灰品种中除低钙粉煤灰外还有高钙粉煤灰，高钙粉煤灰是褐煤、次烟煤经粉磨和燃烧后，在烟道和气体中收集到的粉末。其氧化钙含量在 10% 以上，一般具有需水量低、活性高和可自硬等特点。与普通粉煤灰相比，高钙粉煤灰粒径更小，用作混凝土掺合料具有减水效果好、早期强度发展快等优点，但它含有一定量的游离氧化钙，按照经典理论解释，如果使用不当，会存在造成体积安定性不良的风险。实际上不必过分夸大这种风险，作为混凝土掺合料，除个别游离氧化钙含量过高的高钙灰外，高钙粉煤灰中游离氧化钙分布均匀，即便后期产生部分膨胀，在一定程度上也可以缓解混凝土结构中的部分收缩应力，对结构体积稳定性有可能起到有利作用，当然这方面的研究还有待进一步深入开展。

2.3.2 磨细矿渣

通常说的"磨细矿渣"全名应是"粒化高炉磨细矿渣粉"，是高炉炼铁过程中得到的以硅铝酸钙为主的熔融物，经淬冷成粒的副产品。矿渣是在炼铁炉中浮于铁水表面的熔渣，排出时喷水急冷而粒化得到水淬矿渣。生产矿渣水泥和磨细矿渣用的都是这种粒状渣，磨细矿渣是将这种粒状高炉水淬渣干燥后，再采用专门的粉磨工艺磨至规定细度（一般比表面积为 $400 \sim 600 m^2/kg$）。磨细矿渣具有较高的潜在活性，其活性的大小与化学成分和水淬生成的玻璃体含量有关。随着粉磨技术的不断发展，磨细矿渣在混凝土中的应用越来越广泛。磨细矿渣等量替代水泥，在混凝土拌合时直接加入混凝土中，可以改善新拌混凝土及硬化混凝土性能。矿渣的成分除了玻璃体以外还含有少量硅酸二钙（C_2S）、钙铝黄长石（C_2AS）和莫来石（$3Al_2O_3 \cdot 2SiO_2$）晶体矿物，具有一定的自硬性。

2.3.2.1 磨细矿渣的技术指标

图 2-16 为硅酸盐水泥、高铝水泥、矿渣、粉煤灰、玻璃的 C-S-A 三元相图，由图可知，矿渣的主要化学组成为 CaO、SiO_2、Al_2O_3 等。矿渣的化学成分和粉煤灰不同，CaO 和 SiO_2 含量较高，CaO 含量一般在 40% 以上，但 Al_2O_3 含量较低。

磨细矿渣中的一些有害物质含量不应超过国家标准的要求，如对钢筋有锈蚀作用的氯离子含量、影响混凝土碱-骨料反应的碱含量、影响混凝土体积稳定性的氧化镁和三氧化硫含量

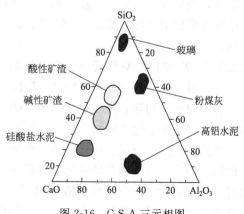

图 2-16 C-S-A 三元相图

等。依据《用于水泥、砂浆和混凝土中的粒化高炉矿渣粉》（GB/T 18046—2017）规定，磨细矿渣技术要求应符合表 2-12 的规定。

表 2-12　磨细矿渣技术要求

项　目		级　别		
		S105	S95	S75
比表面积/(m²/kg)		≥500	≥400	≥300
密度/(g/cm³)		≥2.8		
活性指数/%	7d	≥95	≥70	≥55
	28d	≥105	≥95	≥75
流动度比/%		≥95		
初凝时间比/%		≤200		
含水量/%		≤1.0		
三氧化硫含量/%		≤4.0		
氯离子含量/%		≤0.06		
烧失量/%		≤3.0		
不溶物/%		≤3.0		
玻璃体含量/%		≥85		
放射性		I_{Ra}≤1.0 且 I_r≤1.0		

　　磨细矿渣的细度对混凝土性能影响较大，矿渣微粉的粒径分布、颗粒级配、颗粒形貌等特征参数与水泥基材料的流动性、密实性及力学性能也都有密切的关系。

　　矿渣的平均粒径随磨细矿渣比表面积的增大而减小，当比表面积为 300m²/kg 时，平均粒径为 21.2μm；比表面积 400m²/kg 时，平均粒径为 14.5μm；比表面积为 800m²/kg 时，平均粒径为 2.5μm，约为比表面积 300m²/kg 的矿渣粒径的 1/8 左右。

　　当磨细矿渣粒径大于 45μm 时便很难参与水化反应，因此用于高性能混凝土的磨细矿渣粉比表面积应不低于 400m²/kg，以便充分地发挥其活性，减少泌水性。矿渣磨得越细，其活性越高，但掺入混凝土后，胶凝材料早期产生的水化热越大，越不利于控制混凝土的水化温升；当矿渣的比表面积超过 400m²/kg 后，用于更低水胶比的混凝土时，混凝土早期的自收缩随矿渣粉掺量的增加而增大；粉磨矿渣要消耗能源，成本较高；磨细矿渣磨得越细，掺量越大，则低水胶比的高性能混凝土拌合物越黏稠。因此，磨细矿渣的比表面积不宜过大。用于大体积混凝土时，磨细矿渣的比表面积应不超过 420m²/kg；否则，应考虑增大矿渣掺量。

2.3.2.2　磨细矿渣对混凝土性能的影响

　　（1）对混凝土拌合物和易性及凝结时间的影响

　　在水泥水化初期，胶凝材料系统中的矿渣微粉分布并包裹在水泥颗粒表面，能起到延缓和减少水泥初期水化产物相互搭接的隔离作用，从而可以改善混凝土的工作性。

　　磨细矿渣加入混凝土后，会延长混凝土的凝结时间。颗粒较粗的磨细矿渣容易导致混凝土的泌水增大。若磨细矿渣的比表面积大于水泥的比表面积，则泌水量就会减少。磨细矿渣的比表面积越大，减少泌水的效果越明显。当前 S95 级以上矿渣细度一般大于 420m²/kg，不会提高胶凝材料系统的需水量，也不易造成混凝土泌水。混凝土在同样配合比的情况下，矿渣混凝土的坍落度经时损失小于普通混凝土，有利于预拌混凝土的泵送施工。

（2）对混凝土强度的影响

磨细矿渣的细度直接影响到磨细矿渣的增强效果，原则上磨细矿渣细度越细则混凝土增强效果越好，但过细则对混凝土体积稳定性产生负面影响。在配制 C80 以上高强混凝土时，才考虑采用比表面积大于 $500\text{m}^2/\text{kg}$ 的磨细矿渣粉。掺磨细矿渣的混凝土早期强度（3d、7d）与普通水泥混凝土相近，但由于磨细矿渣细度大于水泥细度，因此可填充水泥颗粒之间的空隙，使混凝土更加密实。再加上磨细矿渣活性的发挥，掺磨细矿渣的混凝土的后期强度（90d 或更长）要比普通水泥混凝土高很多（抗压强度比约为 130%），如图 2-17 所示。

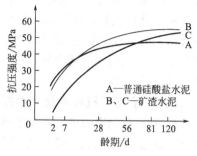

图 2-17　不同水泥混凝土的强度发展

（3）对混凝土温度裂缝的影响

混凝土在硬化过程中，水泥水化反应产生大量水化热，使混凝土内部温度升高，由于表面散热较快，在混凝土内部和表面之间形成较大温差，产生不均匀的温度变形和温度应力。同时降温速度过快也会产生温度应力，一旦拉应力接近混凝土即时抗拉强度时，就会产生温度裂缝。这种温度裂缝是混凝土早期开裂的主要因素之一，有时甚至是贯穿性的裂缝，对混凝土的耐久性十分不利。

过去的观念认为在混凝土中掺入磨细矿渣时，可以降低浆体的水化热，但这可能与试验方法有关。英国有试验研究表明，当混凝土体温高于 40℃ 时，矿渣水化热高于水泥。美国有试验研究表明：磨细矿渣掺量在 50% 范围内并等量取代水泥时，胶凝材料的水化热并未降低反而升高，掺磨细矿渣通常不能明显改善混凝土的开裂敏感度。其原因就在于磨细矿渣粉磨细度过细且掺量偏少。只有在掺量进一步增大时，水化热才呈现下降趋势。这应该也是为什么国内一些工程掺用磨细矿渣配制混凝土浇筑大体积底板，并未取得预期防开裂效果的原因。美国混凝土学会相关委员会的报告认为：水淬高炉矿渣的活性一般较高，如需要显著降低温升，掺量要达到 70% 以上。对要求严格控温的大体积混凝土，磨细矿渣和粉煤灰复配也是理想的技术选择，可有效减少混凝土的早期温度开裂。

（4）对混凝土抗硫酸盐侵蚀的影响

混凝土硫酸盐侵蚀的表征现象为混凝土的膨胀、开裂、剥落和解体。膨胀、开裂通常与新形成的钙矾石和硫酸盐在混凝土中析晶膨胀有关，钙矾石是硫酸盐离子与高 C_3A 硅酸盐水泥浆体中的水化产物之间发生化学反应的产物。用磨细矿渣替代部分硅酸盐水泥，可以改善混凝土的抗硫酸盐侵蚀性，原因如下：

① 随着磨细矿渣的加入，混凝土拌合物中的 C_3A 含量降低，矿渣的取代率越大，C_3A 含量降低得越多。

② 由于形成水化硅酸钙，可溶性氢氧化钙减少，这样减少了形成硫酸钙的条件。

③ 抗硫酸盐腐蚀在很大程度上取决于混凝土的渗透性，掺加 S95 级以上磨细矿渣，混凝土抗渗性提高，从而防止了侵蚀性硫酸盐侵入，提高了混凝土的抗硫酸盐性能。磨细矿渣对混凝土抗渗性的提高主要是因为改善了混凝土的微观结构，使水泥浆体的孔隙率明显下降，强化了骨料的界面粘结力。

（5）对混凝土碱-骨料反应的影响

混凝土中掺入磨细矿渣可以抑制碱-骨料反应，一方面是因为磨细矿渣粉的掺入降低了单位体积混凝土中的碱含量；另一方面是由于其填充作用，更进一步提高了混凝土的致密性及抗渗性，在磨细矿渣混凝土中，由于渗透性降低，碱离子的活动能力也大大下降，这是阻止碱-骨料反应发生的重要因素。碱-骨料反应的抑制效果与磨细矿渣取代硅酸盐水泥的数量和矿渣的细度有关。在实际使用时，应按水泥碱含量的高低，找出抑制碱-骨料反应的磨细矿渣的最佳取代量。国外试验研究资料表明，如果水泥碱含量为 1.0%～1.2%，抑制碱-骨料反应的有效取代量为 50%；当水泥碱含量为 0.8% 以下时，抑制碱-骨料反应的有效取代量为 40%。我国现行标准规定在计算混凝土的总碱量时，矿渣带入的有效碱量按照其总碱含量的 50% 计算。

2.3.2.3 磨细矿渣在混凝土中应用时注意的问题

① 严格控制磨细矿渣的细度和掺量：磨细矿渣太粗会使混凝土黏聚性下降，出现离析和泌水，凝结时间延长，早期强度降低；太细会使混凝土早期水化热较大，容易产生开裂现象。

② 注意养护：掺磨细矿渣的混凝土对养护条件要求较为苛刻，因此应加强混凝土的养护工作，充分发挥掺合料的作用。

③ 注意调整混凝土的凝结时间：磨细矿渣对混凝土的凝结时间与不掺磨细矿渣混凝土相比，具有一定的缓凝效果，初凝时间、终凝时间比基准混凝土推迟约 1～2h。冬季施工时，应控制磨细矿渣粉的掺量并结合使用早强型减水剂来调整凝结时间。

④ 注意调整混凝土单方用水量：磨细矿渣与高效减水剂复合使用时，具有辅助的减水作用，所以在保证混凝土初始坍落度相同的情况下，可以适当减少混凝土单方用水量。

2.3.3 硅灰

硅灰（silica fume，SF）是铁合金厂在冶炼硅铁合金或工业硅时，通过烟道收集的以无定形二氧化硅为主要成分的粉体材料。硅灰又称为凝聚硅灰、微硅粉。

除了在耐火材料中使用外，硅灰在高强混凝土和超高强混凝土中的应用也越来越广泛。硅灰混凝土多用于有特殊要求的混凝土工程，如高强度、高抗渗、高耐久性、耐侵蚀性、耐磨性及对钢筋无侵蚀的混凝土中。

2.3.3.1 硅灰的技术指标

由于硅灰是生产硅铁和工业硅的副产品，其生产条件相似，所以各国硅灰的物理性质和化学成分相似。

（1）颜色

热回收系统装置的不同，收集到的硅灰的含碳量及颜色也不相同。带热回收系统装置回收到的硅灰，由于回收系统温度较高（700～800℃），能使硅灰中所含的大部分碳都燃烧掉，收集的硅灰含碳量很少（一般小于 2%），产品呈白色或灰白，而不带热回收系统装置回收到的硅灰，含碳量一般较高，产品颜色较深。

（2）物理指标

表 2-13 为硅灰的技术要求指标。由表 2-13 可见，硅灰的表观密度约为水泥的 2/3，堆积密度却只有水泥的 1/6 左右。硅灰的比表面积可达 15000m²/kg 以上，颗粒形状是球形的，如图 2-18 所示。平均粒径约 0.1～0.2μm，比水泥颗粒细两个数量级。

表 2-13　硅灰的技术要求

项　目	比表面积/(m²/kg)	28d 活性指数/%	二氧化硅含量/%	含水量/%	烧失量/%	需水量比/%	氯离子含量/%
技术指标	≥15000	≥85	≥85	≤3.0	≤6.0	≤125	≤0.02

（3）化学成分

所产生的硅合金的类型不同，硅灰中 SiO_2 的含量也就不同，其中最高可达 $90\%\sim98\%$，最低的只有 $25\%\sim54\%$。用于混凝土中的硅灰 SiO_2 含量应大于 85%，并且绝大部分呈非晶态。非晶态 SiO_2 越多，硅灰火山灰活性越大，在碱性溶液中反应能力也就越强。优质硅灰中高达 98% 以上的组分都是无定形 SiO_2，具有很高的潜在活性。表 2-14 是我国湖北、天津、贵州三地硅灰的化学成分。

图 2-18 硅灰微观形貌

表 2-14 湖北、天津、贵州三地硅灰的化学成分 单位：%

项目	烧失量	SiO_2	Al_2O_3	Fe_2O_3	CaO	MgO	总计
湖北	3.25	93.15	1.08	0.89	0.52	1.08	99.97
天津	2.28	95.81	0.31	0.40	0.31	0.83	99.94
贵州	2.38	93.24	1.16	0.61	0.42	0.71	98.52

三种硅灰均为灰白色粉末，表观密度为 $2.1\sim2.2g/cm^3$，三种硅灰的颗粒组成和比表面积接近，平均粒径 $0.1\sim0.2\mu m$，约 80% 颗粒的粒径在 $4\mu m$ 以下，比表面积为 $15000\sim20000m^2/kg$。

2.3.3.2 硅灰对混凝土性能的影响

由于硅灰颗粒细度较细，比表面积较大，具有 SiO_2 纯度高、火山灰活性高等物理化学特点。把硅灰作为矿物掺合料加入混凝土中，必须配以高效减水剂，方可保证混凝土的和易性。硅灰使用时会引起早期收缩过大的问题，一般掺量为胶凝材料总量的 $5\%\sim10\%$，通常与其他矿物掺合料复合使用。在我国，因其产量低，目前价格很高，一般当混凝土强度低于 80MPa 时，都不考虑掺加硅灰。硅灰对混凝土的性能会产生多方面的良好效果，无定形和极细的硅灰对高性能混凝土有益的影响主要表现在物理和化学两个方面：物理方面，硅灰的加入主要起超细填充料的作用，提高混凝土的密实度；化学方面，在早期水化过程中起晶核作用，并有很高的火山灰活性，且能提高混凝土的耐磨性和抗腐蚀性。

（1）对水化热的影响

表 2-15 是用直接法测定的胶凝材料的水化热，从表中可以看出，用硅灰替代等量水泥后，系统 3d 和 7d 水化放热大大增加。需要控制早期水化放热的混凝土工程，在选择材料时应该特别注意这一点。

表 2-15 硅灰对胶凝材料水化放热的影响（直接法测定）

组成	放热量/(J/g)	
	3d	7d
100%水泥	273	293
90%水泥+10%硅灰	282	316
60%水泥+30%矿渣(800m²/kg)+10%硅灰	256	284

（2）对混凝土拌合物和易性的影响

混凝土拌合物有时会出现离析、泌水现象，拌合物出现泌水层、浮浆层导致混凝土匀质性变差，从而影响混凝土结构质量。在混凝土中掺入硅灰在保证混凝土拌合物流动性的前提下，可以显著改善混凝土拌合物的黏聚性和保水性。故硅灰适用于配制高流态混凝土、泵送混凝土以及水下灌注混凝土。

（3）对混凝土强度的影响

当硅灰与高效减水剂配合使用时，硅灰与水化产物 $Ca(OH)_2$ 反应生成水化硅酸钙凝胶，填充水泥颗粒间的空隙，改善界面结构及粘结力，形成密实结构，从而显著提高混凝土的强度。一般硅灰掺量为 5%～10%，便可配出抗压强度达 100MPa 的超高强混凝土。

硅灰混凝土的早期强度高，常用在抢修工程和高层、大跨度、耐磨等特殊工程上。掺硅灰的高强混凝土抗冲磨强度能提高 3 倍，在水下工程中使用更能突出其优势。

（4）对混凝土抗渗性、抗化学侵蚀性的影响

硅灰颗粒细小，颗粒密堆积，可以填充水泥颗粒之间的空隙。可以减少泌水，减少毛细孔并减小平均孔径，使结构更加密实。硅灰的掺量在 5%～10% 时，可以获得良好的使用效果。因掺入硅灰会使混凝土拌合物变得更加黏稠，故应采用高效减水剂来保证硅灰和水泥的分散，有效地阻止有害离子的侵入和腐蚀作用。因此，掺入硅灰能够使混凝土的抗渗性、抗化学腐蚀性等耐久性显著提高，而且对钢筋的耐腐蚀性也有所改善。

（5）对混凝土抗冻性的影响

关于硅灰对混凝土抗冻性的影响，国内外的大量试验研究表明，在等量取代水泥的情况下，硅灰掺量小于 15% 的混凝土，其抗冻性基本相同，有时还会提高（如掺量 5%～10% 时），但硅灰掺量超过 20% 时会明显降低混凝土的抗冻性。在高性能混凝土中，从减少早期塑性收缩、自收缩和干燥收缩方面考虑，一般把硅灰掺量控制在胶凝材料总量的 10% 以内，这时由于气泡间距系数降低，抗冻性往往有所提高。

（6）对混凝土碱-骨料反应的影响

碱-骨料反应是骨料中的活性二氧化硅或某些碳酸盐矿物在潮湿的环境下与水泥、外加剂、掺合料等中的碱性物质进一步发生化学反应生成吸水膨胀产物，导致混凝土结构产生膨胀、开裂甚至破坏的现象。当向混凝土中掺入硅灰后，硅灰和水泥中的碱反应，能够防止这种过度的膨胀。国内外试验研究表明，硅灰对抑制混凝土中的碱-骨料反应是有利的。在计算混凝土中的总碱量时，硅灰带入的有效碱量按照其总碱含量的 50% 计算。

2.3.4 偏高岭土超细粉

偏高岭土超细粉是以高岭土（$Al_2O_3 \cdot 2SiO_2 \cdot 2H_2O$）类矿物为原料，在适当的温度下（600～900℃）煅烧后经粉磨形成的以无定形铝硅酸盐为主要成分的产品。偏高岭土超细粉经脱水、分解，一部分形成无定形的二氧化硅和氧化铝；另一部分仍是无水铝硅酸盐结晶。偏高岭土是一种白色粉末，平均粒径为 $1～2\mu m$。经热处理的偏高岭土留下了许多孔隙，大大增加了其比表面积。

偏高岭土超细粉的主要成分是无定形的二氧化硅和氧化铝，其含量达到 90% 以上，特别是氧化铝含量比较高。其原子排列不规则，呈热力学介稳状态；存在大量的化学断裂键，表面能很大。在适当激发剂作用下具有较高的胶凝性，与硅灰相似，而且需水量要小于硅灰，而增强效果与硅灰相差不大。有试验研究表明，偏高岭土超细粉的火山灰活性大小与高岭土的纯度（即高岭石的含量）、热处理温度、升温速度和保温时间等因素有关。

掺入偏高岭土超细粉可提高混凝土的配制强度等级，这是因为在碱激发条件下，偏高岭土超细粉中的活性 SiO_2 和 Al_2O_3 迅速与水泥水化生成的 $Ca(OH)_2$ 反应，生成具有一定胶

凝性能的水化硅酸钙和水化铝酸钙，并减少了粗骨料周围的 $Ca(OH)_2$ 层，凝胶产物填充于晶体骨架之间，使混凝土的结构更加致密，早期强度和后期强度都相应提高。有试验研究表明，混凝土中加入偏高岭土超细粉后增强效果较为明显，后期强度会赶上甚至超过硅灰。

偏高岭土超细粉作为一种活性微细掺合料除了具有火山灰效应，还具有填充效应，掺入偏高岭土超细粉使孔隙变小，界面趋于密实，使水泥石与骨料界面的粘结力增强。同时，由于偏高岭土超细粉具有较高的比表面积，亲水性好，加入混凝土中，可改善混凝土拌合物的黏聚性和保水性，减少泌水。高性能混凝土必须具有优异的耐久性，用适量偏高岭土超细粉取代水泥可以很好地改善混凝土的抗渗性、抗冻性和耐蚀性等耐久性能。由于活性偏高岭土超细粉对钾、钠和氯离子的吸附作用，还能有效地抑制碱-骨料反应。而且掺偏高岭土超细粉的混凝土的自收缩和干燥收缩都较小，同时有较好的抗碳化性能，能进一步提高混凝土的耐久性。

偏高岭土超细粉作为活性掺合料，性能优良，但掺量并不是越多越好。一般随偏高岭土超细粉掺量的提高，混凝土的坍落度有所下降，因此需要适当增加用水量或高效减水剂用量。《高性能混凝土应用技术规程》（CECS 207—2006）中规定：偏高岭土超细粉等量取代水泥的最大用量不宜大于 15%。偏高岭土超细粉作为一种新型活性矿物掺合料，具备许多其他掺合料不具备的优点，但是目前在国内的研究和应用都比较少。我国高岭土资源丰富，分布广且质量较稳定，偏高岭土超细粉制备简单，价格低廉，而且活性和硅灰相近，开发与应用前景良好。

总之，现代混凝土科学中最突出的两大成就：其一是高效外加剂的生产和应用；其二是矿物细粉掺合料的研究、应用与发展。前者的开发和应用将混凝土生产技术带入多组分技术平台，为后者的广泛应用创造了技术条件；后者的重要意义远远超过了过去仅仅为节约水泥的经济意义和利用废弃资源的环保意义，矿物细粉掺合料可以使混凝土微观、细观结构更加致密，凝胶品质得到很大改善，强度、稳定性大大提高，混凝土的各项性能全面提升，使得混凝土的结构寿命提高到 500～1000 年成为可能。

2.3.5　沸石粉

天然沸石岩即沸石凝灰岩，是在长期压力、温度和水作用下，一部分已经发生沸石化的凝灰岩。天然沸石岩的沸石含量差异很大，低的有 30%，高的可达 90%。沸石粉是天然沸石岩磨细而成的一种火山灰质材料，颜色为白色，具有很大的内表面积。沸石岩是火山灰质铝硅酸盐矿物，化学成分以 SiO_2 为主，占 60% 左右，Al_2O_3 占 15%～20%。沸石岩中具有火山灰活性的恰好是其中无定形的凝灰岩，能与水泥水化析出的氢氧化钙作用，生成 C-S-H 和 C-A-H。其火山灰活性次于硅灰，优于粉煤灰。

我国是天然沸石资源丰富的国家，目前已发现的矿床或矿点 400 多处，已探明储量超过 100 亿吨，预测储量可达到 500 亿吨。沸石作为一种廉价并容易开采的矿物，用来作为混凝土用矿物掺合料具有普遍的适用性和经济性。目前，天然沸石有四十多种，可用于配制混凝土的主要是斜发沸石和丝光沸石。产地不同的沸石粉的化学成分差异较大，一般沸石粉中 SiO_2 和 Al_2O_3 总量约占 80%。

用于混凝土中的沸石粉，细度宜控制在与水泥一致或稍粗。天然沸石粉对于混凝土的强度效应首先来源于矿物组成、特殊的三维空间架状结构和较大内表面积等方面。沸石粉中含有 SiO_2 和 Al_2O_3，在碱性激发下，沸石粉能与水泥水化时析出的 $Ca(OH)_2$ 反应生成水化硅酸钙胶凝体，促进水泥水化反应的进行；另一方面，由于天然沸石本身具有网格状结构，内部充满了大小均匀的孔穴和通道，并有很大的开放性，经磨细后具有较大的比表面积，自然状态下能吸附大量的水分子和气体，并与大气相对湿度平衡。当掺入混凝土中时可以吸收混凝土中多余的拌合用水，克服混凝土经时泌水性，使混凝土黏性增加，集料裹浆量提高，因此能改善混凝土的工作性。

沸石粉作为混凝土的掺合料作用效果明显，其作用机理与沸石粉的特性密切相关。沸石粉加入到水泥混凝土中之后，在搅拌初期，由于沸石粉的吸水，一部分自由水被沸石粉吸走。因此，要达到相同的坍落度和扩展度，水和减水剂的用量必须有所增加。但如果掺加量不大则不会影响混凝土的强度，且可以提高拌合物的黏度，拌合物比较均匀、和易性好、泌水性减少，从而可提高混凝土的和易性和抗渗性。在混凝土硬化过程中，当水泥进一步水化需水时，先前被沸石粉所吸附的水分又会重新排出，起到内养护的作用，从而促进水化，减少自收缩程度。

因此，沸石粉在混凝土中最有价值的应用是强化混凝土界面和减少高强混凝土的自收缩。此外，由于沸石粉的掺入可代替部分的水泥，使混凝土中的水泥用量减少，在一定程度上也可以抑制混凝土碱-骨料反应的危害和降低混凝土的水化热。

试验表明，沸石粉代替 10% 的水泥配制的混凝土在 3d、7d 以及 28d 的强度均高出掺入同等量粉煤灰、磨细矿渣粉混凝土强度的 20% 左右。强度的提高主要是由于有效水胶比的降低和界面的强化作用。混凝土的强度随沸石粉掺量而变化，其中取代量为 10% 时，混凝土强度提高幅度最大。沸石粉的技术要求见表 2-16。

表 2-16　沸石粉的技术要求

项　　目	技术指标(按级别分)	
	I	II
28d 活性指数/%	≥75	≥70
细度(80μm 方孔筛筛余)/%	≤4	≤10
需水量比/%	≤125	≤120
吸铵值/(mol/100g)	≥130	≥100

2.3.6　石灰石粉

石灰石粉一般是以生产石灰石碎石和机制砂时产生的细砂和石屑为原料，通过进一步粉磨而制成的粒径不大于 10μm 的细粉，因为在混凝土中具有良好的减水和分散效应而被关注和应用。

国外对石灰石粉的研究、开发和利用比较早，常用磨细石灰石粉配制自密实混凝土、大体积混凝土等。美国《Admixtures for Concrete and Guide for Use of Admixtures in Concrete》(ACI 212.1R—81)中指出，石灰石粉可以作为混凝土的矿物掺合料。在国外，石灰石粉用于大型工程的实例已经很多，如法国的西瓦克斯核电站建设使用石灰石粉配制 C50 混凝土。

我国于 2013 年颁布了首个关于石灰石粉在混凝土中应用的标准《石灰石粉混凝土》(GB/T 30190—2013)。近年来的研究和应用证实，石灰石粉作为混凝土矿物掺合料的组成部分应用于混凝土中缓解粉煤灰的供应不足是切实可行的，已成为一种新型混凝土矿物掺合料。

我国石灰石资源分布十分广泛，价格低廉，尤其是南方及西南某些地区缺少矿渣和粉煤灰，而石灰石资源非常丰富，且石灰石的硬度较低，易于粉磨。石灰石粉取代水泥在降低造价成本、减小混凝土水化温升、降低单方用水量、提高资源利用率以及保护生态环境等方面有突出的作用。石灰石粉主要化学成分是 $CaCO_3$，通常被认为是惰性材料，在混凝土中起填充作用。但有些研究发现石灰石粉不完全是一种惰性掺合料，$CaCO_3$ 对 C_3A 与 C_4AF 的水化反应具有加速作用，可以生成碳铝酸盐（三碳水化铝酸钙和单碳水化铝酸钙）。同时，石灰石粉可作为水化硅酸钙（C-S-H）的成核基体，降低成核位垒，加速水泥水化。

　　石灰石粉对混凝土性能的影响主要取决于其产品质量。根据《石灰石粉混凝土》（GB/T 30190—2013）和《石灰石粉在混凝土中应用技术规程》（JGJ/T 318—2014）规定，用作混凝土掺合料的石灰石粉技术指标需满足表 2-17 的要求。

表 2-17　石灰石粉的技术要求

项　目		技术指标
碳酸钙含量/%		≥75
细度 45μm 方孔筛筛余/%		≤15
活性指数	7d	≥60
	28d	≥60
流动度比/%		≥100
含水量/%		≤1.0
MB 值		≤1.4

注：当石灰石粉用于有碱活性骨料配制的混凝土时，可由供需双方协商确定碱含量。

　　（1）石灰石粉对混凝土和易性能的影响

　　在临界掺量范围内，随着石灰石粉掺量的增加，混凝土的初始坍落度不断增加，且坍落度经时损失减少。这是因为石灰石粉取代水泥后，填充了水泥颗粒间的空隙，置换出原本填充在水泥颗粒空隙中的自由水，加厚了颗粒之间的水层。另一方面由于石灰石粉的形态效应，可以起到"滚珠"的作用，从而增加混凝土的流动性。石灰石粉的掺入则减少了水泥用量，延缓胶凝材料水化速度，降低了混凝土的坍落度经时损失。此外，由于石灰石粉比重较轻，在胶凝材料总质量不变的情况下，掺加石灰石粉使粉体体积增加，增加混凝土的含浆量，改善混凝土的和易性，减少了泌水和离析的发生。

　　（2）石灰石粉对混凝土力学性能的影响

　　有试验研究表明，把石灰石粉磨细到与水泥相近的细度，随内掺的石灰石粉掺量的增加，混凝土的抗压强度逐渐减小；而外掺石灰石粉时，混凝土的抗压强度随其掺量增加而增加。国内外学者研究表明：适量的石灰石粉取代水泥时，混凝土的早期强度有所提高，后期强度发展较好，但掺量不能超过一定界限，否则对混凝土强度发展不利。有些学者认为，石灰石粉能提高混凝土早期强度的原因是石灰石粉促进水泥早期水化，增加水泥水化的有效水胶比，实际有效水胶比的增大导致水泥石中的毛细孔增多，从而降低混凝土后期强度。而另外有些学者认为混凝土早期强度提高的原因在于石灰石粉参与了水泥的水化，生成碳铝酸盐（三碳水化铝酸钙和单碳水化铝酸钙）。同时石灰石粉的细度对混凝土力学性能影响明显，细度越大，越能发挥其活性效应和填充效应，混凝土的强度越高。

　　（3）石灰石粉对混凝土耐久性能的影响

　　掺入超细石灰石粉可以减少混凝土单方用水量，减少混凝土塑性收缩和干燥收缩，降低混凝土的开裂敏感性。超细石灰石粉可以明显减小混凝土孔隙率，提高混凝土密实性。一般认为将石灰石粉用作矿物掺合料，可以提高混凝土的抗氯离子渗透性，减少钢筋锈蚀程度，且石灰石粉越细，作用效果越明显。石灰石粉能提高混凝土的抗氯离子渗透性的主要原因是石灰石粉能改善孔结构，减少混凝土中大孔比例，对界面有一定的改善作用。

石灰石粉抗硫酸盐侵蚀能力不如粉煤灰那样强，主要是因为在低温条件下（低于5℃）存在发生碳硫硅钙石型硫酸盐侵蚀的可能性，所谓碳硫硅钙石型侵蚀，是指硫酸盐与混凝土或砂浆中的碳酸盐和水泥水化产生的水化硅酸钙凝胶反应生成无胶结作用的碳硫硅钙石（$CaCO_3 \cdot CaSiO_3 \cdot CaSO_4 \cdot 15H_2O$），随着水化硅酸钙的不断消耗，胶凝材料逐渐变成"泥质"。但当掺量不超过胶凝材料的25%、水胶比低于0.40时，发生此类侵蚀的风险比较低。尽管如此，仍然建议在低温硫酸盐环境下，混凝土中应慎重使用石灰石粉。

石灰石粉作为混凝土矿物掺合料掺入到混凝土中，其颗粒较细，可以填充水泥颗粒之间的空隙。当然，颗粒较粗的石灰石粉（$10 \sim 75\mu m$）如果需水行为较好，我们也提倡使用，最主要的是要看混凝土的性能和要求。总之，充分利用石灰石粉与低品质粉煤灰复合使用，可以显著降低混凝土的单方成本，并可以解决粉煤灰供应不足的问题。虽然石灰石粉在低温硫酸盐环境下存在缺陷，但是世界上并没有一种放之四海而皆准的材料，我们需要做的是把材料用在适当的地方，以物尽其用，这对于混凝土技术与产业走低碳发展模式具有十分重要的意义。

2.4 骨料

骨料是混凝土中比例最大的组分，相对而言比较便宜而且不会与水、水泥发生复杂的化学反应，因此传统观念上人们常把它作为混凝土的惰性填充材料。从认识角度来讲，骨料对于混凝土性能的重要性长期没有得到重视，人们倾向于认为混凝土中最重要的组分材料是水泥，水泥的问题弄清楚了混凝土的问题就解决了。因此导致我国混凝土骨料产业技术和工艺水平较低，相关标准要求也低，骨料品质整体上较差，已经严重影响和制约了混凝土工程质量和混凝土技术进步。近年来，人们逐渐认识到骨料对混凝土和易性、尺寸稳定性、耐久性、强度以及经济性方面的重要作用。我国前辈学者蔡正咏曾指出"我国混凝土质量比西方国家的差，主要原因在于骨料的质量"；美国混凝土知名学者梅塔教授也曾强调"我们必须像重视水泥那样重视骨料"。

2.4.1 骨料的定义与分类

普通混凝土用骨料（也称集料）按粒径可分为细骨料（fine aggregate）和粗骨料（coarse aggregate）。粒径大于4.75mm的颗粒称为粗骨料，包括碎石和卵石。碎石是由天然岩石、卵石或矿山废石经机械破碎、筛分制成的岩石颗粒；卵石是由自然风化、水流搬运和分选、堆积形成的岩石颗粒。粒径小于4.75mm的骨料称为细骨料，它包括天然砂和人工砂。天然砂是自然生成的，经人工开采和筛分后粒径小于4.75mm的岩石颗粒，包括山砂、河砂、湖砂、淡化海砂，但不包括软质、风化的岩石颗粒；人工砂是经除土处理，由机械破碎、筛分而制成的，粒径小于4.75mm的岩石、矿山尾矿或工业废渣颗粒，但不包括软质、风化的岩石颗粒。

2.4.2 骨料的作用

在传统混凝土技术平台上，混凝土以干硬性和低塑性为主体，浆体用量相对较少，粗细骨料堆积构成骨架结构，传递应力，起强度作用，所以人们称砂石为骨料。随着混凝土技术的不断进步，现代混凝土尤其是预拌混凝土，以大流态为主体，浆骨比提高，砂石更多情况下悬浮于胶凝材料浆体中。所以对于现代混凝土而言，传递应力的作用明显减少，骨料更多的作用体现在抑制收缩、防止开裂上。也就是说，骨料的骨架作用主要是稳定混凝土的体积而不是强度。纯水泥浆体硬化后收缩较大，无法用于结构，必须有骨料对水泥浆体的收缩起约束作用，而且骨料在混凝土中必须占据大部分体积。一般情况下，水泥净浆的收缩大于砂浆，砂浆的收缩大于混凝土。

2.4.3　骨料的质量与性能

我国在《建设用砂》（GB/T 14684—2011）和《建设用卵石、碎石》（GB/T 14685—2011）这两个标准中，对不同类别的砂、石均提出了明确的技术质量要求。根据标准规定，建筑用砂和建筑用卵石、碎石按技术要求均可分为Ⅰ类、Ⅱ类、Ⅲ类。

2.4.3.1　泥和泥块含量

含泥量是指骨料中粒径小于0.075mm颗粒的含量。需注意的是，泥块含量在粗骨料和细骨料中定义不同，应注意区分。在细骨料中泥块含量是指粒径大于1.18mm，经水洗、手捏后变成粒径小于0.60mm的颗粒的含量；在粗骨料中则指粒径大于4.75mm，经水洗、手捏后变成粒径小于2.36mm的颗粒的含量。

骨料中的泥颗粒极细，会粘附在骨料表面，影响水泥石与骨料之间的胶结作用。而泥块会在混凝土中形成薄弱部分，对混凝土的质量影响更大。因此，对骨料中泥和泥块含量必须加以严格限制。天然砂石的含泥量和泥块含量应符合表2-18的规定。

表2-18　砂石含泥量和泥块含量要求

项　　目		指　　标		
		Ⅰ	Ⅱ	Ⅲ
含泥量（按质量计）/%	砂	≤1.0	≤3.0	≤5.0
	石	≤0.5	≤1.0	≤1.5
泥块含量（按质量计）/%	砂	0	≤1.0	≤2.0
	石	0	≤0.5	≤0.7

2.4.3.2　有害物质含量

为保证混凝土的质量，混凝土用砂和石不应混有草根、树叶、树枝、煤块、炉渣、塑料品等杂物。砂中常含有如云母、有机物、硫化物及硫酸盐、氯盐、黏土、淤泥等杂质。云母呈薄片状，表面光滑，容易沿解理面裂开，与水泥粘结不牢，会降低混凝土的强度；黏土、淤泥多覆盖在砂的表面，妨碍水泥与砂的粘结，降低混凝土的强度，增大收缩，容易导致混凝土产生开裂；硫酸盐、硫化物对硬化的水泥凝胶体产生腐蚀；有机物通常是植物的腐烂产物，妨碍、延缓水泥的正常水化，降低混凝土的强度；氯盐能引起混凝土中钢筋锈蚀，破坏钢筋与混凝土的粘结，使混凝土保护层开裂。砂和石子的有害物质含量规定应符合表2-19和表2-20的规定。

表2-19　砂中有害物质限量

类别	Ⅰ	Ⅱ	Ⅲ
云母（按质量计）/%	≤1.0	≤2.0	
轻物质（按质量计）/%	≤1.0		
有机物	合格		

续表

类别	Ⅰ	Ⅱ	Ⅲ
硫化物及硫酸盐(按 SO_3 质量计)/%		≤0.5	
氯化物(以氯离子质量计)/%	≤0.01	≤0.02	≤0.06
贝壳(按质量计[①])/%	≤3.0	≤5.0	≤8.0

① 该指标仅适用于海砂,其他砂种不作要求。

表 2-20　石子中有害物质限量

类别	Ⅰ	Ⅱ	Ⅲ
有机物		合格	
硫化物及硫酸盐(按 SO_3 质量计)/%	≤0.5		≤1.0

应注意的是骨料中若含有活性氧化硅或含有活性碳酸盐,在一定条件下会与水泥的碱发生碱-骨料反应(碱-硅酸反应或碱-碳酸盐反应),生成凝胶,吸水产生膨胀,导致混凝土开裂。若骨料中含有活性二氧化硅时,采用化学法和砂浆棒法进行检验;若含有活性碳酸盐骨料时,采用岩石柱法进行检验。国家标准《建筑用砂》(GB/T 14684—2011)和《建设用卵石、碎石》(GB/T 14685—2011)对砂石碱活性这样规定:经碱-骨料反应试验后,试件应无裂缝、酥裂、胶体外溢等现象,在规定的试验龄期膨胀率应小于 0.10%。国家标准《预防混凝土碱骨料反应技术规范》(GB/T 50733—2011)规定:混凝土工程宜采用非碱活性骨料。具有碱-碳酸盐反应活性的骨料不得用于配制混凝土。

需要强调的是,面对资源压力,对于有碱-硅酸反应活性的骨料不宜全面抛弃,只要采取适当的技术手段,是可以安全使用的。

2.4.3.3　坚固性

骨料的坚固性是指骨料在自然风化和其他外界物理化学因素作用下抵抗破裂的能力。

(1) 石坚固性

石坚固性用硫酸钠溶液法检验,试样经 5 次循环后其质量损失值应小于有关规定。碎石和卵石的坚固性其质量损失应符合表 2-21 的规定。

表 2-21　石子坚固性指标

类别	Ⅰ	Ⅱ	Ⅲ
质量损失/%	≤5	≤8	≤12

(2) 砂坚固性

通常天然砂坚固性以硫酸钠溶液干湿循环 5 次后的质量损失来表示;人工砂除硫酸钠溶液法外还应采用压碎指标法进行试验。

① 硫酸钠溶液法　砂坚固性采用硫酸钠溶液法时,各标准应符合表 2-22 的规定。

表 2-22　砂坚固性指标

类别	Ⅰ	Ⅱ	Ⅲ
质量损失/%		≤8	≤10

② 压碎指标法　人工砂除了要满足表 2-22 的规定外,压碎指标还应满足表 2-23 的规定。

表2-23　人工砂压碎指标

类别	Ⅰ	Ⅱ	Ⅲ
单级最大压碎指标/%	≤20	≤25	≤30

砂压碎指标是将一定量试样烘干后，筛除大于 4.75mm 及小于 300μm 的颗粒，将试样倒入已组装好的受压钢模内，以 500N/s 的速度均匀加荷，加荷至 25kN 并稳荷 5s 后，以同样的速度卸荷。取下受压模，移去加压块，倒出压过的试样，然后用该粒级的下限筛（如粒级为 2.36～4.75mm 时，则其下限筛指孔径为 2.36mm 的筛）进行筛分，称出试样的筛余量和通过量，精确至 1g。第 i 单级砂样的压碎指标按式（2-7）进行计算，精确至 1%。

$$Y_i = \frac{m_2}{m_1 + m_2} \times 100\%$$ （2-7）

式中　Y_i——第 i 单粒级压碎指标值 %；

m_1——试样的筛余量，g；

m_2——试样的通过量，g。

2.4.3.4　级配和粗细程度

骨料的级配，是指骨料中不同粒径颗粒的分布情况。良好的级配应当能使骨料的空隙率和总表面积均较小，从而不仅使所需水泥浆量较少，而且还可以提高混凝土的密实度、强度及其他性能。从图 2-19 可以看出，如果是单一粒径的砂堆积，空隙最大，如图 2-19（a）所示；两种不同粒径的砂搭配起来，空隙相应减少，如图 2-19（b）所示；如果三种不同粒径的砂搭配起来，空隙就更小了，如图 2-19（c）所示。

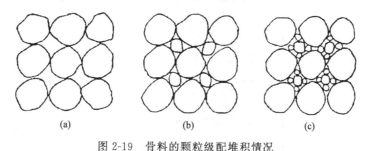

图 2-19　骨料的颗粒级配堆积情况

骨料的粗细程度，是指不同粒径的颗粒混在一起的平均粗细程度。相同质量的骨料，粒径越小，总表面积越大；粒径越大，总表面积越小，因而大粒径的骨料所需包裹其表面的水泥浆相对较少。即相同的水泥浆量，包裹在大粒径骨料表面的水泥浆层比包裹在小粒径骨料表面的水泥浆层厚，骨料间的摩擦也相应减小。

2.4.3.5　骨料的粒形和表面特征

当骨料的颗粒形状近似球形或立方体形，且表面光滑时，表面积较小，对混凝土流动性有利，但是表面光滑的骨料与水泥石之间粘结性较差。砂的颗粒比较小，一般很少考虑其形貌，但是石子就必须考虑其针、片状颗粒的含量。石子中针状颗粒是指颗粒长度大于该颗粒所属粒级平均粒径（该粒级上、下限粒径的平均值）的 2.4 倍者；而片状颗粒是指其厚度小于平均粒径 0.4 倍者。针、片状颗粒不仅受力时容易折断，而且会增加骨料间的空隙，所以国家标准《建设用卵石、碎石》（GB/T 14685—2011）中对针、片状颗粒含量作出规定的限量要求，见表2-24。针、片状含量采用针状规准仪（图 2-20）、片状规准仪（图 2-21）进行测定。

表 2-24　石子中针、片状颗粒含量

类别	Ⅰ	Ⅱ	Ⅲ
针、片状颗粒含量（按质量计）/%	≤5	≤10	≤15

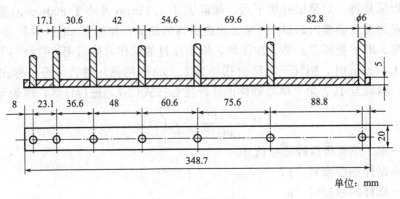

单位：mm

图 2-20　针状规准仪

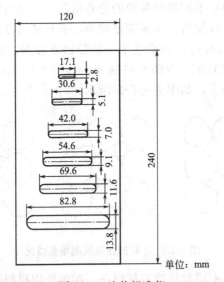

单位：mm

图 2-21　片状规准仪

2.4.3.6　吸水性和表面潮湿状态

骨料颗粒会有不同的吸水状态，当所有可渗透孔都充满水而表面没有水膜时，称为饱和面干状态；当骨料水饱和，同时表面还有游离水时，则称该骨料处于潮湿的状态；当处于烘干状态时，所有的可蒸发水分在加热到100℃时已被清除干净，则称骨料处于全干状态。吸水量是指骨料从烘干到饱和面干状态所需要的水分总量；而有效吸水量的定义则是指骨料从气干状态到饱和面干状态所需的水量。超过饱和面干状态所需要的水量称作表面水。图2-22与图2-23所示分别为机制砂和天然砂的三种不同含水状态。

分析三种状态主要是为了解决混凝土配合比设计中用水量的计算，如以饱和面干状态的骨料为基准，则不会影响混凝土的用水量和骨料用量，因为饱和面干状态的骨料既不会从混凝土中吸收水分，也不会向混凝土中释放水分。因此，一些大型的水利工程、道路工程常以饱和面干状态骨料为基准，这样混凝土的用水量和骨料用量的控制就比较准确。而在一般工

(a) 过湿状态　　　(b) 饱和面干状态　　　(c) 过干状态

图 2-22　机制砂试样的塌陷情况

(a) 过湿状态　　　(b) 饱和面干状态　　　(c) 过干状态

图 2-23　天然砂试样的塌陷情况

业与民用建筑工程中，《混凝土配合比设计规程》（JGJ 55—2011）仍规定以干燥状态骨料为基准。原因是坚固的骨料其饱和面干吸水率不超过 2%，而且在工程施工中必须经常测定骨料的含水率，以及时调整混凝土组成材料的实际用量比例，从而保证混凝土的质量。

　　目前混凝土大量使用机制砂，而且骨料品种较多，品质各异，尤其是吸水率差别大时，以干燥状态设计混凝土配合比可能导致有效水胶比不同；此外使用干燥状态骨料生产混凝土时，若骨料吸水多，则同时也会吸附一定量的减水剂，造成混凝土坍落度损失过大；以干燥状态为基准设计配合比，混凝土生产中由于水的控制较难，容易导致坍落度损失快，质量波动增大。国外混凝土配合比设计都是以骨料饱和面干状态为基准，只有我国例外。当然，以饱和面干状态骨料作为混凝土配合比设计的基准应该是发展方向。

　　当细骨料被水润湿表面有水膜时，常会出现砂的堆积体积增大的现象，这种性质在验收材料和采用体积法配制混凝土时具有重要指导意义。需要注意的是，颗粒表面具有不渗透的结构特征，则不利于形成良好的粘结；但骨料吸水率越大，越不利于混凝土的抗冻性和抗裂性。可见混凝土中充满哲学，有利就有弊，有好就有坏，适度很重要。

2.4.4　细骨料的技术要求

2.4.4.1　细骨料的颗粒级配和粗细程度

　　砂的级配和粗细程度是用筛分析方法测定的。砂的筛分析方法是用一套方筛孔为 4.75mm、2.36mm、1.18mm、0.60mm、0.30mm、0.15mm 的标准筛，将抽样所得 500g 干砂，由粗到细依次过筛，然后称得留在各筛上砂的质量，并计算出各筛上的分计筛余百分率 a_i（各筛上的筛余量占试样总质量的百分率）及累计筛余百分率 A_i（该筛的分计筛余与筛孔大于该筛的各筛的分计筛余百分率之和）。累计筛余和分计筛余的关系见表 2-25，任意一组累计筛余百分率（$A_1 \sim A_6$）则表征了一个级配。

表 2-25　砂分计筛余与累计筛余的关系

筛孔尺寸/mm	分计筛余量/g	分计筛余百分率	累计筛余百分率
4.75	M_1	$a_1 = \dfrac{M_1}{500} \times 100\%$	$A_1 = a_1$
2.36	M_2	$a_2 = \dfrac{M_2}{500} \times 100\%$	$A_2 = a_1 + a_2$
1.18	M_3	$a_3 = \dfrac{M_3}{500} \times 100\%$	$A_2 = a_1 + a_2 + a_3$
0.60	M_4	$a_4 = \dfrac{M_4}{500} \times 100\%$	$A_4 = a_1 + a_2 + a_3 + a_4$

续表

筛孔尺寸/mm	分计筛余量/g	分计筛余百分率	累计筛余百分率
0.30	M_5	$a_5=\dfrac{M_5}{500}\times100\%$	$A_5=a_1+a_2+a_3+a_4+a_5$
0.15	M_6	$a_6=\dfrac{M_6}{500}\times100\%$	$A_6=a_1+a_2+a_3+a_4+a_5+a_6$
筛底(<0.15)	M_7		

砂按 0.60mm 筛孔的累计筛余百分率，分成三个级配区，见表 2-26。砂的实际颗粒级配与表 2-26 中所示累计筛余百分率相比，除 4.75mm 和 0.60mm 筛号外，允许稍有超出分界线，但超出总量百分率不应大于 5%。1 区人工砂中（0.15mm）筛孔的累计筛余百分率可以放宽到 100%～85%，2 区人工砂中（0.15mm）筛孔的累计筛余百分率可以放宽到 100%～80%，3 区人工砂中（0.15mm）筛孔的累计筛余百分率可以放宽到 100%～75%。

以累计筛余百分率为纵坐标，以筛孔尺寸为横坐标，根据表 2-26 的规定数值可以画出砂的 1、2、3 三个级配区上下限的筛分曲线（图 2-24）。配制混凝土时宜优先选用 2 区砂；当采用 1 区砂时，应提高砂率，并保持足够的水泥用量，以满足混凝土的和易性；当采用 3 区砂时，宜适当降低砂率，以保证混凝土强度。

表 2-26　砂的颗粒级配区

砂的分类	天然砂			机制砂		
级配区	1 区	2 区	3 区	1 区	2 区	3 区
方孔筛	累计筛余/%			累计筛余/%		
4.75mm	**10～0**	**10～0**	**10～0**	**10～0**	**10～0**	**10～0**
2.36mm	35～5	25～0	15～0	35～5	25～0	15～0
1.18mm	65～35	50～10	25～0	65～35	50～10	25～0
600μm	**85～71**	**70～41**	**40～16**	**85～71**	**70～41**	**40～16**
300μm	95～80	92～70	85～55	95～80	92～70	85～55
150μm	100～90	100～90	100～90	97～85	94～80	94～75

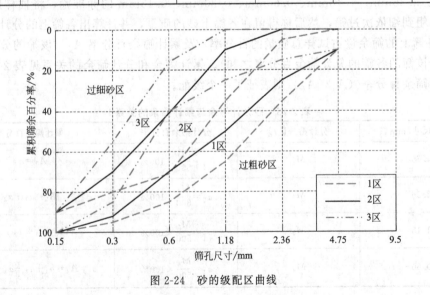

图 2-24　砂的级配区曲线

砂的粗细程度用细度模数表示，细度模数（M_x）按式（2-8）计算：

$$M_x = \frac{(A_2 + A_3 + A_4 + A_5 + A_6) - 5A_1}{100 - A_1} \qquad (2-8)$$

细度模数越大，表示砂越粗。普通混凝土用砂的细度模数范围一般为 3.7～1.6，其中 M_x 在 3.7～3.1 为粗砂，M_x 在 3.0～2.3 为中砂，M_x 在 2.2～1.6 为细砂，配制混凝土时宜优先选用中砂。M_x 在 1.5～0.7 的砂为特细砂，配制混凝土时要作特殊考虑。

应当注意，砂的细度模数并不能反映其级配的优劣，细度模数相同的砂，级配可能差别很大。所以，配制混凝土时必须同时考虑砂的颗粒级配和细度模数。

【例 2-1】 取 500g 干天然砂，经筛分后其结果如表 2-27 所示。试计算该砂细度模数，并判断该砂级配与粗细程度。

表 2-27 天然砂筛分结果

筛孔尺寸/mm	4.75	2.36	1.18	0.60	0.30	0.15	<0.15
筛余量/g	8	82	70	98	124	106	14

注：所有各筛上的分计筛余量和底盘中的剩余量之和与筛分前的试样总质量相比，相差不超过 1% 时属于正常范围，当超过 1% 时，需重新进行试验。

【解】 分计筛余和累计筛余的计算结果如表 2-28 所示。

表 2-28 分计筛余和累计筛余的计算结果

筛孔尺寸/mm	分计筛余量/g	分计筛余百分率/%	累计筛余百分率/%
4.75	8	1.6	1.6
2.36	82	16.4	18.0
1.18	70	14.0	32.0
0.60	98	19.6	51.6
0.30	124	24.8	76.4
0.15	106	21.2	97.6
筛底（<0.15）	14		

$$M_x = \frac{(A_2 + A_3 + A_4 + A_5 + A_6) - 5A_1}{100 - A_1} = \frac{(18.0 + 32.0 + 51.6 + 76.4 + 97.6) - 5 \times 1.6}{100 - 1.6} = 2.7$$

查表 2-26 可知，该砂为 2 区中砂。

2.4.4.2 细骨料的其他质量要求

建筑用砂的含泥量、石粉含量和泥块含量，以及有害物质含量和坚固性要求见表 2-29。

表 2-29 建筑用砂的质量标准

项目 \ 等级	Ⅰ	Ⅱ	Ⅲ
含泥量（按质量计）/%	≤1.0	≤3.0	≤5.0
黏土块（按质量计）/%	0	≤1.0	≤2.0
云母（按质量计）/%	≤1.0	≤2.0	≤2.0
硫化物与硫酸盐（按质量计）/%	≤0.5		
氯化物（以氯离子质量计）/%	≤0.01	≤0.02	≤0.06
贝壳（按质量计）/%	≤3.0	≤5.0	≤8.0

续表

项目	等级	Ⅰ	Ⅱ	Ⅲ
坚固性	天然砂(硫酸钠溶液浸渍 5 个循环后,其质量损失)/%	≤8	≤8	≤10
	人工砂(单级最大压碎指标)/%	≤20	≤25	≤30
人工砂的石粉含量(按质量计)/%	MB 值≤1.4 或合格		≤10	
	MB 值>1.4 或不合格	≤1.0	≤3.0	≤5.0

　　建筑用砂的表观密度、堆积密度、空隙率应符合如下规定:表观密度不小于 2500kg/m³;松散堆积密度不小于 1400kg/m³;空隙率不大于 44%。

　　有机物含量试验,砂的试样溶液颜色应浅于标准溶液;砂样轻物质含量应小于 1.0%。

2.4.5　粗骨料的技术要求

2.4.5.1　粗骨料的颗粒级配和最大粒径

　　石子的级配可分为连续粒级和单粒级,石子的级配通过筛分试验确定。一套方孔标准筛有 2.36mm、4.75mm、9.50mm、16.0mm、19.0mm、26.5mm、31.5mm、37.5mm、53.0mm、63.0mm、75.0mm、90.0mm 共 12 个筛子,可按需选用筛号进行筛分,然后计算得每个筛号的分计筛余百分率和累计筛余百分率(计算方法与砂相同)。碎石和卵石的级配范围要求是相同的,应符合表 2-30 的规定。

表 2-30　碎石或卵石的颗粒级配规定

公称粒级/mm		累计筛余百分率/%											
		方孔筛/mm											
		2.36	4.75	9.50	16.0	19.0	26.5	31.5	37.5	53.0	63.0	75.0	90.0
连续粒级	5~16	95~100	85~100	30~60	0~10	0							
	5~20	95~100	90~100	40~80	—	0~10	0						
	5~25	95~100	90~100	—	30~70	—	0~5	0					
	5~31.5	95~100	90~100	70~90	—	15~45	—	0~5	0				
	5~40	—	95~100	70~90	—	30~65	—	—	0~5	0			
单粒级	5~10	95~100	80~100	0~15	0								
	10~16		95~100	80~100	0~15	0							
	10~20		95~100	85~100	—	0~15	0						
	16~25			95~100	55~70	25~40	0~10	0					
	16~31.5		95~100		85~100	—	—	0~10	0				
	20~40			95~100	—	80~100	—	—	0~10	0			
	40~80				95~100	—	—	—	70~100	—	30~60	0~10	0

　　粗骨料中公称粒级的上限称为该骨料的最大粒径。骨料粒径越大,其比表面积越小,因此包裹它表面所需的水泥浆数量相应减少,可节约水泥用量,所以在条件许可的情况下,应尽量选用粒径较大的粗骨料。但粒径大的骨料容易使过渡界面区有更多的微裂纹,过渡区变得更加薄弱,因此应合理选择粗骨料的最大粒径。在实际工程上,骨料最大粒径受到多种条

件的限制，具体如下：

① 混凝土粗骨料的最大粒径不得超过结构截面最小尺寸的 1/4，同时，不得大于钢筋间最小净间距的 3/4。为避免混凝土难以流入模板和钢筋之间的空隙，粗骨料最大粒径不得超过保护层厚度的 3/4（在严重腐蚀环境条件下不宜超过混凝土保护层厚度的 1/2）。

② 对于混凝土实心板，骨料的最大粒径不宜超过板厚的 1/3，且不得超过 40mm。

③ 对于泵送混凝土，骨料最大粒径与输送管内径之比，碎石不宜大于 1：3，卵石不宜大于 1：2.5。石子粒径过大，对运输和搅拌都不方便。

对于泵送混凝土，为防止混凝土泵送时堵塞管道，保证泵送顺利进行，粗骨料最大粒径与输送管的管径之比应符合表 2-31 要求。

表 2-31 粗料骨的最大粒径与输送管的管径之比

粗骨料	泵送高度/m	粗骨料的最大粒径与输送管的管径之比
碎石	<50	<1：3
	50～100	<1：4
	>100	<1：5
卵石	<50	<1：2.5
	50～100	<1：3

④ 对大体积混凝土（如混凝土坝或围堤）或疏筋混凝土，有时为了节省水泥，降低收缩，可在大体积混凝土中抛入大块石（或称毛石），常称作抛石混凝土。在普通混凝土配合比的结构中，骨料粒径大于 40mm 后，由减少用水量获得的强度提高被较少的粘结面积及大粒径骨料造成的不均匀性的不利影响所抵消，因此并没有什么好处。

粗骨料的最大粒径 D_m 增大，会削弱粗骨料与水泥浆体界面间的粘结，增大了内部结构的不连续性；粗骨料对水泥硬化收缩起约束作用，由于二者弹性模量不同，因而混凝土内部产生拉应力，D_m 增大，拉应力增大；水胶比一定时，减小骨料粒径可以提高混凝土拉-压强度比；D_m 增大，界面过渡区的氢氧化钙晶体的定向排列程度增大；水胶比越低，粗骨料粒径对渗透性和强度的影响越大；抗渗性、抗冻性和强度随最大粒径的减小而提高。

需要说明的是，我国相关标准规定，制备高强混凝土骨料最大粒径不得大于 25mm。

2.4.5.2 强度

骨料的强度一般是指粗骨料（碎石和卵石）的强度，为了保证混凝土的强度，粗骨料必须致密并具有足够的强度。碎石的强度可用抗压强度和压碎指标值表示，卵石的强度只用压碎指标值表示。

碎石的抗压强度测定，是将其母岩制成边长为 50mm 的立方体（或直径与高均为 50mm 的圆柱体）试件，在水饱和状态下测定其极限抗压强度值。碎石抗压强度一般在混凝土强度等级大于或等于 C60 时才检验，其他情况下如有怀疑或必要时也可进行抗压强度检验。

过去教科书中有要求"岩石强度与混凝土强度之比应不小于 1.5"的说法，忽略了现代混凝土是以预拌泵送混凝土为主，石子在混凝土中呈悬浮状态，混凝土强度基本上与骨料强度无关的现状。对干硬性混凝土、低塑性混凝土以及高强泵送混凝土仍然要求粗骨料强度高于混凝土强度，例如现行标准中对高强混凝土，要求粗骨料岩石抗压强度值至少应比混凝土设计强度高 30%；对于普通等级干硬性混凝土、低塑性混凝土，仍要求粗骨料岩石抗压强度值至少应比混凝土设计强度高 20%。此外，对于中等强度等级的混凝土来说，粗骨料本身的强度并不是最重要的。除上述原因外，还因为骨料的强度比混凝土中水泥石基体和界面过渡区的强度要高出数倍。换句话说，破坏是由其他两相决定，绝大多数天然骨料的强度得不到充分利用。混凝土中最薄弱的环节是硬化的水泥石浆体与粗骨料之间的界面过渡区，而不是粗骨料本身。普通泵送混凝土一般骨料可不要求立方体抗压强度指标。

碎石强度可用岩石抗压强度和压碎指标值表示，卵石的强度只用压碎指标值来表示。岩石抗压强度是将岩石制成 50mm×50mm×50mm 的立方体（或 ϕ50mm×50mm 圆柱体）试件，浸没于水中 48h 后，从水中取出，擦干表面，放在压力机上进行强度试验。国家标准《建设用卵石、碎石》（GB/T 14685—2011）中要求在水饱和状态下，火成岩抗压强度应不小于 80MPa，变质岩应不小于 60MPa，水成岩应不小于 30MPa。

碎石或卵石压碎指标测定方法是将 3kg 风干后筛除粒径大于 19.0mm 及小于 9.50mm 的颗粒，并去除针片状颗粒的石子装入一定规格的圆筒内，在压力机上以 1kN/s 的速度加荷，加荷至 200kN 并稳定 5s，卸荷后称取试样质量 m_1，再用孔径为 2.36mm 的筛筛除被压碎的细粒，称取出留在筛上的试样质量 m_2。

$$Q_e = \frac{m_1 - m_2}{m_1} \times 100\% \qquad (2\text{-}9)$$

式中　Q_e——压碎指标，%；

　　　m_1——试样的质量，g；

　　　m_2——压碎试验后筛余的试样质量，g。

压碎指标值越小，说明粗骨料抵抗受压破碎能力越强，建筑用卵石和碎石的压碎指标值的限量见表 2-32。

表 2-32　建筑用卵石和碎石的压碎指标

项目	指标		
	Ⅰ	Ⅱ	Ⅲ
碎石压碎指标/%	≤10	≤20	≤30
卵石压碎指标/%	≤12	≤14	≤16

2.4.5.3　粗骨料的有害物质指标

建筑用卵石、碎石的有害物质指标应符合表 2-33 要求。

表 2-33　建筑用卵石、碎石的有害物质指标

项　目	指　标		
	Ⅰ	Ⅱ	Ⅲ
针片状颗粒含量(按质量计)/%	≤5	≤10	≤15
含泥量(按质量计)/%	≤0.5	≤1.0	≤1.5
泥块含量(按质量计)/%	≤0	≤0.2	≤0.5
硫化物与硫酸盐含量(按 SO_3 质量计)/%	≤0.5	≤1.0	≤1.0
坚固性指标(硫酸钠溶液浸渍 5 个循环后,其质量损失)/%	≤5	≤8	≤12
吸水率/%	≤1.0	≤2.0	≤2.0

2.5 外加剂

2.5.1 外加剂简介

2.5.1.1 外加剂的发展

外加剂（concrete admixtures）是指在混凝土拌制的过程中掺入的用以改善混凝土性能的物质。混凝土外加剂的掺量一般不大于胶凝材料质量的5%。混凝土外加剂产品的质量必须符合国家标准《混凝土外加剂》（GB 8076—2008）的有关规定。

在建筑材料中掺用化学物质的历史可以追溯到很久以前。据历史记载，公元前258年曹操曾将植物油加入灰土中建造了铜雀台；宋代将糯米汁加入石灰中修造了古城墙；清朝乾隆年间曾用糯米汁、石灰和牛血建造了永定河堤。其实糯米汁、植物油、牛血就是古代的化学外加剂。

1935年美国E·W·Scripture获得了用亚硫酸盐纸浆废液改善混凝土和易性、提高强度和耐久性的专利，从此拉开了现代混凝土外加剂的帷幕。1948年我国华北窑业公司引进美国文沙引气剂，并命名为长城牌引气剂，成功应用于天津新港工程。20世纪50年代，我国在工程中开始应用自己生产的松香热聚物和松香皂类引气剂、亚硫酸盐纸浆废液塑化剂以及氯盐类防冻剂。1962年日本研究学者服部健一成功研制出聚合度为10的萘磺酸盐甲醛缩合物并取得了专利权，这就是一直沿用至今的萘系高效减水剂。1964年，联邦德国成功研制出三聚氰胺磺酸盐甲醛缩合物高效减水剂，并用这种减水率高达25%以上的减水剂，成功配制出了坍落度达200mm以上的流态混凝土。

我国外加剂的起步较国外稍晚，20世纪50年代才开始木质素磺酸盐类引气剂的研究和应用，到70年代以后，外加剂的科研、生产和应用取得重大进展。2000年前后逐渐开始对高性能减水剂进行研究，以聚羧酸系减水剂为代表的高性能减水剂在近15年的时间里应用量连续增长。在混凝土外加剂蓬勃发展的带动下，在商品混凝土飞速发展的推动下，我国已形成了混凝土外加剂的完整体系，除减水剂之外，尚有泵送剂、引气剂、早强剂、防冻剂、防水剂、速凝剂、缓凝剂以及膨胀剂等。这些各具特色的外加剂，满足了土木工程的不同需要，为混凝土的技术进步以及工程质量的提高做出了巨大贡献。

2.5.1.2 外加剂的种类

混凝土外加剂是在拌制混凝土过程中掺入的，并能按要求改善混凝土性能的，一般掺量不超过胶凝材料质量5%的物质。

混凝土外加剂在拌制混凝土过程中，可以与拌合水一起掺入拌合物，也可以比拌合水滞后掺入。有研究认为，滞后掺入可以取得更好的改性效果。根据需要，外加剂也可以在从混凝土搅拌到混凝土浇筑的过程中分几次掺入，以解决混凝土拌合物流动性的经时损失问题。

混凝土外加剂不包括在水泥生产过程中掺入的助磨剂等物质。混凝土外加剂的掺量从万分之几至百分之几。除混凝土膨胀剂、防冻剂等少数外加剂以外，大部分掺量都在1%～2%之内。外加剂的掺量应以胶凝材料总用量的百分比掺用。

混凝土外加剂可用于水泥砂浆或水泥净浆中，其主要作用与掺入混凝土中所起作用相同。每种外加剂按其具有一种或多种功能给出定义，并根据其主要功能命名。复合外加剂具有一种以上的主要功能，按其一种以上主要功能命名。

主要混凝土外加剂的名称及定义如下：

① 减水剂：在混凝土坍落度基本相同的条件下，能减少拌合用水量的外加剂。减水率 ≥8％的减水剂为普通减水剂；减水率≥14％的减水剂为高效减水剂。

② 早强剂：可加速混凝土早期强度发展的外加剂。

③ 缓凝剂：可延长混凝土凝结时间的外加剂。

④ 引气剂：在搅拌混凝土过程中能够引入大量均匀分布、稳定而封闭的微小气泡（20～200μm）的外加剂。

⑤ 早强减水剂：兼有早强和减水功能的外加剂。

⑥ 缓凝减水剂：兼有缓凝和减水功能的外加剂。

⑦ 引气减水剂：兼有引气和减水功能的外加剂。

⑧ 防水剂：能降低混凝土在静水压力下的透水性的外加剂。

⑨ 阻锈剂：能抑制或减轻混凝土中钢筋或其他预埋金属锈蚀的外加剂。

⑩ 加气剂：混凝土制备过程中因发生化学反应，产生气体，而使混凝土中形成大量气孔的外加剂。

⑪ 膨胀剂：能使混凝土产生一定体积膨胀的外加剂。

⑫ 防冻剂：能使混凝土在负温条件下硬化，并在规定时间内达到足够防冻强度的外加剂。

⑬ 泵送剂：能改善混凝土拌合物泵送性能的外加剂。

⑭ 速凝剂：能使混凝土迅速凝结硬化的外加剂。

⑮ 消泡剂：能抑制混凝土中气泡的产生，消除混凝土内部的有害气泡的外加剂。

大多数凝土外加剂都是表面活性剂，因此，研究外加剂的性质的时候，表面活性剂占有很重要位置。表面活性剂可用来作为混凝土的减水剂、引气剂、泵送剂、调凝剂、防冻剂等，加入少量的表面活性剂便能显著降低溶剂（一般为水）的表面张力。通过改变体系的界面状态，从而产生润湿、乳化、起泡、增溶等一系列作用（或其反作用）以达到实际应用的要求。一般情况下使用的溶剂多为水，若不加说明，所谓的降低表面张力，就是指降低水的表面张力。表面活性剂分子结构一般是由极性基团和非极性基团构成，具有不对称结构。表面活性剂的界面活性是许多界面现象的基础，可以解释表面活性剂在气-液、液-液、气-固、液-固等多种界面上的吸附现象。

2.5.1.3 外加剂的分类

（1）按主要功能分类

① 改善混凝土拌合物流变性能的外加剂：包括各种减水剂、引气剂和泵送剂等。

② 调节混凝土凝结时间、硬化性能的外加剂：包括缓凝剂、早强剂、促凝剂和速凝剂。

③ 改善混凝土耐久性的外加剂：包括引气剂、防水剂和阻锈剂等。

④ 改善混凝土其他性能的外加剂：包括加气剂、膨胀剂、着色剂等。

（2）按化学成分分类

① 无机物外加剂：包括各种无机盐类、一些金属单质和少量氢氧化物等。如早强剂中的 $CaCl_2$ 和 Na_2SO_4；加气剂中的铝粉；防水剂中的氢氧化铝等。

② 有机物外加剂：混凝土外加剂绝大部分都是有机物外加剂，其中大部分属于表面活性剂的范畴，有阴离子型表面活性剂、阳离子型表面活性剂、非离子型表面活性剂等。如减水剂中的木质素磺酸盐、萘磺酸盐甲醛缩合物等。有一些有机外加剂本身并不具有表面活性作用，但却可作为优质外加剂使用。

③ 复合外加剂：适当的无机物与有机物合制成的外加剂，往往具有多种功能或使某项性能得到显著改善，这是协同效应在外加剂技术中的体现，是外加剂的发展方向之一。

2.5.1.4　外加剂的主要成分和作用

混凝土外加剂的主要成分及作用见表2-34。

表2-34　各种外加剂的主要成分和主要作用

外加剂品种	主要作用	主要成分
早强剂	①提早拆模。 ②缩短养护期,使混凝不受冰冻或其他因素的破坏。 ③提前完成建筑物的建设与修补。 ④部分或完全抵消低温对强度发展的影响。 ⑤提前开始表面抹平。 ⑥减少模板侧压力。 ⑦在水压下堵漏效果好	①可溶性无机盐:氯化物、溴化物、氟化物、碳酸盐、硝酸盐、硫代硫酸盐、硅酸盐、铝酸盐和碱性氢氧化物。 ②可溶性有机物:三乙醇胺、甲酸钙、乙酸钙、丙酸钙、丁酸钙、尿素、草酸、胺与甲醛缩合物
速凝剂	喷射混凝土、堵漏或其他特殊用途	铁盐、氟化物、氯化铝、铝酸盐和硫铝酸盐、碳酸钾等
引气剂	引气,提高混凝土流动性和黏聚性、减少离析与泌水,提高抗冻融性和耐久性	松香热聚物、合成洗涤剂、木质素磺酸盐、蛋白质盐、脂肪酸和树脂酸及其盐
减水剂调凝剂	减水、缓凝、早强、缓凝减水、早强减水、高效减水、高效缓凝减水	①木质素磺酸盐。 ②木质素磺酸盐的改性物或衍生物。 ③羟基羧酸及其盐类。 ④羟基羧酸及其盐的改性物或衍生物。 ⑤其他物质: a. 无机盐:锌盐、硼酸盐、磷酸盐、氯化物。 b. 铵盐及其衍生物。 c. 碳水化合物、多聚糖酸和糖酸。 d. 水溶性聚合物,如纤维素醚、蜜胺衍生物、萘衍生物、聚硅氧烷和磺化碳氢化合物
高效减水剂（超塑化剂）	高效减水,提高流动性,或二者结合	①萘磺酸盐甲醛缩合物。 ②多环芳烃磺酸盐甲醛缩合物。 ③三聚氰胺磺酸盐甲醛缩合物
加气剂（起泡剂）	在新拌混凝土浇筑时或浇筑后水泥凝结前产生气泡,减少混凝土沉陷和泌水,使混凝土更接近浇筑时的体积	过氧化氢、金属铝粉,吸附空气的某些活性炭
灌浆外加剂	粘结油井、在油井中远距离泵送	缓凝剂、凝胶、黏土、凝胶淀粉和甲基纤维素;膨润土、增稠剂、早强剂、加气剂
膨胀剂	减少混凝土干燥收缩	细铁粉或粒状铁粉与氧化促进剂,石灰系,硫铝酸盐系,铝酸盐系
粘结剂	增加混凝土粘结性	合成乳胶、天然橡胶胶乳
泵送剂	提高可泵性,增加水的黏度,防止泌水、离析、堵塞	①高效减水剂、普通减水剂、缓凝剂、引气剂。 ②合成或天然水溶性聚合物,增加水的黏度。 ③高比表面积无机材料:膨润土、二氧化硅、石棉粉、石棉短纤维等。 ④混凝土掺合料:粉煤灰、水硬石灰、石粉

续表

外加剂品种	主要作用	主要成分
着色剂	配制各种颜色的混凝土和砂浆	①灰到黑：氧化铁黑、矿物黑、炭黑。 ②蓝：群青、酞菁蓝。 ③浅红到深红：氧化铁红。 ④棕：氧化铁棕、富锰棕土、烧褐土。 ⑤乳白、奶白、米色：氧化铁黄。 ⑥绿：氧化铬绿、酞青绿。 ⑦白：二氧化钛
絮凝剂	增加泌水速度，减少泌水能力，减小流动性，增加黏度，早强	聚合物电解质
灭菌剂 杀虫剂	阻止和控制细菌和霉菌在混凝土墙板和墙面上生长	多卤化物、狄氏剂乳液和铜化物
防潮剂	减小水渗入混凝土的速度或减小水在混凝土内从湿到干的传导速度	皂类、丁基硬脂酸、某些石油产品
减渗剂	减小混凝土的渗透性	减水剂、氯化钙
减小碱-骨料反应的外加剂	减小碱-骨料反应的膨胀	锂盐、钡盐，某些引气剂、减水剂、缓凝剂、火山灰质掺合料
阻锈剂	防止钢筋锈蚀	亚硝酸钠、苯甲酸钠、木质素磺酸钙、磷酸盐、氟硅酸盐、氟铝酸盐

2.5.2 减水剂

2.5.2.1 概述

在保持新拌混凝土和易性相同的情况下，能显著降低混凝土单方用水量的外加剂称为减水剂（water reducing agent），又称分散剂或塑化剂，它是最常用的一种混凝土外加剂。按照我国混凝土外加剂相关标准规定，将减水率不低于8%的减水剂称为普通减水剂或塑化剂；减水率超过14%的减水剂称为高效减水剂或超塑化剂（也称流化剂）。根据减水剂对混凝土凝结时间及强度增长的影响以及是否具有引气功能，又可将减水剂分为标准型减水剂、缓凝型减水剂、早强型减水剂和引气型减水剂。

目前使用的减水剂，按化学成分分类主要有木质素磺酸盐及其衍生物、高级多元醇及多元醇复合体、羟基羧酸及其盐、萘磺酸盐甲醛缩合物、三聚氰胺磺酸盐甲醛缩合物、聚氧乙烯醇及其衍生物、多环芳烃磺酸盐甲醛缩合物、氨基磺酸盐甲醛缩合物、聚羧酸盐及其共聚物等。随着混凝土科学技术的不断发展，特别是为了适应大流动性混凝土的需要，国内外研究学者还在不断开发各种聚合物电解质用作高效减水剂。

一般认为，减水剂的发展可以大致分为三个阶段：以木质素磺酸钙为代表的第一代普通减水剂阶段；以萘系为代表的第二代高效减水剂阶段；以聚羧酸系为代表的第三代高性能减水剂阶段。第一、第二代减水剂由于掺量大，减水率低，水泥适应范围较窄，坍落度损失大，采用有毒物质为原料等问题而受到制约。20世纪80年代初期出现的聚羧酸系高效减水剂被认为是第三代减水剂，它是当今国内外最新的一代减水剂，它以其优异的性能，成为世界性研究热点。

减水剂用在混凝土拌合物中，可以起到以下四种作用：

① 在不改变混凝土组分，特别是不减少单方用水量的条件下，改变混凝土施工工作性，提高流动性。

② 在给定工作性条件下减少拌合水和水胶比，提高混凝土强度，改善耐久性。

③ 在给定工作性和强度的条件下，减少水和水泥用量，从而节约水泥，减少干缩、徐变和水泥水化引起的热应力。

④ 改善混凝土拌合物的可泵性以及混凝土其他物理力学性能。

任何事物有利就有弊，减水剂也是如此。第二代减水剂对混凝土早期收缩的增大常被人们忽略，其24h之前的收缩可增大180%以上，给混凝土结构体积稳定性带来负面影响。聚羧酸代替萘系成为最重要的减水剂，与萘系相比，减水率大幅度提高，收缩明显降低。但目前对环境温度、含水量、骨料的含泥量、泥块含量及石粉含量都特别敏感，使用不方便。在工地使用，上午随着环境温度的升高，坍落度损失较快，运到工地时混凝土流动性已经无法满足施工要求，工人只好再加水，给工程质量带来隐患；下午和晚上随着环境温度的降低，保坍能力越来越好，使混凝土整夜不凝固，反而延长了施工周期。

2.5.2.2　减水剂的作用机理

水泥的比表面积一般为 $317 \sim 350 m^2/kg$，90%以上的水泥颗粒粒径在 $7 \sim 80 \mu m$ 范围内，属于微细粉体颗粒范畴。对于"水泥-水"体系，水泥颗粒及水泥水化颗粒表面为极性表面，具有较强的亲水性。微细的水泥颗粒具有较大的比表面能（固-液界面能），为了降低固液界面总能量，微细的水泥颗粒具有自发凝聚成絮团的趋势，以降低体系界面能，使体系在热力学上保持稳定性。同时，在水泥水化初期，C_3A 颗粒表面带正电荷，而 C_3S 和 C_2S 颗粒表面带负电荷，正负电荷的静电引力作用也促使水泥颗粒凝聚形成絮凝结构，如图2-25所示。

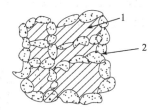

图2-25　水泥颗粒的
絮凝结构

1—游离水；2—水泥颗粒

水在混凝土中的存在形式有三种，即化学结合水、吸附水和自由水。在新拌混凝土初期，化学结合水和吸附水少，拌合水主要以自由水的形式存在。但是，由于水泥颗粒的絮凝结构会使10%～30%的自由水包裹其中，从而严重降低了混凝土拌合物的流动性。掺入减水剂的主要作用就是破坏水泥颗粒的絮凝结构，使其保持分散状态，释放出包裹于絮团中的自由水，从而提高新拌混凝土的流动性。

作为水泥颗粒分散剂的减水剂，大部分都是相对分子量较低的聚合物电解质，其相对分子量在1500～100000范围内。这些聚合物电解质的碳氢链上带有许多极性官能团，极性基团的种类通常有 $-SO_3^-$，$-COO^-$，$-OH$ 等。这些极性基团与水泥颗粒或水化水泥颗粒的极性表面具有较强的亲和力。带电荷的减水剂（具有 $-SO_3^-$，$-COO^-$ 等极性基的阴离子表面活性剂）通过范德华力、静电引力或化学键力吸附在水泥颗粒表面；带极性基（如 $-OH$，$-O^-$）的非离子减水剂也可以通过范德华力和氢键的共同作用吸附在水泥颗粒表面，而未与水泥颗粒表面作用的极性基则随碳氢链伸入液相中。

水泥颗粒或水泥水化颗粒作为固体吸附剂，由于本身性质和结构的复杂性，使减水剂在其表面的吸附既有物理吸附也有化学吸附。吸附作用可以发生在毛细孔、裂缝及气孔的所有表面上。

减水剂掺入新拌混凝土中，能够破坏水泥颗粒的絮凝结构，起到分散水泥颗粒的作用，从而释放絮凝结构中的自由水，提高混凝土拌合物的流动性。虽然减水剂的种类不同，其对水泥颗粒的分散作用机理也不尽相同，但是，概括起来，减水剂的分散减水机理基本上包括以下五个方面：

（1）降低水泥颗粒固液界面能

减水剂通常为表面活性剂（异极性分子），性能优良的减水剂在"水泥-水"界面上具有较强的吸附能力。减水剂吸附在水泥颗粒表面上能够降低水泥颗粒固液界面能，降低"水泥-水"分散体系总能量，从而提高分散体系的热力学稳定性，这样有利于水泥颗粒的分散。因此，不但减水剂的极性基种类、数量影响其减水作用效果，而且减水剂的非极性基团的结构特征，碳氢链长度也显著影响减水剂的性能。

（2）静电斥力作用

新拌混凝土中掺入减水剂后，减水剂分子定向吸附在水泥颗粒表面上，部分极性基团指向液相。由于亲水极性基团的电离作用，使得水泥颗粒表面带有电性相同的电荷，并且电荷量随减水剂浓度增大而增大，直至饱和，从而使水泥颗粒之间产生静电斥力，使水泥颗粒絮凝结构解体，颗粒相互分散，释放出包裹于絮团中的自由水，从而有效地提高拌合物的流动性。带磺酸根（—SO_3^-）的离子型聚合物电解质减水剂，静电斥力作用较强；带羧酸根离子（—COO^-）的聚合物电解质减水剂，静电斥力作用次之；带羟基（—OH）和醚基（—O—）的非离子型表面活性减水剂，静电斥力作用最小。以静电斥力作用为主的减水剂（如萘磺酸盐甲醛缩合物、三聚氰胺磺酸盐甲醛缩合物等）对水泥颗粒的分散减水机理如图2-26所示。

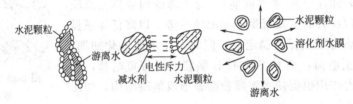

图 2-26　减水剂静电斥力分散机理示意图

（3）空间位阻斥力作用

吸附在水泥颗粒表面上的聚合物减水剂，会在水泥颗粒表面形成一层有一定厚度的聚合物分子吸附层。当水泥颗粒相互靠近时，吸附层开始重叠，即在颗粒之间产生斥力作用，重叠越多，斥力越大。这种由于聚合物吸附层靠近重叠而产生的阻止水泥颗粒接近的机械分离作用力，称为空间位阻斥力。一般认为所有的离子聚合物都会引起静电斥力和空间位阻斥力两种作用力，它们的大小取决于溶液中离子的浓度、聚合物的分子结构以及摩尔质量。线型离子聚合物减水剂（如萘磺酸盐甲醛缩合物、三聚氰胺磺酸盐甲醛缩合物）吸附在水泥颗粒表面，能够显著降低水泥颗粒的 ξ 负电位（绝对值增大），因而其以静电斥力为主分散水泥颗粒，其空间位阻斥力较小。具有支链结构的共聚物高效减水剂（如交叉链聚丙烯酸、羧基丙烯酸与丙烯酸酯共聚物、含接枝聚环氧乙烷的聚丙烯酸共聚物等）吸附在水泥颗粒表面上，虽然其使水泥颗粒的 ξ 负电位降低较小，静电斥力较小，但是，由于其主链与水泥颗粒表面相连，支链延伸进入液相中形成较厚的聚合物分子吸附层，从而具有较大的空间位阻斥力作用，所以，在掺量较小的情况下，便对水泥颗粒具有显著的分散作用。以空间位阻斥力作用为主的典型接枝梳状共聚物对水泥颗粒的分散减水机理如图2-27所示。

（4）水化膜润滑作用

减水剂大分子含有大量的极性基团，如木质素磺酸盐含有磺酸基（—SO_3^-）、羟基（—OH）和醚基（—O^-）；氨基磺酸盐甲醛缩合物含有磺酸基、氨基（—NH_2）和羟基（—OH）；萘磺酸盐甲醛缩合物和三聚氰胺磺酸盐甲醛缩合物含有磺酸基；聚羧酸盐减水剂含有羧基

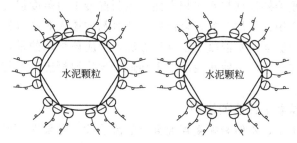

图 2-27 空间位阻斥力分散机理示意图

（—COO⁻）和醚基（—O⁻）等。这些极性基团具有较强的亲水作用，特别是羟基、羧基和醚基等均可与水形成氢键，故其亲水性较强。因此，减水剂分子吸附在水泥颗粒表面后，由于极性基团的亲水作用，可使水泥颗粒表面形成一层具有一定机械强度的溶剂水化膜。水化膜的形成可以破坏水泥颗粒的絮凝结构，释放包裹于其中的拌合水，使水泥颗粒充分分散，并提高水泥颗粒表面的润湿性，同时对水泥颗粒及骨料颗粒的相对运动起到润滑作用，在宏观上表现为新拌混凝土流动性增大。

（5）引气隔离"滚珠"作用

木质素磺酸盐、腐殖酸盐、氨基磺酸盐系及聚羧酸盐系等减水剂，由于能降低液-气界面张力，故具有一定的引气作用。这些减水剂掺入混凝土拌合物中，不但能吸附在固-液界面上，而且能吸附在液-气界面上，使混凝土拌合物中更容易形成许多微小气泡。减水剂分子定向排列在气泡的液-气界面上，使气泡表面形成一层水化膜，同时带上与水泥颗粒相同的电荷。气泡与气泡之间、气泡与水泥颗粒之间均产生静电斥力，对水泥颗粒产生隔离作用，从而阻止了水泥颗粒的凝聚。而且气泡的滚珠和浮托作用也有助于新拌混凝土中水泥颗粒、骨料颗粒之间的相对滑动。因此，减水剂所具有的引气隔离"滚珠"作用可以改善混凝土拌合物的和易性。

2.5.2.3 减水剂与混凝土原材料之间的相容性问题

以高效减水剂为主的混凝土外加剂是现代混凝土重要的原材料之一，是混凝土技术发展的重要里程碑。减水剂在提高混凝土性能的同时，也存在一些问题，主要是与混凝土原材料之间的相容性问题。

相容性是指具有减水作用的混凝土外加剂与混凝土其他原材料相匹配时，拌合物的流动性及其经时损失的变化程度。水泥与减水剂的相容性一直是外加剂在使用过程中的难题，目前水泥细度细、C₃A 含量高、SO₃ 含量低、碱含量高、石膏类型和晶形不好、水泥出厂温度高等问题，都是导致与外加剂相容性不好的主要原因。

砂石骨料的类型及品质也会影响减水剂的减水效果，大城市面临的砂石料紧缺、来源复杂、质量呈逐渐下降趋势、砂子含泥量波动大等问题，均会使减水剂在使用过程中出现相容性差的问题。

矿物掺合料也会影响减水剂的相容性，主要是矿物掺合料的烧失量和细度，烧失量越大，混凝土的流动性损失越快。粉煤灰是燃煤电厂的副产品，不同的煤质对混凝土拌合物的性能影响也很大，一般Ⅰ级和Ⅱ级粉煤灰适应性好，Ⅲ级粉煤灰适应性较差。

解决好减水剂与混凝土材料的相容性问题，一方面在于减水剂技术的进步，另一方面是要全面提高混凝土原材料质量，不能让所有因劣质原材料引起的问题都由减水剂承担。

长期以来，混凝土工作者致力于研究提高减水剂与水泥的相容性，从而控制混凝土坍落度损失，提出了各种改善外加剂与水泥相容性、控制混凝土坍落度损失的方法。例如：新型高性能减水剂的开发应用；外加剂的复合使用；减水剂的掺入顺序（先掺法、同掺法、后掺法）；适当"增硫法"；适当调整混凝土配合比方法。但应该强调的是，引起减水剂与水泥适应性不好的主要矛盾在于水泥，使水泥品质更加适应现代混凝土生产与施工是水泥产业必须尽快解决的课题。

2.5.2.4　减水剂对混凝土性能的影响

减水剂掺入混凝土中，不但影响新拌混凝土的流动性、黏聚性、保水性、凝结时间以及水泥的水化进程，而且还会影响硬化后混凝土的强度、体积稳定性及耐久性。不同的减水剂，对混凝土性能的影响也不尽相同。

（1）减水剂对新拌混凝土性能的影响

① 和易性　在其他条件相同的情况下，新拌混凝土的和易性则与减水剂的种类和掺量有着显著的关系。掺入适量的减水剂，由于减水剂对水泥颗粒的分散作用，可使新拌混凝土黏度下降，颗粒间更容易相对滑动，从而改善新拌混凝土的和易性。但是，当减水剂与水泥适应性差，或者高效减水剂掺量过大时，则可能导致新拌混凝土离析与泌水增大，和易性变差。

高效减水剂对新拌混凝土和易性的改善效果要比普通减水剂明显。在一定范围内，随着减水剂掺量的增大，拌合物和易性改善程度也随之增大。但是，对于缓凝型减水剂（如木质素磺酸盐、糖钙、糖蜜等），掺量过大，会导致混凝土凝结时间过长，并降低硬化混凝土强度；对于引气型减水剂（如木质素磺酸盐、腐植酸盐等），掺量过大，会导致混凝土拌合物引气量过大，从而会降低硬化混凝土强度；对于高效减水剂（如萘磺酸盐甲醛缩合物、三聚氰胺磺酸盐甲醛缩合物等），掺量过大，会导致新拌混凝土离析、泌水严重。因此，各种品种的减水剂，均应有其合适的掺量范围，在此范围内，既能改善新拌混凝土的和易性，又能提高硬化混凝土的各种性能。

混凝土中掺入减水剂，在不改变水泥用量，不增加新拌混凝土和易性的情况下，可明显减少单方用水量，从而可以达到提高混凝土强度的目的。此时所减少的单方用水量与基准混凝土单方用水量之百分比，则称为减水率。为了统一，特规定"基准混凝土"作为衡量和比较的标准，对于特定减水剂，其减水率大小并不是在任何混凝土配合比条件下都完全一样。倘若条件改变，则减水情况也会发生变化。因此，在实际使用时，应通过试验确定实际减水率，不要直接套用标准所测数据。

② 凝结时间　普通缓凝型减水剂，如糖钙、糖蜜、蔗糖、木质素磺酸盐、腐植酸盐等掺入混凝土拌合物中，可延长混凝土的凝结时间。高效减水剂，如萘酸盐甲醛缩合物、三聚氰胺磺酸盐甲醛缩合物等掺入混凝土中，对混凝土没有缓凝作用，在掺入这些高效减水剂降低混凝土水胶比时，所配制的混凝土与基准混凝土的初凝时间、终凝时间基本一致。但是，当用高效减水剂配制流动性混凝土，特别是用较大掺量的高效减水剂配制大流动性混凝土时，混凝土凝结时间会延长，这主要是由于混凝土拌合物流动性大所致，而并非高效减水剂本身具有缓凝作用。

③ 水化进程　水泥的水化反应是放热反应，能释放出相当数量的热量。掺缓凝型减水剂后，混凝土的水化速度变慢，一般放热峰出现的时间会推迟，峰值降低。然而，28d内水泥的总发热量与不掺者大致相同。但是，当混凝土中掺入萘系、三聚氰胺系等高效减水剂时，在降低水胶比的情况下，一般不会使水泥的水化速度减慢，有时反而会加快水泥的水化速度。但当用高效减水剂配制大流动性混凝土，特别是高效减水剂掺量较大时，一般也会使

混凝土的放热峰出现时间推迟，峰值有所下降。

（2）减水剂对硬化混凝土性能的影响

① 强度　强度是混凝土最重要的力学性能，这是因为任何混凝土结构物主要都是用以承受荷载或抵抗各种作用力。在一定条件下，工程上要求的混凝土的其他性能往往都与混凝土的强度存在着密切的联系。影响混凝土强度的因素很多（如水胶比、水泥性质、外加剂、掺合料、骨料及混凝土养护制度等）。

决定混凝土 28d 强度的重要因素是水泥浆的水胶比（W/B），随着水胶比的降低，混凝土的强度增大。减水剂掺入混凝土中，在保持水泥用量和和易性相同的情况下，可较大幅度地降低混凝土的水胶比，因而可显著地提高混凝土的抗压强度。减水剂使混凝土抗压强度提高的原因，除了降低水胶比外，还由于减水剂的分散作用使混凝土的匀质性和水泥的有效利用率提高所致。

② 干缩和徐变　干缩是非荷载作用下硬化混凝土的一种体积变形，其主要取决于混凝土的单方用水量、水胶比、水泥的性质和用量、骨料的品质和用量以及养护条件等。由于减水剂的性质和使用情况不同，不同的使用情况或不同的减水剂，其对混凝土的干缩呈现出不同的影响作用，甚至有时会得到相反的结果。减水剂对混凝土干缩的影响基本上存在着以下三种情况：

a. 在保持混凝土用水量及强度相同的情况下，掺入减水剂用以改善混凝土的和易性，提高流动性。此时，对于普通减水剂，掺减水剂的混凝土干缩值有所增大，但增大幅度在正常性能范围内；而对高效减水剂而言，在水胶比不变的情况下，其对混凝土干缩值影响则较小。

b. 在保持混凝土拌合物坍落度及水泥用量相同的情况下，掺入减水剂可以减少用水量，从而提高混凝土强度，此时掺减水剂混凝土干缩值可能略有增大。

c. 在保持混凝土拌合物坍落度和硬化混凝土强度相同的情况下，掺入减水剂同时减少混凝土单方用水量及水泥用量。此时，掺减水剂混凝土的干缩值将小于不掺减水剂的混凝土的干缩值。

徐变是在长期荷载作用下硬化混凝土的一种体积变形。混凝土的徐变在加荷初期增加较快，随后逐渐减慢，在若干年后增加量很小。当所加荷载除去后，一部分变形瞬间恢复，此瞬间恢复的变形等于混凝土在卸荷时的弹性变形，略小于加荷时的弹性变形。那些约在若干天内逐渐恢复的变形，称为徐变恢复。恢复性徐变约在加荷后两个月趋于稳定，而非恢复性徐变则在相当长的时间内仍在继续增加。影响混凝土徐变的因素主要有环境条件（温度和湿度）、水泥品种、水胶比、骨料品种及用量、试件尺寸、应力状态等。减水剂对混凝土徐变的影响随减水剂的品种、性质以及用途不同而有所不同。总的来说，高效减水剂对流动性混凝土的徐变影响较小；掺加非引气型减水剂，由于降低了混凝土的水胶比而使强度得到提高，因而在同一龄期和施加相同应力的情况下，混凝土徐变将有所减小；掺入引气型减水剂，由于混凝土中含气量增多，则徐变将有所增大。

③ 耐久性　混凝土材料在长期使用过程中，抵抗因服役环境外部因素和材料内部原因造成的侵蚀和破坏，而保持其原有性能不变的能力称为耐久性。混凝土耐久性是一项综合性能，它主要包括有抗渗、抗冻、抗侵蚀、抗碳化、碱-骨料反应抑制性等。长期处于各种环境介质中的混凝土，往往会遭到不同程度的损害，甚至破坏。损害和破坏的原因有两个方面，即外部环境条件和混凝土内部缺陷。外部环境条件包括气候的作用、极端温度的作用、磨蚀、天然或工业液体及气体的侵蚀等；内部缺陷包括混凝土不密实、碱-骨料反应、骨料

和水泥石热性能不同所引起的热应力破坏等。

a. 减水剂对混凝土抗渗性的影响。混凝土抵抗流体（包括水、油、气）介质渗透进入其内部的能力叫做混凝土抗渗性。为了满足施工操作要求，在拌合混凝土时所用的水远远超过水泥水化所需的水，因此混凝土中存在着水化剩余水、早期蒸发水和泌水通道等留下的孔缝以及拌合时带入的空气（也以孔缝形式存在）等原生孔缝，尤其是界面外侧的过渡层为多孔区。同时，混凝土结构由于荷载及其他各种原因引起体积变形，还将生成更多的次生孔隙并相互贯通形成孔缝网络。因此，混凝土是一种多孔的、在各种尺度上多相的非均质材料。

混凝土拌合物中掺入减水剂，在和易性相同的情况下，可大幅度减少拌合用水量，因而减少了水化剩余水蒸发和泌水通道等留下的孔缝，提高了混凝土的密实性，降低了孔隙率。减水剂还可细化混凝土的孔直径，改善混凝土的孔结构。若掺入具有一定引气作用的减水剂，由于分散和引气作用，提高了混凝土中孔的均匀性，特别是引入大量微小的气泡阻塞了连通毛细管的通道，变开放孔为封闭孔。因此，混凝土中掺入减水剂可显著提高其抗渗性。

b. 减水剂对混凝土抗冻性的影响。混凝土的抗冻性是指在水饱和状态下，混凝土能经受多次冻融循环而不破坏，同时也不严重降低强度的性能。混凝土在反复冻融过程中破坏，是由于自由水冻结成冰时体积增大9%所形成的膨胀压力，以及过冷水发生迁移产生的渗透压力所致。因此，混凝土的抗渗性越好，其抗冻性也就越高。混凝土中掺入一定量的减水剂，特别是具有引气作用的减水剂，在新拌混凝土和易性相同的情况下，显著降低了水胶比并能引入一定数量独立的微小气泡（混凝土适宜的含气量范围一般为2%～6%），当冬季低温环境下混凝土内部水分结冰时，冰冻产生的膨胀被气泡吸收，从而保护混凝土结构不被冰胀压力破坏，提高混凝土抗冻能力。

c. 减水剂对混凝土抗碳化性能的影响。抗碳化性是指混凝土能够抵抗空气中的二氧化碳与水泥石中氢氧化钙作用生成碳酸钙和水的能力。钢筋混凝土结构的耐久性与混凝土抗碳化性能密切相关，未碳化的混凝土pH值可达到12.6～13.0，这种强碱性环境能使混凝土中钢筋表面生成一层钝化薄膜，从而保护钢筋免于锈蚀。当混凝土和空气以及含有二氧化碳气体的雨水接触后，混凝土表面层首先开始碳化，经过较长的时间后，混凝土内部也逐渐发生碳化。混凝土碳化后，虽然其承载能力不会马上降低，但当深入到钢筋表面以后，混凝土就起不到保护钢筋的作用了。当碱度降低到pH<11.5时，由于进入了一定量的氧离子，使原来起保护钢筋作用的"钝化膜"遭到破坏。由于钢筋自身含有杂质和混凝土本身的不均匀性以及各部位所处的环境条件的差异，导致产生了电位差，产生电流，在钢筋中形成局部微电池，从而产生电化学腐蚀。

由于空气和水的长期作用，混凝土中的钢筋将逐渐生成体积比原来钢筋体积大2～2.5倍的铁锈，其膨胀压导致混凝土保护层的开裂和脱落，这样又会进一步加速钢筋的锈蚀。更重要的是，钢筋截面面积的减小使钢筋混凝土结构的承载能力与设计所具有的功能不断削弱，最终可能导致建筑物的破坏。当钢筋处于应力状态下时，钢筋的锈蚀作用更快，造成破坏的危险性更大。因此，提高混凝土的抗碳化性能可以预防混凝土中的钢筋锈蚀作用。

混凝土中掺入减水剂，在新拌混凝土和易性相同的情况下，降低了水胶比，提高了混凝土的强度和匀质性，使混凝土更加致密，因而抗渗性提高。如果减水剂具有一定引气作用，还可引入一定量微气泡从而阻塞毛细管通道，进一步提高抗渗性。抗渗性好的致密混凝土，可阻止二氧化碳和水汽的进入，因而具有较好的抗碳化性能。所以，混凝土中掺入减水剂，可明显地提高混凝土的抗碳化能力。

2.5.3　缓凝剂

缓凝剂（retarding agent）是一种能延缓水泥水化反应，从而延长混凝土的凝结时间，使新拌混凝土能够较长时间保持塑性，方便浇筑，提高施工效率，同时对混凝土的后期各项性能不会造成不良影响的外加剂。缓凝剂按其缓凝时间可分为普通缓凝剂和超缓凝剂；按化学成分可分为有机缓凝剂和无机缓凝剂。有机缓凝剂包括羟基羧酸及其盐、多元醇及其衍生物、糖类等；无机缓凝剂包括磷酸盐、锌盐、硫酸铁、硫酸铜、氟硅酸盐等。

2.5.3.1　缓凝剂分类

（1）有机缓凝剂

糖类：葡萄糖、蔗糖及其衍生物和糖蜜及其改性物，由于原料广泛，价格低廉，同时具有一定的缓凝功能，因此使用也较为广泛，其掺量一般为水泥质量的 $0.1\%\sim0.3\%$。

羟基羧酸、氨基羧酸及其盐：这一类缓凝剂的分子结构含有羟基（—OH），羧基（—COOH）或氨基（—NH$_2$），常见的有柠檬酸、葡萄糖酸、酒石酸、水杨酸等及其盐。此类缓凝剂的缓凝效果较强，通常将凝结时间延长一倍，掺量一般为水泥质量的 $0.05\%\sim0.2\%$。

多元醇及其衍生物：多元醇及其衍生物的缓凝作用较稳定，特别是在使用温度变化时仍有较好的稳定性。此类缓凝剂的掺量一般为水泥质量的 $0.05\%\sim0.2\%$。

（2）无机缓凝剂

硼砂为白色粉末状结晶物质，吸湿性强，易溶于水和甘油，其水溶液呈弱碱性，常用掺量为水泥质量的 $0.1\%\sim0.2\%$。氟硅酸钠为白色物质，有腐蚀性，常用掺量为水泥质量的 $0\sim0.2\%$。磷酸盐、偏磷酸盐类缓凝剂是近年来研究较多的无机缓凝剂。三聚磷酸钠为白色粒状粉末，无毒、不燃、易溶于水，一般掺量为水泥质量的 $0.1\%\sim0.3\%$，能使混凝土的凝结时间延长 $50\%\sim100\%$。磷酸钠为无色透明或白色结晶体，水溶液呈碱性，一般掺量为水泥质量的 $0.1\%\sim1.0\%$，能使混凝土的凝结时间延长 $50\%\sim100\%$。

其他无机缓凝剂如氯化锌、碳酸锌以及锌、铁、铜、镉的硫酸盐也具有一定的缓凝作用，但是由于其缓凝作用不稳定，故不常使用。

2.5.3.2　缓凝剂的作用机理

一般来讲，大多数有机缓凝剂都具有表面活性，它们在固-液界面上产生吸附，改变固体粒子的表面性质，或是通过其分子中亲水基团吸附大量的水分子形成较厚的水膜层，使晶体间的相互接触受到屏蔽，改变了结构形成过程；或是通过其分子中的某些官能团与游离的 Ca^{2+} 生成难溶性的钙盐吸附于水泥矿物颗粒表面，从而抑制水泥的水化过程，起到缓凝效果。大多数无机缓凝剂与水泥水化产物生成复盐，沉淀于水泥矿物颗粒表面，抑制水泥颗粒的水化。缓凝剂的作用机理较为复杂，通常是多种缓凝机理综合作用的结果。

2.5.3.3　缓凝剂对混凝土性能的影响

（1）延缓混凝土凝结时间

缓凝剂主要是在水泥混凝土终凝前起作用，在终凝后对水化反应的影响并不大，但由于缓凝作用，会对混凝土的早期强度有所影响。

（2）降低水化放热速度

混凝土的早期强度发展与混凝土裂缝的产生有密切关系。早期水化速度太快，温升大，很容易出现一些裂缝，特别是大体积混凝土，混凝土内部温度升高又不容易散发，造成内外温差太大，导致混凝土产生裂缝。缓凝剂降低水化放热速度，可以减少混凝土开裂风险。

（3）降低坍落度损失

缓凝剂能控制新拌混凝土的坍落度经时损失。常用的缓凝剂有糖钙、柠檬酸等，它们能显著地延长初凝时间，同时，初凝时间与终凝时间之间的间隔也较短，既降低了坍落度损失，又不影响早期强度的增长。

（4）对强度的影响

从强度的发展来看，掺缓凝剂后，混凝土早期强度比未掺的要低一些，特别是1d、3d强度会低一些，一般7d以后其强度就可以达到正常水平。

图 2-28　乌溪江水电站

缓凝剂可用于预拌混凝土、夏季高温施工混凝土、大体积混凝土，不宜用于气温低于5℃施工的混凝土、有早强要求的混凝土、蒸养混凝土。缓凝剂一般还具有减水的作用。在三峡一期工程中，混凝土体积量约300万立方米，所使用的外加剂为缓凝引气型减水剂。乌溪江水电站（见图2-28）混凝土工程使用的外加剂为缓凝减水剂。

2.5.4　早强剂

早强剂（hardening accelerator）是指能提高混凝土早期强度并对混凝土后期强度无显著影响的外加剂，多在冬季施工（最低气温不低于−5℃）或者紧急抢修时采用。

2.5.4.1　早强剂分类

早强剂按照其化学成分，可分为无机系、有机系和复合系三大类。最初是单独使用无机早强剂，后来发展为无机与有机复合使用，现在已发展为早强剂与减水剂复合使用，这样既保证了对混凝土减水、增强、密实的作用，又充分发挥了早强剂的优势。常用的早强剂有以下几种。

（1）氯化物系早强剂

主要有氯化钾、氯化钠、氯化钙、氯化铵、氯化铁、氯化铝等。其中氯化钙应用最广，早强效果好，除能提高混凝土早期强度外，还有促凝、防冻效果，其价格低廉，使用方便，一般掺量为水泥质量的0.5%～2.0%。掺入氯化钙可以使水泥的初凝时间和终凝时间缩短，3d的强度可提高30%～100%，24h的水化热增加30%，混凝土的泌水性、抗渗性等均有提高，缺点是会产生钢筋锈蚀。在钢筋混凝土中，氯化钙掺量不得超过水泥用量的1%，通常与阻锈剂$NaNO_2$复合使用。

（2）硫酸盐系早强剂

主要有硫酸钠、硫代硫酸钠、硫酸钙、硫酸铝、硫酸铝钾等。其中硫酸钠应用较多，一般掺量为水泥质量的0.5%～2.0%，硫酸钠对矿渣水泥混凝土的早强效果要优于普通水泥混凝土。

（3）有机物系早强剂

有机物系列早强剂主要有三乙醇胺、三异丙醇胺、甲醇、乙醇等，最常用的是三乙醇胺。三乙醇胺为无色或淡黄色透明油状液体，易溶于水，一般掺量为水泥质量的0.02%～0.05%，具有缓凝作用，一般不单掺，常与其他早强剂复合使用。

（4）复合系早强剂

复合系早强剂是早强剂的发展方向之一，如将三乙醇胺与氯化钙、亚硝酸钠、石膏等组分按一定比例复合，可以取得比单一组分更好的早强效果和一定的后期增强作用。

2.5.4.2　早强剂的作用机理

（1）氯盐类

氯化钙对水泥混凝土的作用机理有两种论点：其一是氯化钙对水泥水化起催化作用，促使氢氧化钙浓度降低，因而加速了 C_3A 的水化；其二是氯化钙的 Ca^{2+} 吸附在水化硅酸钙表面，生成复合水化硅酸盐（$C_3S \cdot CaCl_2 \cdot 12H_2O$）。同时，在石膏存在的条件下，与水泥石中 C_3A 作用生成水化氯铝酸盐（$C_3A \cdot CaCl_2 \cdot 10H_2O$ 和 $C_3A \cdot 3CaCl_2 \cdot 30H_2O$）。此外，氯化钙还增强水化硅酸钙缩聚过程。

（2）硫酸盐类

以硫酸钠为例，在水泥硬化时，硫酸钠较快地与氢氧化钙作用生成石膏和碱，新生成的细粒二水石膏比在水泥粉磨时加入的石膏对水泥的反应快得多，水化反应生成硫铝酸钙晶体。与此同时，式(2-10)和式(2-11)反应的发生也能加快 C_3S 的水化。

$$Na_2SO_4 + Ca(OH)_2 + 2H_2O \longrightarrow CaSO_4 \cdot 2H_2O + 2NaOH \qquad (2\text{-}10)$$

$$CaSO_4 \cdot 2H_2O + C_3A + 12H_2O \longrightarrow 3CaO \cdot Al_2O_3 \cdot CaSO_4 \cdot 12H_2O \qquad (2\text{-}11)$$

（3）有机物类

三乙醇胺早强剂掺量较少，低温早强作用明显，而且有一定的后期增强作用。它的作用机理是能促进 C_3A 的水化。在 $C_3A\text{-}CaSO_4\text{-}H_2O$ 体系中，它能加快钙矾石的形成，因而对混凝土早期强度发展较为有利。

2.5.4.3　早强剂对混凝土性能的影响

（1）对新拌混凝土性能的影响

一般认为，无机盐及有机早强剂略有减水作用，对混凝土拌合物的黏聚性有所改善。掺早强剂的混凝土其凝结时间稍有提前或无明显变化。早强剂本身无引气性，但使用较为普遍的木钙与早强剂复合的早强减水剂可使混凝土的含气量提高到 3%～4%。而早强剂与高效减水剂复合一般不会增加混凝土含气量。

（2）对硬化混凝土性能的影响

① 对混凝土强度的影响　早强剂对混凝土的早期强度有十分明显的影响，1d、3d、7d强度都有大幅度提高。但对混凝土长期性能的影响并不一致，有的后期强度提高，有的后期强度降低。对单组分早强剂而言，在相同的掺量下，混凝土强度的提高一般都较掺复合早强剂的低，尤其是28d强度。早强减水剂由于加入了减水剂，可以通过降低水胶比来进一步提高早期强度，同时也可以弥补混凝土掺早强剂后期强度不足的问题，使28d强度也有所提高。

② 对混凝土收缩性能影响　无机盐类早强剂对早期水化的促进作用，使水泥浆体在初期有较大的水化产物表面积，产生一定的膨胀作用，使整个混凝土体积略有增加，而后期的收缩与徐变也会有所增大。早期的不够致密的水化产物结构影响了混凝土的孔隙率、结构密实度，这样在后期就会造成一定的干缩，特别是掺氯化钙早强剂的混凝土现象更为显著。

③ 对混凝土耐久性的影响　在无机盐类早强剂中，氯化物与硫酸盐是常用的早强剂。氯化物中含有一定量的氯离子，会加速混凝土中的钢筋锈蚀，从而影响混凝土的耐久性。硫酸盐早强剂因含有钠盐，可能会与混凝土中的活性的骨料产生碱-骨料反应而导致混凝土耐久性降低。

亚硝酸盐、硝酸盐、碳酸盐等凡含有 K^+、Na^+ 的都可能导致碱-骨料反应。此外由于这些无机早强剂均属强电解质，在潮湿环境下容易导电，因此在电解车间、电气化运输设施的钢筋混凝土，如果绝缘条件不好，极易受到直流电的作用而发生电化学腐蚀。因此，这些部位是不允许使用强电解质外加剂的。

另外，一些溶解度较大的早强剂如 K_2SO_4、Na_2SO_4、$CaCl_2$ 等在掺量较大、早期养护条件好的情况下，因水分蒸发会在混凝土表面产生盐析现象，即"泛白""起霜"现象，影响了混凝土表面的美观，也不利于混凝土与装饰层的粘结。

2.5.5 膨胀剂

膨胀剂（expansion admixture）是能使混凝土产生一定体积膨胀的外加剂。在混凝土中掺入膨胀剂可以配制补偿收缩混凝土和自应力混凝土，因而得到了很快的发展和广泛的应用。膨胀剂按化学成分可分为：硫铝酸盐系膨胀剂、石灰系膨胀剂、铁粉系膨胀剂、复合型膨胀剂。

2.5.5.1 膨胀剂分类

① 硫铝酸盐系膨胀剂：此类膨胀剂包括硫铝酸钙膨胀剂（CSA）、铝酸钙膨胀剂（AEA）、复合型膨胀剂（CEA）、明矾石膨胀剂（EA-L）、U 型膨胀剂（UEA），其膨胀源为钙矾石，掺量一般为 $6\%\sim12\%$。

② 石灰系膨胀剂：此类膨胀剂是指与水泥、水经水化反应能生成氢氧化钙的混凝土膨胀剂，其膨胀源为氢氧化钙。该膨胀剂比 CSA 膨胀剂膨胀速度快，且原料丰富，成本低廉，膨胀稳定快，耐热性好，对钢筋保护作用好。

③ 铁粉系膨胀剂：此类膨胀剂是利用机械加工产生的废料"铁屑"作为主要原材料，外加某些氧化剂、氯盐和减水剂混合制成，其膨胀源为氢氧化铁。

④ 复合型膨胀剂：复合型膨胀剂是指膨胀剂与其他外加剂复合，除具有膨胀性能外还具有其他性能的复合外加剂。

2.5.5.2 膨胀剂的作用机理

膨胀剂的成分不同，其膨胀机理也各不相同。硫铝酸盐系膨胀剂加入水泥混凝土后，自身组成中的无水硫铝酸钙参与水泥矿物的水化反应或直接与水泥水化产物反应，形成高硫型硫铝酸钙（钙矾石），钙矾石相的生成使固相体积增加，从而引起表观体积的膨胀。石灰系膨胀剂的膨胀作用主要由氧化钙晶体水化生成氢氧化钙晶体，体积增加所致。铁粉系膨胀剂则是由于铁粉中的金属铁与氧化剂发生氧化作用，生成氧化铁，并在水泥水化的碱性环境中还会生成胶状的氢氧化铁而产生膨胀效应。

混凝土变形与开裂的关系是：材料中两质点间相向变形（受压），不会开裂；背向变形（受拉），会引起开裂。据此可知，混凝土自由收缩不会开裂，限制收缩会引起开裂；混凝土自由膨胀会引起开裂，限制膨胀则不会开裂。图 2-29 所示为普通混凝土和补偿收缩混凝土的限制膨胀率。

2.5.5.3 膨胀剂的应用

掺硫铝酸钙膨胀剂的膨胀混凝土，不能用于长期处于环境温度为 80℃ 以上的工程中，最适宜用于地下工程，配筋较密时效果较好。掺硫铝酸钙类或石灰类膨胀剂的混凝土，不

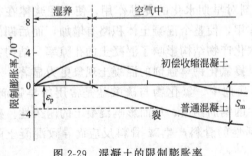

图 2-29　混凝土的限制膨胀率

宜使用氯盐类外加剂。掺铁屑膨胀剂的填充用膨胀砂浆，不能用于有杂散电流的工程和与铝镁材料接触的部位。

① 补偿收缩混凝土。混凝土在凝结硬化过程中要产生大约相当于其自身体积 0.04%～0.06% 的收缩，当收缩产生的拉应力超过混凝土的抗压强度时便会产生裂缝，这些裂缝的存在和扩展又会导致渗漏，进而影响了混凝土的耐久性。膨胀剂的作用是在混凝土凝结硬化初期产生一定的体积膨胀，用以补偿混凝土的收缩。

② 自防水混凝土。许多混凝土构筑物有防水、防渗要求，除采取混凝土外部的防水处理外，混凝土的结构自防水也非常重要。膨胀剂通常用来做混凝土结构自防水材料，如用于地铁、地下防水工程、地下室、地下建筑混凝土工程、储水池、游泳池、屋面防水工程等。

③ 自应力混凝土。混凝土在掺入膨胀剂后，除补偿自身收缩外，在限制条件下还保留一部分的膨胀能力形成自应力混凝土。自应力混凝土可用于有压容器、自应力管道、水池、桥梁、预应力钢筋混凝土以及需要预应力的各种混凝土结构。

2.5.6　速凝剂

速凝剂（accelerator）是能使混凝土迅速凝结硬化的外加剂。主要用于采用喷射法施工的喷射混凝土中，亦可用于需要速凝的其他混凝土中。

速凝剂必须具有以下基本性能：

① 对混凝土无不利影响，如钢筋锈蚀、碱-骨料反应、长期耐久性等。

② 有较高的早期强度，后期强度降低不能太大（小于 30%）。

③ 使混凝土喷出后 3～5min 内初凝，10min 之内终凝。

④ 尽量减小水胶比，防止收缩过大，提高抗渗性。

⑤ 使混凝土具有一定的黏度，防止回弹过高。

⑥ 对施工人员及环境无不良影响，对钢筋无腐蚀作用。

⑦ 原材料易得，价格较低。

2.5.6.1　速凝剂分类

按其主要成分可以分成三类：铝氧熟料-碳酸盐系速凝剂、硫铝酸盐系速凝剂、水玻璃系速凝剂。

① 铝氧熟料-碳酸盐系速凝剂。其主要成分是铝氧熟料、碳酸钠以及生石灰，这种速凝剂碱含量较高，混凝土的后期强度降低较大，但加入无水石膏可以在一定程度上降低碱度并提高混凝土后期强度。

② 硫铝酸盐系速凝剂。它的主要成分是铝矾土、芒硝（$Na_2SO_4 \cdot 10H_2O$），此类产品碱量较低，且由于加入了氧化锌而提高了混凝土的后期强度，但却延缓了早期强度的发展。

③ 水玻璃系速凝剂。它以水玻璃为主要成分，这种速凝剂凝结硬化速度很快，早期强度高，抗渗性好，而且可在低温下施工。缺点是收缩较大，这类产品用量低于前两类。因其抗渗性能好，常用于止水堵漏。

2.5.6.2　速凝剂的作用机理

（1）铝氧熟料-碳酸盐型速凝剂作用机理

$$Na_2CO_3 + CaSO_4 \longrightarrow CaCO_3 \downarrow + Na_2SO_4 \tag{2-12}$$

$$NaAlO_2 + 2H_2O \longrightarrow Al(OH)_3 + NaOH \tag{2-13}$$

$$2NaAlO_2 + 3Ca(OH)_2 + 3CaSO_4 + 30H_2O \longrightarrow 3CaO \cdot Al_2O_3 \cdot 3CaSO_4 \cdot 32H_2O + 2NaOH \tag{2-14}$$

碳酸钠与水泥浆中石膏反应，生成 $CaCO_3$ 沉淀，从而破坏了石膏的缓凝作用。铝酸钠在有 $Ca(OH)_2$ 存在的条件下与石膏反应生成水化硫铝酸钙和氢氧化钠，由于石膏的消耗而使水泥中的 C_3A 成分迅速分解进入水化反应，C_3A 的水化又迅速生成钙矾石而加速了水泥的凝结硬化。另一方面，大量生成 $NaOH$、$Al(OH)_3$、Na_2SO_4，这些都具有促凝和早强的作用。

（2）硫铝酸盐型速凝剂作用机理

$Al_2(SO_4)_3$ 和石膏的迅速溶解使水化初期溶液中的 SO_4^{2-} 浓度骤增，它与溶液中的 Al_2O_3、$Ca(OH)_2$ 发生反应，迅速生成微细针柱状的钙矾石以及中间产物次生石膏，这些新晶体的增长、发展在水泥颗粒之间交叉生成网络状结构而呈现速凝。

（3）玻璃型速凝剂作用机理

水泥中的 C_3S、C_2S 等矿物在水化过程中生成 $Ca(OH)_2$，而水玻璃溶液能与 $Ca(OH)_2$ 发生强烈反应，生成硅酸钙和二氧化硅胶体。其反应如下：

$$Na_2O \cdot nSiO_2 + Ca(OH)_2 \longrightarrow (n-1)SiO_2 + CaSiO_3 + 2NaOH \tag{2-15}$$

反应中生成大量的 $NaOH$，将进一步促进水泥熟料矿物水化，从而使水泥迅速凝结硬化。掺有速凝剂的混凝土早期强度明显提高，但后期强度均有所降低。

2.5.6.3 速凝剂在混凝土中的应用

速凝剂广泛应用于喷射混凝土、灌浆止水混凝土及抢修补强混凝土工程中，在矿山井巷、隧道涵洞、地下工程等中的用量很大，如图 2-30 和图 2-31 所示，用喷射混凝土可以达到快速硬化、提高混凝土质量的目的。

图 2-30　喷射混凝土用于护坡工程

图 2-31　喷射混凝土用于隧道工程

速凝剂与早强剂的不同点是速凝剂能更快地使水泥凝结硬化。缩短凝结时间带来的好处是：可提早进行表面处理；减轻对模板的压力；更有效地堵塞在液化下发生的渗漏。速凝剂广泛用于喷射混凝土，亦可用于需要的其他混凝土，对于不同的水泥，速凝剂的作用效果也会有所不同。一般情况下，掺有速凝剂的净浆应有良好的流动性，并且在搅拌时不能出现迅速变稠、无塑性的急凝现象。

2.5.7　泵送剂

能够改善混凝土拌合物泵送性能的外加剂称为泵送剂（pumping agent）。所谓泵送性能，就是指混凝土拌合物具有能顺利通过输送管道、不堵塞、不离析、黏塑性良好的性能。泵送剂通常由减水剂、缓凝剂、引气剂、减阻剂等复合而成。

泵送是一种有效的混凝土运输手段,可以改善工作条件,降低劳动强度,提高施工效率,尤其适用于工地狭窄和有障碍物的施工现场,以及大体积混凝土结构和高层建筑。高性能混凝土施工大多采用泵送工艺,因此,选择好的泵送剂也是至关重要的。

2.5.7.1　泵送剂的组分

泵送剂可分为固体泵送剂和液体泵送剂两种类型,其出厂检验项目对应分别是含水量、细度、含固量、密度、水泥净浆流动度。

泵送混凝土要求混凝土具有较大的流动性,并在较长时间内保持这种性能,即坍落度损失小,黏性较好,混凝土不离析、不泌水,要做到这一点,仅靠调整混凝土配比是不够的,必须依靠混凝土外加剂,特别是混凝土泵送剂。单一组分的外加剂很难满足泵送混凝土对外加剂性能的要求,常用的泵送剂是多种外加剂的复合产品,其主要组分有:

① 减水组分:普通减水剂、高效减水剂和高性能减水剂可作为泵送剂的减水组分,视工程对混凝土泵送剂减水率的要求而定。必要时也可复合使用。有些高效减水剂和高性能减水剂本身就具有控制混凝土坍落度损失的功能,可优先选用。

② 润滑组分:润滑组分可在输送管壁形成润滑薄膜,减少混凝土的输送阻力,以降低泵送压力。

③ 引气组分:在泵送混凝土中适量地加入引气剂,可防止离析和泌水。引气剂引入大量微小的稳定气泡,在拌合物中起到类似轴承滚珠的作用,这些气泡使得砂粒运动更加自由,可增加拌合物的可塑性。气泡还可以对砂粒级配起到补充作用,即减少砂子间断级配的影响。

④ 增稠组分:其作用是增加混凝土拌合物的黏度,使混凝土在大水胶比、大坍落度情况下不泌水、不离析。

⑤ 缓凝组分:在配制泵送剂的过程中,某些减水剂虽然能降低混凝土水胶比,但混凝土坍落度损失较快,不利于泵送,在泵送剂中掺入适量组分的缓凝剂,可以控制混凝土坍落度损失,有利于泵送。

特别要强调的是,复合泵送剂的组成应根据具体情况而选择,一种泵送剂可以是以上组分的某两种或多种组合,但不一定全部含有上述各组分。

2.5.7.2　泵送剂技术性能及应用

泵送剂塑化作用强,在保持水胶比和水泥用量不变情况下,减水效果好,减水率为10%～25%,坍落度可由50～70mm提高到150～220mm,并且混凝土黏聚性能好,无离析现象发生,坍落度损失较小,混凝土凝结时间可根据施工要求适当调整;混凝土的3d、7d、28d龄期强度可提高30%～50%;在保持坍落度和强度不变的情况下,掺入泵送剂可节约10%的水泥,泵送剂一般为灰白色粉状和棕褐色液体,pH值为7～9。

泵送剂适用于配制泵送混凝土、商品混凝土、大体积混凝土、大流动混凝土及夏季施工、滑模施工、大模板施工等场合。使用泵送剂可以提高混凝土拌合物的和易性,降低泌水性能及离析性能,增大稠度,节约水泥,提高抗压、抗折、抗拉强度,并且延缓水化发热,避免开裂,使混凝土更密实,提高抗渗性及耐久性。泵送剂应用过程中的注意事项如下:

① 泵送剂掺量应根据使用时混凝土的强度等级及应用范围进行确定,常规掺量为0.3%～0.8%,液体泵送剂应按含固量折算或通过试验确定适宜掺量。

② 泵送剂粉剂可直接掺入使用,也可配成溶液使用。粉剂掺入使用时,应筛除粗粒和结块并延长搅拌时间。

③ 泵送剂对硅酸盐水泥、普通硅酸盐水泥、粉煤灰硅酸盐水泥等均有效,对特种水泥

需经试验后使用。

④ 泵送剂运输和保管应避免受潮，受潮结块后性能不变的可配成溶液使用。

⑤ 搅拌过程中要严格控制泵送剂用量，选择合适的掺加方法，适宜的搅拌时间，随拌随用，缩短运输及停放时间。

2.5.8 引气剂

2.5.8.1 概述

引气剂（air entraining agent）是指在混凝土搅拌过程中能引入大量均匀分布、稳定而封闭的微小气泡（20～200μm），起到改善混凝土和易性，提高混凝土抗冻性和耐久性的外加剂。引气剂的掺量通常为水泥质量的 0.002%～0.01%，掺入后可使混凝土拌合物中含气量达到 3%～6%。引入的大量微小气泡对水泥颗粒及骨料颗粒具有悬浮、隔离及"滚珠"作用，因而引气剂也具有一定的减水作用。一般引气剂的减水率为 6%～9%，而当减水率达到 10% 以上时，则称为引气型减水剂。

目前，引气型减水剂已成为工业发达国家在混凝土中普遍使用的一种外加剂，如日本几乎 100% 的混凝土中都在使用引气剂，他们通过试验发现，坍落度在 75mm 以下的混凝土会在粗骨料下方集中产生泌水，因而降低了混凝土抗压强度，而掺入引气剂后，材料分离现象显著减少。

我国从 20 世纪 50 年代开始，便仿照美国的"文沙"树脂，生产松香热聚物和松脂皂，首先应用于佛子岭、梅山、三门峡等大坝混凝土以及一些港口工程。80 年代又成功开发出了非松香类改良型阴离子表面活性剂引气剂，并应用于各大水利水电工程。

目前，引气剂和引气型减水剂正沿着复合型高效引气剂及高性能引气型减水剂的方向发展。同时，引气剂及引气型减水剂作为一种有效组分，还广泛应用于配制泵送剂、防冻剂等多功能复合外加剂。

2.5.8.2 引气剂的种类

引气剂是一种表面活性剂，但是只有少量表面活性剂可作为混凝土引气剂使用。

① 按引气剂水溶液的电离性质，可将其分为四类，即阳离子表面活性剂、阴离子表面活性剂、非离子表面活性剂和两性表面活性剂。

② 按化学成分可分为以下几种类型：

a. 松香类引气剂　松香的化学成分复杂，其中含有树脂酸类、脂肪酸类及中性物质如烃类、醇类、醛类及氧化物等。

b. 合成阴离子表面活性剂类引气剂　合成阴离子表面活性剂类引气剂主要有烷基磺酸钠、烷基芳基磺酸钠和烷基硫酸钠（又称为烷基硫酸酯盐）等。

c. 木质素磺酸盐类引气剂　木质素磺酸盐是造纸工业的副产品，它在混凝土中引入气泡的性能较差，是一种较差的引气剂，但它具有减水和缓凝的作用，是一种引气型缓凝减水剂，广泛作为普通减水剂和缓凝剂使用。

d. 石油磺酸盐类引气剂　该类引气剂是精炼石油的副产品，为了产生轻油，将石油用硫酸处理，生产轻油后留下的残渣中含有水溶性磺酸，再用氢氧化钠中和后，即得到石油磺酸钠。如用三乙醇胺中和，就得到了另一种类型的产品，即磺化的碳氢化合物有机盐。

e. 蛋白质盐类引气剂　蛋白质盐类是动物和皮革加工工业的副产品，它由羧酸和氨基酸复杂混合物的盐所组成，不过这种引气剂使用的数量相当少。

f. 脂肪酸和树脂酸及其盐类引气剂　该类引气剂可由不同原材料生产，动物脂肪水解皂化可制得脂肪酸盐引气剂，其钙盐不溶于水，能在混凝土中引入少量气泡，在与水泥拌合后其液相立即被钙离子饱和。

g. 合成非离子型表面活性引气剂　该类混凝土引气剂主要是聚乙二醇型非离子表面活性剂，它是由含活泼氢原子的憎水原料同环氧乙烷进行加成反应而制得的。

2.5.8.3　引气剂的作用机理

引气剂属于表面活性剂，其界面活性作用基本上与减水剂相似，区别在于减水剂的界面活性作用主要在液-固界面上，而引气剂的界面活性主要发生在气-液界面上，能够降低界面能，使新拌混凝土中微气泡稳定存在并保留。稳定气泡的另一个条件是气泡周围形成的液膜应具有一定的机械强度，使气泡膜在受到外力作用时很快地恢复原样而不会被压破。这就要求引气剂的分子具有一定的链长，因为在分子的内部，分子量越大范德华力越大，液膜的机械强度也就越大。

2.5.8.4　引气剂对混凝土性能的影响

（1）对新拌混凝土的影响

在混凝土凝结硬化前，引气剂在混凝土中的作用主要是由于引入了大量微小密闭的 $20\sim200\mu m$ 气泡，这些气泡像滚珠一样，改变了混凝土内部骨料间相对运动的摩擦机制，使骨料间的滑动摩擦变为滚动摩擦，减小了摩擦阻力，同时产生了一定的浮力，对细小的骨料起到了悬浮和支撑作用。这就使混凝土拌合物具有更好的流动性，同时也不容易沉降和泌水。特别是对一些形状不好、级配不好的骨料作用效果更为明显。引气剂一般都兼有减水的作用，由于它明显地改变了和易性，故在相同的流动度的情况下，掺入引气剂可以减少混凝土单方用水量，这也可以或多或少地减少一些引气剂对抗压强度带来的损失。

混凝土搅拌过程中都会带入一定量的气体，一般不加引气剂的混凝土含气量在 $1\%\sim2\%$ 左右。但由于引入的气泡大小不同、分布不均匀也不稳定，因此对混凝土的性能基本上不会产生积极的影响。而对混凝土的性能特别是抗渗性、抗冻性与耐久性产生重要影响的引气剂引入的气泡则是稳定的、细小的，直径一般都在 $20\sim200\mu m$，而且是均匀分布的密闭气泡。引气剂与混凝土含气量的关系如下：

① 引气剂的品种与掺量。不同的引气剂品种对混凝土含气量的影响也不相同，但都是随着引气剂掺量的增加而增加。一般规律为：直链型表面活性剂，如十二烷基磺酸钠，具有较好的起泡能力，但泡沫较大，稳定性差；非离子型引气剂，如烷基醇聚氧乙烯醚，起泡能力较差；松香皂类、松香热聚物起泡性能好，气泡均匀而稳定，因此使用普遍。

② 水泥的品种与用量。在同样品种及掺量的引气剂下，硅酸盐水泥混凝土的含气量高于火山灰水泥。在达到相同含气量时，普通水泥的引气剂掺量要比矿渣水泥低 $30\%\sim40\%$。水泥细度愈大，含气量愈小。随着水泥用量的增加，含气量逐渐减小。

③ 骨料的影响。一般情况下，卵石混凝土含气量要大于碎石混凝土。石子最大粒径越大，含气量越小。砂率对混凝土含气量的影响也较为明显，含气量随砂率的提高而增大。当采用人工砂时，引气剂掺量比采用天然砂多一倍左右。

④ 混凝土施工方法的影响。混凝土拌合条件会对含气量产生影响，搅拌机的种类、搅拌量及搅拌速度均会不同程度地影响混凝土含气量。强制式搅拌机含气量小于自落式搅拌机含气量。搅拌时间在 5min 以内，含气量随时间延长而增加，若超过 5min 则含气量随时间延长而减少。温度对含气量也有显著影响，搅拌温度每升高 10℃，则混凝土含气量下降 25% 左右。

混凝土含气量的试验应采用工程实际使用的原材料和配合比，有抗冻融要求的混凝土含气量应根据混凝土抗冻等级和粗骨料最大公称粒径等经试验确定，但不宜超过表 2-35 规定的含气量。

表 2-35　掺引气剂或引气型减水剂混凝土含气限值

粗骨料最大公称粒径/mm	10	15	20	25	40
混凝土含气量限值/%	7.0	6.0	5.5	5.0	4.5

注：表中含气量，C50、C55 混凝土可降低 0.5%，C60 及 C60 以上混凝土可降低 1%，但不宜低于 3.5%。

（2）对混凝土力学性能的影响

由于引入大量的气泡，减少了混凝土受压有效面积，使混凝土强度和耐磨性有所降低，当保持水胶比不变时，含气量增加 1%，混凝土抗压强度约下降 4%～6%，抗折强度下降 2%～3%。图 2-32 为水胶比、引气量和水泥用量对混凝土抗压强度的影响。

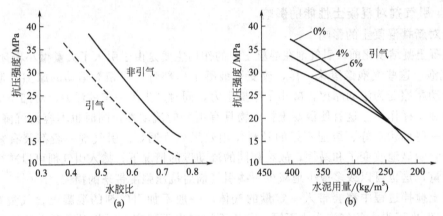

图 2-32　水胶比、引气量和水泥用量对混凝土抗压强度的影响

（3）对混凝土耐久性的影响

在混凝土中引入大量微小闭孔气泡，当冬季低温环境下混凝土内部水分结冰时，冰冻产生的膨胀被气泡吸收，大大地缓和了静水压力，从而保护混凝土结构不被冰胀压力破坏，提高混凝土抗冻能力。在我国广大北方地区，冬季的日夜温差经常是处在正负交替的气候环境下，必须在早强防冻剂中使用引气剂。抗冻性能随含气量的提高并不是无限的，在含气量超过 6% 时，抗冻性能反而会有所下降，因此应控制一个最佳的含气量。

引气剂掺入混凝土后，可以提高混凝土的抗渗性。这是因为引气剂不但能减少单方用水量、改善和易性、防止泌水和沉降、减少骨料与胶结材料界面上的大毛细孔，而且引气产生的大量微小气泡分布在混凝土结构中的空隙中，大多会聚集在毛细孔的通道上，由于局部突然变大，就相当于阻断了毛细管，只有在更大的静水压力下才会产生渗透。一般情况下，含气量在 5% 时混凝土抗渗性最高。

引气剂由于本身不含氯离子，同时掺量也很少，因此不会引起钢筋锈蚀。如果从引气剂降低水胶比、提高和易性、增加混凝土的密实性来看，它对防止混凝土碳化，减缓混凝土中性化，预防钢筋锈蚀是有利的。

（4）对混凝土体积稳定性的影响

在相同配合比的条件下，掺入引气剂的混凝土由于引入了一定量气孔，所以干缩值会有所增加。但由于引气剂可以改善混凝土拌合物的和易性，在相同流动度的情况下，可减少拌合用水量，从而抵消了由于引气而导致干缩增大的影响。

混凝土极限拉伸性能是水工混凝土的一项重要性能，它与混凝土的抗裂性能有关。水工建筑物在选用外加剂时，除考虑对强度、耐久性、水化热的影响外，还要考虑混凝土的变形性能，如极限拉伸、收缩和徐变。引气剂在混凝土内部引入了大量微小的气泡，从而增大了变形，使得混凝土弹性模量降低，所以掺引气剂的混凝土极限拉伸应变值要比普通混凝土有所增大。

2.5.9　阻锈剂

阻锈剂（rust inhibitor）是指一种加入混凝土中能阻止或减缓钢筋锈蚀，而且对混凝土的其他性能无不良影响的外加剂。钢筋锈蚀影响建筑物耐久性与安全性，引起钢筋混凝土结构物的破坏已经成为世界性问题，造成钢筋锈蚀的主要原因是氯盐，氯盐一方面来自混凝土原材料，如拌合水、海砂、防冰盐、盐雾及氯盐（或含氯盐）外加剂等；另一方面来自使用环境，氯离子能透过混凝土到达钢筋表面，破坏钢筋表面氧化物钝化膜，当钢筋遇到氯化钠离子或硫酸根离子侵蚀的时候，钢筋就会迅速锈蚀并老化，会不规则断裂，混凝土也同时开裂，影响了本身的强度和整个建筑物的质量。

2.5.9.1　阻锈剂分类

① 按作用方式和应用对象可分为：

a. 掺入型阻锈剂：掺加到混凝土中，直接作用于钢筋的阻锈剂。主要用于新建工程，也可用于修复工程。

b. 渗入型阻锈剂：渗入型阻锈剂是一种低黏度液体，可以涂（或喷）在混凝土表面，由毛细孔的表面张力吸入混凝土内部，到达钢筋表面，形成一层保护薄膜，并且还能将钢筋表面已有的 Cl^- 置换出来，使钢筋重新钝化。这种阻锈剂既可在表面喷涂，又可作为添加剂拌入混凝土中。

② 按形态可划分为：水剂型阻锈剂（约含70%的水）和粉剂型阻锈剂。其中粉剂型阻锈剂为固体粉状物，大多溶于水。

③ 按作用原理可分为：阳极型阻锈剂、阴极型阻锈剂和混合型阻锈剂。

2.5.9.2　阻锈剂的作用机理

（1）阳极型阻锈剂

在钢筋锈蚀作用形成的原电池中，可分为阳极区和阴极区。阳极型阻锈剂主要作用于阳极区，它可以提高钝化膜抵抗 Cl^- 的渗透性，从而抑制钢筋锈蚀的阳极过程。这类物质一般具有氧化作用，如亚硝酸盐、铬酸盐、硼酸盐等。

（2）阴极型阻锈剂

阴极阻锈剂主要作用于阴极区，其主要机理是这类物质大多是表面活性物质，它可以吸附在阴极区形成吸附膜，从而阻止或减缓电化学反应的阴极过程。

2.5.9.3　阻锈剂在混凝土中的应用

阻锈剂在混凝土中的作用，并不是阻止环境中的有害离子进入混凝土中，而是当有害物质不可避免地进入混凝土之后，利用其阻锈作用，使有害离子丧失或降低腐蚀能力，使钢筋锈蚀的电化学过程受到抑制，从而延缓腐蚀的进程，达到延长混凝土使用寿命的作用。

阻锈剂使用范围广泛，可用于工业建筑、立交桥、公路桥、海水及水工工程、盐碱地建设工程等，但不宜在酸性环境中应用。阻锈剂掺入混凝土中可以阻止或延缓钢筋锈蚀，从而延长结构寿命，在国际分类中，属于"掺入型"。阻锈剂适用于普通硅酸盐水泥和矿渣硅酸盐水泥配制的混凝土，对粉煤灰、矿渣粉、硅灰和常用的减水剂有较好的相容性。但对引气剂有选择性，在 25℃以上使用时，有明显的早强和促凝作用，并且坍落度损失也会加大，必要时可采取缓凝措施。

2.5.10 防冻剂

防冻剂（antifreezing agent）是能使混凝土在负温下硬化，并在规定养护条件下达到预期性能的外加剂。它是一种能在低温下防止物料中水分结冰的物质。掺有防冻剂的混凝土可以在负温下硬化而不需要加热，最终能达到与常温养护的混凝土相同的质量水平。

2.5.10.1 防冻剂分类

我国防冻剂的发展从成分上大体经历了含氯盐型、氯盐阻锈型、无氯高碱型和无氯低碱型几个阶段。防冻剂主要由防冻组分、早强组分、减水组分、引气组分和活化组分等组成。防冻剂通常是多组分复合而成的，按照化学组成进行分类，可分为强电解质无机盐类（氯盐类、氯盐阻锈类、无氯盐类）、可溶性有机化合物类、有机化合物与无机盐复合类、复合型防冻剂。防冻剂主要成分如下：

① 强电解质无机盐类

a. 氯盐类　防冻剂的主要成分是氯盐；

b. 氯盐阻锈类　防冻剂的主要成分是阻锈成分和氯盐；

c. 无氯盐类　防冻剂的主要成分是亚硝酸盐或硝酸盐。

② 可溶性有机化合物类　防冻剂的主要成分是醇类等有机化合物。

③ 有机化合物与无机盐复合类。

④ 复合型防冻剂　防冻剂的主要成分是由引气剂、减水剂、早强剂复合而成。

2.5.10.2 防冻剂的作用机理

当混凝土内部温度降至 $-5℃$ 以下时，存在于混凝土内部未水化的游离水及毛细孔中水分开始结冰，水分结冰后，水化作用也就同时停止。防冻组分的作用一方面在于降低液相中的冰点，使水化反应能继续进行；另一方面在于适当加快混凝土胶凝材料早期水化，使其在结冰前到达临界强度以上。防冻剂作用方式主要有以下三类：

① 与水混合后有很低的共溶温度，具有能降低水的冰点而使混凝土在负温下仍能进行水化的作用，如亚硝酸钠、氯化钠等。可是一旦因为用量不足或者温度太低而导致混凝土冻结，则仍然会造成冻害，使混凝土最终强度降低。

② 既能降低水的冰点，也能使含该类物质的冰的晶格构造产生严重变形，因而无法形成冰胀应力从而避免破坏水化矿物构造、防止混凝土的强度受损，如尿素、甲醇等。该类防冻剂用量不足时，混凝土在负温下强度停止增长，但转正温后对最终强度无影响。

③ 虽然其水溶液具有很低的共溶温度，但却不能使混凝土中水的冰点明显降低，它的作用在于直接与水泥发生水化反应而加速混凝土凝结硬结硬化，有利于混凝土强度的发展，如氯化钙、碳酸钾等。

2.5.10.3 防冻剂的应用

① 原材料必须符合冬季施工的要求。掺防冻剂的混凝土所用水泥应优先选用硅酸盐水泥或普通硅酸盐水泥，其标号不应低于 42.5 级，严禁使用高铝水泥。

② 防冻剂要注意掺入方法。对于防冻剂中含有不溶物或溶解度较小的盐类，必须磨成粉状，再与水泥一起掺入。需配成溶液使用时，应充分溶解并搅拌均匀，严格控制其浓度和每次的掺入量。如果采用复合型防冻剂时，要考虑它们的共溶性，若不共溶，应分别配成溶液后，再掺入混凝土中。为加速溶解，可采用 40~60℃ 的热水配制成溶液后，分别掺入混

凝土中。以粉状掺入的防冻剂，如有受潮结块，应磨细通过 0.60mm 方孔筛后方可使用。

③ 要严格控制防冻剂掺量。不同防冻剂的掺量差别较大，掺量不准时对混凝土的性能影响很大。掺量过多会使混凝土凝结太快，造成施工困难、构件表面析盐严重，影响外装饰质量，而且掺量过多还会降低混凝土的强度，转入正温养护后强度仍无法增长；如果掺量不足，混凝土结构会受冻破坏。

④ 应注意控制搅拌及施工方法。掺防冻剂的混凝土搅拌时间应比未掺防冻剂的混凝土延长 50%，以保证防冻剂在混凝土中均匀分布，从而使混凝土强度一致。由于掺入防冻剂后一般具有早强作用，因此尽量缩短运输和浇筑时间。为了提高混凝土早期强度，混凝土入模温度不得低于 −5℃。采用含有引气剂的复合型防冻剂的混凝土应采用负温法养护，不能采用蒸汽养护。采用蒸汽养护不但会降低混凝土的强度，还会降低其耐久性。混凝土浇灌完后，立即对外露面进行覆盖，但不得浇水。

2.6 混凝土用水

混凝土用水是混凝土拌合用水和混凝土养护用水的总称，包括饮用水、地表水、地下水、再生水、混凝土企业设备洗刷水和海水等。在我国通常所说的地表水并不包括海洋水，属于狭义的地表水的概念，主要包括河流水、湖泊水、冰用水和沼泽水，并把大气降水视为地表水体的主要补给源。

2.6.1 混凝土拌合用水

混凝土拌合用水中杂质含量过多时，不仅会影响到混凝土强度，而且会影响到凝结时间，甚至会导致钢筋或预应力钢筋锈蚀。一般情况下，拌合用水对混凝土强度几乎没有影响，主要是因为许多混凝土生产规范都要求拌合用水为市政饮用水，而市政饮用水的可溶性固体很少超过 1000mg/L。不适于饮用的水未必不适用于拌制混凝土，因为世界很多地区比较缺水，各种轻微的酸性、碱性、含盐、味道不佳、有色或有异味的水不应一概排除。其实，地表水、地下水、海水以及经适当处理后的工业污水经检验合格后都可以安全地用作混凝土拌合用水。

①《混凝土用水标准》（JGJ 63—2006）规定，混凝土拌合用水水质要求应符合表 2-36规定。对于设计使用年限为 100 年的结构混凝土，氯离子含量不得超过 500mg/L；对使用钢丝或经热处理钢筋的预应力混凝土，氯离子含量不得超过 350mg/L。

表 2-36 混凝土拌合用水水质要求

项目	预应力混凝土	钢筋混凝土	素混凝土
pH 值	≥5.0	≥4.5	≥4.5
不溶物/(mg/L)	≤2000	≤2000	≤5000
可溶物/(mg/L)	≤2000	≤5000	≤10000
氯化物(以 Cl^- 计)/(mg/L)	≤500	≤1000	≤3500
硫酸盐(以 SO_4^{2-} 计)/(mg/L)	≤600	≤2000	≤2700
碱含量/(mg/L)	≤1500	≤1500	≤1500

注：碱含量按 $Na_2O+0.658K_2O$ 计算值来表示。采用非碱活性骨料时，可不检验碱含量。

② 地表水、地下水、再生水的放射性应符合现行国家标准《生活饮用水卫生标准》（GB 5749—2006）的规定。

③ 被检验水样应与饮用水样进行水泥凝结时间对比试验。对比试验的水泥初凝时间差及终凝时间差均不应大于 30min；同时，初凝和终凝时间应符合现行国家标准《硅酸盐水泥、普通硅酸盐水泥》(GB 175—2007) 的规定。

④ 被检验水样应与饮用水样进行水泥胶砂强度对比试验，被检验水样配制的水泥胶砂 3d 和 28d 强度不应低于饮用水配制的水泥胶砂 3d 和 28d 强度的 90%。

⑤ 混凝土拌合用水不应有漂浮明显的油脂和泡沫，不应有明显的颜色和异味。

⑥ 混凝土企业设备洗刷水不宜用于预应力混凝土、装饰混凝土、加气混凝土和暴露于腐蚀环境的混凝土；不得用于使用碱活性或潜在碱活性骨料的混凝土。

⑦ 未经处理的海水严禁用于钢筋混凝土和预应力混凝土。

⑧ 在无法获得水源的情况下，海水可用于素混凝土，但不宜用于装饰混凝土。

2.6.2　混凝土养护用水

对硬化混凝土的养护用水，重点控制 pH 值、氯离子含量、硫酸根离子含量和放射性指标等。对混凝土养护用水的要求，可按拌合用水适当放宽，监测项目可适当减少。

① 混凝土养护用水可不检验不溶物和可溶物，其他检验项目应符合本书 2.6.1 混凝土拌合用水中①条和②条的规定。

② 混凝土养护用水可不检验水泥凝结时间和水泥胶砂强度。

思　考　题

2.1　试述混凝土中的几种基本组成材料在混凝土中所起的作用。

2.2　水泥矿物组成对混凝土和易性、强度和耐久性有哪些影响？

2.3　试述减水剂分散减水机理。

2.4　什么是混凝土引气剂？引气剂的作用机理是什么？

2.5　为什么在硅酸盐水泥浆体中加入少量氯化钙就能起到缓凝剂的作用，而当其用量增加到一定程度时又会变成促凝剂？试解释这种象。

2.6　某混凝土搅拌站原使用砂的细度模数为 2.5，后改用细度模数为 2.1 的砂，改砂后原混凝土配方不变，发现混凝土坍落度明显变小，试分析原因。

2.7　现代混凝土对骨料的要求有哪些？

2.8　从矿物组成和颗粒特征上，比较粉煤灰和磨细矿渣的异同点。

2.9　硅灰作为混凝土的矿物掺合料，能改善混凝土的哪些性能？存在什么缺点？

2.10　为什么说石灰石粉可以作为现代混凝土的矿物掺合料？

第3章
混凝土拌合物的性能

混凝土拌合物为多相分散体系，包含有三相：一是流动相，主要是水泥、矿物掺合料及拌合用水所形成的浆体；二是固相，包括砂、石骨料，主要起骨架作用；三是气相，主要是搅拌时混入的空气或掺入引气剂后形成的气泡等。混凝土在未凝结硬化之前，称为混凝土拌合物。它必须具有良好的和易性，便于施工，以保证能获得均匀、密实的浇筑构件。掌握混凝土拌合物的基本性能，对混凝土拌合物质量控制具有相当重要的指导意义。

3.1 和易性

3.1.1 和易性的概念

和易性（workability）又称工作性，是指混凝土拌合物易于施工操作（拌合、运输、浇筑、振捣）并获得质量均匀、成型密实的混凝土的性能。和易性是混凝土在凝结硬化前必须具备的性能，它是一项综合的技术指标，主要包括流动性、黏聚性和保水性等三方面的含义。

流动性是指混凝土拌合物在本身自重或施工机械振捣的作用下，克服内部阻力及混凝土与模板、钢筋之间的阻力，产生流动并均匀密实地填满模板的能力。流动性的大小直接影响浇筑、振捣施工的难易和硬化后混凝土的质量，若新拌混凝土太干稠，则难以成型与捣实，且容易造成内部或表面孔洞等缺陷；若新拌混凝土过稀，经振捣后容易出现水泥浆上浮而石子等大颗粒骨料下沉的分层离析现象，影响混凝土质量的均匀性以及成型的密实性。

黏聚性是指混凝土拌合物具有一定的黏聚力，在施工、运输及浇筑过程中，不致出现分层离析，使混凝土保持整体均匀性的能力。黏聚性差的新拌混凝土，容易导致石子与砂浆分离，振捣后容易出现蜂窝、孔洞等现象。黏聚性过大，又容易导致混凝土流动性变差，泵送、振捣与成型困难。

离析是在运输浇筑过程中，水泥浆上浮，骨料下沉的现象。离析导致混凝土不均匀，产生蜂窝和麻面，离析有两种形式：

① 骨料有从拌合物中分离出来的倾向，多发生于浆体用量少的混凝土中。

② 水泥浆有从拌合物中分离出来的倾向，多发生于水胶比较大的混凝土中。

离析的危害是使混凝土拌合物泵送时容易堵泵，降低混凝土匀质性，甚至出现蜂窝和麻面，严重影响硬化混凝土性能。

保水性是指混凝土拌合物具有一定的保水能力，在施工中不致产生严重的泌水现象。保水性差的混凝土中一部分水容易从内部析出至表面，在水渗流之处留下许多毛细管孔道，成为以后混凝土内部的渗水通道。

泌水发生在拌合物中，拌合物在浇筑与捣实之后、凝结之前（不再发生沉降）表面出现一层可以观察到的水分，大约为混凝土浇筑高度的 2% 或更大，这些水或蒸发或由于继续水化被回吸，同时伴随发生混凝土体积减小。这个现象本身没有太大影响，但是随之出现两个问题：首先，顶部或靠近顶部的混凝土因水分大，形成疏松的水化产物结构，常称为浮浆，这对路面的耐磨性，对分层连续浇筑的桩、柱等产生不利影响；其次，上升的水存积在骨料和水平钢筋的下方形成水囊，加剧了水泥浆体与骨料间过渡区的薄弱程度，降低了硬化混凝土的强度以及混凝土与钢筋的握裹力；同时，泌水过程在混凝土中形成的泌水通道使硬化后的混凝土抗渗性、抗冻性等性能下降。

引起泌水的主要原因是骨料的级配不良，缺少 $300\mu m$ 以下的颗粒，增加砂子用量可以改善泌水情况，当砂太粗或无法增大砂率时，可以考虑使用引气剂来改善；增大硅灰、粉煤灰用量也可以解决泌水现象。用二次振捣也是减小泌水影响、避免塑性沉降裂缝和塑性收缩裂缝的有效措施。减水剂掺量过多时，也容易引发泌水现象。

混凝土拌合物的流动性、黏聚性和保水性三者之间既互相联系，又互相矛盾。如黏聚性好则保水性一般也较好，但流动性可能较差；当增大流动性时，如果原材料或配合比不当，黏聚性和保水性容易变差。因此，拌合物的和易性是三个方面性能的总和，直接影响混凝土施工的难易程度，同时对硬化后的混凝土的强度、耐久性、外观完好性及内部结构都具有重要影响，是混凝土的重要性能之一。

对于泵送混凝土，通常用可泵性来表征它的和易性，可泵性是指在泵送压力下，混凝土拌合物在管道中的通过能力。可泵性好的混凝土应具有输送过程中与管道之间的流动阻力尽可能小，并且具有适当的黏聚性，保证在泵送过程中不泌水、不离析。一般情况下，可泵性可以用坍落度和压力泌水总量两个指标来表征。

3.1.2 和易性测定方法及指标

从和易性的定义可以看出，和易性是一项综合技术指标，很难用一种指标全面反映混凝土拌合物的和易性。通常是以测定拌合物流动性为主，而黏聚性和保水性主要通过观察的方法进行评定。

根据拌合物的流动性不同，国家标准《普通混凝土拌合物性能试验方法标准》（GB/T 50080—2016）中规定，混凝土流动性的测定可采用坍落度与扩展度法或维勃稠度法。

坍落度试验方法适用于骨料最大粒径不大于 40mm，坍落度值不小于 10mm 的混凝土拌合物测定；扩展度试验方法适用于骨料粒径不大于 40mm，坍落度不小于 160mm 混凝土扩展度测定。维勃稠度试验方法适用于最大粒径不大于 40mm，维勃稠度在 5～30s 的混凝土拌合物稠度测定，维勃稠度大于 30s 的特干硬性混凝土拌合物的稠度可采用增实因数法来测定，见国家标准《普通混凝土拌合物性能试验方法标准》（GB/T 50080—2016）附录 A。

3.1.2.1 坍落度

坍落度试验方法是由美国查普曼首先提出的，目前已为世界各国广泛采用。标准坍落度筒的构造和尺寸如图 3-1 所示，该筒由钢皮制成，高度 $H=300mm$，上口直径 $d=100mm$，下底直径 $D=200mm$。试验时应润湿坍落度筒及底板，在坍落度筒内壁和底板上应无明水。底板应放置在坚实水平面上，并把筒放在底板中心，然后用脚踩住两边的脚踏板，坍落度筒在装料时应保持固定的位置不动。

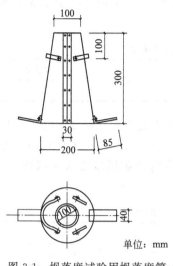

图 3-1　坍落度试验用坍落度筒

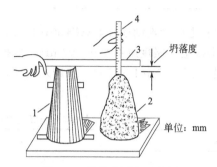

图 3-2　坍落度测定示意图
1—坍落度筒；2—拌合物；3—直尺；4—钢尺

将按要求取得的混凝土试样用小铲分三层均匀地装入筒内，使捣实后每层高度为筒高的 1/3 左右。每层用捣棒插捣 25 次。插捣应沿螺旋方向由外向中心进行，各次插捣应在截面上均匀分布。插捣底层时，捣棒应贯穿整个深度，插捣第二层和顶层时，捣棒应插透本层至下一层的表面；顶层混凝土装料应高出筒口。插捣过程中，如混凝土沉落到低于筒口，则应随时添加。顶层插捣完后，刮去多余的混凝土，并用抹刀抹平。

清除筒边底板上的混凝土后，垂直平稳地提起坍落度筒。坍落度筒的提离过程应在 3～7s 内完成；从开始装料到提坍落度筒的整个过程应不间断地进行，并应在 150s 内完成。

提起坍落度筒后，测量筒高与坍落后混凝土试体最高点之间的高度差，即为该混凝土拌合物的坍落度值，如图 3-2 所示；坍落度筒提离后，如混凝土发生崩坍或一边剪坏现象，则应重新取样另行测定；如第二次试验仍出现上述现象，则表示该混凝土和易性不好，应予记录。《混凝土质量控制标准》（GB 50164—2011）中规定，混凝土拌合物坍落度允许偏差见表 3-1。

表 3-1　混凝土拌合物坍落度允许偏差

坍落度/mm	设计值	≤40	50～90	≥100
	允许偏差	±10	±20	±30

依《混凝土质量控制标准》（GB 50164—2011）、《预拌混凝土》（GB/T 14902—2012），对混凝土拌合物的坍落度等级可以按表 3-2 进行划分。

表 3-2　混凝土拌合物的坍落度等级划分

等级	S1	S2	S3	S4	S5
坍落度/mm	10～40	50～90	100～150	160～210	≥220

3.1.2.2　扩展度

扩展度也称坍落扩展度，用钢尺测量混凝土扩展后最终的最大直径和最小直径，如果这两个直径之差小于 50mm，用其算术平均值作为扩展度值；如果这两个直径之差不小于 50mm，则此次试验无效。如果发现粗骨料在中央集堆或边缘有水泥浆析出，表示此混凝土拌合物抗离析性不好，应予记录。《混凝土质量控制标准》（GB 50164—2011）中规定，混凝土拌合物扩展度允许偏差见表 3-3。

表 3-3　混凝土拌合物扩展度允许偏差

扩展度/mm	设计值	≥350
	允许偏差	±30

《混凝土质量控制标准》（GB 50164—2011）要求高强泵送混凝土扩展度应不小于 500mm，自密实混凝土扩展度应不小于 600mm。根据《混凝土质量控制标准》（GB 50164—2011）和《预拌混凝土》（GB/T 14902—2012）规定，混凝土拌合物的扩展度等级可以按表 3-4 进行划分。

表 3-4　混凝土拌合物的扩展度等级划分

等级	F1	F2	F3	F4	F5	F6
扩展度/mm	≤340	350～410	420～480	490～550	560～620	≥630

3.1.2.3　坍落度损失、扩展度损失

坍落度损失和扩展度损失是指新拌混凝土的坍落度和扩展度随时间的延长而逐渐减小的现象。坍落度损失和扩展度损失是所有混凝土的一种正常现象，它是水泥熟料水化形成钙矾石和水化硅酸钙等水化产物的同时，拌合物逐渐变稠、凝结的结果。造成坍落度损失和扩展度损失的原因是由于混凝土拌合物中的游离水分参与水化反应、吸附在水化产物的表面或蒸发而消失的结果。

在正常情况下，水泥加水后的最初 30min 内水化产物较少，坍落度损失和扩展度损失可以忽略。此后，混凝土的坍落度便开始以一定的速度减小，坍落度损失和扩展度损失的快慢取决于水化时间、温度、水泥矿物组成、水泥细度、石膏的种类和掺量以及所用的矿物掺合料、外加剂等。通常情况下，要求混凝土拌合物在初始的 30～60min 内不产生较大的坍落度损失和扩展度损失，来满足混凝土拌合物正常的运输、浇筑、振捣、抹面等工序。

（1）坍落度损失、扩展度损失测量方法

① 应测得刚出机的混凝土拌合物的坍落度值 H_0 以及扩展度 L_0。

② 将全部试样装入塑料桶或不被水泥浆腐蚀的金属桶内，应用桶盖或塑料薄膜密封，放于（20±2）℃环境室静置。

③ 静置 60min 后应将桶内试样全部倒入搅拌机内，搅拌 20s，进行坍落度试验，得出 60min 坍落度值 H_{60} 以及扩展度 L_{60}。

④ 计算（$H_{60}-H_0$）、（$L_{60}-L_0$），可得到 60min 混凝土坍落度及扩展度经时损失试验结果。

工程中也可根据工程要求调整静置时间 T（min），可得 T（min）后混凝土坍落度、扩展度经时损失试验结果。

（2）坍落度损失、扩展度损失对混凝土性能的影响

新拌混凝土坍落度损失和扩展度损失较大时，首先会使搅拌车鼓筒的力矩增大，鼓筒的内壁会有混凝土黏挂，导致出搅拌车的混凝土拌合物浆体减少，影响混凝土的泵送和浇筑；其次，当拌合物的坍落度损失和扩展度损失较大时，在施工现场，工人往往以加水的方式来调整坍落度，以至造成混凝土强度、耐久性及其他性能降低。

（3）坍落度损失、扩展度损失的原因与控制

① 水泥中矿物成分的种类及其含量　水泥中不同的矿物成分对减水剂的吸附作用不同。减水剂的主要作用是吸附在水泥矿物的表面，降低分散体系中两相间的界面自由能，提高分散体系的稳定性。在相同条件下，水泥成分对减水剂的吸附性大小为 $C_3A>C_4AF>C_3S>C_2S$。若水泥中 C_3A 含量大于 8%，吸附明显加大，则大量减水剂被其吸附，占水泥成分较多的 C_3S 和 C_2S 就显得吸附量不足，电动电位显著下降，导致混凝土坍落度损失和扩展度损失。这是掺减水剂的混凝土坍落度损失和扩展度损失的根本原因。所以水泥中 C_3A 含量较高的混凝土坍落度损失和扩展度损失较大，反之则较小。

② 水泥中石膏的形态及掺量　硅酸盐水泥中加入石膏，不仅是为了调节凝结时间，更重要的是加速水泥中阿利特相（又称 A 矿）的水化。石膏的掺量影响强度发展速度和体积稳定性，因此，许多国家的水泥标准中提到了"最佳石膏掺量"，并且用三氧化硫（SO_3）含量表示。水泥中最佳石膏掺量是在水胶比为 0.50 时通过胶砂强度试验确定的。正常的凝结是由于 C_3S 的水化形成 C-S-H 凝胶的结果。这时液相中铝酸盐、硫酸盐、Ca^{2+} 比例适宜，能形成细粒的钙矾石而且它能使系统在整个诱导期保持流动性，随着 C_3S 的水化和 C-S-H 凝胶的形成，系统将逐渐失去流动性。当 SO_3 不足时，C_3A 水化较快，会产生异常凝结，因此流动度损失很快，直接表现为坍落度损失和扩展度损失过快，所以应寻求最佳的石膏掺量。水泥中 C_3A 含量越大，碱含量越大；水泥颗粒越细，石膏的最佳掺量应越大。石膏的最佳掺量还和水泥的早期水化温度有关。掺入不同形态的石膏对水泥水化过程的影响也不相同，如掺入硬石膏时，坍落度损失和扩展度损失较大。选择最佳的石膏掺量，且掺入的石膏形态搭配合理，可有效地避免坍落度损失和扩展度损失，从而配制出流动性好、坍落度损失和扩展度损失小的混凝土。

③ 水泥用量的控制　既然混凝土坍落度损失和扩展度损失与水泥水化密切相关，控制坍落度损失和扩展度损失的根本措施仍然是控制水泥用量，水泥比例少，掺合料比例多，水泥早期水化总量少，坍落度损失自然就容易控制。

④ 骨料中的含泥量　骨料中含泥量过高会加大混凝土坍落度损失和扩展度损失。泥土本身具有一定的吸水膨胀性，同时也会吸附减水剂，造成混凝土流动性损失。因此，对于含泥量高的骨料，可以通过清洗骨料或加大减水剂用量的方式来改善混凝土的和易性。

3.1.2.4　黏聚性及保水性

一般测量完混凝土的坍落度后应观察混凝土拌合物的黏聚性及保水性。黏聚性的检查方法是用捣棒在已坍落的混凝土锥体侧面轻轻敲打，此时如果锥体逐渐下沉，则表示黏聚性良好；如果锥体出现倒塌、部分崩裂或离析现象，则表示黏聚性不好。保水性以混凝土拌合物浆体析出的程度来评定，坍落度筒提起后如果有较多的浆体从底部析出，锥体部分的混凝土也因失浆导致骨料外露，则表明此混凝土拌合物的保水性能不好；如果坍落度筒提起后无浆体或仅有少量浆体从底部析出，则表示此混凝土拌合物保水性良好。

3.1.2.5　维勃稠度

维勃稠度试验方法是瑞典 V. 皮纳（Bahmer）首先提出的，因而用他名字首字母 V-B 命名。维勃稠度计构造如图 3-3 所示。用螺母将容器牢固地固定在振动台上，放入不带脚踏板的坍落度筒，把漏斗转到坍落度筒上口，拧紧螺钉，使坍落度筒不能漂离容器底面。按坍落

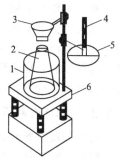

图 3-3　维勃稠度计
1—容器；2—坍落度筒；
3—漏斗；4—测杆；5—透
明圆盘；6—振动台

度试验方法，分三层装入拌合物，每层插捣 25 次，抹平筒口，提取筒模，缓慢地放下圆盘，读出滑棒上的刻度值，即坍落度。放松测杆螺钉，应使透明圆盘转至混凝土锥体上部，并下降至与混凝土顶面接触，然后开动振动台和秒表，通过透明圆盘观察混凝土的振实情况，直到圆盘底面被水泥浆所布满时，即刻停表和关闭振动台，秒表所记的时间，即表示混凝土拌合物的维勃稠度时间，精确至1s。《混凝土质量控制标准》（GB 50164—2011）中规定，混凝土拌合物维勃稠度允许偏差见表3-5。

表 3-5　混凝土拌合物维勃稠度允许偏差

维勃稠度/s	设计值	≥11	10～6	≤5
	允许偏差	±3	±2	±1

仪器每测试一次，必须将容器、筒模及透明圆盘洗净擦干，并在滑棒等处涂薄层黄油，以便下次使用。该方法适用于骨料最大粒径不超过 40mm，维勃稠度在 5～30s 之间的混凝土拌合物的稠度测定。根据《混凝土质量控制标准》（GB 50164—2011）和《预拌混凝土》（GB/T 14902—2012）规定，混凝土拌合物的维勃稠度等级可以按表 3-6 进行划分。

表 3-6　混凝土拌合物的维勃稠度等级划分

等级	V0	V1	V2	V3	V4
维勃稠度/s	≥31	30～21	20～11	10～6	5～3

3.1.2.6　塑性黏度

坍落度试验在一定程度上能反映新拌混凝土的流变特性，但所测定的指标是浆体的最终变形能力，反映的是浆体在自重作用下克服剪应力而流动的性能，不能反映浆体的变形速度，如果近似地用宾汉姆模型来表示新拌混凝土的流变特性，可以表示为：

$$\tau = \tau_f + \eta_{pl}\frac{dv}{dt} \tag{3-1}$$

式中　τ——剪切应力，Pa；

τ_f——屈服应力，Pa；

$\dfrac{dv}{dt}$——剪切速度，s^{-1}；

η_{pl}——塑性黏度，Pa·s。

宾汉姆模型表明，当剪切应力小于屈服应力时，新拌水泥浆体或新拌混凝土没有流动发生，只发生弹性变形。水泥浆体的塑性黏度 η_{pl} 一般不影响流动度或坍落度的测定值，但影响水泥浆和混凝土的流动变形速度，目前用来表征新拌混凝土塑性黏度的方法是倒坍落度筒排空时间试验、V 形漏斗试验、T500 扩展时间试验，试验方法可参考《普通混凝土拌合物性能试验方法标准》（GB/T 50080—2016）。

3.1.3　影响和易性的主要因素

（1）胶凝材料浆体总量

胶凝材料浆体是指由水泥、矿物掺合料和水拌合而成的浆体，它是普通混凝土拌合物工作性最敏感的影响因素。混凝土拌合物的流动性是其在外力与自重作用下克服内摩擦阻力产生运动的反映。混凝土拌合物的内摩擦阻力，一部分来自水泥浆颗粒间的内聚力和黏性；另一部分来自骨料颗粒间的摩擦力，前者主要取决于水胶比的大小；后者主要取决于骨料颗粒间的摩擦系数。骨料间胶凝材料浆层越厚，摩擦力越小；因此，原材料一定时，坍落度大小主要取决于胶凝材料浆体量的多少和浆体稠度的大小。单独增大用水量时，坍落度增大，而稳定性降低（即容易离析和泌水），也会影响拌合物硬化后的性能，所以应维持水胶比不变，增加胶凝材料浆体总量，提高拌合物和易性。

（2）骨料品种与品质

碎石比卵石粗糙、棱角多，内摩擦阻力大，因而在浆体总量和水胶比相同条件下，碎石混凝土的流动性与压实性要比卵石混凝土差。石子最大粒径较大时，需要包裹的水泥浆较少，流动性相对较好，但稳定性较差，即容易产生离析。细砂的表面积大，拌制同样流动性的混凝土拌合物需要较多胶凝材料浆体或砂浆。因此，采用最大粒径稍小、粒形好（针片状、非常不规则颗粒少）、级配良好的粗骨料，细度模数偏大的中粗砂、砂率稍高、胶凝材料浆体总量适当的拌合物，其工作性的综合指标也会较好。这也是现代混凝土技术改变了以往尽量增大粗骨料最大粒径和减小砂率，配制高强混凝土拌合物的原因。需要强调的是，目前我国骨料加工业普遍存在的骨料级配差、粒形差的现状，严重影响了混凝土的和易性。机制砂使用广泛，其粒形、级配、粗细、品种、吸水性、石粉含量等方面存在很大的差异，也会给混凝土拌合物的和易性带来很大的影响。

（3）砂率

砂率是指混凝土拌合物中砂的质量与砂石总质量比值的百分率。在混凝土拌合物中，砂子填充石子（粗骨料）的空隙，而水泥浆则填充砂子的空隙，同时有一定富余量的浆体去包裹骨料的表面，润滑骨料，使拌合物具有流动性和密实性。但砂率过大，细骨料含量相对增多，骨料的总表面积明显增大，包裹砂子颗粒表面的水泥浆层显得不足，砂粒之间的内摩擦阻力增大成为降低混凝土拌合物流动性的主要原因，此时，随着砂率的增大混凝土的流动性逐渐降低。所以，在用水量及水泥用量一定的条件下，存在着一个最佳砂率（或合理砂率值），使混凝土拌合物获得最大的流动性，且保持黏聚性及保水性良好，如图 3-4 所示。

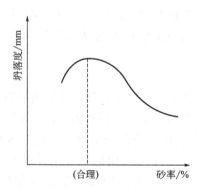

图 3-4　砂率与坍落度的关系（水与水泥用量一定）　　图 3-5　砂率与水泥用量的关系（相同坍落度）

在保持流动性一定的条件下，砂率还影响混凝土中水泥的用量，如图 3-5 所示。当砂率过小时，必须增大浆体用量，以保证有足够的砂浆量来填充、包裹和润滑粗骨料；当砂率过大时，也要加大水泥用量，以保证有足够的水泥浆包裹和润滑细骨料。在最佳砂率时，水泥用量最少。

（4）水泥及外加剂

目前我国混凝土大多使用普通硅酸盐水泥，水泥细度细、C_3A 含量高等因素都会造成混凝土拌合物和易性变差。在拌制混凝土拌合物时加入适量的外加剂，如减水剂、引气剂等，可以使混凝土在较低水胶比、较小用水量的条件下获得很高的流动性。现在减水剂技术已经取得很大进展，通过增加外加剂掺量来提高混凝土的和易性，成为最直接、简便、有效的手段。

（5）矿物掺合料

矿物掺合料不仅自身水化缓慢，同时还减缓了水泥的水化速度，优质矿物掺合料还具有一定的减水效果，使混凝土的和易性提高，并防止泌水及离析现象的发生。不同品质和不同品种的混凝土掺合料需水行为相差很大。品质较好的粉煤灰总体上看需水行为较好，需水量比可以在90％左右，矿渣次之，硅灰则需水较高；而品质差的粉煤灰需水量比可高达120％以上，相差非常大，对混凝土拌合物和易性影响非常明显。因此，在配制混凝土的过程中，应尽量选择需水量较小的矿物掺合料，以达到降低混凝土单方用水量的目的。超细石灰石粉具有较好的减水效应，作为混凝土新型矿物掺合料可以降低混凝土的单方用水量，降低水胶比，在强度上还可以弥补由于活性不足带来的问题，如图3-6所示。

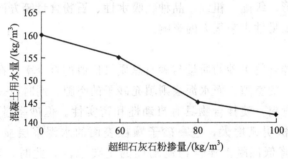

图 3-6 超细石灰石粉的减水效应

（6）含气量

一方面，气泡包含于浆体中，相当于浆体的一部分，使浆体量增大；另一方面，小的气泡在混凝土中还可以起滚珠润滑作用，改变了混凝土内部骨料间做相对运动的摩擦机制，变滑动摩擦为滚动摩擦，减小了摩擦阻力，同时，密闭的气泡能提高混凝土拌合物的稳定性，和易性也会得到改善。

（7）搅拌作用

未掺减水剂的浆体，水泥颗粒以絮凝结构存在，在剪切作用下，絮凝结构遭到破坏，呈现出剪切稀释化现象。不同搅拌机搅拌出的混凝土拌合物，即使原材料相同，工作性仍有可能出现明显的差别。特别是搅拌胶凝材料用量大、水胶比小的混凝土拌合物时，这种差别尤其明显。即使是同类搅拌机，如果使用维护不当，叶片被硬化的混凝土拌合物逐渐包裹，便会减弱搅拌效果，使拌合物越来越不均匀，工作性也会明显下降。一般情况下，强制式搅拌机或双轴搅拌机（图3-7），剪切效果更好，混凝土拌合物能够获得更好的流动性。

（8）时间和温度

随着时间的延长，混凝土拌合物逐渐变得干稠，坍落度降低，流动性下降，这种现象称为坍落度损失。其原因是一部分水已参与水泥的水化，一部分水被水泥骨料吸收，一部分水蒸发，同时混凝土凝聚结构也逐渐形成，这些原因都会使混凝土拌合物的流动性变差。

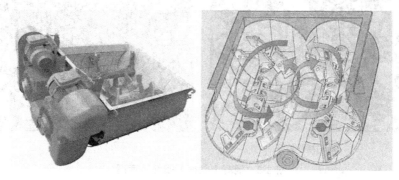

图 3-7 双轴搅拌机

温度也会影响混凝土拌合物的流动性，环境温度升高，水分蒸发及水化反应加快，混凝土拌合物的流动性降低。因此，施工中为保证拌合物的流动性，必须注意环境温度的变化，并采取相应的措施。当然，原材料温度过高也会造成混凝土拌合物温度高，例如，水泥温度高、骨料温度高都会加快混凝土拌合物的坍落度损失。因此，混凝土生产企业要注意控制水泥温度和骨料温度。

3.1.4 改善混凝土和易性的措施

针对上述影响混凝土和易性的因素，在实际施工中，可采取以下措施来改善混凝土拌合物的和易性：

① 胶凝材料浆量适当，保证足够的浆体填充砂空隙和骨料间的浆层厚度。

② 改善骨料粒形与级配，尽可能采用良好级配与粒形的骨料。粗骨料应尽可能采用单粒级分仓储存和分别计量；细骨料应尽量采用中粗砂，并应控制含石量和含泥量。

③ 掺加化学外加剂与优质矿物掺合料，改善拌合物的和易性，以满足施工要求。

④ 当混凝土拌合物坍落度太小时，应保持水胶比不变，适当增加水泥浆体总量或增加减水剂用量；当坍落度太大时，保持砂率不变，适当增加砂、石骨料总用量或减少减水剂用量。对于大流态混凝土，首选调整坍落度的技术手段是调整化学外加剂掺量。

⑤ 合理选择砂率，从而改善混凝土拌合物的和易性。

⑥ 使用引气剂，适当提高拌合物含气量，可以提高混凝土拌合物的和易性。

3.2 匀质性

混凝土的匀质性（uniformity）是指同一批次混凝土中不同部位之间各组分分布的均匀程度。混凝土是高度不均匀的材料，良好的匀质性是高性能混凝土追求的目标。图 3-8 所示为混凝土垂直于浇筑面的剖面匀质性示意图，图（a）所示混凝土剖面粗骨料分布均匀，表明混凝土匀质性较好；而图（b）所示混凝土剖面上部粗骨料较少甚至没有粗骨料，表明整个混凝土匀质性较差，在实际浇筑过程中表现为混凝土拌合物产生浮浆层现象。

由于外加剂的大量使用，混凝土的坍落度已从最初的 70～90mm 发展到现在的 180～200mm，还有一部分工程已经开始应用自密实混凝土。但流动性增加的同时，混凝土匀质性也随之下降，目前混凝土（尤其是泵送混凝土等）常掺加多种外加剂和掺合料，各种组分之间的相容性不良问题也会引起匀质性不良等问题，甚至造成新拌混凝土产生离析、泌水情

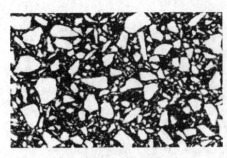 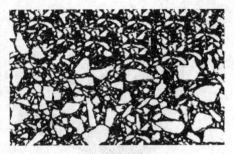

(a) 匀质性较好 　　　　　　　　　　　(b) 匀质性较差

图 3-8　混凝土剖面匀质性示意图

况，严重影响工程质量。

匀质性对混凝土的微观结构和细观结构有很大影响，这主要是因为混凝土是一种由砂石骨料、水泥、水及其他外加材料混合形成的非均匀材料。由于混凝土的施工和本身变形、约束等一系列原因，硬化混凝土中存在许多气泡、微孔和界面裂缝。气泡主要是由混凝土内部残留的气体形成的；微孔主要是混凝土硬化后多余水分蒸发后留下的孔隙形成的；界面裂缝主要产生在水泥浆体与粗骨料的过渡区部分微孔的连通部位。

如果匀质性不良，混凝土在配制时发生离析、泌水现象，粗骨料周围会形成水膜，而骨料底部的水膜更厚，因此，贴近粗骨料处的水胶比要远大于远离粗骨料区域的水胶比，水膜中即使有水泥颗粒也是极少量的。当基体中水泥颗粒溶解时，绝大部分迁移性离子（如 OH^-、Ca^{2+}、SO_4^{2-} 和铝酸盐离子等）首先扩散到水膜中，并结晶形成氢氧化钙和钙矾石。由于水膜中的水胶比较高，在水膜中氢氧化钙和钙矾石等晶体生长几乎不受限制，而且容易在骨料表面定向排列，使晶体孔隙增大，并有碍于 C-S-H 凝胶与骨料的接触。由于离子浓度下降，水化生成的 C-S-H 凝胶量也必然减少，使得凝胶与骨料表面的接触点减少。

因此，界面形成疏松的网络结构，原始裂缝增多变大，界面粘结强度下降，削弱了界面结合效应。粗骨料界面过渡区成为混凝土中的强度极限相，是最容易开裂、水最易渗透和最容易受到溶蚀的区域，混凝土的强度、抗渗性、抗冻性、耐蚀性等重要性能常常因界面上存在的缺陷而受到损失，甚至引起严重破坏。其中对于高强混凝土，匀质性不同时，各龄期强度差别比较明显，良好的匀质性可以使混凝土强度提高 20%。匀质性不好，混凝土不同结构部位强度差别可达 30% 以上。

3.2.1　影响混凝土匀质性的主要因素

①目前泵送混凝土坍落度可达到 200mm，扩展度可达到 500mm 以上。但是混凝土中各组分密度不同，尤其是原材料与外加剂相容性较差时，容易造成混凝土匀质性变差，甚至出现离析、泌水和板结等现象。

②有的掺合料（如矿渣、粉煤灰）活性很低，在新拌水泥浆体中吸水较少，掺合料取代部分水泥后能改善颗粒级配，水泥颗粒间的空隙减小，部分填充水游离出来成为自由水泌出。而且，掺合料的取代量越大，这种作用越明显。掺合料的表面物理特性也有重要影响，掺合料颗粒越接近球形时越容易发生转动和滚动，进而有更多的自由水泌出，使浆体稳定性下降，这种情况对于掺外加剂的浆体尤其明显。同时掺合料大都比水泥密度小，比较轻，容易上浮分层。

③ 如果骨料的级配不良，大颗粒石子（粒径大于 25mm）比例越多，骨料比表面积越小，包裹骨料所需浆体总量越少，造成浆体过度富余，也极易造成离析、泌水现象。小颗粒石子（粒径小于 10mm）比例越多，则骨料的比表面积越大，这需要更多的浆体来包裹骨料，混凝土流变性较差，容易造成泌水现象。针片状含量也会对混凝土匀质性产生很大影响。

④ 混凝土配合比如果浆量过大、砂率过低、减水剂掺量过大时都容易导致混凝土匀质性变差。

⑤ 混凝土流动性过大时尤其对于中低等级混凝土容易导致匀质性不良。

⑥ 混凝土搅拌时间不够也容易导致混凝土匀质性不良。

⑦ 混凝土浇筑工艺不规范、振捣过度都会导致混凝土匀质性不良。

3.2.2　提高混凝土匀质性的技术措施

① 对于大掺量矿物掺合料的混凝土不应一味要求高流动性，和易性满足施工要求即可，过于追求高坍落度、大扩展度容易导致匀质性不良。

② 对于中低等级混凝土，外加剂中提高增黏组分（增黏组分是一些水溶性的有机物，可以束缚一些体系中的自由水）含量，既要有高减水率，又能使拌合物具有足够黏度。

③ 有的掺合料比表面积大（如硅灰比表面积约 20000m²/kg），有的表面疏松多孔（如沸石粉、偏高岭土），润湿颗粒表面所需水量远高于水泥粒子，因此，这类掺合料的掺入会消耗更多的自由水，从而增加浆体的黏度，一定掺量下对抑制浆体的离析、泌水有利。

④ 骨料的级配和粒形良好时，骨料间的空隙小、内阻力小。较少量的浆体易充分包裹骨料并赋予混凝土良好的流动性和匀质性。

⑤ 混凝土配合比设计时应避免砂率过低；应控制胶凝材料用量及单方用水量；应该注意避免减水剂掺量过高，尤其对于聚羧酸减水剂应该充分稀释后使用。

⑥ 采用正确的混凝土浇筑顺序，如图 3-9 所示。

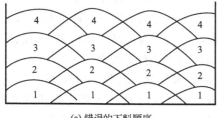
(a) 错误的下料顺序

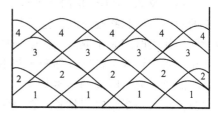
(b) 正确的下料顺序

图 3-9　混凝土浇筑顺序

⑦ 控制混凝土胶凝材料用量在适当范围，中低强度混凝土不要过低，高强混凝土不要过高。

⑧ 应根据混凝土施工特点选择适当的振捣方式和时间，注意不同振捣棒的影响半径和振捣时间，确保恰当但不过振。禁止振捣棒水平拖动，以防匀质性不好造成混凝土开裂。

⑨ 混凝土搅拌运输车在运输新拌混凝土时，搅拌叶片线速度合理的范围是 0.2～0.3m/s，对于试验搅拌车，搅拌筒直径为 2200mm，折算成搅拌筒转速为 1.91～2.86r/min 较为合适，可保证混凝土输送的匀质性。

3.3 含气量

任何搅拌好的混凝土拌合物中都有一定量的空气，它们是在搅拌过程中带入混凝土的，称为混凝土拌合物的含气量（air content），约占总体积的 0.5%～2%。如果在配料里还掺有一些外加剂，混凝土拌合物的含气量可能还要更大，一定量的含气量对新拌混凝土的和易性有利，而且含气量对于硬化后混凝土的性能有重要影响，特别是混凝土的抗冻性，所以在试验室与施工现场要对它进行测定与控制。

影响含气量的因素包括水泥品种、掺合料、外加剂、水胶比、工作性、砂子级配与砂率、气温、搅拌方式和搅拌机大小等。

掺用引气型外加剂混凝土拌合物的含气量宜符合表 3-7 的规定，并应满足混凝土性能对含气量的要求。

表 3-7　混凝土含气量

粗骨料最大公称粒径/mm	20	25	40
混凝土含气量/%	≤5.5	≤5.0	≤4.5

3.4 凝结时间

凝结是混凝土拌合物固化的开始，由于各种因素的影响，混凝土的凝结时间（setting time）与配制混凝土所用水泥的凝结时间并不相同（在水胶比不同的情况下，凝结快的水泥配制出的混凝土拌合物可能比凝结慢的水泥配出的混凝土凝结时间还要长）。

混凝土拌合物的凝结时间通常采用贯入阻力法进行测定，所用仪器为贯入阻力仪。先用 4.75mm 方孔筛从拌合物中筛取砂浆，按一定方法装入规定的容器中，然后每隔一定时间测定砂浆贯入到 25mm 深度时的贯入阻力，绘制出贯入阻力与时间关系的曲线，以贯入阻力达到 3.5MPa 及 28.0MPa 划两条平行于时间坐标的直线，直线与曲线交点的时间即分别为混凝土的初凝时间和终凝时间。这是从实用角度人为确定的时间，用该初凝时间表示施工的极限时间，终凝时间表示混凝土力学强度开始发展的时间。了解凝结时间所表示的混凝土特性的变化，对制订施工进度计划和比较不同种类外加剂的效果有很大作用。

影响混凝土凝结时间的主要因素有胶凝材料组成、水胶比、温度和外加剂。一般情况下，水胶比越大，凝结时间越长。在浇筑大体积混凝土时，为了防止出现冷缝和温度裂缝，应通过调节外加剂中的缓凝成分来延长混凝土的初凝时间和终凝时间。当混凝土拌合物在 10℃拌制和养护时，其初凝时间和终凝时间比 23℃的分别延缓约 4h 和 7h。

思　考　题

3.1　什么是混凝土和易性，和易性在混凝土施工实践中有哪些重要作用？

3.2　为什么混凝土的凝结时间与所用水泥的凝结时间有很大的不同？

3.3　解释水胶比是如何影响混凝土胶凝材料浆体和界面过渡区的强度的。

3.4　试述泌水对混凝土质量的影响，列举几种减少混凝土泌水的方法。

3.5　当混凝土拌合物流动性太大或太小，可采取什么措施进行调整？

3.6　列举减少坍落度损失的方法。

3.7　提高混凝土匀质性的措施有哪些?

3.8　简述坍落度和维勃稠度测定方法。

3.9　某工地施工人员拟采用下述方案提高混凝土拌合物的流动性,试问哪个方案可行?哪个不可行?简要说明原因。

(1) 多加水。

(2) 保持水胶比不变,适当增加水泥浆量。

(3) 加入氯化钙。

(4) 掺加减水剂。

(5) 适当加强机械振捣。

第4章
混凝土的力学性能

混凝土结构物主要用以承受荷载或抵抗各种作用力，强度是混凝土最重要的力学性质。虽然在实际工程中还可能要求混凝土同时具有其他性能，如抗渗性、抗冻性等，甚至这些性能可能更为重要，但这些性能与混凝土强度之间往往存在着密切的关系。一般来说，混凝土的强度越高，其刚性、不透水性、抵抗风化和抵抗侵蚀的能力也越强；另一方面，混凝土强度越高，干缩也较大，同时也就越脆、容易开裂。混凝土的强度包括抗压、抗拉、抗弯、抗剪以及钢筋握裹强度等，其中抗压强度最大，而且混凝土的抗压强度与其他强度之间存在一定的相关性，可以根据混凝土抗压强度的大小来估算其他强度值。工程上混凝土主要承受压力，因此，混凝土的抗压强度是最重要的一项性能指标。

目前混凝土强度等级一般在 C10～C100，混凝土强度等级按立方体抗压强度标准值（MPa）划分为：C10、C15、C20、C25、C30、C35、C40、C45、C50、C55、C60、C65、C70、C75、C80、C85、C90、C95 和 C100 等不同的强度等级。对某一种混凝土，可根据其混凝土立方体抗压强度标准值来判断其归属的强度等级。例如，若某种混凝土的立方体抗压强度标准值是 37.4MPa，则该混凝土的强度等级应是 C35。目前在我国，C60 以下的混凝土属普通混凝土，C60 及以上的混凝土属高强混凝土。在工程中用量最大的混凝土强度等级一般在 C15～C60 范围内。

4.1 抗压强度

混凝土是现代建筑中使用量最大的建筑材料，混凝土轴向抗压强度是混凝土最基本、最重要的力学性能指标。混凝土的强度归根结底来源于水泥石强度。水泥水化产物生成后，不是一粒一粒地离开水泥颗粒母体向着液体游动，而是立即互相交织粘结起来，成为立体网状结构，这种具有强度而仍有变形能力的物质，以固体键在交接点上联结，这就是凝胶（构成混凝土强度的基本单元）。

凝胶可看作是一种交接点没有充分焊接牢固的空间钢构架。在荷载作用下，杆件（凝胶纤细微粒）产生足以支持荷载的应力，只发生一定的变形，而构架的破坏则归因于交接点的失效。对交接点施加拉力，可以使它失效（断开），反之，如果施加压力，则不论大小如何，都不能造成破坏。

4.1.1 混凝土受压破坏理论

对于理想材料而言，强度大约是弹性模量的十分之一。混凝土的弹性模量大约在几万兆帕，如果混凝土是理想结构，强度应该是几千兆帕，而实际上只有几十兆帕。这是为什么呢？其中 Griffith 理论得到广泛认可，该理论认为混凝土中存在许多微裂缝，在受到外力作用时，应力在微裂缝尖端集中。随着荷载的增大，微裂缝尖端材料的局部拉应力可能增长到某种水平以至于变形能的减小恒大于表面能的增加，此时裂缝即成为能够不断扩展的非稳定裂缝，导致混凝土材料的破坏。

（1）混凝土受压变形及破坏过程

为简化起见，假定混凝土处于单轴受压状态，混凝土在单轴受压状态下典型的荷载-变形曲线，如图 4-1 所示，该曲线可用来表征混凝土的受压破坏过程。混凝土的受压荷载-变形曲线可大致划分为 4 段，在这 4 段中混凝土的荷载与变形关系各具特点。在第 I 段，荷载与变形关系基本上接近于线性，荷载约从 0 增大到极限荷载的 30%；第 II 段，荷载与变形关系开始偏离线性，曲线开始出现上凸，荷载约从极限荷载的 30% 增大到 70%～90%；第 III 段，荷载与变形关系显著偏离线性，荷载约从极限荷载的 70%～90% 增大到 100%；第 IV 段亦即曲线的下降段，在此阶段，进一步的加载只能引起变形的进一步增大，但荷载却逐渐减小，上凸曲线逐渐下降，最终荷载与变形关系到达终点，混凝土发生断裂破坏，材料失去其完整性。

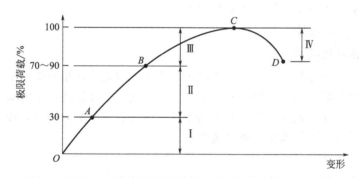

图 4-1　混凝土在单轴受压状态下典型的荷载-变形曲线示意图

需要说明的是，从强度与承载能力的角度考虑，在上述第 IV 段的末尾即当荷载达到极限荷载时，混凝土即已达到了破坏状态。

（2）混凝土受压破坏的本质

混凝土受压破坏的本质实际上是混凝土在受纵向压力荷载作用下引发了横向拉伸变形，当横向拉伸变形达到混凝土的极限拉应变时，混凝土发生破坏。这是一种在纵向压力荷载作用下的横向拉伸破坏。

在前述曲线的第 I 段，横向拉伸变形与纵向变形导出的拉应变与压应变的关系基本服从泊桑比效应，即

$$\mu = \frac{\varepsilon_{com}}{\varepsilon_{ten}} \tag{4-1}$$

式中　μ——泊桑比；

　　ε_{com}——压应变；

　　ε_{ten}——拉应变。

普通混凝土的泊桑比为 0.15～0.22，通常随着混凝土强度的提高，泊桑比逐渐增大，因此高强混凝土的泊桑比要大于普通混凝土。在前述曲线的第 II、第 III 和第 IV 段，拉应变与压应变的关系不再服从泊桑比效应，但横向变形仍在持续增大。伴随着横向变形的不断增

大，混凝土内部出现了裂纹扩展现象。在不断加载的过程中，混凝土裂纹逐渐扩展、连通乃至贯穿，最终导致了混凝土结构的破坏。

（3）混凝土受压破坏过程中的裂纹扩展

混凝土受压破坏的过程，实质上是混凝土内部裂纹不断扩展的过程。在前述曲线的第Ⅰ段，混凝土尚无裂纹扩展。但当加载进入图 4-1 曲线的第Ⅱ段后，因粗骨料与水泥浆体粘结的界面过渡区在普通混凝土中往往是最薄弱的环节，易出现局部孔隙率较高、存在因泌水而导致的先天性裂纹等缺陷问题，加载导致界面区首先引发裂纹扩展，称为界面裂纹扩展。当加载进入第Ⅲ段后，在界面裂纹扩展的同时，还发生砂浆裂纹的扩展。随着继续加载，结束第Ⅲ段并进入第Ⅳ段后，界面裂纹与砂浆裂纹不断扩展，并逐渐互相连通、贯穿，表明混凝土已被破坏。

然而，需要指出的是，在受压破坏时，高强混凝土中的裂纹扩展过程与上述普通混凝土有着显著不同的一点，即高强混凝土中首先出现的是砂浆裂纹扩展，而不是界面裂纹扩展，原因是高强混凝土的界面区得到了强化，较普通混凝土有显著改善，不再是薄弱环节。当荷载继续增大到砂浆裂纹进一步扩展并达到粗骨料表面（即界面区）时，接下来发生的裂纹扩展是穿越粗骨料的裂纹扩展，而并非是界面裂纹扩展。最终高强混凝土的破坏，主要是由砂浆裂纹与穿越粗骨料裂纹的扩展、连通而导致的。

4.1.2 混凝土抗压强度

4.1.2.1 立方体抗压强度

混凝土在单向压力作用下的强度为单轴抗压强度，即通常所指的混凝土抗压强度，这是工程中最常提到的混凝土力学性能。在我国，一般采用立方体试件测定混凝土抗压强度。在有关国家标准或规范中，规定了若干与混凝土抗压强度有关的基本概念，如混凝土立方体抗压强度、立方体抗压强度标准值、强度等级。

（1）混凝土立方体抗压强度

按照国家标准《普通混凝土力学性能试验方法》（GB/T 50081—2002）规定，水泥混凝土抗压强度是按标准方法制作的 150mm×150mm×150mm 立方体试件，在标准条件下［温度（20±2）℃，相对湿度 95％以上］，养护到 28d 龄期，测得的抗压强度值为混凝土立方体试件抗压强度（简称立方体抗压强度），以 f_{cu} 表示，按式(4-2) 计算：

$$f_{cu}=\frac{F}{A}$$
（4-2）

式中　f_{cu}——立方体抗压强度，MPa，精确至 0.1MPa；

　　　F——极限荷载，N；

　　　A——受压面积，mm^2。

在试验过程中应连续均匀地加荷。混凝土强度等级＜C30 时，加荷速度取 0.3～0.5MPa/s；混凝土强度等级≥C30 且＜C60 时，加荷速度取 0.5～0.8MPa/s；混凝土强度等级≥C60 时，加荷速度取 0.8～1.0MPa/s。

以三个试件测定值的算术平均值为测定值，试验结果计算至 0.1MPa。如任一个测定值与中间值的差超过中间值的 15％，则取中间值为测定值；如有两个测定值的差值均超过中间值的 15％，则该组试验结果无效。

混凝土抗压强度以 150mm×150mm×150mm 的立方体试块为标准试件，其他尺寸试件应乘以相应的尺寸换算系数，并应在报告中注明，抗压强度换算系数见表 4-1。当混凝土强度等级≥C60 时，宜采用标准试件；使用非标准试件时，换算系数应由试验确定。

表 4-1　混凝土抗压强度换算系数

试件尺寸/mm	100×100×100	150×150×150	200×200×200
换算系数 k	0.95	1.00	1.05
骨料最大粒径/mm	30	40	60

（2）混凝土立方体抗压强度标准值

通常，对于某一指定混凝土，其在不同批次、不同时间测得的混凝土立方体抗压强度值呈现出一定的波动现象，且通常符合正态分布的统计规律。混凝土立方体抗压强度标准值（或立方体抗压标准强度）是指对于某一指定的混凝土，在其混凝土立方体抗压强度值的总体分布中的某一特定抗压强度值，即总体分布中强度不低于该特定抗压强度值的保证率为95%。换句话说，总体分布中强度低于该特定抗压强度值的百分率为5%。

4.1.2.2　轴心抗压强度

混凝土的立方体抗压强度只是评定强度等级的一个指标，它不能直接用来作为结构设计的依据。为了符合工程实际，在结构设计中混凝土受压构件的计算采用混凝土的轴心抗压强度。轴心抗压强度的测定采用 150mm×150mm×300mm 棱柱体作为标准试件，在标准养护条件下养护至规定的龄期。以立方抗压强度试验相同的加载速度，均匀而连续地加载，当试件接近破坏而开始迅速变形时，应停止调整试验机油门，直至试件破坏，记录最大荷载。轴心抗压强度设计值以 f_{cp} 表示，按式(4-3)计算：

$$f_{cp} = \frac{F}{A}$$ (4-3)

式中　f_{cp}——混凝土轴心抗压强度，MPa；

　　　F——极限荷载，N；

　　　A——受压面积，mm^2。

计算结果取三个试件试验结果的算术平均值作为该组混凝土轴心抗压强度。如果任一个测定值与中间值之差超过中间值的 15% 时，则取中间值为测定值；如有两个测定值与中间值之差均超过中间值的 15% 时，则该组试验结果无效，计算结果精确至 0.1MPa。

采用非标准尺寸试件测得的轴心抗压强度，应乘以表 4-1 中对应的尺寸换算系数。轴心抗压强度 f_{cp} 比同截面的立方体强度值 f_{cu} 小，棱柱体试件高宽比 h/a 越大，轴心抗压强度越小，但当 h/a 达到一定值后，强度就不再降低。但是过高的试件在破坏前由于失稳产生较大的附加偏心，又会降低其抗压的试验强度值。试验表明：在立方体抗压强度 f_{cu} 为 10～55MPa 的范围内，轴心抗压强度与立方体抗压强度之比约为 0.70～0.90。

4.1.2.3　圆柱体抗压强度

立方体抗压强度在我国以及德国、英国等部分欧洲国家常用，而美国、日本等国常用直径为 150mm，高度为 300mm 的圆柱体试件按照《混凝土圆柱体试件的抗压强度的标准测试》（ASTM C39）进行抗压强度试验。当混凝土拌合物中粗骨料最大粒径不同时，其圆柱体的直径也不尽相同，但是试件始终保持高度（h）与直径（d）之比 $h/d=2$。同立方体试件抗压强度一样，在进行抗压强度试验时，直径越大，强度越低。

4.2　抗拉强度

4.2.1　轴心抗拉强度

混凝土抗拉强度也是其基本力学性能之一，它是研究混凝土强度理论及破坏机理的一个重要组成部分，它直接影响钢筋混凝土结构抗裂性能。混凝土作为一种脆性材料，其抗拉强度很低，一般仅为其抗压强度的 5%～10%。而混凝土在使用过程中除承受外部荷载外，还要承受内部应力，主要形式是拉应力。抗拉强度越高，拉应力使材料开裂的危险越小。混凝土在结构中不可避免地存在拉应力作用，具有较高的抗拉强度意义重大。

直接测定混凝土轴心抗拉强度的试验具有一定的难度，主要是因为轴心抗拉强度测定要求应使荷载作用线与受拉试件轴线尽可能重合，否则试件的夹持装置会引入不可忽略的次生应力。因此，在实际工程应用中，估计混凝土抗拉强度最常用的方法是 ASTM C496 的劈裂抗拉试验以及 ASTM C78 的三点荷载抗弯试验，对应于我国国家标准《普通混凝土力学性能试验方法标准》（GB/T 50081—2002）中劈裂抗拉强度试验和抗折强度试验。

4.2.2 劈裂抗拉试验

国内外均采用劈裂抗拉强度试验来测定混凝土的抗拉强度，该方法的原理是在试件的两相对表面的素线上，施加均匀分布的压力，在压力作用的竖向平面内产生均布拉应力（见图 4-2），该拉应力随施加荷载而逐渐增大，当其达到混凝土的抗拉强度时，试件将发生拉伸破坏。该破坏属脆性破坏，破坏效果如同被劈裂开，试件沿两素线所成的竖向平面断裂成两半，故该强度称劈裂抗拉强度。该试验方法大大简化了抗拉试件的制作，且能较正确地反映试件的抗拉强度。

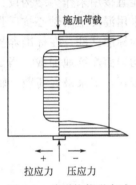

图 4-2 劈裂抗拉强度试验中试件内应力分布

我国在混凝土劈裂抗拉强度试验方法中规定：标准试件为 150mm×150mm×150mm 的立方体试件，采用 $\phi75$mm 的弧形垫块并加三层胶合板垫条，按规定速度加载。在劈裂抗拉强度试验中，破坏时的拉伸应力可根据弹性力学理论计算得出。故混凝土的劈裂抗拉强度按式(4-4)计算：

$$f_{ts}=\frac{2F}{\pi A}=0.637\frac{F}{A} \tag{4-4}$$

式中　f_{ts}——混凝土劈裂抗拉强度，MPa；

　　　F——破坏荷载，N；

　　　A——试件劈裂面面积，mm²。

因抗拉强度远低于抗压强度，在普通混凝土设计中抗拉强度通常不予考虑。但在抗裂性要求较高的结构设计中，如路面、油库、水塔及预应力钢筋混凝土构件等，抗拉强度却是确定混凝土抗裂性的主要指标。随着对钢筋混凝土及预应力混凝土裂缝控制与提高耐久性研究的深入开展，人们对提高混凝土抗拉强度的要求正日益提高，其相关研究与认识也在逐渐深入。

当混凝土强度等级<C30 时，加荷速度取 0.02～0.05MPa/s；当混凝土强度等级≥C30 且<C60 时，取 0.05～0.08MPa/s；当混凝土强度等级≥C60 时，取 0.08～0.10MPa/s，至试件接近破坏时，应停止调整试验机油门，直至试件破坏，然后记录破坏荷载值，精确至 0.01kN；劈裂抗拉强度测定值的计算及异常数据的取舍原则，同混凝土抗压强度测定值的取舍原则相同。采用本试验法测得的劈裂抗拉强度值，如需换算为轴心抗拉强度，应乘以换算系数 0.90。采用 100mm×100mm×100mm 非标准试件时，取得的劈裂抗拉强度值应乘以换算系数 0.85。

4.2.3 混凝土抗压强度与抗拉强度的关系

混凝土的抗拉强度随抗压强度的提高而提高，但增长幅度逐渐减少。从表 4-2 可知，混凝土的抗压强度越高，拉压比越小。数据表明：低强混凝土的拉压比约为10%，中强混凝土的拉压比约为8%～9%，高强混凝土的拉压比约为7%。

表4-2　抗压强度与拉压比的关系

抗压强度/MPa	10	20	30	40	50	60	70
抗拉强度/抗压强度（拉压比）	1/10	1/11	1/12	1/13	1/14	1/15	1/16

　　抗压强度与拉压比之间的关系由影响混凝土基体和界面过渡区的性质的许多因素决定。养护时间和混凝土拌合物特性，如水胶比、骨料类型和外加剂等，在不同程度上影响拉压比。例如，养护一个月后，混凝土的抗拉强度比抗压强度的增长更缓慢，因而，拉压比随养护时间延长而减小。在养护龄期相同的情况下，拉压比随水胶比的减小而减小。

　　含石灰质骨料或掺矿物掺合料的混凝土经充分养护，在较高的抗压强度时，也可以获得较高的拉压比。表4-3表示骨料矿物成分和粒径对高强混凝土拉压比的影响。但是有研究者发现，掺粉煤灰的高强混凝土的拉压比并不大。

表4-3　骨料矿物成分和粒径对高强混凝土拉压比的影响（潮湿养护60d）

骨料成分和粒径	抗拉强度 f_{ts}/MPa	抗压强度 f_c/MPa	f_{ts}/f_c
砂岩骨料，最大粒径25mm	5.2	55.8	0.09
砂岩骨料，最大粒径10mm	5.9	58.9	0.10
石灰岩骨料，最大粒径25mm	7.0	63.9	0.11

4.3　抗折强度

　　交通道路路面或机场跑道用混凝土，主要以抗折强度作为强度指标，以抗压强度为参考强度指标。抗折强度试件以标准方法制备，为150mm×150mm×600mm（或150mm×150mm×550mm）的棱柱体试件，非标准试件尺寸为150mm×150mm×400mm。在标准养护条件下养护至28d龄期，测定其抗折强度，根据《普通混凝土力学性能试验方法标准》（GB/T 50081—2002）规定，试验机应能施加均匀、连续、速度可控的荷载，并带有能使两个相等荷载同时作用在试件跨度3分点处的抗折试验装置，如图4-3所示。

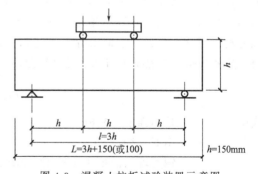

图4-3　混凝土抗折试验装置示意图

　　当试件尺寸为非标准试件时，应乘以尺寸换算系数0.85。当混凝土强度等级≥C60时，宜采用标准试件；使用非标准试件时，尺寸换算系数应由试验确定。

　　试件在标准条件下，经养护28d后，在净跨450mm、双支点荷载作用下按三分点加荷方式测定其抗折强度 f_f，可按式(4-5)计算：

$$f_f = \frac{Fl}{bh^2} \tag{4-5}$$

式中　f_f——混凝土的抗折强度，MPa；
　　　F——极限荷载，N；

l——支座间距离，$l=450\mathrm{mm}$；

b——试件宽度，mm；

h——试件高度，mm。

抗折强度测定值的计算及异常数据的取舍原则，同混凝土抗压强度测定值的取舍原则相同。如断面位于加荷点外侧，则该试件结果无效；如有两个试件结果无效，则该组结果作废。

这种试验所得抗折强度 f_f 比真正的抗折强度偏高了 50％ 左右。这主要是因为简单的抗折公式假设通过梁横截面的应力是线性变化的，而混凝土是非线性的应力-应变曲线，故这种假设是不符合实际情况的。

4.4 混凝土与钢筋的粘结强度

路桥工程中有许多钢筋混凝土结构，在钢筋混凝土结构中，配有拉筋、压筋及构造钢筋等，要使这类复合材料安全受力，混凝土与钢筋之间必须有适当的粘结强度（也称握裹强度）。

混凝土与钢筋之间的粘结强度主要是由于混凝土与钢筋之间的摩擦力、钢筋与水泥石之间的粘结力及变形钢筋的表面机械啮合力引起的，混凝土相对于钢筋的收缩也有影响。一般来说，粘结强度与混凝土的质量有关，在抗压强度小于 20MPa 时，粘结强度与抗压强度成正比，随着抗压强度的提高，粘结强度增加值逐渐减小。此外，粘结强度还受许多其他因素的影响，例如钢筋尺寸及变形钢筋种类、钢筋在混凝土中的位置（水平钢筋或垂直钢筋）、加载类型（受拉钢筋或受压钢筋）、干湿变化、温度变化等都会影响粘结强度值。

目前还没有一种适当的标准试验能准确地测定出混凝土与钢筋之间的粘结强度。为了对比不同混凝土与钢筋的粘结强度，美国材料试验学会（ASTM C234）提出了一种拔出试验方法，混凝土试件为边长 150mm 的立方体，其中埋入 $\phi19\mathrm{mm}$ 的标准变形钢筋，试件采用标准方法制作。试验时以不超过 34MPa/min 的速度对钢筋施加拉力，直到钢筋发生屈服，或混凝土劈开，或加荷端钢筋滑移超过 2.5mm。记录出现上述三种情况任一情况时的荷载值，用式(4-6)求混凝土与钢筋的粘结强度。

$$f_{粘}=\frac{F}{\pi dl} \tag{4-6}$$

式中 $f_{粘}$——粘结强度，MPa；

d——钢筋直径，mm；

l——钢筋埋入混凝土中长度，mm；

F——测定的荷载值，N。

4.5 混凝土强度检测其他方法

（1）钻芯检验法

当需要对混凝土结构物的强度进行复验，或由于其他原因需要重新核对结构物的承载能力时，可在结构物上钻取芯样，做抗压强度试验，以确定混凝土的强度等级。由于芯样是在结构物上直接钻取，因此所得结果能较真实地反映结构物的强度情况。

钻取混凝土芯样是采用内径为 $\phi100\mathrm{mm}$ 或 $\phi150\mathrm{mm}$ 的金刚石或人造金刚石薄壁钻头钻

取高度和直径均为 100mm 或 150mm 的芯样。钻取芯样的数量视实际需要而定，芯样的两个墙面须使用切割机切割平整，如表面不平可用硫黄、硫黄砂浆或环氧水泥等材料抹平。取芯部位应该是在结构或构件受力较小的部位；避开主筋、预埋件和管线的位置；便于钻芯机的安装与操作的部位。值得注意的是薄壁构件不能采用钻芯检验法。

（2）回弹法

回弹法是利用回弹仪根据事前预测好的硬度-强度曲线，来测定结构或构件的抗压强度。回弹仪可直接测得的是结构或构件已硬化的表层混凝土的硬度数据，因此，需要事先对混凝土表面的碳化深度准确地测量，只有确保表层和内部的质量一致时，所测得的强度才是该构件的平均强度。回弹法测定混凝土强度时，配合比、养护龄期、养护方法、表面平整度、表面碳化、构件刚度、测量位置等因素均会对测定结果产生影响，因此，回弹值与强度的关系只是近似相等而已，并非绝对相等。当混凝土处于以下情况时，不宜采用回弹法：

① 混凝土存在内部缺陷或表层与内部质量有明显差别。

② 遭受化学腐蚀或火灾。

③ 硬化期间遭受冻伤。

④ 长期处于高温、潮湿环境。

⑤ 粗骨料粒径大于 6cm。

⑥ 测试部位曲率半径小于 25cm。

（3）超声法

超声法是利用超声波在密实度不同的混凝土中的传播速度不同的原理，将超声波检测发射器放出的超声波，经过混凝土后在接收器中记录下来，通过仪器读数，按事先建立的强度与速度的关系曲线，换算成所需要测定的混凝土强度的一种测试方法。

超声波测定混凝土强度时，因参数太多，导致精确测量难度较大。构件的几何尺寸、配筋情况、混凝土的配合比、浇筑方向、养护方法、测试时的含水量、温度、预加荷载的影响以及测试技术等都会影响测试结果。但超声波可以较准确检测混凝土的缺陷位置、大小和性质，因而它是用来判断混凝土连续性、匀质性的一种常用方法。

（4）超声回弹综合法

超声回弹综合法是建立在超声波传播速度和回弹值同混凝土抗压强度之间相互联系的基础之上，以声速和回弹值综合反映混凝土的抗压强度，因而可以较好地反映整个混凝土的质量情况。综合法与单一法相比可以抵消一些影响因素的干扰，相互弥补各自的不足，因此精度高、适应范围广，已在我国混凝土工程上广泛应用。

4.6 混凝土强度早期推定及影响因素

4.6.1 混凝土强度早期推定

我国现行交通行业标准《公路工程水泥及水泥混凝土试验规程》（JTG E30—2005）已将"1h 促凝压蒸法"列入规程，该法可根据 1h 压蒸快硬试件的抗压和抗折强度，推定标准养护 28d 龄期混凝土的抗压和抗折强度。这种方法可用于现场质量管理和混凝土配合比设计及调整。按标准制作方法，制备混凝土立方体抗压试件（150mm×150mm×150mm）和棱柱体小梁抗折试件（150mm×150mm×550mm），各以 3 个为一组。

制备试件过程中，预先将压蒸养护器加水到规定标记，盖上侧盖，搭上螺丝（只搭一个螺丝，不要旋紧），接通电源，将水加热至沸腾。打开养护器侧盖，将试件连模一同放入养护器内，每个试模均盖一块厚度 10mm 的钢板，钢板与试件接触面应涂抹一薄层矿物油。每次试验同时放入 3 个抗折试件和 3 个抗压试件，也可根据试验需要单独放入 3 个抗折试件或 3 个抗压试件，但必须与建立混凝土强度推定关系式时的情况一致。盖上侧盖，旋紧规定数量的螺丝，继续加热，从关闭侧盖到达规定工作压力 [(0.142 ± 0.005)MPa] 的时间应与建立强度推定关系时升压时间相同，误差应控制在 (60 ± 10)min 以内，超出规定时间，试件作废。养护器达到工作压力时，继电器自动切断电源，低于工作压力时自动接通电源加热。在工作压力下，试件养护 3h$\pm$3min。达到养护时间后，切断电源，打开排气阀门排气至养护器内压力与大气持平，排气速度应控制在 (10 ± 1)min 内排完。打开侧盖，取出试件，立即拆模，准备进行强度试验。

按同样的方法，测定和计算压蒸试件的快硬抗压和抗折强度。试件从拆模到强度试验结束，应在 30min 内完成。

根据压蒸试件的快硬抗折和抗压强度，采用下列事先建立的强度关系式(4-7) 和式(4-8)，分别推定标准养护 28d 龄期混凝土的抗压与抗折强度的推定值。

$$f_{28}=a_1+b_1 f_{1h} \tag{4-7}$$

$$f_{b28}=a_2+b_2 f_{b1h} \tag{4-8}$$

式中　f_{28}，f_{b28}——分别为标准养护 28d 混凝土试件抗压强度和抗折强度推定值，MPa；

　　　f_{1h}，f_{b1h}——分别为压蒸快硬混凝土试件抗压和抗折强度测定值，MPa；

a_1，b_1，a_2，b_2——通过试验求得系数（与混凝土组成材料性质和压蒸养护方法有关）。

用该试验推定混凝土标准养护 28d 龄期的抗压与抗折强度，应事先建立同材料、同压蒸方法的混凝土强度推定公式，并经现场试用验证，证明其推定精度满足使用要求后，方可正式采用。

4.6.2　影响混凝土强度的因素

水胶比是决定基体和界面过渡区孔隙率的重要因素，进而决定混凝土的强度。另外，振捣与养护条件（水泥水化程度）、骨料粒径与矿物成分、外加剂种类、试件形状与潮湿条件，应力种类和加荷速度等因素对混凝土强度也有很大的影响。

同样的混凝土，在理论上其强度应该是相等的。然而，如果强度检验时试验条件不同，则混凝土强度的测试结果也不相同。在混凝土强度试验中，尺寸效应、环箍效应和加载速度三方面因素也会对强度测试值产生一定的影响。

（1）水泥强度

混凝土的强度主要取决于其内部起胶结作用的水泥石的质量，水泥石的质量则取决于水泥的特性和水胶比。水泥是混凝土中的活性组分，在混凝土配合比相同的条件下，水泥强度越高，配制出的混凝土强度越高。水泥不可避免地会在质量上有波动，这种质量波动毫无疑问地会影响到混凝土的强度，主要是影响混凝土的早期强度，这是因为水泥质量的波动主要是由于水泥细度和 C_3S 含量的差异引起的，而这些因素在早期的影响最大，随着时间的延长，其影响作用逐渐降低。

（2）水胶比

当用同一种水泥（品种及强度等级相同）时，混凝土的强度主要决定于水胶比。因为水泥水化时所需的结合水，一般只占水泥重量的 23% 左右，但混凝土拌合物，为了获得必要的流动性，常需用较多的水（约占水泥重量的 40%～70%），即采用较大的水胶比，当混凝土硬化后，多余的水分就残留在混凝土中形成水泡或蒸发后形成气孔，大大地减少了混凝土抵抗荷载的有效断面，而且可能在孔隙周围产生应力集中。因此，在水泥强度等级相同的情况下，水胶比愈小，水泥石的强度愈高，与骨料粘结力愈大，混凝土的强度愈高。但是，如果水胶比太小，拌合物过于干稠，在一定的捣实成型条件下，混凝土拌合物中将出现较多的孔洞，导致混凝土的强度下降。

（3）骨料

骨料对混凝土强度的影响一般不受重视。通常情况下，骨料的强度对普通混凝土强度影响的确很小，尤其是对于大流态混凝土。因为骨料的强度比混凝土中基体和界面过渡区的强度高出几倍。但是，除强度外，骨料的其他特征，如粒径、形状、表面结构、级配和矿物成分，都会在不同程度上影响界面过渡区的特征，从而影响到混凝土的强度。如粒径较大的骨料使界面过渡区有更多的微裂缝；级配良好的骨料，在达到同样工作性能时用水量较低；针片状含量高的骨料配制的混凝土强度较低；配合比相同时，以钙质骨料代替硅质骨料可以提高混凝土强度。

水泥石与骨料的粘结力除了受水泥石强度的影响外，还与骨料（尤其是粗骨料）的表面状况有关。碎石表面粗糙，具有一定的吸附性，粘结力比较大，卵石表面光滑，粘结力比较小。在水泥强度等级和水胶比相同的条件下，碎石混凝土的强度往往高于卵石混凝土。

当粗骨料级配良好，砂率适当时，能组成密集的骨架使水泥浆数量相对减小。骨料的骨架作用充分体现，也会使混凝土强度有所提高。

（4）浆骨比

胶凝材料浆体用量由强度、耐久性、工作性、经济成本几方面因素确定，选择时需同时兼顾。浆骨比低时，将会导致下列缺陷：混凝土黏聚性差，施工时易出现离析，硬化后混凝土强度低、耐久性差、耐磨性差、容易起粉；骨料间的浆体润滑不够，施工流动性差，混凝土以及砂浆难以成型密实。若浆骨比过大，则会导致下列质量问题：混凝土或砂浆硬化后收缩增大，由此引起干缩裂缝增多；一般来说，水泥石的强度小于骨料的强度，相对而言，浆骨比大，水泥石结构疏松、耐侵蚀性较差，是混凝土中的薄弱环节。

在相同水胶比情况下，C35以上混凝土的强度有随着浆骨比的减小而提高的趋势。这可能与骨料数量增大导致吸水量也增大，从而使得有效水胶比降低有关；也可能与混凝土内孔隙总体积减小有关；或者与骨料对混凝土强度所起的作用得以更好地发挥有关。当胶凝材料用量大于 $500 kg/m^3$，而水胶比很小时，混凝土后期强度还会有所衰退，这可能与骨料颗粒限制水泥石收缩而产生的应力使水泥石开裂或水泥石骨料之间失去粘结性有关。

（5）外加剂

减水剂能减少混凝土的拌合用水量，提高混凝土的强度。加入引气剂，会增加基体的孔隙率，从而对强度产生负面影响，但从另一方面来说，通过提高拌合物的工作性和密实性，引气可以提高界面过渡区的强度（特别是拌合物中水和水泥较少时），进而提高混凝土的强度。在低水泥用量的混凝土拌合物中，引气伴随用水量的大幅度降低，对基体强度的负面效应则被它对界面过渡区增强的效应所补偿。

（6）矿物掺合料

矿物掺合料替代部分水泥，通常会延缓混凝土早期强度的发展。但是，矿物掺合料在常温下能与水泥浆中的氢氧化钙发生反应，产生大量的水化硅酸钙，使基体和界面过渡区的孔隙率显著降低。因而，掺入矿物掺合料可以提高混凝土的后期强度和密实性。

（7）搅拌与振捣

搅拌不均匀的混凝土，不但硬化后的强度低，而且强度波动幅度也比较大。当采用强制搅拌机时，水泥浆的凝聚结构暂时受到破坏，水泥浆的黏度和骨料间的摩擦力降低，拌合物能更好地充满模型并均匀密实，从而使混凝土的强度得到提高。通常，机械振捣效果要优于人工振捣，当水胶比偏小时，振捣效果的影响尤为显著；但当水胶比逐渐增大、拌合物流动性逐渐增大时，振捣效果的影响就不再那么明显了。

（8）养护条件（温度、湿度）

所谓养护，就是采取一定措施使混凝土在一种保持足够湿度和适当温度的环境中进行硬化。在混凝土浇筑完毕后，应进行充分养护。养护不足或不当，将使混凝土强度及耐久性均有所下降。

周围环境的温度对水泥水化反应的速度有显著的影响，其影响的程度随水泥的品种、混凝土配合比等条件而异。通常养护温度高，可以增大水泥早期的水化速度，混凝土的早期强度也高。但早期养护温度越高，混凝土后期强度的增进率越小。从图4-4看出，养护温度在13~23℃的混凝土后期强度都会高于养护温度为49℃的强度。这是由于急速的早期水化，将导致水泥水化产物的不均匀分布，水化产物稠密程度低的区域成为水泥石中的薄弱点，从而降低了整体的强度，水化产物稠密程度高的区域，包裹在水泥颗粒的周围，妨碍水化反应的继续进行，从而减少了水化产物的生成量。在养护温度较低的情况下，由

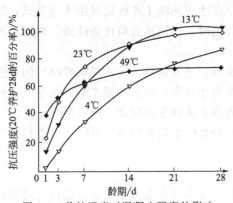

图4-4　养护温度对混凝土强度的影响

于水化缓慢，具有充分的扩散时间，从而使水化产物能在水泥石中均匀分布，使混凝土后期强度提高。一般来说，同样的混凝土夏天浇筑要比在秋冬季浇筑的后期强度低，图中养护温度为4℃时，虽然早期强度较低，但28d强度仍然高于养护温度为49℃下的强度值。但如温度降至冰点以下，水泥水化反应停止进行，混凝土的强度停止发展并因冰冻的破坏作用，使混凝土已获得的强度受到损失。

周围环境的湿度对水泥水化反应能否正常进行有着显著影响，湿度适当，水泥水化便能顺利进行，混凝土强度得到充分发展。如果湿度不够，水泥水化反应不能正常进行，甚至停止水化，这不仅严重降低混凝土的强度（见图4-5），而且使混凝土结构疏松，形成干缩裂缝，增大了渗水性，从而影响混凝土的耐久性。由于水泥水化反应进行的时间较长，因此，应当根据水泥的品种在浇筑混凝土后，保持一定时间的湿润养护环境，尽可能保持混凝土处于饱水状态。只有在饱水状态下，水泥水化速度才是最大的。

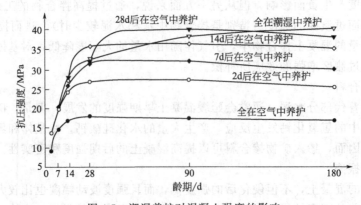

图4-5　潮湿养护对混凝土强度的影响

在干燥环境中，混凝土容易出现水化硬化不足的问题，且容易发生塑性收缩和干燥收缩。为确保混凝土的正常硬化和强度的不断增长，混凝土初凝前应进行二次抹面并立即进行保湿养护。我国标准《混凝土质量控制标准》（GB 50164—2011）中规定，在混凝土浇筑后的 12h 以内，应加以覆盖与浇水；如采用硅酸盐水泥、普通硅酸盐水泥或矿渣水泥，浇水养护期不得少于 7d；如采用粉煤灰硅酸盐水泥、火山灰质硅酸盐水泥、复合硅酸盐水泥以及大掺量矿物掺合料配制的混凝土，或掺缓凝型外加剂或有抗渗要求的混凝土，浇水养护期不得少于 14d。

（9）龄期

通常混凝土强度随龄期的延长而逐渐增长，但强度增长主要发生在 3～28d 龄期内，此后强度增长逐渐缓慢，但可延续达数十年之久。当某一龄期 n 大于或等于 3d 时，在该龄期的混凝土强度 f_n 与 28d 强度 f_{28} 的关系如式（4-9）所示，该式适用于标准条件养护、龄期大于或等于 3d 且由普通硅酸盐水泥（R 型水泥除外）配制的中等强度混凝土。

$$\frac{f_n}{f_{28}} = \frac{\lg n}{\lg 28} \tag{4-9}$$

（10）尺寸效应

通常试件尺寸越小，其内部先天缺陷的尺寸相应地也越小，故混凝土强度的实测值偏高。因此，如前所述，100mm 立方体试件的抗压强度值必须乘以 0.95 的换算系数，方可得到 150mm 立方体试件的抗压强度值。

（11）环箍效应

当混凝土试件端面与试验机承压面之间存在摩擦力作用时，该摩擦力从接触界面逐渐向试件内部传递，使混凝土内的局部区域受到约束作用，使纵向受压的混凝土所发生的横向拉伸受到约束，如同受到一种环箍作用，如图 4-6 所示，故称环箍效应。如果在混凝土试件端面与试验机承压面涂抹润滑油，消除界面摩擦力，可去除环箍效应的影响。环箍效应的作用使混凝土强度测试值高于无环箍效应作用试件的强度值。

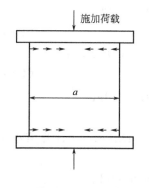

(a) 界面附近内应力分布

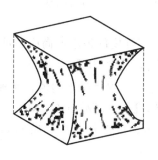

(b) 试件破坏后模拟图形状

(c) 试件破坏后实物图形状

图 4-6　立方体试件环箍效应示意图

（12）加载速度

在一定范围内加载速度增大，将导致混凝土强度测试值偏高。这是由于如果加载速度较大，混凝土裂纹扩展速度较低，使得混凝土受力破坏发生时对应的混凝土裂纹尚未来得及充分扩展，最终混凝土在较小的裂纹尺寸条件下发生破坏，使得破坏荷载较高，从而强度测试值较高。

为此，我国《普通混凝土力学性能试验方法标准》（GB/T 50081—2002）中规定，普通混凝土抗压强度的加载速度应介于 0.3～1.0MPa/s，具体加载速度见表 4-4。

表 4-4　普通混凝土抗压强度的加载速度表

强度等级/MPa	<C30	C30～C60	≥C60
加载速度/(MPa/s)	0.3～0.5	0.5～0.8	0.8～1.0

4.7　普通混凝土强度检验评定方法

混凝土的质量通常是指能用数量指标表示出来的性能，如混凝土的强度、坍落度、含气量等。这些性能在正常稳定连续生产的情况下，其数量指标可用随机变量描述，因此，可用数理统计方法来控制、检验和评定其质量。在混凝土的各项质量指标中，混凝土的强度与其他性能有较好的相关性，能较好地反映混凝土的质量情况，因此，通常以混凝土强度作为评定和控制质量的指标。混凝土强度的质量控制包括初步控制、生产控制和合格控制。

现行标准《混凝土强度检验评定标准》（GB/T 50107—2010）中规定，混凝土强度应分批进行检验评定。一个验收批的混凝土应由强度等级相同、龄期相同以及生产工艺条件和配合比基本相同的混凝土组成。

4.7.1　统计法评定

（1）已知标准差方法

当混凝土生产条件在较长时间内能保持一致，且同一品种混凝土的强度变异性能保持稳定时，应由连续的三组试件组成一个验收批，其强度应同时满足式（4-10）与式（4-11）要求：

$$\overline{f}_{cu} \geq f_{cu,k} + 0.7\sigma_0 \tag{4-10}$$

$$f_{cu,min} \geq f_{cu,k} - 0.7\sigma_0 \tag{4-11}$$

当混凝土强度等级高于 C20 时，其强度的最小值尚应满足式（4-12）要求：

$$f_{cu,min} \geq 0.9 f_{cu,k} \tag{4-12}$$

当混凝土强度等级不高于 C20 时，其强度的最小值尚应满足式（4-13）要求：

$$f_{cu,min} \geq 0.85 f_{cu,k} \tag{4-13}$$

式中　$\overline{f}_{cu}$——同一验收批混凝土立方体抗压强度的平均值，精确到 0.1MPa；

$f_{cu,k}$——混凝土立方体抗压强度标准值，精确到 0.1MPa；

σ_0——验收批混凝土立方体抗压强度的标准差，精确到 0.01MPa，σ_0 计算值小于 2.5MPa 时，应取 2.5MPa；

$f_{cu,min}$——同一验收批混凝土立方体抗压强度的最小值，精确到 0.1MPa。

验收批混凝土立方体抗压强度标准差，应根据前一个检验期内同一品种混凝土试件的强度数据，按式（4-14）确定：

$$\sigma_0 = \sqrt{\frac{\sum\limits_{i=1}^{n} f_{cu,i}^2 - n\overline{f}_{cu}^2}{n-1}} \tag{4-14}$$

式中　$f_{cu,i}$——前一个检验期内同一品种、同一强度等级的第 i 组试件强度值，精确到 0.1MPa，该检验期不应少于 60d，也不得大于 90d；

n——前一检验期内的样本容量，在该期间内样本容量不应少于 45 组。

（2）未知标准差方法

当混凝土生产条件不能满足前述规定，或在前一个检验期内的同一品种混凝土没有足够的数据用以确定验收批混凝土强度的标准差时，应由不少于 10 组试件组成一个验收批，其强度应同时满足式（4-15）与式（4-16）的要求：

$$\overline{f}_{cu} - \lambda_1 S_{fcu} \geqslant f_{cu,k} \qquad (4\text{-}15)$$

$$f_{cu,min} \geqslant \lambda_2 f_{cu,k} \qquad (4\text{-}16)$$

式中 S_{fcu}——为同一验收批混凝土立方体抗压强度的标准差，精确到 0.01MPa，当 S_{fcu} 的计算值小于 2.5MPa 时，应取 2.5MPa；

λ_1、λ_2——合格判定系数，按表 4-5 取用。

表 4-5 混凝土强度统计法的合格判定系数

试件组数	10~14	15~19	≥20
λ_1	1.15	1.05	0.95
λ_2	0.90	0.85	

混凝土立方体抗压强度的标准差可按式（4-17）计算：

$$S_{fcu} = \sqrt{\dfrac{\sum_{i=1}^{n} f_{cu,i}^2 - n f_{cu}^2}{n-1}} \qquad (4\text{-}17)$$

式中 $f_{cu,i}$——第 i 组混凝土立方体抗压强度值，精确到 0.1MPa；

n——一个验收批混凝土试件的组数。

【例 4-1】 某混凝土搅拌站生产的 C60 混凝土，本批共留标养试件 10 组，28d 强度数据见下表。请评定此批混凝土是否合格。

组别	1	2	3	4	5	6	7	8	9	10
强度代表值/MPa	59.1	60.0	67.0	63.0	62.5	58.0	69.1	65.0	63.2	65.2

【解】 （1）计算此批的平均值和标准差：

$\overline{f}_{cu} = 63.2MPa$

$S_{fcu} = 3.51MPa$

（2）找出最小值：

$f_{cu,min} = 58.0MPa$

（3）选定合格判断系数：

$n = 10 \sim 14$

$\lambda_1 = 1.15$

$\lambda_2 = 0.90$

（4）计算验收界限：

$$\overline{f}_{cu} - \lambda_1 S_{fcu} = 63.2 - 1.15 \times 3.51 = 59.16 \ (MPa)$$

$$\lambda_2 f_{cu,k} = 0.90 \times 60 = 54.0 \ (MPa)$$

已知 $f_{cu,k} = 60.0MPa$

（5）结果评定：

$$\overline{f}_{cu} - \lambda_1 S_{fcu} < f_{cu,k} \quad （平均值不合格）$$
$$f_{cu,min} \geq \lambda_2 f_{cu,k} \quad （最小值合格）$$

故该批次混凝土试件强度检验不合格。

4.7.2 非统计法评定

当试件少于 10 组，按非统计方法评定混凝土强度时，其所保留强度应同时满足式(4-18)与式(4-19)要求：

$$\overline{f}_{cu} \geq \lambda_3 f_{cu,k} \tag{4-18}$$
$$f_{cu,min} \geq \lambda_4 f_{cu,k} \tag{4-19}$$

式中，λ_3、λ_4 为合格评定系数，应按表 4-6 取用。

表 4-6　混凝土强度非统计法的合格评定系数

混凝土强度等级	<C60	≥C60
λ_3	1.15	1.10
λ_4	0.95	

当检验结果满足上述的规定时，则该批混凝土强度应评定为合格，当不能满足上述规定时，该批混凝土强度应评定为不合格。对评定为不合格批的混凝土，可按国家现行的有关标准进行处理。

4.8　混凝土的变形

混凝土的变形（deformation）如同强度一样，也是混凝土的一项重要力学性能指标。混凝土在凝结硬化过程中以及硬化后，受到荷载、温度、湿度以及大气中 CO_2 的作用，会发生整体的或局部的体积变化，从而产生变形。实际使用中的混凝土结构一般会受到基础、钢筋或相邻部件的牵制而处于不同程度的约束状态，即使单一的混凝土试块没有受到外部的约束，其内部各组分之间也还是互相制约的。混凝土的体积变化则会由于约束的作用在混凝土内部产生拉应力，当此拉应力超过混凝土的抗拉强度时，就会引起混凝土的开裂，从而产生裂缝。较严重的开裂不仅影响混凝土承受设计荷载的能力，而且还会损害混凝土的外观和耐久性。从总体上来看，混凝土的变形大致可分为收缩变形、温度变形、弹塑性变形和徐变。收缩变形和温度变形为非荷载作用下的变形；弹塑性变形和徐变为荷载作用下的变形。

4.8.1 混凝土在非荷载作用下的变形

4.8.1.1 干燥收缩

混凝土在干燥过程中，首先发生气孔水和毛细孔水的蒸发。气孔水的蒸发并不会引起混凝土的收缩。毛细孔水的蒸发，使毛细孔中形成负压，随着空气湿度的降低，负压逐渐增大，产生收缩力，导致混凝土发生干燥收缩（dry shrinkage）。同时，水泥凝胶体颗粒的吸附水也发生部分蒸发，由于分子引力的作用，粒子间距离变小，使凝胶体产生紧缩。干缩裂缝多为表面裂缝，宽度多为 0.05～0.2mm，其走向纵横交错，没有规律。较薄的梁、板类构件，多沿短向分布，整体性结构多发生在结构变截面处。混凝土这种体积收缩，在重新吸水后大部可以恢复，但仍有残余变形不能完全恢复。通常，残余收缩约为收缩量的 30％～60％，当混凝土在水中硬化时，体积不变，甚至轻微膨胀。这是由于凝胶体中胶体粒子间的距离增大所致。

混凝土的湿胀变形量很小，一般无损坏作用，但干缩变形对混凝土危害较大。在一般条件下，混凝土的极限收缩值达 $(50～90)×10^{-5}$ mm/mm 时，会使混凝土表面出现拉应力而导致开裂，严重影响混凝土的耐久性。在工程设计中，混凝土的线收缩为 $(15～20)×10^{-5}$ mm/mm，即 1m 收缩 0.15～0.20mm。干缩主要是水泥石产生的，因此，降低水泥用量，减小水胶比是减小干缩的关键。

1966 年，美国宾夕法尼亚州 Harrisburg 温暖的夏季有过一次干旱，只有 48mm 的雨水，而不是通常的 300mm。在此期间，该州为使交通升级建造了 319 座桥。几年后，Carrier 和 Cady（1975 年）观察了其中的 249 座桥面，发现了断裂、破碎、砂浆劣化和横向裂缝，在总长 33.8km 的桥面上发现了 5425 条横向裂缝。

4.8.1.2　塑性收缩

塑性收缩（plastic shrinkage）是由沉降、泌水引起的，是新拌混凝土表面水分蒸发而引起的变形，一般发生在拌合后 3～12h 以内，在终凝前比较明显。塑性收缩裂缝多在新浇筑并暴露于空气中的结构件表面出现，形状很不规则，多呈中间宽、两端细且长短不一，互不连贯状态，类似干燥的泥浆面。大多在干热或大风天气，混凝土本身与外界气温相差悬殊，本身温度长时间过高，而气候很干燥的情况下出现。

产生塑性收缩或开裂的原因是：在暴露面积较大的混凝土工程中，当表面失水速度超过混凝土泌水的上升速度时，会造成毛细孔负压，新拌混凝土的表面会迅速干燥而产生塑性收缩。此时，混凝土的表面已相当干硬而不具有流动性。若此时的混凝土强度尚不足以抵抗因收缩受到限制而引起的应力时，在混凝土表面便会产生开裂。此种情况往往在新拌混凝土浇捣以后的几小时内就会发生。低水胶比的混凝土拌合物，体内自由水少，矿物细粉和水化生成物又迅速填充毛细孔，阻碍泌水上升，因此表面更易于出现塑性收缩开裂。

4.8.1.3　化学收缩

由水泥水化产物的总体积小于水化前反应物的总体积而产生的混凝土收缩，称为化学收缩（chemical shrinkage）。化学收缩是不可恢复的，其收缩量随混凝土龄期的延长而增加，大致与时间成对数关系。一般在混凝土成型后 40d 内收缩量增加较快，以后逐渐趋向稳定。收缩值约为 $(4～100)×10^{-6}$ mm/mm，可使混凝土内部产生细微裂缝。这些细微裂缝可能会影响混凝土的承载性能和耐久性能。

4.8.1.4　温度收缩

混凝土与其他材料一样，也会随着温度的变化产生热胀冷缩的变形。温度收缩（temperature shrinkage）主要是由于水泥水化混凝土内部的温度升高，最后又冷却到环境温度时产生的收缩。混凝土的温度线膨胀系数为 $(1.0～1.5)×10^{-5}$ mm/(mm·℃)，即温度每升降 1℃，每 1m 胀缩 0.01～0.015mm。混凝土温度变形，除受降温或升温速度影响外，还与混凝土内部和外部的温度差有关。混凝土硬化期间由于水化放热产生温升而膨胀，到达温峰后降温时产生收缩变形。升温期间因混凝土弹性模量还很低，只产生较小的压应力，且因徐变作用而松弛；降温期间收缩变形因弹性模量增长，而松弛作用减小，受约束时形成较大的拉应力，当超过抗拉强度（断裂能）时出现开裂。混凝土通常的热膨胀系数约为 $(6～12)×10^{-6}$/℃，假设取 $10×10^{-6}$/℃，则温度下降 15℃ 造成的冷收缩量达 $150×10^{-6}$。如果混凝土的弹性模量为 21GPa，不考虑徐变等产生的应力松弛，该冷收缩受到完全约束所产生的弹性拉应力为 3.1MPa，已接近或超过普通混凝土的极限抗拉强度，容易引起冷缩开裂。因此，在结构设计中必须考虑到冷收缩造成的不利影响。

混凝土中水泥用量越高，混凝土内部的温度越高。混凝土内部绝热温升会随着截面尺寸的增大而升高，混凝土热导率较低，散热较慢，因此，在大体积混凝土内部的温度比外部高，有时内外温差可达 50～70℃。这将使内部混凝土的体积产生较大的相对膨胀，而外部混凝土却随气温降低而相对收缩。内部膨胀和外部收缩互相制约，在外层混凝土中将产生很大的拉应力（即温度应力），严重时使混凝土产生裂缝。

大体积混凝土的温度裂缝，按其发生的深度、原因及性质，一般可分为表面裂缝、深层裂缝和贯穿裂缝三种类型。

① 表面裂缝：表面裂缝特点是裂缝宽度小、深度较浅，裂缝主要出现在混凝土的表面、且比较分散、危害性一般较小。但处于基础或者混凝土约束范围内的表面裂缝，在混凝土内部降温过程中，可发展为深层裂缝甚至贯穿裂缝。特别是遇到地震等偶然荷载作用，这些微裂缝很容易进一步发展成深层裂缝甚至成为贯穿裂缝，从而导致整个结构产生毁灭性的破坏。

② 深层裂缝：深层裂缝也较长、较宽，但裂缝不连续，裂缝部分地切断了结构的断面，它也有一定的危害性。深层裂缝需根据其发生部位、混凝土温度状态及边界条件，进行针对性处理，防止其继续发展为贯穿裂缝。

③ 贯穿裂缝：裂缝连续产生，裂缝较长、较宽，裂缝不断扩展、相连，最后裂缝贯穿整个截面，形成贯穿裂缝。它会给结构带来一系列劣化问题。贯穿裂缝会改变结构的受力模式，降低大体积混凝土结构的整体性，直接危害到结构的承载力，导致结构产生失效破坏。

近几十年来，基础、桥梁、隧道衬砌以及其他构件尺寸并不是很大的结构混凝土开裂的现象增多，此时干燥收缩通常在这里并不那么重要了，水化热以及温度变化已经成为引起素混凝土与钢筋混凝土约束应力和开裂的主导原因。目前由于水泥水化热高，混凝土等级高，混凝土浆体用量多，许多厚度没有达到 1m 的混凝土结构都可能存在大体积混凝土的问题。

4.8.1.5 自收缩

自收缩（self shrinkage）是指在恒温绝湿的条件下混凝土初凝后因胶凝材料的继续水化引起自干燥而造成的混凝土宏观体积的减小现象。自收缩不包括由于干燥、沉降、温度变化、遭受外力等原因引起的体积变化。自收缩产生的原因是随着水泥水化的进行，在硬化水泥石中形成大量微细孔，孔中自由水量逐渐降低，结果产生毛细孔应力，造成硬化水泥石受负压作用而产生收缩。自收缩的产生机理类似于干缩机理，但二者在相对湿度降低的机理上是完全不同的，造成干缩的原因是由于水分扩散到外部环境中，而自收缩是由于内部水分被水化反应所消耗而造成的，因此通过阻止水分扩散到外部环境中的方法来降低自收缩并不可取。当混凝土的水胶比降低时干燥收缩减小，而自收缩加大，如图 4-7 所示。如当水胶比大于 0.50 时，其干燥作用和自收缩与干缩相比小得可以忽略不计；但是当水胶比小于 0.35 时，体内相对湿度会很快降低到 80％以下。自收缩与干缩值两者接近；当水胶比小于 0.17 时，则混凝土只有自收缩而不发生干缩了。矿物掺合料对混凝土自收缩的影响不同，粉煤灰可以有效减少自收缩，如图 4-8 所示。而常规掺量（小于 70％）下，比表面积在 4000cm^2/g 以上的矿渣粉则会增大混凝土自收缩。原因在于后者的活性较高，而硅灰及高效减水剂的掺加会显著增加混凝土的自收缩。

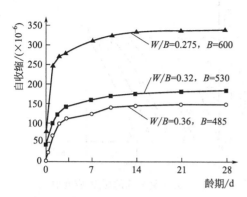

图 4-7 水胶比对混凝土自收缩的影响

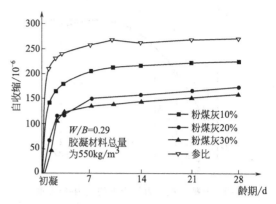

图 4-8 粉煤灰掺量对混凝土自收缩的影响

4.8.1.6 碳化收缩

混凝土中水泥水化产物与大气中 CO_2 发生化学反应称为碳化,伴随碳化产生的体积收缩称为碳化收缩 (carbonated shrinkage)。碳化首先发生于 $Ca(OH)_2$ 与 CO_2 反应生成 $CaCO_3$,导致体积收缩。$Ca(OH)_2$ 碳化使胶凝材料浆体中的碱度下降,继而有可能使 C-S-H 的钙硅比减小和钙矾石分解,加重碳化收缩,它们的反应过程如下:

$$Ca(OH)_2 + CO_2 \xrightarrow{H_2O} CaCO_3 + H_2O \tag{4-20}$$

$$\text{C-S-H} + CO_2 \xrightarrow{H_2O} \text{C-S-H(低钙硅比)} + CaCO_3 + H_2O \tag{4-21}$$

$$C_3A \cdot 3CaSO_4 \cdot 32H_2O + CO_2 \xrightarrow{H_2O} C_3A \cdot CaSO_4 \cdot 12H_2O + CaCO_3 + H_2O \tag{4-22}$$

混凝土湿度较大时,毛细孔中充满水,CO_2 难以进入,因此碳化很难进行,例如,水中混凝土不会碳化。易于发生碳化的相对湿度是 $50\% \sim 75\%$。碳化收缩对混凝土开裂影响不大,其主要危害是对钢筋抗锈蚀不利,而钢筋锈蚀会导致混凝土保护层脱落。

4.8.2 混凝土在荷载作用下的变形

4.8.2.1 弹塑性变形

混凝土内部结构中含有砂石骨料、水泥石(水泥石中又存在着凝胶、晶体和未水化的水泥颗粒)、游离水分和气泡,这就决定了混凝土本身的不匀质性。它不是完全的弹性体,而是一种弹塑性体,受力时,混凝土既产生可以恢复的弹性变形,又会产生不可恢复的塑性变形,其应力与应变关系不是直线而是曲线,如图4-9所示。

在静力试验的加荷过程中,若加荷至应力为 σ、应变为 ε 的 A 点,然后将荷载逐渐卸去,则卸载时的应力-应变曲线如 AC 所示。卸载后能恢复的应变是由混凝土的弹性作用引起的,称为弹性应变 $\varepsilon_{弹}$;剩余不能恢复的应变,则是由于混凝土的塑性性质引起的,称为塑性应变 $\varepsilon_{塑}$。

在实际工程应用中,采用反复加荷、卸荷的方法使塑性变形减小,从而测得弹性变形。在重复荷载作用下的应力-应变曲线形式因作用力的大小而不同。当应力小于 $(0.3 \sim 0.5) f_{cp}$ 时,每次卸载都残留一部分塑性变形 $\varepsilon_{塑}$,但随着重复次数的增加,$\varepsilon_{塑}$ 的增量逐渐减小,最后曲线稳定于 $A'C'$ 线,它与初始切线大致平行,如图4-10所示。若所加应力 σ 在 $(0.5 \sim 0.7) f_{cp}$ 以上重复时,随着重复次数的增加,塑性应变逐渐增加,导致混凝土疲劳破坏。

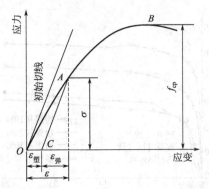

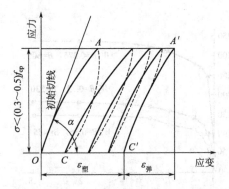

图 4-9　混凝土在压力作用下的应力-应变曲线　　　图 4-10　低应力重复荷载的应力-应变曲线

在应力-应变曲线上任一点的应力 σ 与应变 ε 的比值，称为混凝土在该应力下的弹性模量。它反映了混凝土所受应力与所产生应变之间的关系。在计算钢筋混凝土变形、裂缝开展及大体积混凝土的温度应力时，均需知道此时的混凝土弹性模量。在混凝土结构或钢筋混凝土结构设计中，常采用一种按标准方法测得的静力受压弹性模量 E_c。收缩应变大小只是导致混凝土开裂的一方面原因，另一方面还有混凝土的弹性模量。弹性模量越小，产生一定量收缩引起的弹性拉应力也就越小。

在静力受压弹性模量试验中，使混凝土的应力在 $0.4f_{cp}$ 水平下经过多次反复加荷和卸荷，最后所得应力-应变曲线与初始切线大致平行，这样测出的变形模量称为弹性模量 E_c，故 E_c 在数值上与 $\tan\alpha$ 相近，如图 4-10 所示。

混凝土弹性模量受其组成相和孔隙率影响，并与混凝土的强度有一定的相关性。混凝土的强度越高，弹性模量也就越高，当混凝土的强度等级由 C10 增加到 C60 时，其弹性模量大致由 $1.75\times10^4\,\mathrm{MPa}$ 增至 $3.60\times10^4\,\mathrm{MPa}$。

混凝土的弹性模量因其骨料与水泥石的弹性模量而异。由于水泥石的弹性模量一般低于骨料的弹性模量，所以混凝土的弹性模量一般略低于其骨料的弹性模量。在材料质量不变的条件下，混凝土的骨料含量越多、水胶比稍小、养护较好及龄期较长时，混凝土的弹性模量较大。

4.8.2.2　徐变

混凝土在恒定荷载的长期作用下，沿着作用力方向的变形随时间不断增长，一般要延续 2～3 年才逐渐趋于稳定。这种在长期荷载作用下产生的变形，称为徐变（creep）。图 4-11 表示混凝土的徐变与恢复曲线，当混凝土受荷载作用后，即产生瞬时变形，瞬时变形以弹性变形为主。随着荷载持续时间的增长，徐变逐渐增长，且在荷载作用初期增长较快，以后逐

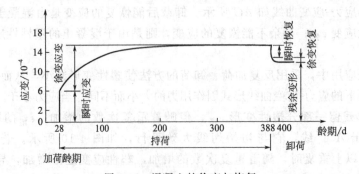

图 4-11　混凝土的徐变与恢复

渐减慢并稳定，一般可达 $(3\sim15)\times10^{-4}$ mm/mm，即 $0.3\sim1.5$ mm/m，为瞬时变形的 $2\sim4$ 倍左右。混凝土在变形稳定后，如果卸去荷载，则部分变形可以产生瞬时恢复，部分变形在一段时间内逐渐恢复，称为徐变恢复（creep recovery），但仍会残余大部分不可恢复的永久变形，称为残余变形（residual deformation）。

一般认为，混凝土的徐变是由于水泥石中凝胶体在长期荷载作用下的黏性流动，是凝胶孔水分向毛细孔内迁移的结果。在混凝土较早龄期时，水泥尚未充分水化，所含凝胶体较多，且水泥石中毛细孔较多，凝胶体易流动，所以徐变发展的较快；在较晚龄期时，由于水泥继续硬化，凝胶体含量相对减少，毛细孔亦少，徐变发展的较慢。

混凝土徐变可以消除钢筋混凝土内部的应力集中，使应力重新较均匀地分布，对大体积混凝土还可以消除一部分由于温度变形所产生的破坏应力。徐变越大，应力松弛越明显，残余拉应力就越小。但在预应力钢筋混凝土结构中，徐变会使钢筋的预加应力受到损失，使结构的承载能力受到影响。

影响混凝土徐变的因素很多，包括荷载大小、持续时间、混凝土的组成特性、环境温度以及环境湿度等，而最根本的是水胶比与水泥用量，即水泥用量越大，水胶比越大，徐变越大。徐变通常与强度相反，强度越高，徐变越小。需要强调的是，为避免混凝土开裂，混凝土早期应保有一定的徐变。

思　考　题

4.1　从混凝土强度角度出发，下面两个选项哪一个是不想要的？为什么？

（1）混凝土浇筑温度 5℃，养护温度 21℃；

（2）混凝土浇筑温度 21℃，养护温度 5℃。

4.2　试述温度变形对混凝土结构的危害。有哪些有效的防止措施？

4.3　混凝土的抗拉强度对开裂有何影响？

4.4　试述影响混凝土强度的主要原因及提高强度的主要措施。

4.5　简述影响混凝土弹性模量的因素。

4.6　试简单分析下述不同的试验条件测得的强度有何不同，为什么？

（1）试件形状不同；（2）试件尺寸不同；（3）加荷速度不同；（4）试件与压板之间的摩擦力大小不同。

4.7　试结合混凝土的应力-应变曲线说明混凝土的受力破坏过程。

4.8　一组边长为 100mm 的混凝土试块，经标准养护 28d，送试验室检测，抗压破坏荷载分别为：110kN、100kN、80kN。计算这组试件的 28d 立方体抗压强度。

4.9　简要分析干燥收缩与自收缩的异同点。

4.10　当混凝土中粉煤灰掺加量较高时，尺寸为 $1m^3$ 的混凝土试件强度高于标准试件，请分析原因。

4.11　回弹法测定预拌混凝土强度经常出现争议，如何看待这个问题？

第5章
混凝土的耐久性

混凝土材料在长期使用过程中，能够抵抗因服役环境外部因素和材料内部原因造成的侵蚀和破坏，而保持其原有性能不变的能力称为耐久性。混凝土建造的工程大多是永久性的，因此必须研究在环境介质的作用下，混凝土强度的保持能力，亦即研究混凝土耐久性的问题。

混凝土长期处在各种环境介质中，往往会造成不同程度的损害，甚至完全破坏。造成损害和破坏的原因有外部环境条件引起的，也有混凝土内部的缺陷及组成材料的特性引起的。前者如气候、极端温度、磨蚀、天然或工业液体或气体的侵蚀等；后者如碱-骨料反应、混凝土的渗透性、骨料和水泥石热性能不同引起的热应力等。

5.1　混凝土的抗渗性

混凝土本质上是一种多孔性材料，混凝土的抗渗性主要与其密实度及内部孔隙的大小和构造有关。混凝土内部的相互连通的孔隙和毛细管通路，以及在混凝土施工成型时，由于振捣不密实产生的蜂窝、孔洞都会造成混凝土渗水。抗渗性是指混凝土抵抗水压力和毛细孔压力共同作用下流体（包括水、油、气）介质渗透进入其内部的能力。

5.1.1　抗渗性表征方法

混凝土的抗渗性测试按照《普通混凝土长期性能和耐久性能试验方法标准》（GB/T 50082—2009）中抗水渗透试验进行，一种方法为渗水高度法，用于以测定硬化混凝土在恒定水压力下的平均渗水高度来表示混凝土的抗水渗透性能；另一种方法为逐级加压法，通过逐级施加水压力测定以抗渗等级来表示混凝土的抗水渗透性能。

（1）渗水高度法

试模应采用上口内部直径为175mm、下口内部直径为185mm和高度为150mm的圆台体。按《普通混凝土力学性能试验方法标准》（GB/T 50081—2002）规定的方法进行试件的制作和养护，抗水渗透试验应以6个试件为一组。试件拆模后，应用钢丝刷刷去两端面的水泥浆膜，并立即将试件送入标准养护室进行养护。抗水渗透试验的龄期宜为28d。应在到达试验龄期的前一天，从养护室取出试件，擦拭干净，待试件表面晾干后，进行试件密封（石蜡密封或水泥加黄油密封）。试件准备好之后，启动抗渗仪，使水压在24h内恒定控制在（1.2±0.05）MPa，且加压过程应不大于5min，应以达到稳定压力的时间作为试验记录起始时间（精确至1min）。在稳压过程中随时观察试件端面的渗水情况，当有某一个试件端面出现渗水时，应停止该试件的试验并应记录时间，并以试件的高度作为该试件的渗水高度。对于试件端面未出现渗水的情况，应在试验24h后停止试验，并及时取出试件。在试验过程中，当发现水从试件周边渗出时，应重新按规定进行密封。从抗渗仪上取出来的试件放在压力机上，将试件沿纵断面劈裂为两半。试件劈开后，用防水笔描出水痕。测出10个测点的渗水高度值，读数应精确至1mm。

（2）逐级加压法

首先应按渗水高度法的规定进行试件的密封和安装。试验时，水压应从0.1MPa开始，以后每隔8h增加0.1MPa水压，并随时观察试件端面渗水情况。当6个试件中有3个试件表面出现渗水时，或加至规定压力（设计抗渗等级）在8h内6个试件中表面渗水试件少于3个时，可停止试验，并记下此时的水压力值。在试验过程中，当发现水从试件周边渗出时，应按规定重新进行密封。

混凝土的抗渗等级应以每组6个试件中有4个试件未出现渗水时的最大水压力乘以10来确定。混凝土的抗渗等级应按式(5-1)计算：

$$P = 10H - 1 \tag{5-1}$$

式中　P——混凝土抗渗等级；

　　　H——6个试件中有3个试件渗水时的水压力，MPa。

5.1.2　抗渗性的影响因素和提高措施

（1）影响混凝土抗渗性的因素

① 水胶比。混凝土拌合物的水胶比对硬化混凝土的孔隙率的大小数量起着决定性的作用，直接影响混凝土结构的密实性和抗渗性。在水泥的水化过程中，随着混凝土中的游离水的蒸发，会在混凝土内部留下大量孔隙，这些孔隙相互贯通形成开放性毛细管泌水通道，使混凝土抗渗性能降低，透水性增高。试验表明，当水胶比超过0.6时，抗渗性明显降低，因此，从满足混凝土抗渗性耐久性出发，应在确保混凝土工作性的情况下尽量降低水胶比。

② 骨料最大粒径。骨料最大粒径增大，则界面应力增大，界面缺陷较多，混凝土抗渗性低。

③ 骨料渗透性。硬化混凝土中水泥浆体的毛细管孔隙率一般为30%～40%，大多数天然骨料孔体积通常小于3%，很少超过10%。因此，骨料的渗透性似乎应远低于典型的水泥浆体，但事实并非如此。某些花岗岩、石灰岩、砂岩和燧石的渗透性远大于水泥浆体。原因是骨料中的毛细管平均孔径大于$10\mu m$，而大多数水泥浆体的毛细管孔径也是在$10～100nm$范围，所以骨料品种对混凝土抗渗性有影响。

④ 砂率。砂率过大时，骨料总表面积增大，空隙率也相应增大，当胶凝材料用量不变时，拌合物缺乏粘结性，流动性较小，混凝土的最终密度不高。当砂率过小时，不能在粗骨料周围形成足够的具有润滑作用的砂浆层，水泥用量和用水量相对增多，混凝土容易出现不均匀现象以及收缩增大的现象，造成混凝土拌合物的流动性减小，粗骨料离析，水泥浆流失，甚至出现溃散，从而使混凝土的抗渗性能变差。

⑤ 矿物掺合料。在混凝土配合比相同的条件下，掺入矿物掺合料，混凝土抗渗性有明显的改善。因为掺合料的活性成分能与硅酸盐水泥水化时析出的氢氧化钙结合生成比较稳定的水化硅酸钙，这种水化产物不仅有助于混凝土后期强度的增长，而且由于水化物在反应过程中体积胀大，使混凝土的结构更加密实，增加了阻水作用，从而使混凝土的抗渗性得到改善。

⑥ 养护方法及龄期。加强混凝土养护，可以促进水化，提高混凝土密实性和抗渗性；

反之，则混凝土面层质量差，水密性差，抗渗性差。随着龄期增长，水化程度越来越高，混凝土结构密实度提高，抗渗性提高。

⑦ 混凝土拌合物的离析与泌水。混凝土拌合物出现离析、泌水，导致混凝土抗渗透性下降。

（2）提高混凝土抗渗透性的措施

影响混凝土抗渗透性的根本因素是孔隙率和孔隙特征，混凝土孔隙率越低，连通孔越少，抗渗性越好。所以其提高措施主要是：优选骨料；掺加粉煤灰等矿物掺合料；合理选择水泥品种和用量；采用较低的水胶比；引气剂与减水剂共掺，保证混凝土拌合物具有一定的含气量；合理选择混凝土配合比；适当振捣，加强施工养护等。

5.2 混凝土的抗碳化性

由于混凝土是一个多孔体，在其内部存在大小不同的毛细管、孔隙、气泡甚至缺陷等。空气中的 CO_2 首先渗透到混凝土内部充满空气的孔隙和毛细管中，而后溶解于毛细管中的液相，与水泥水化过程中产生的 $Ca(OH)_2$ 在一定湿度条件下发生化学反应，产生 $CaCO_3$ 和水，见式(4-20)~式(4-22)。碳化使混凝土的碱度下降，故也称混凝土中性化。碳化过程是 CO_2 由表及里向混凝土内部逐渐扩散的过程。未经碳化的混凝土 pH=12~13，碳化后 pH=8.5~10，接近中性，混凝土碳化程度常用碳化深度表示。

因此，气体扩散规律决定了碳化速度的快慢。研究表明，碳化深度（X）与碳化时间（t）和 CO_2 浓度（c）的平方根成正比，可用式(5-2)表示：

$$X=k\sqrt{c}\cdot\sqrt{t} \tag{5-2}$$

因为大气中 CO_2 浓度基本相同，因此式(5-2)变为式(5-3)。

$$X=K\sqrt{t} \tag{5-3}$$

式中 X——碳化深度，mm；

t——碳化时间，d；

K——碳化速度系数。

系数 K 与混凝土的原材料、孔隙率和孔隙构造、CO_2 浓度、温度、湿度等条件有关。在外部条件（CO_2 浓度、温度、湿度）一定的情况下，它反映混凝土的抗碳化能力强弱。值越大，混凝土碳化速度越快，抗碳化能力越差。混凝土的抗碳化性能等级划分应符合表5-1的规定。

表 5-1 混凝土抗碳化性能的等级划分

等级	T- I	T- II	T- III	T- IV	T- V
碳化深度 X/mm	$X\geq30$	$20\leq X<30$	$10\leq X<20$	$0.1\leq X<10$	$X<0.1$

5.2.1 碳化对混凝土性能的影响

碳化引起水泥石化学组成及组织结构的变化，从而对混凝土的化学性能和物理力学性能有明显的影响，主要是对碱度、强度和收缩的影响。碳化作用对混凝土的影响主要有以下三个方面：

① 碳化作用使混凝土的收缩增大，导致混凝土表面产生拉应力，从而降低混凝土的抗拉强度和抗折强度，严重时直接导致混凝土开裂，使得其他腐蚀介质更易进入混凝土内部，

加速碳化作用，降低混凝土的耐久性。

② 碳化作用使混凝土的碱度降低，失去混凝土强碱环境对钢筋的保护作用，导致钢筋锈蚀膨胀，进一步加速碳化和腐蚀，严重影响钢筋混凝土结构的力学性能和耐久性能。

③ 碳化作用生成的 $CaCO_3$ 能填充混凝土中的孔隙，使密实度提高。同时，碳化作用释放出的水分有利于促进未水化水泥颗粒的进一步水化，能适当提高混凝土的抗压强度。但对混凝土结构工程而言，碳化作用造成的危害远远大于抗压强度的提高。

5.2.2 影响碳化速度的主要因素

混凝土的碳化是伴随着 CO_2 气体向混凝土内部扩散，溶解于混凝土孔隙内的水，再与水化产物发生碳化反应这样一个复杂的物理化学过程。所以，混凝土的碳化速度取决于 CO_2 的扩散速度以及 CO_2 与混凝土成分的反应速率。而 CO_2 的扩散速度又受混凝土本身的组织密实性、CO_2 的浓度、环境温度、试件的含水率等因素的影响，所以，碳化反应受混凝土内孔的形态和数量、孔溶液的组成、水化产物的形态等因素的影响。这些影响因素主要可归结为与混凝土自身相关的内部因素和与环境有关的外部因素，当然，除此之外还存在一些其他因素。

(1) 内部因素

① 水泥品种和用量　不同品种的水泥，其熟料的化学成分和矿物成分、水泥混合材的品种及掺量也不相同，水泥品种直接影响到水泥的活性和混凝土的碱性，对碳化速度有重要影响。普通水泥水化产物中 $Ca(OH)_2$ 含量高，碳化同样深度所消耗的 CO_2 量较多，相当于碳化速度减慢。而矿渣水泥、火山灰水泥、粉煤灰水泥、复合水泥以及高掺量混合材配制的混凝土，$Ca(OH)_2$ 含量低，故碳化速度相对较快。

水泥用量直接影响混凝土吸收 CO_2 的量，混凝土吸收 CO_2 的量等于水泥用量与混凝土水化程度的乘积。另外，增加水泥用量一方面可以改变混凝土的和易性，提高混凝土的密实性；另一方面还可以增加混凝土的碱性储备。因此，在一定掺量下，水泥用量越大，混凝土强度越高，其碳化速度越慢。

② 水胶比　水胶比是影响混凝土碳化速度的最主要因素。混凝土的水胶比越低，其强度越高，混凝土的密实程度也就越高；反之亦然。由于混凝土的碳化是 CO_2 向混凝土内扩散的过程，混凝土的密实程度越高，扩散的阻力越大。在混凝土拌合过程中，水占据一定的空间，即使振捣比较密实，随着混凝土的凝固，水占据的空间也会变成微孔或毛细管等。因此水胶比对混凝土的孔隙结构影响极大，控制着混凝土的渗透性。在水泥用量一定的条件下，增大水胶比，混凝土的孔隙率增加，密实度降低，渗透性增大，碳化速度增大。

③ 骨料品种和级配　骨料的品种和级配不同，其内部孔隙结构差别也较大，直接影响着混凝土的密实性。试验表明，普通混凝土的抗碳化性能最好，在同等条件下，其碳化速度约为天然轻砂混凝土的 0.56 倍。

④ 施工质量及养护　搅拌不均匀、振捣不密实的混凝土，为大气中的二氧化碳、氧和水分的渗入创造了条件，加速了混凝土的碳化速度。除此之外，混凝土养护状况对碳化也有一定影响。混凝土早期养护不良，水泥水化不充分，使表层混凝土渗透性增大，碳化加快。施工中常用自然和蒸汽养护法。试验表明，普通混凝土采用蒸汽养护的碳化速度比自然养护提高 1.5 倍。

(2) 外部因素

① 光照和温度　混凝土碳化与光照和温度有直接关系。随着温度提高，CO_2 在空气中

的扩散逐渐增大，为其与 $Ca(OH)_2$ 反应提供了有利条件。阳光的直射，加速了其化学反应，碳化速度加快。

② 相对湿度　CO_2 溶于水后形成 H_2CO_3 方能和 $Ca(OH)_2$ 进行化学反应，所以干燥环境时，混凝土碳化无法进行，但由于混凝土的碳化本身即是一个释放水的过程，环境相对湿度过大，生成的水无法释放也会抑制碳化进一步进行。试验结果表明，相对湿度为 $50\%\sim70\%$ 时，混凝土碳化速度最快。

③ CO_2 的浓度　对于 CO_2 的影响，研究学者们提出了多达几十种观点，其理论模式大多基于菲克第一扩散定律，研究结果表明，CO_2 浓度越高，碳化速度越快。

（3）其他因素

① 不同应力状态对混凝土碳化的影响。混凝土试件在不同应力状态下其碳化速度有所不同，混凝土施加应力之后对内部的微裂纹起到了抑制或扩散作用。微裂纹的存在使 CO_2 容易渗透，引起碳化速度加快，但施加了压应力之后，使混凝土的大量微裂纹闭合或宽度减小，CO_2 的渗透速度降低，从而减弱了混凝土的碳化速度。当然，混凝土中的压应力过大时，也可使混凝土产生更多的微裂纹甚至裂纹扩展成更大的裂缝，加速碳化过程。相反，施加拉应力后，混凝土的微裂缝扩展，加快了混凝土的碳化速度。

② 裂缝对混凝土碳化的影响。混凝土结构的劣化破坏过程，多是由于各种有害物质从外部向内部的渗透或迁移作用引起的。因此，混凝土结构的抗渗性是反映其耐久性的一个综合性指标。裂缝的存在将直接影响到混凝土的抗渗性与耐久性，并且由于碳化能够通过裂缝较快地渗入到混凝土内部，所以裂缝处混凝土的碳化速度要大于无裂缝处混凝土的碳化速度。

5.2.3　提高抗碳化性能的措施

从前述影响混凝土碳化速度的因素分析可知，提高混凝土抗碳化性能的关键是改善混凝土的密实性，改善孔结构，阻止 CO_2 向混凝土内部渗透。绝对密实的混凝土碳化作用也就自然停止了。因此，提高混凝土碳化性能的主要措施如下：根据环境条件合理选择水泥品种；水泥水化充分，改善密实度；加强施工养护，保证混凝土均匀密实；用减水剂、引气剂等外加剂控制水胶比或改善孔结构；必要时还可以采用表面涂刷石灰水、环氧树脂等材料加以保护。

5.3　混凝土的抗冻性

在吸水饱和状态下，混凝土能够经受多次冻融循环而不破坏，也不显著降低其强度的性能，称为混凝土的抗冻性。国家标准《普通混凝土长期性能和耐久性能试验方法标准》（GB/T 50082—2009）中混凝土抗冻性能试验方法可分为慢冻法、快冻法和单面冻融法（又称盐冻法）三类。

① 慢冻法适用于测定混凝土试件在气冻水融条件下，以经受的冻融循环次数来表示的混凝土抗冻性能。试验应采用尺寸为 $100mm \times 100mm \times 100mm$ 的立方体试件。

② 快冻法适用于测定混凝土试件在水冻水融条件下，以经受的快速冻融循环次数来表示的混凝土抗冻性能。快冻法试验所采用的试件应采用尺寸为 $100mm \times 100mm \times 400mm$ 的棱柱体试件。

③ 盐冻法适用于测定混凝土试件在大气环境中且与盐接触的条件下，以能够经受的冻融循环次数或者表面剥落质量或超声波相对动弹性模量来表示的混凝土抗冻性能。在制作试

件时，应采用 150mm×150mm×150mm 的立方体试模，应在模具中间垂直插入一片聚四氟乙烯片（150mm×150mm×2mm），使试模均分为两部分，聚四氟乙烯片不得涂抹任何脱模剂。当骨料尺寸较大时，应在试模的两内侧各放一片聚四氟乙烯片，但骨料的最大粒径不得大于超声波最小传播距离的 1/3。应将接触聚四氟乙烯片的面作为测试面。

其中慢冻法所测定的抗冻标号是我国一直沿用的抗冻性能指标，目前在建工、水工碾压混凝土以及抗冻性要求较低的工程中还在广泛使用。近年来有以快冻法检验抗冻性指标来替代慢冻法的趋势，但是这个替代并不会很快实现。慢冻法采用的试验条件是气冻水融条件，该条件适用于并非长期与水接触或者不是直接浸泡在水中的工程，如对抗冻要求不太高的工业和民用建筑，以气冻水融"慢冻法"的试验方法为基础的抗冻标号测定法，仍然有其优点，其试验条件与该类工程的实际使用条件比较相符。

5.3.1　冻融破坏对混凝土性能的影响

混凝土冻融破坏是高寒地区混凝土工程最常见的病害之一，是混凝土受到物理作用（干湿交替、温度变化、冻融循环等）产生的损伤。大量的混凝土结构由于冻融破坏的原因而提前失效，达不到预计的服役年限，不得不进行修复，甚至重建，造成了极大的资源浪费。引起混凝土冻融破坏的主要原因是混凝土孔隙中的水，在干湿交替、冻融循环的作用下，形成冰胀压力和毛细孔渗透压力联合作用的疲劳应力，使混凝土产生由表及里的剥蚀破坏，从而降低了混凝土的强度。表面剥落是混凝土发生冻融破坏的显著特征，严重时可能露出石子。

当经过多次反复的冻融循环以后，损伤逐步积累不断扩大，发展成互相连通的裂缝，使混凝土的强度逐步降低，最终甚至完全丧失。从实际中不难看出，处在干燥条件的混凝土显然不存在冻融破坏的问题，所以饱水状态是混凝土发生冻融破坏的必要条件之一，另一必要条件是外界气温正负变化，使混凝土孔隙中的水反复发生冻融循环，这两个必要条件，决定了混凝土冻融破坏是从混凝土表面开始的层层剥蚀破坏。

5.3.2　影响抗冻性的主要因素

影响混凝土抗冻性的主要因素如下。

（1）水胶比或孔隙率

水胶比越大，则混凝土中的孔隙率越大，导致吸水率增大。混凝土微孔隙中的水在正负温度交替作用下，形成由冰胀压力和毛细孔渗透压力联合作用的一种疲劳应力，在这种疲劳应力作用下的混凝土产生了由表及里的剥蚀破坏，从而降低了混凝土的抗冻性。

（2）孔隙特征

连通毛细孔容易吸水饱和，冻害严重。若为封闭孔，则不易吸水，冻害较小，故加入引气剂能提高抗冻性。若为粗大孔洞，则水分容易流失，无法在孔内存留，混凝土的冻害相对较小。故无砂大孔混凝土的抗冻性较好。

（3）吸水饱和程度

若混凝土的孔隙并未达到完全吸水饱和，冰冻过程产生的压力促使水分向孔隙处迁移，从而降低冰冻膨胀应力，对混凝土破坏作用就小。

（4）混凝土强度

在相同的冰冻破坏应力作用下，混凝土强度越高，冻害程度也就越低。此外，还与降温速度和冰冻温度有关。

5.3.3　提高抗冻性的措施

（1）降低水胶比，提高密实度

水胶比是影响混凝土密实度的主要因素，提高混凝土的抗冻性，必须从降低水胶比入手。在混凝土中加入减水剂，由于减水剂的分散及润滑作用，能够改变水泥的絮凝状结构，使大量的游离水被释放出来，可以减少拌合用水 15%～25%，使混凝土的抗冻性能提高 10% 左右。同时，由于用水量减少，混凝土中水分蒸发后残留的孔隙率也相应降低，混凝土的抗冻性也会提高。

（2）掺入矿物掺合料

掺入适量的矿物掺合料，可以提高混凝土的抗冻性。有研究学者通过图像识别算法发现，在相同含气量的情况下，掺 15% 的硅灰混凝土比不掺硅灰的基准混凝土气孔结构有明显的改善。因此，掺入适量掺合料对提高混凝土抗冻性有显著的效果。

（3）掺用引气剂

在混凝土中引入大量微小闭孔气泡，当冬季低温环境下混凝土内部水分结冰时，冰冻产生的膨胀被气泡吸收，从而保护混凝土结构不被冰胀压力破坏，提高了混凝土的抗冻能力。大量的试验和工程试验证明，掺用引气剂并使含气量达到一定要求的情况下，混凝土的抗冻性可提高 8～10 倍。但是，混凝土含气量增加，在提高混凝土抗冻性的同时，也会导致混凝土抗压强度的下降，一般情况下，混凝土含气量每增加 1%，抗压强度下降 3%～5%。因此，在使用引气剂时，应控制好引气剂的掺量。

（4）保证施工质量

加强施工管理，严格控制施工质量，确保混凝土均匀密实。对引气混凝土，应采用机械搅拌方式，搅拌时间为 2～3min。对于非引气混凝土，应采用真空模板，待混凝土发生泌水后，将其表面及附近水分抽吸排出，使混凝土表层形成具有一定厚度，并且非常致密的保护层。在夏季高温季节，混凝土浇筑完毕后应遮盖表面，并及时洒水养护，养护时段一般为 14～28d，以保证混凝土强度正常增长。冬季施工时，可以采用加热水拌合方法提高混凝土拌合物的入模温度，但水温不宜高于 60～80℃。同时，应预防混凝土在运输过程中产生冻结现象，更不能把混凝土浇筑在结冰的基面上，当温度过低时可掺防冻剂或早强剂。浇筑完毕的外露混凝土表面应及时保温，以防新浇筑混凝土受冻破坏。

5.4　混凝土的化学侵蚀

混凝土的抗化学侵蚀性与所用水泥的品种、混凝土的密实程度和孔隙特征有关。密实性好和孔隙封闭的混凝土，环境水不容易侵入，故其抗侵蚀性较强。所以，提高混凝土抗侵蚀性的措施，主要是合理选择水泥品种、降低水胶比、改善混凝土的密实度和改善孔结构。

侵蚀介质的化学性质不同，混凝土受侵蚀的程度也不相同，但根据所发生的化学反应，混凝土受化学侵蚀的方式是水泥石中某些组分被侵蚀介质溶解，化学反应的产物易溶于水或者是化学反应产物发生体积膨胀等。下面就混凝土常遇到的几种化学侵蚀作用及防护措施分别加以讨论。

5.4.1　硫酸盐侵蚀

某些地下水常含有硫酸盐如硫酸钠、硫酸钙、硫酸镁等。硫酸盐溶液和水泥石中的氢氧化钙及水化铝酸钙发生化学反应，生成石膏和钙矾石，产生体积膨胀，使混凝土开裂直至完全破坏。

硫酸钠和氢氧化钙的反应式可写成：

$$Ca(OH)_2 + Na_2SO_4 \cdot 10H_2O \longrightarrow CaSO_4 \cdot 2H_2O + 2NaOH + 8H_2O \qquad (5-4)$$

这种反应，在流动的硫酸盐水环境下，可以一直进行下去，直至 $Ca(OH)_2$ 完全被反应掉。但如果 $NaOH$ 被积聚，反应就可以达到平衡。从氢氧化钙转变为石膏，体积增加为原来的两倍。

硫酸钠和水化铝酸钙的反应式为：

$$2(3CaO \cdot Al_2O_3 \cdot 12H_2O) + 3(Na_2SO_4 \cdot 10H_2O) \longrightarrow$$

$$3CaO \cdot Al_2O_3 \cdot 3CaSO_4 \cdot 32H_2O + 2Al(OH)_3 + 6NaOH + 16H_2O \qquad (5-5)$$

水化铝酸钙变成硫铝酸钙时体积也有增加。硫酸钙只能与水化铝酸钙反应，生成硫铝酸钙。硫酸镁则除了能侵害水化铝酸钙和氢氧化钙外，还能和水化硅酸钙反应，其反应式为：

$$3CaO \cdot 2SiO_2 \cdot aq + 3(MgSO_4 \cdot 7H_2O) \longrightarrow 3(CaSO_4 \cdot 2H_2O) + 3Mg(OH)_2 + 2(SiO_2 \cdot aq)$$

$$(5-6)$$

其中 aq 指的是化合物中结合水数量不定，是一种组成变化无定形的水化产物。这一反应之所以能够进行完全，是因为氢氧化镁的溶解度很低而造成其饱和溶液 pH 值也低的缘故。氢氧化镁溶解度在每升水中仅为 0.01g，它的饱和溶液 pH 值约为 10.5。这个数值低于使水化硅酸钙稳定所要求的数值，致使水化硅酸钙在有硫酸镁溶液存在的条件下不断脱钙分解。所以硫酸镁较其他硫酸盐具有更大的侵蚀作用。

硫酸盐侵蚀的速度随其溶液的浓度增加而加快。当混凝土的一侧受到硫酸盐水的压力作用而发生渗流时，水泥石中硫酸盐将不断得到补充，侵蚀速度更大。如果存在干湿循环，配合以干缩湿胀，则会导致混凝土迅速崩解。可见混凝土的渗透性也是影响侵蚀速度的一个重要因素，水泥用量少的混凝土将更快地被侵蚀。混凝土遭受硫酸盐侵蚀的特征是表面发白，损害通常在棱角处开始，接着裂缝开展并逐层剥落，使混凝土成为一种易碎的甚至松散的状态。

配制抗硫酸盐侵蚀的混凝土必须采用含 C_3A 低的水泥，如抗硫酸盐水泥。实际上已经发现，5.5%～7.0% 的 C_3A 的含量是水泥抗硫酸盐侵蚀性能好与差的一个大致界限。

采用火山灰质掺合料，特别是当与抗硫酸盐水泥联合使用时，配制的混凝土对抗硫酸盐侵蚀有显著的效果。这主要是因为火山灰与氢氧化钙反应生成水化硅酸钙，减少游离的氢氧化钙，并在易被侵蚀的含铝化合物的表面形成晶体水化产物，比常温下形成的水化硅酸盐要稳定得多，而铝酸三钙则水化生成稳定的、活性较低的 $C_3A \cdot 6H_2O$ 的立方体，代替了活泼得多的 $C_4A \cdot 12H_2O$，改善了混凝土的抗硫酸盐性能。目前还有一些研究学者认为，对于半浸泡状态的混凝土，虽然加入掺合料改善了孔隙结构，使毛细孔变小，但毛细孔越小，毛细管压力越大，混凝土内部毛细现象吸入的硫酸盐越多，导致混凝土抗硫酸盐侵蚀性能有所下降。

5.4.2　酸性侵蚀

淡水能把氢氧化钙溶解，甚至导致水化产物发生分解，直至形成一些没有粘结能力的 $SiO_2 \cdot nH_2O$ 及 $Al(OH)_3$，使混凝土强度降低。但是这种作用，除非水可以不断地渗透过混凝土，否则进行得十分缓慢，几乎可以忽略不计。

当水中含有一些酸类时，水泥石除了受到上述的浸析作用外，还会发生化学溶解作用，使混凝土的侵蚀明显加速。1% 的硝酸或硫酸溶液在数月内对混凝土的侵蚀能达到很深的程度，这是因为它们和水泥石中的 $Ca(OH)$ 作用，生成水和可溶性钙盐，同时能直接与硅酸盐、铝酸盐作用使之分解，使混凝土结构遭到严重的破坏。

有些酸（如磷酸）与 $Ca(OH)_2$ 作用可以生成不溶性的钙盐，堵塞在混凝土的毛细孔中，侵蚀速度可以减慢，其早期因为毛细管堵塞填充作用，抗压强度有时会有所提高，但是，随着侵蚀时间的不断增加，毛细管内盐结晶压力逐渐增大，最终会导致混凝土强度不断下降，直到最后破坏。

某些天然水因溶有 CO_2 及腐植酸，所以也常呈酸性，导致混凝土发生酸性侵蚀。例如某些山区管道，混凝土表面的水泥石被溶解，暴露出骨料，增加了水流的阻力。某些烟筒及火车隧道，长期在潮湿的条件下，也会出现类似的破坏。可用煤沥青、橡胶、沥青漆等处理混凝土的表面，形成耐蚀的保护层，防止混凝土遭受酸性水侵蚀。但对于预制混凝土制品来说，比较好的办法是用 SiF_4 气体在真空条件下处理混凝土。这种气体和石灰的反应生成难溶解的氟化钙及硅胶的耐蚀保护层，见式(5-7)。

$$2Ca(OH)_2 + SiF_4 \longrightarrow 2CaF_2 + Si(OH)_4 \tag{5-7}$$

高铝水泥（旧称矾土水泥）因不存在氢氧化钙，同时铝胶包围了易与酸作用的氧化钙的化合物，所以耐酸性侵蚀的性能优于硅酸盐水泥。但在 pH 值低于 4 的酸性水中，也会迅速破坏。

5.4.3　海水侵蚀

海洋面积占了地球表面积的 80%，大量结构直接或间接地暴露于海水作用中（例如，风可以夹带海水水沫至离海岸线数公里远的地方）。海水对混凝土的侵蚀作用主要由以下原因引起：反复干湿的物理作用；盐分在混凝土内的结晶与聚集；海浪及悬浮物的机械磨损和冲击作用；海水的化学作用；混凝土内钢筋的腐蚀作用；在寒冷地区冻融循环的作用等。任何一种作用的发生，都会加剧其余种类的破坏作用。

海水是一种成分复杂的溶液，海水中平均总盐量约为 $35g/L$，其中 NaCl 占总盐量的 70% 以上，同时还含有 $MgCl_2$、K_2SO_4、$MgSO_4$ 以及碳酸氢盐和其他微量成分。海水对混凝土的化学侵蚀主要是硫酸镁侵蚀。海水中存在大量的氯化物，提高了石膏和硫铝酸钙的溶解度，因此很少呈现膨胀破坏，而常是失去某些成分的浸析性破坏。但随着氢氧化镁的沉淀，减少了混凝土的透水性，这种浸析作用也会逐渐减少。

由于混凝土的毛细管吸收作用，海水在混凝土内上升，并不断蒸发，于是盐类在混凝土中不断结晶和聚集，使混凝土开裂。干湿交替加速了这种破坏作用，因此在高低潮位之间的混凝土破坏特别严重。而完全浸在海水中的混凝土，特别是在没有水压差的情况下，侵蚀却很小。

海水中的氯离子向混凝土内渗透，使低潮位以上反复干湿的混凝土中的钢筋发生严重锈蚀，导致体积膨胀，造成混凝土开裂。因此，海水对钢筋混凝土的侵蚀比对素混凝土更为严重。

根据海岸、海洋结构各部分混凝土所受到的侵蚀作用不同，各部位可以采用不同的混凝土。例如，处在高低潮位之间的混凝土，由于存在干湿循环情况，同时遭受化学侵蚀和盐结晶的破坏作用，在严寒地区还受饱水状态下的冻融破坏。这个部位的混凝土必须足够密实，水胶比宜低，水泥用量应适当增加，可采用引气混凝土。对于浸在海水部位的混凝土，主要考虑的是防止化学侵蚀，因此除了要求混凝土足够密实外，还可以考虑采用高铝水泥（旧称矾土水泥）、抗硫酸盐水泥、矿渣硅酸盐水泥或火山灰质硅酸盐水泥。

5.4.4　碱类侵蚀

固体碱如碱块、碱粉等对混凝土无明显的侵蚀作用，而熔融状态的碱或碱的浓溶液对水泥有较强的侵蚀作用。但当碱的浓度不大（15%以下）或温度不高（低于50℃）时，侵蚀作用影响很小。碱对混凝土的侵蚀作用主要包括化学侵蚀和结晶侵蚀两个因素。

化学侵蚀是碱溶液与水泥石组分之间起化学反应，生成胶结力不强，同时易为碱液浸析的产物。典型的反应式如下：

$$2CaO \cdot SiO_2 \cdot nH_2O + 2NaOH \longrightarrow 2Ca(OH)_2 + Na_2SiO_3 + mH_2O \quad (5-8)$$

$$3CaO \cdot Al_2O_3 \cdot 6H_2O + 2NaOH \longrightarrow 3Ca(OH)_2 + Na_2O \cdot Al_2O_3 + 4H_2O \quad (5-9)$$

结晶侵蚀是由于碱渗入混凝土孔隙中，在空气中的 CO_2 作用下形成含10个结晶水的碳酸钠晶体析出，体积比原有的苛性钠增加2.5倍，产生很大的结晶压力而引起水泥石结构的破坏。

5.5　混凝土中钢筋的锈蚀

5.5.1　钢筋锈蚀的机理

大量工程实践证明，在钢筋混凝土结构中，钢筋的锈蚀是影响服役结构耐久性的主要因素。新配置的混凝土呈碱性，其 pH 值一般大于12.5，在碱性环境中的钢筋容易发生钝化作用，钢筋表面产生一层钝化膜，从而能够阻止混凝土中钢筋的锈蚀。但当有二氧化碳、水和氯离子等有害物质从混凝土表面通过孔隙进入混凝土内部时，这些有害物质便会和混凝土材料中的碱性物质中和，从而导致了混凝土 pH 值降低，甚至出现 pH<9 的情况。在这种环境下，钢筋表面的钝化膜被逐渐破坏，在其他条件具备的情况下，就会发生钢筋锈蚀，并且随着锈蚀的加剧，导致混凝土保护层产生开裂，钢筋与混凝土之间的粘结力破坏，钢筋受力截面减少，结构强度降低等，从而降低了结构的耐久性。通常情况下，受氯盐污染的混凝土中的钢筋有更严重的锈蚀情况。

混凝土中的钢筋锈蚀一般为电化学锈蚀。钢筋在混凝土结构中的腐蚀是在氧气和水分子参与的条件下，铁原子不断失去电子而溶于水，钢筋表面的不同部位会出现较大的电位差，形成阳极和阴极区，使得钢筋表面生成铁锈，根据氧化状态的不同，锈蚀可导致固体体积最大达到原体积的600%，从而引起混凝土开裂。二氧化碳和氯离子对混凝土本身都没有严重的破坏作用，但是这两种环境物质都是混凝土中钢筋钝化膜破坏的最重要又最常遇到的环境介质。

因此，混凝土中钢筋锈蚀的机理主要有两种，即混凝土碳化和 Cl^- 侵入。钢筋混凝土结构在使用寿命期间可能遇到的最危险的侵蚀介质就是 Cl^-，它对混凝土结构的危害是多方面的，这里只评述 Cl^- 促进钢筋锈蚀方面的机理。

Cl^- 和 OH^- 争夺腐蚀产生的 Fe^{2+}，形成 $FeCl_2 \cdot 4H_2O$（绿锈），绿锈从钢筋阳极向含氧量较高的混凝土孔隙迁移，分解为 $Fe(OH)_2$（褐锈）。褐锈沉积于阳极周围，同时放出 H^+ 和 Cl^-，它们又回到阳极区，使阳极区附近的孔隙液局部酸化，Cl^- 再带出更多的 Fe^{2+}。这样，氯离子虽然不构成腐蚀产物，在腐蚀中也不消耗，但是却起到了催化作用。反应式如下：

$$Fe^{2+} + 2Cl^- + 4H_2O \longrightarrow FeCl_2 \cdot 4H_2O \quad (5-10)$$

$$FeCl_2 \cdot 4H_2O \longrightarrow Fe(OH)_2 + 2Cl^- + 2H^+ + 2H_2O$$

$$(5-11)$$

如果在大面积的钢筋表面上有高浓度的 Cl^-，则 Cl^- 引起的腐蚀是均匀腐蚀，但是在混

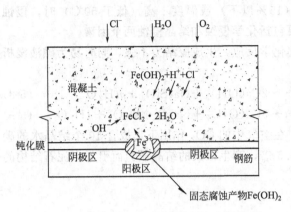

图 5-1　氯离子引起的钢筋点蚀示意图

凝土中常见的是局部腐蚀。首先在很小的钢筋表面上形成局部破坏，成为小阳极，此时钢筋表面的大部分仍具有钝化膜，成为大阴极。这种特定的由大阴极和小阳极组成的腐蚀电偶，由于大阴极供氧充足，使小阳极上铁迅速溶解产生深蚀坑，小阳极区局部酸化；同时，由于大阴极区的阴极反应，生成 OH^- 使 pH 值增大；Cl^- 提高混凝土吸湿性，使阴极和阳极之间的混凝土孔隙液电阻降低。这三方面的自发性变化，使得上述局部腐蚀电偶以局部深入的形式持续进行，这种局部腐蚀又被称为点蚀和坑蚀，如图 5-1 所示。

在工程中可以将混凝土结构所处的环境分为以下三种类型，对存在顺筋裂缝的钢筋混凝土构件其锈蚀特点也不相同。

（1）干燥环境

混凝土湿度梯度为内湿外干，顺筋裂缝处钢筋电位最高，作为阴极使深层钢筋及非裂缝处钢筋的锈蚀速度增加，加速了其他部位产生顺筋裂缝，由于混凝土电阻较大，且各部位钢筋表面作为孤立电极时自身的阴阳极面积比较大，锈蚀速度较低，本环境下钢筋锈蚀问题较小。

（2）表面湿润环境

此环境的钢筋混凝土结构包括频繁干湿循环环境、处于雨季的暴露结构和长期潮湿环境结构等。这些构件如果存在顺筋裂缝，其锈蚀的电化学特点为湿度分布梯度外湿内干，顺筋裂缝电位最低，深层钢筋及非裂缝处钢筋作为阴极使该处锈蚀速度加快，且呈现大阴极小阳极特点，并随着顺筋裂缝的增宽，锈蚀速度在较大数值的基础上加速增长。

（3）长期浸泡环境

处于长期浸泡环境的钢筋混凝土结构电化学锈蚀的特点与表面湿润环境下的电化学特点基本相同，但由于内外湿度相差较小，且氧气浓度差较小，使不同部位钢筋的电位差较小。但如果顺筋裂缝宽度较大，由于混凝土湿度较大，电阻率较小，仍有可能在电位差较小的同时产生较高的"宏电流"。"宏电流"作用会导致顺筋裂缝附近钢筋锈蚀速度的较大增长。

5.5.2　钢筋锈蚀的过程

混凝土中钢筋锈蚀过程可分为以下几个阶段，如图 5-2 所示。

（1）锈蚀孕育期

从浇筑混凝土到混凝土碳化层深度达到钢筋位置，或氯离子侵入混凝土已使钢筋失去钝化效果，即钢筋开始锈蚀为止，这段时间以 t_0 表示。

（2）锈蚀发展期

从钢筋开始腐蚀发展到混凝土保护层表面因钢筋锈胀而出现破坏（如顺筋胀裂、层裂或剥落

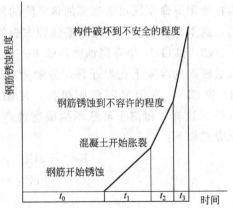

图 5-2　混凝土钢筋锈蚀过程示意图

等），这段时间以 t_1 表示。

（3）锈蚀破坏期

从混凝土表面因钢筋锈蚀肿胀开始破坏发展到混凝土产生严重胀裂、剥落破坏，即已达到不可容忍的程度，必须全面大修时为止，这段时间以 t_2 表示。

（4）锈蚀危害期

钢筋锈蚀已经扩大到使混凝土结构区域性破坏，致使结构不能安全使用，这段时间以 t_3 表示。

一般情况下，$t_0 > t_1 > t_2 > t_3$，在混凝土工程中应该注意这一点。

5.5.3 影响钢筋锈蚀的因素

混凝土结构中的钢筋锈蚀受许多因素影响，包括钢筋位置、钢筋直径、水泥品种、混凝土密实度、保护层厚度及完好性、外部环境等。

（1）混凝土液相 pH 值

钢筋锈蚀速度与混凝土液相的 pH 值有密切关系。当 pH 值大于 10 时，钢筋锈蚀速度很小；而当 pH 值小于 4 时，钢筋锈蚀速度急剧增加。

（2）混凝土中 Cl^- 含量

混凝土中 Cl^- 的含量对钢筋锈蚀的影响极大。一般情况下，钢筋混凝土结构中的氯盐掺量应少于胶凝材料重量的 1%（按无水状态计算），而且掺氯盐的混凝土结构必须振捣密实，也不宜采用蒸汽养护。

（3）混凝土密实度和保护层厚度

混凝土对钢筋的保护作用包括两个主要方面：一是混凝土的高碱性使钢筋表面形成钝化膜；二是保护层可以阻止外界腐蚀介质、氧气和水分等渗入，防止与钢筋接触。后一种作用主要取决于混凝土保护层的密实度以及保护层的厚度。

（4）混凝土保护层的完好性

混凝土保护层的完好性指混凝土是否开裂，有无蜂窝、孔洞等现象。它对钢筋锈蚀有显著的影响，特别是对处于潮湿环境或腐蚀介质中的混凝土结构影响更大。在潮湿环境中使用的钢筋混凝土结构，横向裂缝宽度达 0.2mm 时即可引起钢筋锈蚀。钢筋锈蚀产物体积的膨胀加大了保护层纵向裂缝宽度，如此恶性循环，最终导致混凝土保护层的彻底剥落和钢筋混凝土结构破坏。

（5）水泥品种和掺合料

掺入粉煤灰等矿物掺合料能降低混凝土的碱性，从而影响钢筋的耐久性。国内外许多研究表明，在掺用优质粉煤灰等掺合料时，虽然降低了混凝土的碱性，但是却提高了混凝土的密实度，改变了混凝土内部孔结构，从而能阻止外界腐蚀介质和氧气与水分的渗入，这无疑对防止钢筋锈蚀是十分有利的。近年来，我国的研究工作也表明，掺入粉煤灰可以增强混凝土抵抗杂散电流对钢筋的腐蚀作用。因此，综合考虑上述效应，可以认为在混凝土结构中掺用符合标准要求的粉煤灰不会影响混凝土结构耐久性，有时反而会提高混凝土的耐久性。

（6）环境条件

环境条件如温度、湿度及干湿交替循环、海水飞溅、海盐渗透等是引起钢筋锈蚀的外在因素，都对混凝土结构中的钢筋锈蚀有明显影响。特别是混凝土自身保护能力不符合要求或混凝土保护层有裂缝等缺陷时，外界因素的影响会更加明显。混凝土结构在干燥无腐蚀介质情况下，其使用寿命要比在潮湿及腐蚀介质中使用长 2～3 倍。

（7）其他因素

除了以上因素外，钢筋应力状态对其锈蚀也有很大影响，应力腐蚀比一般腐蚀更危险。应力腐蚀不同于钢筋的蚀坑及均匀锈蚀，而是以裂缝的形式出现，并不断发展直到破坏，这种破坏又常常是毫无征兆的突然脆断。一般来讲，钢筋的应力腐蚀分为两个阶段，即局部电化学腐蚀阶段和裂缝发展阶段。对此必须充分估计，以免钢筋发生事故性断裂。

5.5.4 防止钢筋锈蚀的措施

根据钢筋锈蚀的基本原理以及各种因素的影响规律，可采取以下措施来防止钢筋锈蚀：

① 在结构设计时应尽量避免混凝土表面、接缝和密封处积水，加强排水，尽量减少受潮和溅湿的表面积。

② 尽可能地增加保护层的厚度，在同样的条件下，增加保护层厚度可以延长碳化到钢筋处的时间和 Cl^- 扩散到钢筋表面的时间，推迟钢筋锈蚀。

③ 掺入粉煤灰或磨细矿渣粉等矿物掺合料和一些超塑化剂，减少混凝土单方用水量，降低水胶比；掺入矿物掺合料时应加强养护，以保证混凝土有较好的抗渗性能。

④ 采用耐腐蚀钢筋，耐腐蚀钢筋有耐腐蚀低合金钢筋、包铜钢筋、镀锌钢筋、环氧涂层钢筋、聚乙烯醇缩丁醛涂层钢筋、不锈钢钢筋等。

⑤ 采用阻锈剂，常用的阻锈剂有亚硝酸钙、单氟磷酸钠以及一些有机阻锈剂。

⑥ 采取阴极保护，阴极保护是一种电化学保护方法，通过一些技术措施，使钢筋表面不再放出自由电子，以控制钢筋的阳极反应。

⑦ 对混凝土进行表面处理，通常采取真空脱水处理、表面粘贴和表面涂敷进行混凝土表面处理。

5.6 混凝土的碱-骨料反应

碱-骨料反应也称碱-集料反应（alkali aggregate reaction，AAR），是混凝土原材料中的水泥、外加剂、混合材以及水中的碱（Na_2O 或 K_2O）与骨料中的活性成分反应，生成膨胀物质（或吸水膨胀物质），使混凝土产生内部自膨胀应力而开裂的现象。由于碱-骨料反应一般是在混凝土成型后的若干年后逐渐发生，其结果造成混凝土耐久性下降，严重时还会使混凝土丧失使用价值。由于活性骨料经搅拌后大体上呈均匀分布，所以一旦发生碱-骨料反应，混凝土内各部分均产生膨胀应力，将使混凝土自身膨胀，因此，这种反应造成的破坏既难以预防，又难以阻止，更不易修补和挽救，故被称为混凝土的"癌症"。

5.6.1 碱-骨料反应的分类和机理

混凝土碱-骨料反应根据活性骨料的类型不同，可分为"碱-硅酸反应"和"碱-碳酸盐反应"两类。

（1）碱-硅酸反应（alkali silica reaction，ASR）

碱-硅酸反应是混凝土中的碱与骨料中的活性氧化硅成分反应产生碱-硅酸凝胶（又称碱-硅凝胶），碱-硅凝胶固相体积大于反应前的体积，而且有强烈的吸水性，吸水后膨胀引起混凝土内部膨胀应力。而且碱-硅凝胶吸水后进一步促进碱-骨料反应，使混凝土内部膨胀应力增大，导致混凝土开裂。其化学反应式见式(5-12)。

$$2NaOH + SiO_2 + H_2O \longrightarrow Na_2O \cdot SiO_2 \cdot nH_2O \tag{5-12}$$

能与碱发生反应的活性氧化硅矿物有蛋白石、玉髓、鳞石英、方英石、火山玻璃及结晶有缺陷的石英以及微晶、隐晶石英等，而这些活性矿物广泛存在于多种岩石中，迄今为止，世界各国发生的碱-骨料反应绝大多数为碱-硅酸反应。

（2）碱-碳酸盐反应（alkali carbonate reaction，ACR）

1955年加拿大金斯敦人行路面发生大面积开裂，曾怀疑是碱-骨料反应，但用美国ASTM标准的砂浆棒法和化学法检测，发现均属于非活性骨料。后经研究，斯文森于1957年提出一种与"碱-硅酸反应"不同的碱-骨料反应，即"碱-碳酸盐反应"。

碱-碳酸盐反应的机理与碱-硅酸反应完全不同，碱-碳酸盐反应是指水泥石液相中的碱与石灰石骨料之间发生的化学反应，特别是黏土质石灰岩和石灰质白云石。由于此类岩石含黏土较多，液相中的碱性离子能够通过包裹在细小的白云石微晶外的黏土渗入白云石颗粒表面，使其产生脱白云石反应（又称去白云石反应），将其中的白云石 $MgCO_3$ 转化为水镁石 $Mg(OH)_2$。反应产物不能通过黏土向外扩散，而是靠脱白云石反应打开通道，使黏土暴露，在水镁石晶体排列的压力与黏土吸水产生膨胀压力的共同作用下，导致骨料开裂。以 $NaOH$ 为例，其化学反应式见式(5-13)和式(5-14)。

$$CaMg(CO_3)_2 + 2NaOH \longrightarrow Mg(OH)_2 + CaCO_3 + Na_2CO_3 \tag{5-13}$$

$$Na_2CO_3 + Ca(OH)_2 \longrightarrow 2NaOH + CaCO_3 \tag{5-14}$$

5.6.2　碱-骨料反应的条件

① 混凝土中必须有相当数量的碱。混凝土中碱的来源可以是配制混凝土时形成的，即水泥、外加剂、掺合料、骨料及拌合水中所含的可溶性碱；也可以是混凝土工程建成后从周围环境侵入的碱。即使配制混凝土时碱含量较低，只要环境中外来的碱增加到一定程度，同样可使混凝土工程产生碱-骨料反应破坏。

② 混凝土中必须有相当数量的、能与碱发生反应的活性骨料。对于碱-硅酸反应，混凝土中应含有相当数量的含活性二氧化硅的骨料；对于碱-碳酸盐反应，则需要具有黏土质石灰岩或石灰质白云石骨料。

③ 混凝土必须处于潮湿环境。在干燥状态下不会发生碱-骨料反应，只有当混凝土处于潮湿环境，可以供应反应物吸水膨胀所需水分时，混凝土才会发生碱-骨料反应。

5.6.3　碱-骨料反应的特征

混凝土一旦发生碱-骨料反应破坏，就会表现出碱-骨料反应的特征，在外观上主要是表面裂缝、变形和渗出物；内部特征主要有内部凝胶、反应环、活性骨料、碱含量等。工程上发生碱-骨料反应出现裂纹后，会加速混凝土的其他破坏。如空气、水、二氧化碳等侵入，会使混凝土碳化加快，当钢筋周边的混凝土碳化后，则将引起钢筋锈蚀，而钢筋锈蚀体积膨胀最大可达600%，又会使裂缝扩大；若在寒冷受冻地区，混凝土出现裂缝后又会使冻融破坏加速，这样就造成了工程混凝土发生综合破坏。但只要发生了碱-骨料反应破坏，就会留下碱-骨料反应的内部和外部特征，通过对工程混凝土进行检测和分析，找出下述特征，可以帮助我们确定是否发生了碱-骨料反应破坏以及破坏的程度等。

（1）时间性

受碱-骨料反应影响的混凝土需要几年或更长的时间才会出现开裂破坏。由于碱-骨料反应是混凝土孔隙液中的可溶性碱与骨料中的活性成分之间逐渐发生的一种化学反应，反应有渗透、溶解、化学反应、吸水膨胀等几个阶段，因此，不可能在浇筑后的很短的时间内表现出开裂。例如：最早发现碱-骨料反应的美国加利福尼亚州玉城桥建于1919～1920年，在建成后第三年发现桥墩顶部发生开裂，此后裂缝逐渐向下部发展；美国派克坝建于1938年，

1940年发现大坝混凝土严重开裂；英国泽岛大坝建成10年后因发生"碱-硅酸"反应膨胀开裂。因而，在工程破坏诊断时应注意调查工程施工时间、季节等。

（2）表面开裂

碱-骨料反应破坏最重要的现场特征之一是混凝土表面的开裂。如果混凝土没有施加预应力，裂纹呈网状（龟背纹），每条裂纹长度约数厘米。开始时，裂纹从网状节点岔分成三条放射状裂纹，起因于混凝土内部的反应骨料颗粒周围的凝胶或骨料内部产物的吸水膨胀。当其他骨料颗粒发生反应时，产生更多的裂纹，最终这些裂纹相互连接，形成网状。

随着反应的继续进行，新产生的裂纹将原来的多边形分割成更小的多边形，此外，已存在的裂纹变宽、变长。如果预应力混凝土构件遭受严重的碱-骨料反应破坏，其膨胀力将垂直于约束力方向，在预应力作用的区域，裂纹将主要沿预应力方向发展，形成平行于钢筋的裂纹，在非预应力作用的区域或预应力作用较小的区域，混凝土表现出网状开裂。在碱-骨料反应膨胀很大时，也会在预应力区域形成一些较细的网状裂纹。如果碱-骨料反应没有完全结束，裂纹宽度将持续增加。

（3）膨胀

碱-骨料反应膨胀可使混凝土结构工程发生整体变形、移位等现象，如某些长度大的构筑物的伸缩缝被顶在一起甚至被破坏，有的桥梁支点因膨胀增长而错位，有的大坝因膨胀导致坝体升高，有些横向结构在两端限制的条件下因膨胀而发生弯曲、扭翘等现象等。总之，混凝土工程发生变形、移位、弯曲、扭翘等现象，是混凝土工程发生膨胀的特征，结合其他特征再确定该膨胀是否是碱-骨料反应引起的膨胀。

（4）渗出凝胶

碱-硅酸反应生成的碱-硅酸凝胶有时会从裂缝中流到混凝土的表面，新鲜的凝胶是透明的或呈浅黄色，外观类似于树脂状。脱水后，凝胶变成白色，凝胶在流动的过程中，吸收了钙铝硫等化合物后变成茶褐色到黑色。是否有凝胶渗出，取决于碱-硅酸反应进行的程度和骨料种类，反应程度较轻或者骨料中碱活性组分为分散分布的微晶质至隐晶质石英等矿物（如硬砂岩）时，一般难以观察到明显的凝胶渗出。当骨料只具有碱-碳酸盐反应活性时，混凝土中没有类似于碱-硅酸凝胶的物质生成，因此混凝土表面也不会有凝胶渗出。

（5）内部凝胶

碱-硅酸反应的膨胀是由生成的碱-硅酸凝胶吸水引起的，因此碱-硅酸凝胶的存在是混凝土发生了碱-硅酸反应的直接证明。通过检查混凝土芯样的原始表面、切割面、光片和薄片，可在空洞、裂纹、骨料-浆体界面区等处找到凝胶，因凝胶流动性较大，有时可在远离反应骨料的地方找到凝胶。

（6）反应环

有些骨料在与碱发生反应后，会在骨料的周边形成一个深色的薄层，称为反应环，有时活性骨料会有一部分被反应掉。但也有些骨料发生碱-骨料反应后不形成反应环，因此，不能将反应环的存在与否用来直接判定是否存在碱-骨料反应破坏。但如果鉴定反应环的确是碱-骨料反应的产物后，可作为发生了碱-骨料反应的证据之一。

（7）活性骨料

活性骨料是混凝土遭受碱-骨料反应破坏的必要条件。通过检查混凝土芯样薄片，可以确定粗骨料是否具有潜在活性及其活性矿物类型，也可以确定细骨料的主要组成、各种颗粒的数量、是否具有潜在碱活性及活性矿物所占的比例。

（8）混凝土碱含量

碱含量高是混凝土发生碱-骨料反应的必要条件。一般认为，对于高活性的硅质骨料（如蛋白石），混凝土碱含量大于 $2.1kg/m^3$ 时将发生碱-骨料反应破坏；对于中等活性的硅质骨料，混凝土碱含量大于 $3.0kg/m^3$ 时将发生碱-骨料反应破坏；当骨料具有碱-碳酸盐反应活性时，混凝土的碱含量只需大于 $1.0kg/m^3$ 就有可能发生碱-骨料反应破坏。

以上从八个方面阐述了发生碱-骨料反应的混凝土内部和外部特征，在工程诊断时，抓住这八个特征，进行认真观察和试验，有助于诊断工程是否发生了碱-骨料反应破坏。

5.6.4　碱-骨料反应的预防

有人试图用阻挡水分来源的方法控制碱-骨料反应的发展，例如日本从大阪到神户的高速公路松原段陆地立交桥，桥墩和梁发生大面积碱-骨料反应开裂，日本曾采取将所有裂缝注入环氧树脂，注射后又将整个梁、桥墩表面全用环氧树脂涂层封闭，企图通过阻止水分和湿空气进入的方法来控制碱-骨料反应的进展，结果仅经过一年，又有多处开裂。因此，世界各国都是在配制混凝土时采取措施，使混凝土工程不具备碱-骨料反应的条件。碱-骨料反应的预防主要有以下几种措施。

（1）控制水泥碱含量

自1941年美国提出水泥碱含量低于0.6%氧化钠当量（即 $Na_2O+0.658K_2O$）为预防发生碱-骨料反应的安全界限以来，虽然对有些地区的骨料在水泥碱含量低于0.4%时仍可发生碱-骨料反应，但在一般情况下，水泥碱含量低于0.6%作为预防碱-骨料反应的安全界限已为世界多数国家所接受，已有二十多个国家将此安全界限列入国家标准或规范。许多国家如新西兰、英国、日本等国内大部分水泥厂均生产碱含量低于0.6%的水泥。加拿大铁路局则规定，不论是否使用活性骨料，铁路工程混凝土一律使用碱含量低于0.6%的低碱水泥。

（2）控制混凝土中碱含量

预防碱-骨料反应最直接有效的技术措施就是降低混凝土内部的碱含量。混凝土中的碱来源于两个方面：一方面是配制混凝土时形成的碱，包括水泥、掺合料、外加剂和混凝土拌合用水中的碱；另一方面是混凝土结构物在使用过程中从周围环境中侵入的碱，如海水、融雪剂等中的碱。因此，在降低混凝土内部碱含量时，不仅要限制水泥的碱含量，还要控制混凝土的总碱含量。

（3）采用非活性骨料

为避免碱-骨料反应发生，凡可能发生碱-骨料反应的工程，在配制混凝土之前，均应检验所使用骨料是否具有活性。国家标准《普通混凝土用砂、石质量及检验方法标准》（JGJ 52—2006）对骨料的碱活性检验有明确要求。经碱-骨料反应试验后，由所使用骨料制备的试件应无裂缝、酥缝、胶体外溢等现象，在规定的试验龄期内膨胀率应小于0.1%。

（4）掺入矿物掺合料

矿物掺合料掺入到混凝土中能改变混凝土的孔隙结构、降低渗透性、有效抑制碱-骨料反应的发生、提高混凝土结构的耐久性，但矿物掺合料的掺量应考虑水泥、骨料和外加剂等因素，通过试验确定其最佳掺量。掺量过多，会对混凝土早期强度增长有所不利；掺量太少，则会增加碱-骨料反应的破坏作用。实践证明，硅灰掺量为5%～10%时，混凝土的膨胀量可降低10%～20%；粉煤灰掺量大于20%、磨细矿渣粉掺量大于60%时，混凝土的膨胀量可降低75%。

（5）隔绝水和湿空气的来源

为防止碱-骨料反应的发生，应尽量使混凝土结构处于干燥状态，特别是应防止混凝土经常遭受干湿交替作用。必要时还可采用防水剂或憎水涂层，改善混凝土的密实度，降低混凝土的渗透性，减少水和湿空气浸入混凝土内部。

（6）掺用引气剂

掺用引气剂，使混凝土具有一定的含气量，可以容纳一定数量的反应物，减轻碱-骨料反应的膨胀压力。如在混凝土中引入 4％的空气，能使碱-骨料反应产生的膨胀量减少 40％。

（7）掺用低碱外加剂

由于化学外加剂中的碱基本上为可溶盐，如 Na_2SO_4 等中性盐加入到混凝土后会与水泥中的水化产物如 $Ca(OH)_2$ 等反应，新产生部分 OH^- 离子，并与留在孔隙溶液中的 Na^+、K^+ 保持电荷平衡。外加剂含碱盐能显著增加孔隙溶液中的 OH^- 浓度，进而加速碱-骨料反应。

5.7　混凝土的耐磨性

耐磨性是路面、机场跑道和桥梁混凝土的重要性能指标之一。作为高等级路面的水泥混凝土，必须具有较高的耐磨性能。桥墩、溢洪道面、管渠、河坝等均要求混凝土具有较好的抗冲刷性能。根据现行标准《公路工程水泥及水泥混凝土试验规程》（JTG E30—2005）规定，混凝土的耐磨性应采用 150mm×150mm×150mm 的立方体试块，标准养护至 27d，擦干表面水自然干燥 12h，之后在（60±5）℃条件下烘干至恒重。然后在带有花轮磨头的混凝土磨耗试验机上，外加 200N 负荷磨削 30 转，然后取下试件刷净粉尘称重，记下相应质量 m_1，该质量作为试件的初始质量。然后在 200N 负荷磨削 60 转，取下试件刷净粉尘称重，记下相应质量 m_2。按式(5-15) 计算磨损量：

$$G_c = \frac{m_1 - m_2}{A} \tag{5-15}$$

式中　G_c——单位面积磨损量，kg/m^2；

　　　m_1——试件的初始质量，kg；

　　　m_2——试件磨损后的质量，kg；

　　　A——试件磨损面积，m^2。

以 3 个试件磨损量的算术平均值作为试验结果，结果计算精确至 $0.001kg/m^2$，当其中 1 个试件磨损量超过平均值 15％时，应予以剔除，取余下两个试件结果的平均值作为试验结果，如两个磨损量均超过平均值 15％时，应重新试验。

5.8　混凝土的耐火性

混凝土结构是我国目前最广泛使用的结构类型，其在高温作用下往往受到不同程度的损伤，降低了结构的安全性和耐久性。普通混凝土在环境温度超过 300℃后，其强度急剧下降，这是由于水泥石中的水化产物在高温下分解脱水，晶格结构遭到破坏的缘故。当温度达到 600～900℃时，含有石英岩与石灰岩的集料会急剧膨胀并产生化学分解，也使混凝土强度显著降低。所以普通混凝土的正常使用温度不应超过 250℃。

耐火混凝土 （fire resistance） 是指能够长期承受高温（250～1300℃）作用，高温下保持工作所需的物理力学性能的特种混凝土，耐火混凝土主要用于工业窑炉基础、外壳、烟囱及原子能压力容器等处，长时间承受高温作用外，还能承受加热冷却的反复温度变化作用。

（1）高温状态混凝土性能降低原因

一般认为，混凝土具有良好的耐火性，但是，如果混凝土长期处于高温状态下，其性能就会受到相当大的损害。主要原因如下：

① 水泥浆体失水至水化产物失水、分解，使结构破坏。一般 500℃左右 $Ca(OH)_2$ 分解，900℃左右 C-S-H 凝胶分解。

② 骨料膨胀引起结构破坏。

③ 水泥浆体和骨料热膨胀的不协调性导致结构破坏。

④ 热梯度的存在导致结构破坏。

（2）提高混凝土结构的耐火性措施

影响混凝土耐火性的因素主要有骨料的性质、混凝土基体温度、混凝土基体孔隙率、组成材料热性质、升温速度、水泥品种、保护层厚度。为提高混凝土结构的耐火性，可考虑采取以下措施：

① 合理选择骨料种类，采用耐火性强的骨料。

② 合理选择水泥品种，采用耐火性强的水泥。

③ 在混凝土受热之前，尽量将其干燥，防止爆裂。

④ 在条件允许的情况下，可采用轻质混凝土。

⑤ 在混凝土中使用低熔点纤维。

⑥ 加厚保护层，以利于保护耐火性差的钢筋。

⑦ 在混凝土表面加耐火涂层。

⑧ 为了防止保护层混凝土脱落，埋入金属网并放置绝热材料保护表面。

⑨ 在混凝土构件表面覆盖一层牺牲层（又称保护层），以确保耐火性，此领域需做系统的研究。此外，近些年的研究表明，引气剂的使用也能很大程度提高混凝土结构的耐火性。

思 考 题

5.1 混凝土的耐久性通常包括哪些方面的性能？影响混凝土耐久性的关键因素是什么？

5.2 直接暴露于海水中的混凝土结构，为何大部分劣化发生在潮汐区？

5.3 骨料粒径对混凝土的抗渗系数有何影响？列出决定结构中混凝土渗透性的其他因素。

5.4 盐溶液除了会对硅酸盐水泥有化学侵蚀外，在何种条件下还会对混凝土产生损害？在自然环境中通常会产生什么盐类溶液？

5.5 简要说明防止混凝土中钢筋锈蚀应采取的措施。

5.6 混凝土试件的耐久性指标比较好，能不能说明混凝土结构的耐久性好？

5.7 混凝土抗冻性的指标是什么？解释 D200 的含义。

5.8 何谓碱-骨料反应？混凝土发生碱-骨料反应的必要条件是什么？预防措施是什么？

第 6 章
混凝土的配合比设计

普通混凝土的干密度一般为 $2000\sim2800\text{kg/m}^3$，配合比设计的规范要求应满足《普通混凝土配合比设计规程》(JGJ 55—2011)。混凝土配合比设计是否合理，关系到混凝土拌合物的性能以及成型后的力学性能及耐久性。配合比设计和调整是混凝土设计、生产和应用中最为重要的环节之一，其设计理念和方法决定了混凝土的技术先进性、成本可控性和发展可持续性等问题。在实际工作中，混凝土配合比的设计能一次性达到理论强度的概率约为 17.8%，经调整后能满足施工强度要求的概率约为 68.3%，试配失效概率约为 12.7%。当混凝土强度大于 C60 时，常用的普通混凝土配合比设计方法已不适用，须按概率分布法调配，经实际压测后方能满足生产需要。

6.1 普通混凝土配合比设计流程

混凝土配合比设计的目的，就是根据混凝土的技术要求、原材料的技术性能及施工条件，合理选择混凝土的组成材料，并确定具有满足设计要求的强度等级、便于施工的工作性、与使用环境相适应的耐久性和经济性较好的配合比。必要时，还要考虑混凝土的水化热、早期强度和变形性能等。强度、工作性、耐久性和经济性被称为混凝土配合比设计的四项基本要求。

（1）满足结构物设计强度的要求

无论是混凝土路面还是桥梁，在设计时都会对不同的结构部位提出不同的"设计强度"要求。为了保证结构物的可靠性，在配制混凝土配合比时，必须要考虑结构物的重要性、施工单位的施工水平等因素，采用一个比设计强度稍高的"配制强度"，才能满足设计强度的要求。配制强度定得太低，结构物不安全；定得太高又浪费资金。

（2）满足施工工作性的要求

按照结构物断面尺寸和要求，配筋的疏密以及施工方法和设备来确定工作性（流动性、黏聚性和保水性）。

（3）满足环境耐久性的要求

根据结构物所处的环境条件，如严寒地区的路面或桥梁，桥梁墩台在水位升降范围内等，为保证结构的耐久性，在设计混凝土配合比时应考虑适当的"水胶比"和"水泥用量"。尤其是对于未用引气剂的混凝土和不能确保混凝土达到超密实的情况，应该更加注意。

（4）满足经济性的要求

在满足设计强度、工作性和耐久性的前提下，配合比设计中尽量降低高价材料（水泥）的用量，并考虑使用当地材料和工业废料（如粉煤灰等），以配制成性能优越、价格便宜的混凝土。

混凝土配合比设计的基本流程如图6-1所示。

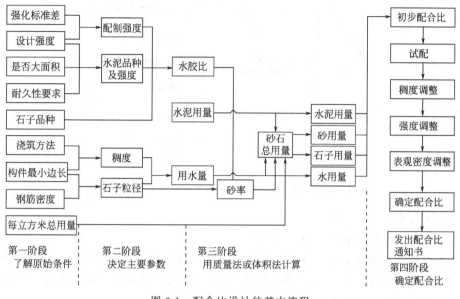

图 6-1　配合比设计的基本流程

（1）第一阶段（了解原始条件）

根据设计图纸及施工单位的工艺条件，结合当地、当时的具体条件，提出要求，为第二阶段作准备。

① 混凝土设计强度等级。

② 工程特征（工程所处环境、结构断面、钢筋最小净间距等）。

③ 耐久性要求（如抗冻、抗侵蚀、耐磨、碱-骨料反应等）。

④ 砂、石的种类等。

⑤ 施工方法（泵送、自卸、自密实、振捣等）。

（2）第二阶段（决定主要参数）

选用材料，如水泥品种和强度等级、骨料粒径等；选用设计参数，这是整个设计的基础。材料和参数的选择决定配合比的设计是否合理。

清华大学廉慧珍教授针对当代混凝土的特点，提出了当代混凝土配合比要素的选择和配合比计算方法的建议。当代混凝土配合比进行选择的内容实际上是水胶比、浆骨比、砂石比和矿物掺合料在胶凝材料中的比例等四要素的确定，以及按照满足施工性能要求的前提下紧密堆积原理的计算方法。图6-2描述了各个组成部分对混凝土强度、耐久性等性能的影响。

由图6-2可看出，混凝土配合比四要素都影响着拌合物与硬化（硬化前后）混凝土性能，当决定混凝土强度和密实性的水胶比确定之后，所有要素都影响拌合物施工性能。施工是保证混凝土质量的最后的也是最关键的环节，考虑浆体浓度的因素，按拌合物的施工性能选择拌合物的砂率与浆骨比，就是混凝土配合比选择的主要因素。其中浆骨比是保证硬化前后混凝土性能的核心因素。无论是改变水胶比，还是矿物掺合料用量，调整配合比时应保持

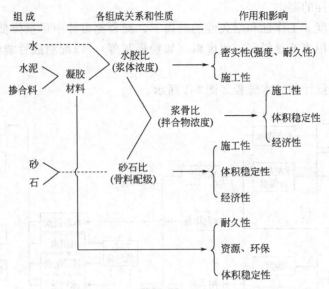

图 6-2　混凝土各组成材料的关系和性质及其作用和影响

浆骨比不发生改变。

（3）第三阶段（计算各组分材料用量）

计算用料量，可用质量法或体积法计算。水泥混凝土配合比表示方法，有以下两种：

① 单位用量表示法。以每 $1m^3$ 混凝土中各种材料的用量表示（例如水泥：细骨料：粗骨料：水＝330：706：1264：150）。

② 相对用量表示法。以水泥的质量为 1，并按"水泥：细骨料：粗骨料；水胶比"的顺序排列表示（例如 1：2.14：3.83；$W/B=0.45$）。

值得注意的是，当胶凝材料为多种时，应取胶凝材料的总的质量为 1，并按照相应的比例进行排列表示。如"水泥：粉煤灰：细骨料：粗骨料；水胶比"的顺序排列表示为 0.7：0.3：2.14：3.83；$W/B=0.45$。

（4）第四阶段（确定最终配合比）

对配合比设计的结果，进行试配、调整并加以确定。配合比确定后，应签发配合比通知书。搅拌站在进行搅拌前，应根据仓存砂、石的含水率做必要的调整，并根据搅拌机的规格确定每盘的投料量。搅拌后应将试件强度反馈给签发通知书的单位。

6.2　混凝土配合比设计步骤

水胶比、砂率和单方用水量三个关键参数与混凝土的各项性能密切相关。其中，水胶比对混凝土的强度和耐久性起着决定性作用；砂率对新拌混凝土的黏聚性和保水性有很大影响；单方用水量是影响新拌混凝土流动性的最主要因素。在配合比设计中只有正确地确定这三个参数，才能设计出经济合理的混凝土配合比。

确定混凝土配合比的主要内容为：根据经验公式和试验参数计算各种组成材料的用量，得出"初步配合比"；按初步配合比在试验室进行试拌，考察混凝土拌合物的施工工作性，经调整后得出"基准配合比"；再按"基准配合比"，对混凝土进行强度复核，如有其他要求，也应作出相应的检验复核，最后确定出满足设计和施工要求且经济合理的"试验室配合比"；在施工现场，还应根据现场砂石材料的含水量对配合比进行修正，得出"施工配合比"。如果混凝土还有其他技术性能要求，除在计算和试配过程中予以考虑外，尚应增添相应的试验项目，进行试验确认。

6.2.1　确定初步配合比

普通混凝土初步配合比计算步骤如下：计算出要求的试配强度 $f_{cu,0}$，并计算出所要求的水胶比；选取每立方米混凝土的用水量，并由此计算出每立方米混凝土的胶凝材料用量；选取合理的砂率，计算出粗、细骨料的用量，提出供试配用的配合比。

(1) 混凝土配制强度的确定

① 当混凝土的设计强度等级小于 C60 时，混凝土的配制强度按式(6-1) 计算：

$$f_{cu,0} \geq f_{cu,k} + 1.645\sigma \tag{6-1}$$

式中　$f_{cu,0}$——混凝土的施工配制强度，MPa；

$f_{cu,k}$——设计的混凝土立方体抗压强度标准值，MPa；

σ——施工单位的混凝土强度标准差，MPa。

② 当设计强度等级大于等于 C60 时，配制强度应按式(6-2) 确定：

$$f_{cu,0} \geq 1.15 f_{cu,k} \tag{6-2}$$

当具有近 1～3 个月的同一品种、同一强度等级混凝土的强度资料，且试件组数不小于 30 时，σ 的取值可按式(6-3) 求得：

$$\sigma = \sqrt{\frac{\sum_{i=1}^{n} f_{cu,i}^2 - n\overline{f}_{cu}^2}{n-1}} \tag{6-3}$$

式中　$f_{cu,i}$——统计周期内同一品种混凝土第 i 组试件强度值，MPa；

$\overline{f}_{cu}^2$——统计周期内同一品种混凝土 n 组试件强度的平均值，MPa；

n——统计周期内同一品种混凝土试件总组数。

对于强度不大于 C30 级的混凝土，计算得到的 σ 不小于 3.0MPa 时，σ 取式(6-3) 计算所得结果；当计算得到的 σ 小于 3.0MPa 时，σ 取 3.0MPa。对于强度等级大于 C30 且小于 C60 的混凝土，计算得到的 σ 不小于 4.0MPa 时，σ 取式(6-3) 计算所得结果；当计算得到的 σ 小于 4.0MPa 时，σ 取 4.0MPa。

当没有近期的同一品种、同一强度等级混凝土强度资料时，σ 可按表 6-1 取值。

表 6-1　标准差 σ 取值表

混凝土强度等级	≤C20	C25～C45	C50～C55
σ/MPa	4.0	5.0	6.0

【例 6-1】　某多层钢筋混凝土框架结构房屋，柱、梁、板混凝土设计的结构强度为 C25 级，据搅拌站提供该站前一个月的生产水平资料如下，请计算其标准差及混凝土的配制强度。

资料：

① 组数 $n = 32$；

② 前一个月各组总强度 $\sum\limits_{i=1}^{n} f_{cu,i} = 1151.54$；

③ 各组强度平方值的总值 $\sum f_{cu,i}^2 = 43079.96$；

④ 各组强度的平均值 $\overline{f}_{cu}=36.548$；

⑤ 强度平均值的平方值乘组数 $n\overline{f}_{cu}^2=42744.20$。

【解】 ① 计算标准差，将资料各值代入式(6-3)：

$$\sigma=\sqrt{\frac{\sum_{i=1}^{n}f_{cu,i}^2-n\overline{f}_{cu}^2}{n-1}}=\sqrt{\frac{43079.96-42744.20}{32-1}}=3.291\,(\text{MPa})\,(\text{取}\,\sigma=3.3\text{MPa})$$

② 计算配制强度

按题意，混凝土的设计强度 $f_{cu,0}=25\text{MPa}$；施工单位混凝土强度标准差 $\sigma=3.3\text{MPa}$。将上列两值代入式(6-1)，得

$$f_{cu,0}\geqslant f_{cu,k}+1.645\sigma=25+1.645\times3.3=30.43\,(\text{MPa})$$

(2) 计算出所要求的水胶比（W/B）值

① 当混凝土强度等级小于 C60 时，混凝土的水胶比（W/B）宜按式(6-4)计算：

$$\frac{W}{B}=\frac{\alpha_a f_b}{f_{cu,0}+\alpha_a\alpha_b f_b} \tag{6-4}$$

式中 α_a，α_b——回归系数；

  f_b——胶凝材料 28d 胶砂抗压强度，MPa；可实测，且试验方法应按现行国家标准《水泥胶砂强度检验方法（ISO 法）》(GB/T 17671—1999)；

  W/B——混凝土所要求的水胶比。

② 回归系数 α_a、α_b 通过试验统计资料确定，若无试验统计资料，回归系数可按表6-2选用。

表 6-2 回归系数 α_a、α_b 选用表

系数 \ 粗骨料品种	碎石	卵石
α_a	0.53	0.49
α_b	0.20	0.13

③ 当 28d 胶砂强度值 f_b 无实测值时，可按式(6-5)计算：

$$f_b=\gamma_f\gamma_s f_{ce} \tag{6-5}$$

式中 γ_f，γ_s——粉煤灰影响系数和粒化高炉矿渣粉影响系数，可按表6-3选用；

  f_{ce}——水泥胶砂 28d 抗压强度，MPa；可实测，也可计算确定。

表 6-3 粉煤灰影响系数和粒化高炉矿渣粉影响系数

种类 \ 掺量/%	粉煤灰影响系数 γ_f	粒化高炉矿渣粉影响系数 γ_s
0	1.00	1.00
10	0.85～0.95	1.00
20	0.75～0.85	0.95～1.00
30	0.65～0.75	0.90～1.00
40	0.55～0.65	0.80～0.90
50	—	0.70～0.85

注：1. 采用 Ⅰ 级、Ⅱ 级粉煤灰宜取上限值。

2. 采用 S75 级粒化高炉矿渣粉宜取下限值，采用 S95 级粒化高炉矿渣粉宜取上限值，采用 S105 级粒化高炉矿渣粉可取上限值加 0.05。

3. 当超出表中的掺量时，粉煤灰和粒化高炉矿渣粉影响系数应经试验确定。

④ 当水泥胶砂 28d 抗压强度 (f_{ce}) 无实测值时，可按式 (6-6) 计算：

$$f_{ce} = \gamma_c f_{ce,g} \qquad (6\text{-}6)$$

式中　γ_c——水泥强度等级值的富余系数，可按实际统计资料确定；当缺乏实际统计资料时，也可按表 6-4 选用；

　　　$f_{ce,g}$——水泥强度等级值，MPa。

表 6-4　水泥强度等级值的富余系数 (γ_c)

水泥强度等级值	32.5	42.5	52.5
γ_c	1.12	1.16	1.10

（3）选取单方用水量和外加剂用量

① 每立方米干硬性或塑性混凝土用水量 (m_{w0}) 的确定

水胶比在 0.40～0.80 时，根据粗骨料的品种、粒径及施工要求的混凝土拌合物稠度，其用水量可按表 6-5、表 6-6 选取；当混凝土水胶比小于 0.4 时，其用水量应通过试验确定。

表 6-5　干硬性混凝土的用水量

拌合物稠度		用水量/(kg/m³)					
		卵石最大公称粒径			碎石最大公称粒径		
项目	指标	10.0mm	20.0mm	40.0mm	16.0mm	20.0mm	40.0mm
维勃稠度/s	16～20	175	160	145	180	170	155
	11～15	180	165	150	185	175	160
	5～10	185	170	155	190	180	165

表 6-6　塑性混凝土的用水量

拌合物稠度		用水量/(kg/m³)							
		卵石最大粒径				碎石最大粒径			
项目	指标	10.0mm	20.0mm	31.5mm	40.0mm	16.0mm	20.0mm	31.5mm	40.0mm
坍落度/mm	10～30	190	170	160	150	200	185	175	165
	35～50	200	180	170	160	210	195	185	175
	55～70	210	190	180	170	220	205	195	185
	75～90	215	195	185	175	230	215	205	195

注：1. 本表用水量系采用中砂时的取值。采用细砂时，每立方米混凝土用水量可增加 5～10kg；采用粗砂时，则可减少 5～10kg。

2. 掺用各种外加剂或掺合料时，用水量应相应调整。以表 6-6 中坍落度 90mm 的用水量为基础，按坍落度每增大 20mm 用水量增加 5kg/m³，当坍落度增加 180mm 以上时，随坍落度相应增加的用水量幅度减少。

② 掺外加剂时，每立方米流动性或大流动性混凝土用水量 (m_{w0}) 可按式 (6-7) 计算：

$$m_{w0} = m'_{w0}(1-\beta) \qquad (6\text{-}7)$$

式中　m_{w0}——计算配合比每立方米混凝土的用水量，kg/m³；

　　　m'_{w0}——未掺外加剂混凝土每立方米混凝土的用水量，kg/m³；

　　　β——外加剂的减水率，%，外加剂的减水率应经试验确定。

③ 每立方米混凝土中外加剂用量 (m_{a0}) 应按式 (6-8) 计算：

$$m_{a0} = m_{b0}\beta_a \tag{6-8}$$

式中　m_{a0}——计算配合比每立方米混凝土中外加剂用量，kg/m^3；

　　　m_{b0}——计算配合比每立方米混凝土中胶凝材料用量，kg/m^3；

　　　β_a——外加剂掺量，%；应经混凝土试验确定。

（4）计算各胶凝材料的用量

① 每立方米混凝土的胶凝材料用量

每立方米混凝土的胶凝材料用量（m_{b0}）应按式（6-9）计算，并应进行试拌调整，在拌合物性能满足的情况下，取经济合理的胶凝材料用量。

$$m_{b0} = \frac{m_{w0}}{W/B} \tag{6-9}$$

② 每立方米混凝土的矿物掺合料用量

每立方米混凝土的矿物掺合料用量（m_{f0}）应按式（6-10）计算：

$$m_{f0} = m_{b0}\beta_f \tag{6-10}$$

式中　m_{f0}——计算配合比每立方米混凝土中矿物掺合料用量，kg/m^3；

　　　β_f——矿物掺合料掺量，%；可结合规程确定。

③ 每立方米混凝土的水泥用量（m_{c0}）应按式（6-11）计算：

$$m_{c0} = m_{b0} - m_{f0} \tag{6-11}$$

式中，m_{c0}为计算配合比每立方米混凝土中水泥用量，kg/m^3。

（5）混凝土砂率的确定

砂率（β_s）应根据骨料的技术指标、混凝土拌合物性能和施工要求，参考既有历史资料确定。

当缺乏砂率的历史资料时，混凝土砂率的确定应符合下列规定：

① 坍落度小于 10mm 的混凝土，其砂率应通过试验确定。

② 坍落度为 10～60mm 的混凝土，砂率可根据粗骨料品种、最大公称粒径及水胶比按表 6-7 选取。

表 6-7　混凝土的砂率

水胶比 /(W/B)	砂率/%					
	卵石最大公称粒径			碎石最大公称粒径		
	10.0mm	20.0mm	40.0mm	16.0mm	20.0mm	40.0mm
0.40	26～32	25～31	24～30	30～35	29～34	27～32
0.50	30～35	29～34	28～33	33～38	32～37	30～35
0.60	33～38	32～37	31～36	36～41	35～40	33～38
0.70	36～41	35～40	34～39	39～44	38～43	36～41

注：1. 表中数值系中砂的选用砂率。对细砂或粗砂，可相应地减少或增加砂率。

2. 只用一个单粒级粗骨料配制混凝土时，砂率应适当增加。

3. 采用人工砂配制混凝土时，砂率应适当增加。

③ 坍落度大于 60mm 的混凝土，其砂率可经试验确定，也可在表 6-7 的基础上，按坍落度每增大 20mm、砂率增大 1% 的幅度予以调整。一般泵送混凝土砂率不宜小于 36%，并且不宜大于 45%。

（6）计算粗、细骨料用量

在已知混凝土用水量、胶凝材料用量和砂率的情况下，可用体积法或质量法求出粗、细骨料的用量，从而得出混凝土的初步配合比。

① 质量法　质量法又称为假定重量法。这种方法是假定混凝土拌合料的质量为已知，从而可求出单位体积混凝土的骨料总用量（质量），进而分别求出粗、细骨料的质量，得出混凝土的配合比。联立方程式(6-12) 和式(6-13)求出粗细骨料的用量：

$$m_{f0} + m_{c0} + m_{g0} + m_{s0} + m_{w0} = m_{cp} \tag{6-12}$$

$$\beta_s = \frac{m_{s0}}{m_{g0} + m_{s0}} \times 100\% \tag{6-13}$$

式中　m_{cp}——每立方米混凝土拌合物的假定质量，kg/m^3，其值可取 2350～2450kg/m^3；

m_{f0}——每立方米混凝土的矿物掺合料用量，kg/m^3；

m_{c0}——每立方米混凝土的水泥用量，kg/m^3；

m_{g0}——每立方米混凝土的粗骨料用量，kg/m^3；

m_{s0}——每立方米混凝土的细骨料用量，kg/m^3；

m_{w0}——每立方米混凝土的水用量，kg/m^3；

β_s——砂率，%。

在上述关系式中 m_{cp} 可根据本单位累积的试验资料确定。在无资料时，可根据骨料的密度、粒径以及混凝土强度等级，按表 6-8 选取。

表 6-8　混凝土拌合物的假定湿表观密度参考表

混凝土强度等级/MPa	＜C20	C20～C40	＞C40
假定湿表观密度/(kg/m^3)	2350	2350～2400	2450

② 体积法　体积法又称绝对体积法。这个方法是假设混凝土组成材料绝对体积的总和等于混凝土的体积，联立方程式(6-13) 和式(6-14)求出粗细骨料的用量。

$$\frac{m_{c0}}{\rho_c} + \frac{m_{f0}}{\rho_f} + \frac{m_{g0}}{\rho_g} + \frac{m_{s0}}{\rho_s} + \frac{m_{w0}}{\rho_w} + 0.01\alpha = 1 \tag{6-14}$$

式中　ρ_c——水泥密度，kg/m^3；应按现行国家标准《水泥密度测定方法》（GB/T 208—2014）测定，也可取 2900～3100kg/m^3；

ρ_f——矿物掺合料密度，kg/m^3；应按现行国家标准《水泥密度测定方法》（GB/T 208—2014）测定；

ρ_g——粗骨料的表观密度，kg/m^3；应按现行国家标准《建设用卵石、碎石》（GB/T 14685—2011）测定；

ρ_s——细骨料的表观密度，kg/m^3；应按现行国家标准《建设用卵石、碎石》（GB/T 14685—2011）测定；

ρ_w——水的密度，kg/m^3；可取 1000kg/m^3；

α——混凝土含气量百分数，%；在不使用引气剂或含气型外加剂时可取 $\alpha=1$。

6.2.2　确定基准配合比

混凝土试配应采用强制式搅拌机进行搅拌，并应符合现行行业标准《混凝土试验用搅拌机》（JG 244—2009）的规定，搅拌方法宜与施工采用的方法相同。

试验室成型条件应符合现行国家标准《普通混凝土拌合物性能试验方法标准》（GB/T

50080—2016）的规定。

每盘混凝土试配的最小搅拌量应符合表 6-9 的规定，并应不小于搅拌机公称容量的 1/4 且不应大于搅拌机公称容量。

表 6-9　混凝土试配的最小搅拌量

粗骨料最大公称粒径/mm	≤31.5	40
拌合物用量/L	20	25

在初步配合比的基础上应进行试拌。计算水胶比宜保持不变，并应通过调整配合比增加同水胶比下的浆体用量或减水剂用量使混凝土拌合物性能符合设计和施工要求，然后修正计算配合比，提出基准配合比（也称试拌配合比），即为 $m_{c0} : m_{f0} : m_{s0} : m_{g0} : m_{w0}$。

6.2.3　确定试验室配合比

在基准配合比的基础上应进行混凝土的强度试验，并应符合下列规定：应采用三个不同的配合比，其中一个应为确定的基准配合比，另外两个配合比的水胶比宜较基准配合比分别增加和减少 0.05，用水量应与试拌配合比相同，砂率可分别增加和减少 1%。

制作混凝土强度试件时，尚需试验混凝土的坍落度、黏聚性、保水性以及混凝土拌合物的表观密度，作为代表这一配合比的混凝土拌合物的各项基本性能。

每种配合比应至少制作一组（3 块）试件，标准养护 28d 后进行试压；有条件的单位也可以同时制作多组试件，供快速检验或较早龄期的试压，以便提前提出混凝土配合比供施工使用。但以后仍必须以标准养护 28d 的检验结果为准，据此调整配合比。

经过试配和调整后，便可按照所得的结果确定混凝土的试验室配合比。由试验得出的各水胶比值的混凝土强度，绘制强度与水胶比的线性关系图，或采用插值法计算求出略大于混凝土配制强度（$f_{cu,0}$）相对应的水胶比。这样，初步定出混凝土所需的配合比。

试验室配合比用水量（m_{w0}）和外加剂用量（m_a）：在基准配合比的基础上，应根据确定的水胶比加以适当调整。水泥用量（m_{c0}）：以用水量除以经试验选定出来的水胶比计算确定。粗骨料（m_{g0}）和细骨料（m_{s0}）用量：取基准配合比中的粗骨料和细骨料用量，按选定水胶比进行适当调整后确定。

按上述各项定出的配合比算出混凝土的表观密度计算值 $\rho_{c,c}$，如式（6-15）所示：

$$\rho_{c,c} = m_{c0} + m_{f0} + m_{g0} + m_{s0} + m_{w0} \tag{6-15}$$

式中　$\rho_{c,c}$——混凝土拌合物湿表观密度计算值，kg/m^3；

　　　m_{c0}——每立方米混凝土的水泥用量，kg/m^3；

　　　m_{f0}——每立方米混凝土的矿物掺合料用量，kg/m^3；

　　　m_{g0}——每立方米混凝土的粗骨料用量，kg/m^3；

　　　m_{s0}——每立方米混凝土的细骨料用量，kg/m^3；

　　　m_{w0}——每立方米混凝土的用水量，kg/m^3。

再将混凝土的表观密度实测值除以表观密度计算值，得出配合比校正系数 δ，如式（6-16）所示：

$$\delta = \frac{\rho_{c,t}}{\rho_{c,c}} \tag{6-16}$$

式中　$\rho_{c,c}$——混凝土拌合物湿表观密度计算值，kg/m^3；

　　　$\rho_{c,t}$——混凝土表观密度实测值，kg/m^3。

当混凝土表观密度实测值与计算值之差的绝对值不超过计算值的 2% 时，按上述确定的配合比即为确定的试验室配合比；当二者之差超过 2% 时，应将混凝土配合比中每项材料用量均乘以校正系数 δ，即为最终确定的试验室配合比。

$$\begin{cases} m_c = m_{c0}\delta \\ m_f = m_{f0}\delta \\ m_s = m_{s0}\delta \\ m_g = m_{g0}\delta \\ m_w = m_{w0}\delta \end{cases} \tag{6-17}$$

6.2.4　确定施工配合比

试验室最后确定的配合比，是按绝干状态骨料计算的，而施工现场的砂、石材料为露天堆放，都含有一定的水分。因此，施工现场应根据现场砂、石实际含水率变化，将试验室配合比换算为施工配合比。

施工现场实测砂、石含水率分别为 $a\%$、$b\%$，施工配合比 1m³ 混凝土各种材料用量为：

$$\begin{cases} m'_c = m_c \\ m'_f = m_f \\ m'_s = m_s(1 + a\%) \\ m'_g = m_g(1 + b\%) \\ m'_w = m_w - (m_s a\% + m_g b\%) \end{cases} \tag{6-18}$$

配合比调整后，应测定拌合物水溶性氯离子含量，试验结果应符合规定。对耐久性有设计要求的混凝土应进行相关耐久性试验验证。

6.3　混凝土特殊性能校核

混凝土配合比设计应满足混凝土配制强度及其他力学性能、拌合物性能、长期性能和耐久性能的设计要求。混凝土拌合物性能、力学性能、长期性能和耐久性能的试验方法应分别符合现行国家标准《普通混凝土拌合物性能试验方法标准》（GB/T 50080—2016）、《普通混凝土力学性能试验方法标准》（GB/T 50081—2002）和《普通混凝土长期性能和耐久性能试验方法标准》（GB/T 50082—2009）的规定。

混凝土配合比设计应采用工程实际使用的原材料；配合比设计所采用的细骨料含水率应小于 0.5%，粗骨料含水率应小于 0.2%。

混凝土的最大水胶比应符合现行国家标准《混凝土结构设计规范》（GB 50010—2010）的规定。混凝土结构暴露的环境类别应按表 6-10 的要求划分。

表 6-10　混凝土结构的环境类别

环境类别	环境条件
一	室内干燥环境。 无侵蚀性静水浸没环境
二 a	室内潮湿环境。 非严寒和非寒冷地区的露天环境。 非严寒和非寒冷地区与无侵蚀性的水或土壤直接接触的环境。 严寒和寒冷地区的冰冻线以下与无侵蚀性的水或土壤直接接触的环境

续表

环境类别	环境条件
二 b	干湿交替环境。 水位频繁变动环境。 严寒和寒冷地区的露天环境。 严寒和寒冷地区冰冻线以上与无侵蚀性的水或土壤直接接触的环境
三 a	严寒和寒冷地区冬季水位变动区环境。 受除冰盐影响环境。 海风环境
三 b	盐渍土环境。 受除冰盐作用环境。 海岸环境
四	海水环境
五	受人为或自然的侵蚀性物质影响的环境

注：1. 室内潮湿环境是指构件表面经常处于结露或湿润状态的环境。

2. 严寒和寒冷地区的划分应符合现行国家标准《民用建筑热工设计规范》（GB 50176—2016）的有关规定。

3. 海岸环境和海风环境宜根据当地情况，考虑主导风向及结构所处迎风、背风部位等因素的影响，由调查研究和工程经验确定。

4. 受除冰盐影响环境是指受到除冰盐盐雾影响的环境；受除冰盐作用环境是指被除冰盐溶液溅射的环境以及使用除冰盐地区的洗车房、停车楼等建筑。

5. 暴露的环境是指混凝土结构表面所处的环境。

设计使用年限为 50 年的混凝土结构，其混凝土材料宜符合表 6-11 的规定。

表 6-11   结构混凝土材料的耐久性基本要求

环境等级	最大水胶比	最低强度等级	最大氯离子含量/%	最大碱含量/(kg/m³)
一	0.60	C20	0.30	不限制
二 a	0.55	C25	0.20	3.0
二 b	0.50(0.55)	C20(C25)	0.15	
三 a	0.45(0.50)	C35(C30)	0.15	
三 b	0.40	C40	0.10	

注：1. 氯离子含量是指其占胶凝材料总量的百分比。

2. 预应力构件混凝土中的最大氯离子含量为 0.06%；其最低混凝土强度等级宜按表中的规定提高 2 个等级。

3. 素混凝土构件的水胶比及最低强度等级的要求可适当放松。

4. 有可靠工程经验时，二类环境中的最低混凝土强度等级可降低 1 个等级。

5. 处于严寒和寒冷地区二 b、三 a 类环境中的混凝土应使用引气剂，并可采用括号中的有关参数。

6. 当使用非碱活性骨料时，对混凝土中的碱含量可不作限制。

混凝土结构及构件尚应采取下列耐久性技术措施：预应力混凝土结构中的预应力筋应根据具体情况采取表面防护、孔道灌浆、加大混凝土保护层厚度等措施，外露的锚固端应采取封锚和混凝土表面处理等有效措施；有抗渗要求的混凝土结构，混凝土的抗渗等级应符合有关标准的要求；严寒及寒冷地区的潮湿环境中，结构混凝土应满足抗冻要求，混凝土抗冻等级应符合有关标准的要求；处于二、三类环境中的悬臂构件宜采用悬臂梁-板的结构形式，或在其上表面增设防护层；处于二、三类环境中的结构构件，其表面的预埋件、吊钩、连接件等金属部件应采取可靠的防锈措施；处在三类环境中的混凝土结构构件，可采用阻锈剂、环氧树脂涂层钢筋或其他具有耐腐蚀性能的钢筋，采取阴极保护措施或采用可更换的构件等措施。

除配制 C15 及其以下强度等级的混凝土外，混凝土的最小胶凝材料用量应符合表 6-12 的规定。

表 6-12　混凝土的最小胶凝材料用量

最大水胶比	最小胶凝材料用量/(kg/m³)		
	素混凝土	钢筋混凝土	预应力混凝土
0.60	250	280	300
0.55	280	300	300
0.50	320		
≤0.45	330		

（1）掺合料混凝土

矿物掺合料的掺量应视工程性质、环境和施工条件而选择。例如，对于完全处于地下和水下的工程，尤其是大体积混凝土，如基础底板、咬合桩或连续浇筑的地下连续墙、海水中的桥梁桩基、海底隧道底板或有表面处理的侧墙以及常年处于干燥环境（相对湿度40%以下）的构件等，当没有立即冻融作用时，矿物掺合料可以用到最大掺量。但是，在一些结构现浇的普通混凝土墙、板中采用大量的掺合料，特别是掺入大量的粉煤灰并不合适。这是因为这些部位的混凝土的强度相对较低，混凝土的用水量较大，水胶比较大，早期密实度低，强度低，碳化速度快，再加上工程施工速度的不断加快，一再加速的施工进度使得浇筑后的混凝土普遍得不到充足时间的养护，直接损伤了表层混凝土的密实性和强度，而防止钢筋发生锈蚀和外界有害物质侵入混凝土内部所依靠的就是表层混凝土的密实性，表层混凝土抵抗外界有害物质侵入的能力（抗侵入性或抗渗性）因养护不良而成倍降低。

矿物掺合料在混凝土中的掺量应通过试验确定。采用硅酸盐水泥或普通硅酸盐水泥时，钢筋混凝土中矿物掺合料最大掺量宜符合表 6-13 的规定，预应力混凝土中矿物掺合料最大掺量宜符合表 6-14 的规定。对基础大体积混凝土，粉煤灰、粒化高炉矿渣粉和复合掺合料的最大掺量可增加5%。采用掺量大于30%的C类粉煤灰的混凝土应以实际使用的水泥和粉煤灰掺量进行安定性检验。

表 6-13　钢筋混凝土中矿物掺合料最大掺量

矿物掺合料种类	水胶比	最大掺量/%	
		硅酸盐水泥	普通硅酸盐水泥
粉煤灰	≤0.40	45	35
	>0.40	40	30
粒化高炉矿渣粉	≤0.40	65	55
	>0.40	55	45
钢渣粉	—	30	20
磷渣粉	—	30	20
硅灰	—	10	10
复合掺合料	≤0.40	65	55
	>0.40	55	45

注：1. 采用其他通用硅酸盐水泥时，宜将水泥混合材掺量20%以上的混合材量计入矿物掺合料。

2. 复合掺合料各组分的掺量不宜超过单掺时的最大掺量。

3. 在混合使用两种或两种以上矿物掺合料时，矿物掺合料总掺量应符合表中复合掺合料的规定。

表 6-14　预应力混凝土中矿物掺合料最大掺量

矿物掺合料种类	水胶比	最大掺量/%	
		硅酸盐水泥	普通硅酸盐水泥
粉煤灰	≤0.40	35	30
	>0.40	25	20
粒化高炉矿渣粉	≤0.40	55	45
	>0.40	45	35
钢渣粉	—	20	10
磷渣粉	—	20	10
硅灰	—	10	10
复合掺合料	≤0.40	55	45
	>0.40	45	35

注：1. 采用其他通用硅酸盐水泥时，宜将水泥混合材掺量 20% 以上的混合材量计入矿物掺合料。

2. 复合掺合料各组分的掺量不宜超过单掺时的最大掺量。

3. 在混合使用两种或两种以上矿物掺合料时，矿物掺合料总掺量应符合表中复合掺合料的规定。

（2）抗渗混凝土

水泥宜采用普通硅酸盐水泥；粗骨料宜采用连续级配，其最大公称粒径不宜大于 40.0mm，含泥量不得大于 1.0%，泥块含量不得大于 0.5%；细骨料宜采用中砂，含泥量不得大于 3.0%，泥块含量不得大于 1.0%；抗渗混凝土宜掺用外加剂和矿物掺合料，粉煤灰等级应为 I 级或 II 级。

抗渗混凝土配合比应符合下列规定：

① 最大水胶比应符合表 6-15 的规定。

② 每立方米混凝土中的胶凝材料用量不宜小于 320kg。

③ 砂率宜为 35%～45%。

④ 掺用引气剂或引气型外加剂的抗渗混凝土，应进行含气量试验，含气量宜控制在 3.0%～5.0%。

表 6-15　抗渗混凝土最大水胶比

设计抗渗等级	最大水胶比	
	C20～C30	C30 以上
P6	0.60	0.55
P8～P12	0.55	0.50
>P12	0.50	0.45

（3）抗冻混凝土

水泥应采用硅酸盐水泥或普通硅酸盐水泥；粗骨料宜选用连续级配，其含泥量不得大于 1.0%，泥块含量不得大于 0.5%；细骨料含泥量不得大于 3.0%，泥块含量不得大于 1.0%；粗、细骨料均应进行坚固性试验，并应符合现行行业标准《普通混凝土用砂、石质量及检验方法标准》（JGJ52—2006）的规定；抗冻等级不小于 F100 的抗冻混凝土宜掺用引气剂；在钢筋混凝土和预应力混凝土中不得掺用含有氯盐的防冻剂；在预应力混凝土中不得掺用含有亚硝酸盐或碳酸盐的防冻剂。

抗冻混凝土配合比应符合下列规定：

① 最大水胶比和最小胶凝材料用量应符合表6-16的规定。

② 复合矿物掺合料掺量宜符合表6-17的规定；其他矿物掺合料掺量宜符合表6-13的规定。

③ 掺用引气剂的混凝土最小含气量应符合表6-18的规定。

表6-16　最大水胶比和最小胶凝材料用量

设计抗冻等级	最大水胶比		最小胶凝材料用量 /(kg/m³)
	无引气剂	掺引气剂	
F50	0.55	0.60	300
F100	0.50	0.55	320
不低于F150	—	0.50	350

表6-17　复合矿物掺合料最大掺量

水胶比	最大掺量/%	
	采用硅酸盐水泥时	采用普通硅酸盐水泥时
≤0.40	60	50
>0.40	50	40

注：1. 采用其他通用硅酸盐水泥时，可将掺量20%以上的混合材掺量计入矿物掺合料。

2. 复合矿物掺合料中各矿物掺合料组分的掺量不宜超过表6-13中单掺时的限量。

表6-18　混凝土最小含气量

粗骨料最大公称粒径/mm	混凝土最小含气量/%	
	潮湿或水位变动的寒冷和严寒环境	盐冻环境
40.0	4.5	5.0
25.0	5.0	5.5
20.0	5.5	6.0

注：含气量为气体占混凝土体积的百分比。

（4）高强混凝土

高强混凝土是指强度等级不低于C60的混凝土。水泥应选用硅酸盐水泥或普通硅酸盐水泥；粗骨料宜采用连续级配，其最大公称粒径不宜大于25.0mm，针片状颗粒含量不宜大于5.0%，含泥量不应大于0.5%，泥块含量不应大于0.2%；细骨料的细度模数宜为2.6～3.0，含泥量不应大于2.0%，泥块含量不应大于0.5%；宜采用减水率不小于25%的高性能减水剂；宜复合掺用粒化高炉矿渣粉、粉煤灰和硅灰等矿物掺合料；粉煤灰等级不应低于Ⅱ级；对强度等级不低于C80的高强混凝土宜掺用硅灰。

高强混凝土配合比应经试验确定，在缺乏试验依据的情况下，配合比设计宜符合下列规定：

① 水胶比、胶凝材料用量和砂率可按表6-19选取，并应经试配确定。

② 外加剂和矿物掺合料的品种、掺量，应通过试配确定；矿物掺合料掺量宜为25%～40%；硅灰掺量不宜大于10%。

③ 水泥用量不宜大于500kg/m³。

表 6-19　水胶比、胶凝材料用量和砂率

强度等级	水胶比	胶凝材料用量/(kg/m³)	砂率/%
C60～C75	0.28～0.34	480～560	
C80～C95	0.26～0.28	520～580	35～42
C100	0.24～0.26	550～600	

在试配过程中，应采用三个不同的配合比进行混凝土强度试验，其中一个可为依据表6-19计算后调整拌合物的试拌配合比，另外两个配合比的水胶比，宜较试拌配合比分别增加和减少0.02。高混凝土应至少成型一组试件，每组混凝土的抗压强度不应低于配制强度。高强混凝土抗压强度测定宜采用标准尺寸试件，使用非标准尺寸试件时，尺寸折算系数应经试验确定。

（5）泵送混凝土

水泥宜选用硅酸盐水泥、普通硅酸盐水泥、矿渣硅酸盐水泥和粉煤灰硅酸盐水泥；粗骨料宜采用连续级配，其针片状颗粒含量不宜大于10%；粗骨料的最大公称粒径与输送管径之比宜符合表6-20的规定；细骨料宜采用中砂，其通过公称直径为315μm筛孔的颗粒含量不宜少于15%；泵送混凝土应掺用泵送剂或减水剂，并宜掺用矿物掺合料。

表 6-20　粗骨料的最大公称粒径与输送管径之比

粗骨料品种	泵送高度/m	粗骨料最大公称粒径与输送管径之比
碎石	＜50	≤1：3.0
	50～100	≤1：4.0
	＞100	≤1：5.0
卵石	＜50	≤1：2.5
	50～100	≤1：3.0
	＞100	≤1：4.0

泵送混凝土配合比应符合下列规定：

① 胶凝材料用量不宜小于300kg/m³。

② 砂率宜为35%～45%。

（6）大体积混凝土

国内对于大体积混凝土（mass concrete）的定义为：混凝土结构物实体最小几何尺寸不小于1m的大体量混凝土，或预计会因混凝土中胶凝材料水化引起的温度变化和收缩而导致有害裂缝产生的混凝土称为大体积混凝土。

大体积混凝土中水泥宜采用中、低热硅酸盐水泥或低热矿渣硅酸盐水泥，当采用硅酸盐水泥或普通硅酸盐水泥时，应掺加矿物掺合料，胶凝材料的3d和7d水化热分别不宜大于240kJ/kg和270kJ/kg。粗骨料宜为连续级配，最大公称粒径不宜小于31.5mm，含泥量不应大于1.0%；细骨料宜采用中砂，其通过公称直径为315μm筛孔的颗粒含量不宜少于15%；泵送混凝土应掺用泵送剂或减水剂，并宜掺用矿物掺合料。当采用混凝土60d或90d龄期的设计强度时，宜采用标准尺寸试件进行抗压强度试验。

大体积混凝土配合比应符合下列规定：

① 水胶比不宜大于0.55，用水量不宜大于175kg/m³。

② 在保证混凝土性能要求的前提下，宜提高每立方米混凝土中的粗骨料用量；砂率宜

为 38%～42%。

③ 在保证混凝土性能要求的前提下，应减少胶凝材料中的水泥用量，提高矿物掺合料掺量，矿物掺合料掺量应符合表 6-13 及表 6-14 的规定。

6.4　普通混凝土配合比设计实例

【例 6-2】 某教学楼现浇钢筋混凝土柱，混凝土柱截面最小尺寸为 300mm，钢筋间距最小尺寸为 60mm。该柱在露天受雨雪影响。混凝土设计等级为 C30，采用 42.5 级普通硅酸盐水泥，无实测强度，密度为 $3.1g/cm^3$；粉煤灰为 Ⅱ 级灰，密度为 $2.20g/cm^3$，掺量为 30%；砂子为中砂，表观密度为 $2.60g/cm^3$；石子为碎石，最大粒径为 31.5mm，表观密度为 $2.69g/cm^3$。混凝土要求坍落度 35～50mm，施工采用机械搅拌，机械振捣，施工单位无混凝土强度标准差的历史统计资料。施工砂含水率 3%，石含水率 1%，试设计混凝土配合比。

【解】 （1）初步配合比的确定

根据《普通混凝土配合比设计规程》（JGJ 55—2011）中规定，由表 6-13 可以得出，粉煤灰掺量宜取 30%。

① 配制强度的确定 $f_{cu,0}$

$$f_{cu,0} \geq f_{cu,k} + 1.645\sigma$$

由于施工单位没有 σ 的统计资料，查表 6-1 可得，$\sigma = 5.0$，同时 $f_{cu,k} = 30MPa$，代入上式得

$$f_{cu,0} \geq 30 + 1.645 \times 5.0 = 38.2 \text{（MPa）}$$

② 确定水胶比 $\left(\dfrac{W}{B}\right)$

$$\frac{W}{B} = \frac{\alpha_a f_b}{f_{cu,0} + \alpha_a \alpha_b f_b}$$

采用碎石，查表 6-2 可得：$\alpha_a = 0.53$，$\alpha_b = 0.20$

$f_b = \gamma_f \gamma_s f_{ce} = \gamma_f \gamma_s \gamma_c f_{ce,g} = 0.75 \times 1 \times 1.16 \times 42.5 = 37.0$，其中 γ_f、γ_s 由表 6-3 查得，γ_c 由表 6-4 查得，则

$$\frac{W}{B} = \frac{0.53 \times 37.0}{38.2 + 0.53 \times 0.20 \times 37.0} = 0.47$$

由于本题目中所处环境为干湿交替环境，根据表 6-10 和表 6-11 的规定，处于该条件混凝土水胶比不得超过 0.50。故该计算符合要求，取 $W/B = 0.47$。

③ 确定单方用水量（m_{w0}）

首先确定粗骨料最大粒径，由前述可知：

$$D_{max} \leq \frac{1}{4} \times 300 = 75 \text{（mm）}$$

同时

$$D_{max} \leq \frac{3}{4} \times 60 = 45 \text{（mm）}$$

因此，粗骨料最大粒径按公称粒径选用 $D_{max} = 31.5mm$ 符合要求。即采用 5～31.5mm 的碎石。查表 6-6，单方用水量选取 $m_{w0} = 185kg/m^3$。

④ 计算胶凝材料用量（m_{b0}）

$$m_{b0} = \frac{m_{w0}}{\dfrac{W}{B}} = \frac{185}{0.47} = 394 \text{（kg/m}^3\text{）}$$

根据表 6-12 规定可知，C30 钢筋混凝土最小胶凝材料用量为 320kg/m³，故取胶凝材料用量为 394kg/m³ 符合要求。

由于粉煤灰掺量为 30%，故

$$m_{f0} = m_{b0} \times 30\% = 394 \times 0.3 = 118 \text{（kg/m}^3\text{）}$$

$$m_{c0} = m_{b0} - m_{f0} = 394 - 118 = 276 \text{（kg/m}^3\text{）}$$

⑤ 确定砂率

查表 6-7 并按线性插值法计算后可知，本工程砂率宜选 30%～35%，最终确定砂率选取 35%。

⑥ 计算砂石用量

采用体积法进行计算：

$$1 = \frac{m_{c0}}{\rho_c} + \frac{m_{f0}}{\rho_f} + \frac{m_{g0}}{\rho_g} + \frac{m_{s0}}{\rho_s} + \frac{m_{w0}}{\rho_w} + 0.01\alpha = \frac{276}{3100} + \frac{118}{2200} + \frac{m_{g0}}{2690} + \frac{m_{s0}}{2600} + \frac{185}{1000} + 0.01$$

$$\beta_s = \frac{m_{s0}}{m_{g0} + m_{s0}} \times 100\% = 35\%$$

以上两式联立方程组解得：$m_{s0} = 616 \text{kg/m}^3$，$m_{g0} = 1144 \text{kg/m}^3$。

经初步计算，每 1m³ 混凝土材料用量为：

$$m_{c0} : m_{f0} : m_{s0} : m_{g0} : m_{w0} = 276 : 118 : 616 : 1144 : 185$$

即 $m_{c0} : m_{f0} : m_{s0} : m_{g0} = 0.70 : 0.30 : 1.56 : 2.90, W/B = 0.47$

（2）配合比的调整

① 调整和易性确定基准配合比

按初步配合比，称取 15L 混凝土的材料用量，水泥为 4.14kg，粉煤灰为 1.77kg，水为 2.78kg，砂为 9.24kg，石为 17.16kg，按照规定方法拌合，测得坍落度为 38mm，符合工程要求，混凝土黏聚性、保水性均良好。

② 校核强度确定试验室配合比

在基准配合比的基础上，采用水胶比为 0.42、0.47 和 0.52 三个不同的配合比，配制三组混凝土试件，并检验和易性，测得混凝土拌合物表观密度，分别制作混凝土试块，标准养护 28d，然后测强度，其结果如表 6-21 所示。

表 6-21　混凝土 28d 强度值

编号	W/B	混凝土配合比/kg					坍落度/mm	表观密度/(kg/m³)	强度/MPa
		水泥	粉煤灰	砂	石	水			
1	0.42	4.63	1.99	9.24	17.16	2.78	32	2355	44.1
2	0.47	4.14	1.77	9.24	17.16	2.78	38	2350	39.5
3	0.52	3.74	1.61	9.24	17.16	2.78	48	2340	32.9

根据结果，选取水胶比为 0.47 的基准配合比为试验室配合比。按实测表观密度校核。

③ 校正表观密度

$$\delta = \frac{2350}{276 + 118 + 616 + 1144 + 185} = 1.00$$

由于混凝土表观密度实测值与计算值之差的绝对值不超过计算值的 2%，所以调整后的配合比可确定为试验室设计配合比。即确定的试验室混凝土配合比为：

$$m_c : m_f : m_s : m_g : m_w = 276 : 118 : 616 : 1144 : 185$$

即 $m_c : m_f : m_s : m_g = 0.70 : 0.30 : 1.56 : 2.90, W/B = 0.47$

④ 确定施工配合比

砂含水率为 3%，石子含水率为 1%，调整为施工配合比步骤如下：

$$m_c' = m_c = 276 \text{kg/m}^3$$

$$m_f' = m_f = 118 \text{kg/m}^3$$

$$m_s' = m_s(1 + a\%) = 616 \times (1 + 3\%) = 634 \ (\text{kg/m}^3)$$

$$m_g' = m_g(1 + b\%) = 1144 \times (1 + 1\%) = 1155 \ (\text{kg/m}^3)$$

$$m_w' = m_w - (m_s a\% + m_g b\%) = 185 - 616 \times 3\% - 1144 \times 1\% = 155 \ (\text{kg/m}^3)$$

故施工配合为：

$$m_c' : m_f' : m_s' : m_g' : m_w' = 276 : 118 : 634 : 1155 : 155$$

即 $m_c' : m_f' : m_s' : m_g' = 0.70 : 0.30 : 1.61 : 2.93, W/B = 0.47$

【例 6-3】 对【例 6-2】中，掺加 30% 的粉煤灰，粉煤灰表观密度为 2.2g/cm^3，并使用减水率为 18% 的萘系减水剂，掺量为 2.0%。并要求混凝土的坍落度达到 $180 \sim 200 \text{mm}$，试进行混凝土初步配合比设计。

【解】 根据《普通混凝土配合比设计规程》（JGJ 55—2011）中规定，由表 6-13 可以得出，粉煤灰掺量宜取 30%。

① 配制强度的确定 $f_{cu,0}$

$$f_{cu,0} \geqslant f_{cu,k} + 1.645\sigma$$

由于施工单位没有 σ 的统计资料，查表 6-1 可得，$\sigma = 5.0$，同时 $f_{cu,k} = 30 \text{MPa}$，代入上式得

$$f_{cu,0} \geqslant 30 + 1.645 \times 5.0 = 38.2 \ (\text{MPa})$$

② 确定水胶比（W/B）

$$\frac{W}{B} = \frac{\alpha_a f_b}{f_{cu,0} + \alpha_a \alpha_b f_b}$$

采用碎石，查表 6-2 可得：$\alpha_a = 0.53$，$\alpha_b = 0.20$

$f_b = \gamma_f \gamma_s f_{ce} = \gamma_f \gamma_s \gamma_c f_{ce,g} = 0.75 \times 1 \times 1.16 \times 42.5 = 37.0$，其中 γ_f、γ_s 由表 6-3 查得，γ_c 由表 6-4 查得，则

$$\frac{W}{B} = \frac{0.53 \times 37.0}{38.2 + 0.53 \times 0.20 \times 37.0} = 0.47$$

由于本题目中所处环境为干湿交替环境，根据表 6-10 和表 6-11 的规定，处于该条件混凝土水胶比不得超过 0.50。故该计算符合要求，取 $W/B = 0.47$。

③ 确定单方用水量（m_{w0}）

首先确定粗骨料最大粒径，由前述可知：

$$D_{max} \leqslant \frac{1}{4} \times 300 = 75 \ (\text{mm})$$

同时

$$D_{max} \leqslant \frac{3}{4} \times 60 = 45 \ (\text{mm})$$

若已知泵管直径为 100mm，且泵送混凝土骨料不宜超过泵送管直径的 1/3，因此，粗骨料最大粒径按公称粒径选用 $D_{max}=31.5mm$ 符合要求，即采用 5～31.5mm 的碎石。查表 6-6，单方用水量选取 $205kg/m^3$。按照每增加 20mm 坍落度增加 $5kg/m^3$ 水计算，坍落度为 180～200mm 时，单方用水量 m_{w0} 为：

$$m_{w0}=205+5\times5=230\ (kg/m^3)$$

则

$$m'_{w0}=m_{w0}(1-\beta)=230\times(1-18\%)=189\ (kg/m^3)$$

④ 计算胶凝材料用量（m_{b0}）

$$m_{b0}=\frac{m_{w0}}{\dfrac{W}{B}}=\frac{189}{0.47}=402\ (kg/m^3)$$

根据表 6-12 规定可知，C30 钢筋混凝土最小胶凝材料用量为 $320kg/m^3$，故取胶凝材料用量为 $402kg/m^3$ 符合要求。

由于粉煤灰掺量为 30%，故

$$m_{f0}=m_{b0}\times30\%=402\times0.3=121\ (kg/m^3)$$
$$m_{c0}=m_{b0}-m_{f0}=402-121=281\ (kg/m^3)$$

⑤ 减水剂掺量 m_{j0}

$$m_{j0}=m_{b0}\times2.0\%=402\times2.0\%=8.04\ (kg/m^3)$$

⑥ 确定砂率

查表 6-7 并按线性插值法计算后可知，本工程砂率宜选 30%～35%，由于欲配制泵送混凝土，根据《普通混凝土配合比设计规程》（JGJ 55—2011）规定，坍落度每增大 20mm，砂率增大 1%，确定砂率选取 39%。

⑦ 计算砂石用量

采用质量法进行计算：

$$m_{f0}+m_{c0}+m_{g0}+m_{s0}+m_{w0}=m_{cp}$$

即

$$121+281+m_{g0}+m_{s0}+189=2350$$

又

$$\beta_s=\frac{m_{s0}}{m_{g0}+m_{s0}}\times100\%=39\%$$

解得：$m_{s0}=683kg/m^3$，$m_{g0}=1067kg/m^3$。

经初步计算，$1m^3$ 混凝土材料用量为：

$m_{c0}:m_{f0}:m_{s0}:m_{g0}:m'_{w0}=281:121:683:1067:189$，$m_{j0}=8.04\ kg/m^3$

即 $m_{c0}:m_{f0}:m_{s0}:m_{g0}=0.70:0.30:1.70:2.65$，减水剂掺量 2.0%，$W/B=0.47$。

思 考 题

6.1 试从混凝土的组成材料、配合比、施工、养护等几个方面综合考虑，分析提高混凝土强度的措施。

6.2 混凝土的强度为什么会有波动？波动的大小如何评定？

6.3 某混凝土试样经试拌调整后，各种材料用量分别为水泥 3.1kg、水 1.86kg、砂 6.24kg、碎石 12.8kg，并测得混凝土拌合物的表观密度 $\rho_0=2400kg/m^3$，试求其基准配合比；若施工现场砂子含水率为 4%，石子含水率为 1%，试求其施工配合比。

6.4　在标准条件下养护一定时间的混凝土试件，能否真正代表同龄期的相应结构物中的混凝土强度？在现场条件下养护的混凝土又如何呢？

6.5　某混凝土的设计强度等级为 C25，坍落度要求 55～70mm，所用原材料为：水泥，强度等级 42.5 的普通水泥（富余系数 1.08），$\rho_c = 3.1 \text{g/cm}^3$；卵石，连续级配 4.75～37.5mm，$\rho_g = 2700 \text{kg/m}^3$，含水率 1.2%；中砂，$M_x = 2.6$，$\rho_s = 2650 \text{kg/m}^3$，含水率 3.5%。试求：混凝土的初步配合比和混凝土的施工配合比。

6.6　豫西水利枢纽工程"进水口、洞群和溢洪道"标段（Ⅱ标）为提高泄水建筑物抵抗黄河泥沙及高速水流的冲刷能力，浇筑了 28d 抗压强度达 70MPa 的混凝土约 50 万立方米。但都出现了一定数量的裂缝。请就其胶凝材料的选用分析其裂缝产生的原因。（水泥：采用了早强型普通硅酸盐水泥。）

6.7　为什么混凝土在潮湿条件下养护时收缩较小，干燥条件下养护时收缩较大，而在水中养护时却几乎不收缩？

6.8　某工地现配 C20 混凝土，选用 42.5 级硅酸盐水泥，水泥用量 260kg/m³，水胶比 0.50，砂率 30%，所用碎石 20～40mm，为间断级配，浇筑后检查发现混凝土结构中蜂窝、空洞较多，请从材料方面分析原因。

6.9　请简述采取 28d 龄期对掺加矿物掺合料比例较高的混凝土进行强度评定存在什么问题。

6.10　为什么说混凝土搅拌时用水量出现较大波动必须给予高度重视？

第7章

混凝土的搅拌工艺

将两种或两种以上的材料，经器械搅动而达到相互分散均匀的过程称为搅拌。搅拌是混凝土生产工艺过程中极其重要的一道工序，配制混凝土的各种材料经搅拌后成为均匀的拌合物。因为混凝土的配合比是按细骨料恰好填满粗骨料的间隙，而水泥浆体又均匀地分布在粗细骨料的表面来设计的。因此，搅拌得不均匀就不能获得高强度的混凝土。采用机械搅拌，不仅能提高搅拌速度和拌合物的均匀度，而且可使混凝土的强度得到提高，也能大大地减轻劳动强度和提高生产率。

7.1 混凝土搅拌的基本理论

7.1.1 混凝土搅拌的任务

搅拌的主要任务是使混凝土拌合物最终达到规定的均匀度。因此，各种类型的搅拌机均是使物料在搅拌机内产生剪切、对流及扩散的循环运动，使物料在频繁的位置迁移过程中达到各组分均匀分布的效果。

对混凝土而言，在搅拌过程中完成的主要任务有：

① 使各组分均匀分布，达到宏观和微观上的匀质。

② 破坏水泥颗粒团聚现象，并使各颗粒的表面均被水浸润，促使弥散现象的发展。

③ 破坏水泥颗粒表面的初始水化产物薄膜包裹层，使水泥颗粒可以不断水化。

④ 因为骨料表面常覆盖一薄层灰尘和黏土，有碍于骨料与水泥石之间界面过渡区的质量，所以通过搅拌使物料颗粒间产生多次碰撞和互相摩擦，以减少灰尘薄膜的影响。

⑤ 提高混凝土拌合物中各原材料参与运动的次数和运动轨迹的交叉频率，以加速拌合物达到匀质化。

7.1.2 混凝土搅拌的过程

混凝土的搅拌过程可大致分为三个阶段。

第一阶段：拌合物处于一种从干拌到湿拌的过渡状态，此时拌合物中各组分还处于极不均匀的分布状态，由于稠度不相同，所以内聚力也不相同。水泥浆体填充骨料空隙后，增加了骨料颗粒之间的摩擦力，通过搅拌工具的剪切作用使颗粒进行位置交换。

第二阶段：由于在剪切面和滑移面发生骨料的位置交换，拌合物的稳定性得以巩固。

第三阶段：骨料开始或多或少地从拌合物中分离出来，骨料的尺寸差别越明显，骨料的位置交换作用越强，离析现象也就越严重。另外，随着时间的延长而增加的磨损使得骨料总表面积增加，拌合物变得干稠，也就是说，拌合物的和易性在此阶段开始变差。

7.1.3　混凝土的搅拌理论

在常用的搅拌机械中，混凝土搅拌均匀的机理主要包括重力搅拌机理、剪切搅拌机理和对流搅拌机理。

（1）重力搅拌机理

物料刚投入到搅拌机中时，其相互之间的接触面最小，随着搅拌筒或搅拌叶片的旋转（视搅拌机类型而异），物料被提升到一定的高度，然后物料在重力的作用下自由下落，从而达到相互混合的目的，这种机理称为重力搅拌机理。

物料的运动轨迹，既有上部物料颗粒克服与搅拌筒的粘结力做抛物线自由下落的轨迹，也有下部物料表面颗粒克服与物料的粘结力做直线滑动和螺旋线滚动的轨迹。由于下落的时间、落点的远近以及滚动的距离各不相同，使物料之间产生相互穿插、翻拌等作用，从而达到均匀搅拌的目的。

（2）剪切搅拌机理

在外力作用下，使物料做无滚动的相对位移而达到均匀搅拌的机理，称为剪切搅拌机理。物料被搅拌叶片带动，强制式地做环向、径向、竖向等运动，以增加剪切位移，直至拌合物被搅拌均匀。

（3）对流搅拌机理

在外力的作用下，使物料产生以对流作用为主的搅拌机理，称为对流搅拌机理。在筒壁内侧无直立板的圆筒形搅拌筒内，由于颗粒运动的速度和轨迹不同，使物料发生混合作用，此时接近搅拌叶片的物料被混合得最充分，而筒底则易形成死角。为了避免筒底死角的形成，可在筒壁内侧设置直立挡板，这样不但可以形成竖向对流，而且在两个相邻直立挡板间的扇形区域内沿筒底平面还可形成局部环流。

7.1.4　影响混凝土搅拌质量的因素

（1）材料因素

通常，液相材料的黏度、密度及表面张力是影响搅拌质量的主要因素。黏度和密度较大的液相材料，搅拌均匀所需要的时间较长或搅拌机所需要的动力较大。表面张力大的液相材料也难以被搅拌均匀，一般需要采用表面活性剂来降低液相材料的表面张力。

固体材料的密度、粒度、形状、含水率等是影响搅拌质量的主要因素。密度差小、粒径小、级配良好、针片状含量小、含水率低且接近的固体材料更容易被搅拌均匀。

混凝土是液体材料与固体材料的混合物，水泥浆体黏度低且内聚力好、骨料粒形和级配合理、配合比合理时，混凝土容易搅拌均匀。通常在混凝土中掺入矿物掺合料和减水剂来提高搅拌质量，从而达到均匀搅拌的目的。

（2）设备因素

当原材料和配合比不变时，搅拌机的类型及转速等对混凝土搅拌均匀性有重要的影响，详见本章 7.2 节和 7.3 节。

（3）工艺因素

在原材料、配合比、搅拌设备不变时，良好的工艺因素能提高搅拌质量或缩短搅拌时间。这些工艺因素主要包括搅拌机搅拌量、投料顺序和搅拌时间等。

7.1.5 混凝土拌合物匀质性的评价方法

混凝土拌合物的匀质性是指混凝土拌合物中各组分材料在宏观上和微观上的均匀程度。当混凝土材料组成及掺量相同时，匀质性差的混凝土，其拌合物性能、力学性能及耐久性等均会降低。

对混凝土拌合物宏观均匀程度的评价，是将拌合物不同部位所取样品测定其中骨料、水泥的含量，取其平均差值作为不均匀度。一般要求水泥含量的不均匀度在 1% 以下，骨料的不均匀度在 5% 以下。采用机械搅拌的混凝土，一般在很短的时间内（10～20s）便可以达到宏观上的均匀。

但若对宏观上均匀的拌合物进行仔细观察，便会发现其实有些骨料表面仍然是干燥的。此外，即使是宏观上达到均匀的混凝土拌合物，在显微镜下仍可以发现水泥颗粒并没有均匀地分散在水中，而有 10%～30% 的水泥颗粒聚集在一起，形成微小的水泥聚集体。所以，只在宏观上达到均匀要求的拌合物，还不能认为达到了均匀搅拌，还必须进行微观均匀度的测定。

目前对混凝土拌合物微观均匀度的测定，还没有一种直接且便捷的方法，现在多采用间接的方法来予以测定和判断。该间接方法是通过比较硬化后混凝土强度的不均匀度来推测其微观上的不均匀度。该方法是基于"微观上越均匀的混凝土拌合物，硬化后其强度越高"这一假设。采用强度来作为混凝土微观匀质性的评定是较为科学的，因为强度是混凝土最主要的力学性能，而混凝土强度又主要取决于水泥石的结构及水泥石与骨料间的界面结构。水泥的聚团现象影响了水泥石与骨料的界面结构，也必然影响混凝土的强度。因此，在制备混凝土拌合物时，不仅要求达到宏观上的匀质性，更重要的是要达到微观上的匀质性，尽可能地使水泥颗粒均匀分散，确保局部水胶比的均匀性，从而提高混凝土的强度。

7.1.6 提高混凝土搅拌质量的方法

7.1.6.1 投料顺序

投料顺序应从提高混凝土拌合物质量以及混凝土的强度、减少骨料对叶片和衬板的磨损及混凝土拌合物与搅拌筒的粘结、减少扬尘、改善工作环境、降低电耗、提高生产率等方面综合考虑决定，其中以混凝土的质量为首要地位。按照投料次数的不同，混凝土搅拌可以分为一次投料法和二次投料法两种方式。

（1）一次投料法

这是目前较为广泛使用的一种方法，也就是将砂、石、水泥、掺合料等原材料放入料斗后再和水一起进入搅拌筒进行搅拌。这种方法工艺简单、操作方便。当采用自落式搅拌机时，为防止扬尘，可先加入少量水，然后在加水的同时加入骨料和胶凝材料；对于强制式搅拌机，因出料口在下部，故不能先加水，应在投放干料的同时，缓慢、均匀分散地加水。

（2）二次投料法

按照投料先后顺序的不同，二次投料法又可以分为预拌水泥净浆法、预拌水泥砂浆法和水泥裹砂法三种方式。

① 预拌水泥净浆法。先将水泥和水充分搅拌成均匀的水泥净浆后，再加入砂和石搅拌成混凝土。

② 预拌水泥砂浆法。将水泥、砂和水加入搅拌筒内进行搅拌，成为均匀的水泥砂浆后，再加入石子搅拌成均匀的混凝土。采用这种投料方法时，砂浆中无粗骨料，便于搅拌均匀；

粗骨料投入后，易被砂浆均匀包裹，有利于混凝土强度提高；减少粗骨料对叶片及衬板的磨损；尤其是这种投料法可节省电能，不致超出额定电流。该方法的不足之处是搅拌干硬性混凝土时，砂浆易粘筒壁，不易搅拌均匀，故需适当延长搅拌时间。

③ 水泥裹砂法（sand enveloped with cement，SEC）。该方法是首先调节搅拌机中砂的含水率为 15%～25%，然后投入水泥搅拌成 SEC 砂浆，使水泥均匀分散在砂表面，形成水泥浆壳，然后再加入石子和剩余的水进行搅拌。在二次加水进行二次搅拌时，砂子周围的水泥皮壳与二次水充分混合，形成分散性良好的水泥浆并填充到骨料之间的空隙中，同时水泥浆由于受到 SEC 骨料的约束，使水分的移动也受到制约，因而使泌水量几乎接近零，骨料的离析概率也极小，所以使混凝土的性能得到了改善。

水泥裹砂法是日本大成建设株式会社和利布昆尼阿林库株式会社研制出来的一种制备混凝土拌合物的方法。制备 SEC 混凝土，采用两阶段工艺（两次搅拌）最合适，图 7-1 所示为制备 SEC 混凝土的两阶段流程图。

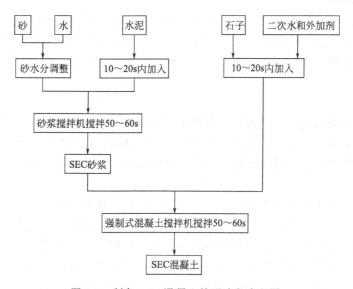

图 7-1 制备 SEC 混凝土的两阶段流程图

二次投料法是在传统的一次投料法基础上将投料顺序、搅拌方式进行变动而形成的。其最根本的优点在于，采用二次投料法生产混凝土克服了水泥浆体难以把砂石完全均匀包裹的缺陷，从而达到增加混凝土强度或节约水泥的目的。对于二次投料法，国内外的试验表明，强度等级与一次投料法相比可提高 15%，在强度等级相同的情况下，可节约水泥 15%～20%。对于 SEC 法制备的混凝土与一次投料法相比，强度可提高 20%～30%，混凝土不易产生离析现象，泌水少，工作性好。

7.1.6.2 优选工艺参数

（1）额定容量

搅拌机的容量有进料容量和出料容量两种表示方法，另外还有几何体积，具体含义和相互关系如下：

① 进料容量 V_1。指装进搅拌筒而未经搅拌的干料体积。

② 出料容量 V_2。指卸出搅拌机的成品混凝土体积，将该容量规定为搅拌机的额定容量，是搅拌机的主要参数。

③ 搅拌机的几何体积 V_0。指搅拌筒能够容纳拌合物的体积，它与进料容量 V_1 的关系见式(7-1)。

$$\frac{V_1}{V_0}=0.25\sim 0.5 \tag{7-1}$$

出料容量 V_2 与进料容量 V_1 的比值以出料系数 φ_1 表示，见式(7-2)。搅拌机卸出的新鲜混凝土体积 V_2 与捣实后的新鲜混凝土体积 V_3 之比以压缩系数 φ_2 来表示，见式(7-3)。

$$\varphi_1=\frac{V_2}{V_1}=0.6\sim 0.7 \tag{7-2}$$

$$\varphi_2=\frac{V_2}{V_3}=1.0\sim 1.5 \tag{7-3}$$

φ_2 的大小与混凝土的性质有关，对于干硬性混凝土，该值为 $1.26\sim 1.45$；对于塑性混凝土为 $1.11\sim 1.25$；对于大流动性混凝土为 $1.04\sim 1.10$。

（2）搅拌机转速

搅拌机的转速对混凝土拌合物的搅拌质量影响很大。转速过高时，因离心力过大，物料难以均匀分布，导致搅拌质量下降，甚至无法进行搅拌；转速过低时，则降低了生产效率。因此，搅拌机应选择一个较为适宜的转速，自落式搅拌机的转速一般为 $14\sim 33r/min$；强制式搅拌机一般为 $20\sim 36r/min$。

（3）搅拌时间

从原材料全部投入搅拌筒时为起至混凝土拌合物开始卸出时为止，所经历的时间称为搅拌时间。通常搅拌时间随搅拌机类型以及拌合物和易性的不同而变化。在实际生产中，应根据混凝土拌合物的性质、对混凝土拌合物均匀性的要求、搅拌机的性能以及生产效率等因素来决定搅拌时间。

搅拌时间对混凝土性能有重要影响，如搅拌时间长，搅拌均匀性提高，从而能够提高混凝土的强度；反之，如缩短搅拌时间，则会降低混凝土的强度。对于强度等级高、坍落度小、搅拌筒容量大等情况，搅拌时间应相对延长；对使用特殊材料的特殊混凝土，也应适当延长搅拌时间。但过长的搅拌时间会导致强度较低的粗骨料在搅拌机中破碎，进而影响到混凝土的搅拌质量；而且用电量、设备损耗、劳动生产率等指标也会随着搅拌时间的延长而劣化。

混凝土的最短搅拌时间可按表7-1选用，当能保证混凝土搅拌均匀时可适当缩短搅拌时间。搅拌高强度等级的混凝土时，搅拌时间应适当延长；当采用自落式搅拌机时，搅拌时间应适当延长；当掺有外加剂时，搅拌时间应适当延长。

表7-1　混凝土的最短搅拌时间

混凝土坍落度/mm	搅拌机机型	最短时间/s		
		搅拌机容量＜250L	搅拌机容量 250～500L	搅拌机容量＞500L
≤30	自落式	90	120	150
	强制式	60	90	120
＞30	自落式	90	90	120
	强制式	60	60	90

对于混凝土拌合物的和易性是否满足结构施工委托要求，搅拌楼的机器操作人员常以观

察搅拌机的主轴电机电流表（表盘式或数字式）来确认拌合物的和易性是否符合出机要求，这种方法只能大致在一定范围内进行判断。搅拌时的电流大小不仅受拌合物的黏度影响，而且也受电压的影响，甚至设备的磨损或搅拌数量的多少都会影响到电流的变化。如果使用电流与时间曲线图来控制拌合物的出机质量，其效果会很有效，如图7-2所示。

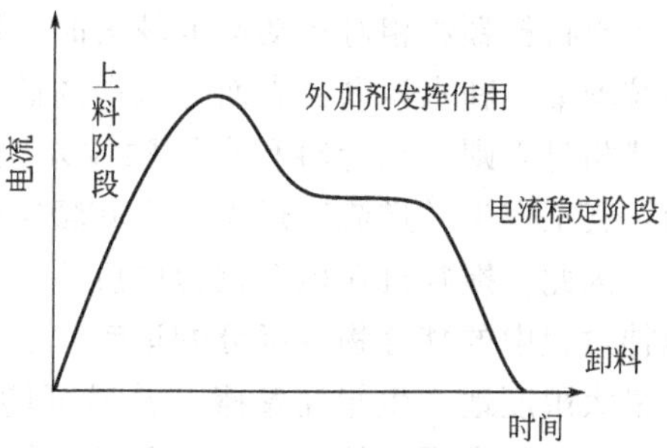

图7-2　拌合物出机电流与时间控制曲线

7.1.6.3　搅拌强化

凡因改变搅拌工艺而加速水泥等胶凝材料的水化反应、提高混凝土早期强度或后期强度的方法均可称为搅拌强化。

（1）均匀强化

在普通的搅拌机中充分运用重力、剪切、对流等作用能使混凝土拌合物达到宏观上的均匀，但仍然不能使水泥颗粒与拌合水均匀混合，可采取均匀强化的方式来进一步提高搅拌质量。

振动搅拌是均匀强化的一种方法，它在搅拌的同时加以振动，使水泥颗粒处于颤动状态，这样不仅破坏了水泥的聚集状态，而且使水泥颗粒在拌合水中得以均匀分布。同时，振动搅拌加大了水泥颗粒的运动速度，增加了有效碰撞的次数，加速了水泥颗粒表面的水化生成物向液相中扩散的速度，最终达到加速水泥水化的目的。因此，振动搅拌可有效地提高混凝土的强度，改善混凝土拌合物的流动性。

（2）粉碎强化

在搅拌过程中，将水泥颗粒进一步粉碎，使其表面积增大，新粉碎的表面具有较高的表面活化能，可以加剧水泥水化反应，使混凝土的强度进一步提高。

超声搅拌法是先以超声波发生器对水泥砂浆进行活化搅拌，再用普通混凝土搅拌机将已被活化的水泥砂浆与粗骨料搅拌成混凝土拌合物。超声活化的作用主要是利用了超声波在液体中传播时的空化效应。超声波对液体的附加压力使局部液体撕开而形成的负压区称为空化气泡，随着空化气泡的形成与瞬间爆开，对液体产生冲击力。在液体冲击力、超声波的高频振动力以及原来在水泥颗粒微裂缝中所含气泡的快速外逸而产生的膨胀力共同作用下，水泥颗粒粉碎，从而达到加速水泥水化反应的目的。

（3）加热强化

合理提高搅拌时的物料温度，可以消除热养护过程中升温期对混凝土结构的破坏作用，同时加速了水泥的水化反应，使混凝土早期强度得以提高，并可缩短养护周期。

（4）界面强化

除高强混凝土外，一般混凝土的破坏是沿强度较低的水泥石与骨料之间的界面过渡区发生及发展的，若能提高水泥石与骨料的界面过渡区强度，就能提高混凝土的强度。如采用二次加料法，则可通过改善水泥石与骨料界面间的强度，从而达到提高混凝土强度的目的。

7.2　混凝土搅拌机

搅拌机是混凝土搅拌的主要机械，搅拌机在运行中使物料颗粒之间产生正压力，从而使混凝土拌合物搅拌均匀。其正应力主要来源于相邻上下颗粒垂直方向的压力差以及相邻颗粒由于运动速度大小及方向不同而引起的挤压和碰撞所产生的压力。

当物料颗粒相对运动速度越大时，所产生的压力也就越大，这对于夹在它们之间的水泥颗粒聚集体和水泥颗粒表面包裹层的破坏效果也就越好。这种作用应该主要由比表面积大、形状相对规则的细骨料和水泥颗粒来完成。当拌合物不仅有同一方向运动，而且有交叉运动，甚至产生"逆流"运动，且其频率高、范围大时，实现微观匀质的可能性便会加大。

因此，搅拌机在搅拌过程中应注意：在利用拌合物重力势能的同时，应尽可能地使处在搅拌过程中的拌合物各组分的运动轨迹在相对集中区域内互相交错穿插，在整个拌合物体积中最大限度地产生相互摩擦，并尽可能地提高各组分参与运动的次数和运动轨迹的交叉频率，为实现混凝土拌合物宏观和微观匀质性创造最有利的条件。

目前生产的各种搅拌设备（或称搅拌机）有两种形式：一种是施工现场独立工作的单机，另一种是混凝土搅拌楼及其配套主机。本节主要介绍混凝土搅拌单机，在7.3节中围绕搅拌系统来介绍混凝土搅拌楼的其他组成系统。

7.2.1 搅拌机的工作原理及分类

为了适应不同混凝土的搅拌要求，混凝土搅拌机已发展出了多种机型，它们在结构和性能上各有特点，搅拌机的分类如下。

① 按作业方式可分为周期式和连续式。

a. 周期式混凝土搅拌机是按进料、搅拌、出料的顺序周期地循环拌制混凝土的一种搅拌机。周期式混凝土搅拌机装料、搅拌和卸料等工序是周而复始地分批进行。构造简单，容易控制配合比和拌合质量，是建筑施工中常用的类型。

b. 连续式搅拌机是能连续均匀地进行加料搅拌和出料的一种搅拌机。连续式搅拌机其作业过程无论是装料、搅拌还是卸料都是连续不断进行的，因而生产率高，但混凝土的配合比和拌合质量难以控制，一般建筑施工中很少采用，多用于混凝土需要量大的路桥和水坝工程中。

② 按搅拌原理可分为自落式和强制式。

a. 自落式混凝土搅拌机其工作原理如图7-3所示，拌合物料由固定在搅拌筒内的叶片带至高处，靠自重下落进行搅拌。其工作机构为筒体，沿筒内壁圆周安装着若干个搅拌叶片，工作时，筒体可围绕其自身轴线（水平或倾斜）回转，利用叶片对物料进行分割、提升、撒落和冲击，从而使拌合物的相互位置不断进行重新分布而达到搅拌均匀的目的。

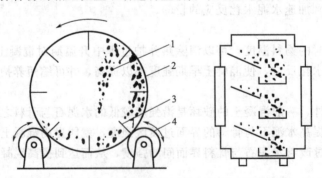

图7-3 自落式混凝土搅拌机工作原理

1—混凝土拌合料；2—搅拌筒；3—搅拌叶片；4—托轮

自落式搅拌机的优点是结构简单，磨损程度小，易损件少，对骨料粒径大小有一定适应性，使用维护也较简单；主要缺点是靠物料的重力自落而实现搅拌，搅拌强度不大，而且转速和容量受到限制，生产效率低，一般只适于拌合塑性混凝土。

b. 强制式混凝土搅拌机工作原理如图 7-4 所示，搅拌物料由旋转的搅拌叶片强制进行搅拌。搅拌机构由垂直或水平设置在搅拌筒内的搅拌轴组成，轴上安装有搅拌叶片，工作时，转轴带动叶片对筒内物料进行剪切、挤压和翻转推移等强制搅拌作用，使物料在剧烈的相对运动中得到均匀的拌合。

强制式搅拌机的优点是物料拌合质量好，效率高，特别适于拌合干硬性混凝土和轻骨料

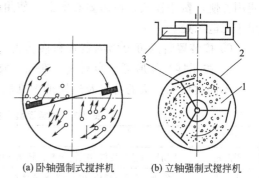

(a)卧轴强制式搅拌机　　(b)立轴强制式搅拌机

图 7-4　强制式混凝土搅拌机工作原理示意图
1—混凝土拌合料；2—搅拌筒；3—搅拌叶片

混凝土，其中水平轴式（即卧轴式）搅拌机同时还具有自落式的搅拌效果；主要缺点是这类搅拌机结构比较复杂，搅拌工作部件磨损快，对骨料粒径有严格限制，骨料粒径较大时易造成卡料现象。

自落式和强制式混凝土搅拌机由于工作部分在结构上的不同还有若干基本机型，具体见表 7-2。

表 7-2　混凝土搅拌机的机型

类型		代号	示意图	类型	代号	示意图
自落式	反转出料	JZ		强制式	涡浆 JW	
	倾翻出料	JF			行星 JN	
强制式	单卧轴	JD			双卧轴 JS	

③ 按卸料方式可分为倾翻式和反转式。倾翻式搅拌机卸料时须将搅拌筒倾翻至一定角度，使拌合料从筒内卸出；反转式搅拌机卸料时搅拌筒的旋转轴线固定不变，根据出料方式不同，又可分为反转卸料和卸料槽卸料两种。

④ 按搅拌机使用动力可分为电动式和内燃式两种。采用电动机作为动力，工作可靠，

使用方便，费用较低，但需要有电源，使用较普遍；内燃式使用维护比较复杂，成本高，适用于无电源处。

⑤ 按装置特点可分为固定式和移动式。

⑥ 按搅拌筒外形可分为梨式、锥式、鼓式、槽式、盘式等。

不同类型搅拌机的特点及适用范围见表7-3。

表 7-3　各类混凝土搅拌机的特点及适用范围

类型	特点和适用范围
周期式	周期性地进行装料、搅拌、出料。结构简单可靠，容易控制配合比及拌合质量，使用广泛
连续式	连续进行装料、搅拌、出料，生产效率高。主要用于混凝土使用量很大的工程
自落式	由搅拌筒内壁固定叶片将物料带到一定高度，然后自由落下，周而复始，使物料获得均匀搅拌。适用于搅拌塑性和半塑性混凝土
强制式	筒内物料由旋转轴上的叶片或刮板的强制作用而获得充分的拌合。拌合时间短、生产效率高
固定式	通过机架地脚螺栓与基础固定。多装在搅拌楼上使用
移动式	装有行走机构，可随时拖运转移。适宜于中小型临时工程
倾翻式	靠搅拌筒倾倒出料
反转式	靠搅拌筒反转出料
梨式	搅拌筒可绕纵轴旋转搅拌，又可绕横轴回转装料、卸料。一般用于试验室小型搅拌机
锥式	多用于大中型搅拌机
槽式	多为强制式，有单槽单搅拌轴和双槽双搅拌轴两种
盘式	是一种周期性垂直强制式搅拌机

7.2.2　搅拌机的机型代号

国家标准《混凝土搅拌机》（GB/T 9142—2000）规定，常用搅拌机的机型代号如表7-4所示。

表 7-4　混凝土搅拌机的机型代号

搅拌方式	组		型		特性	产品	
	代号	名称	代号	代号	名称	代号
自落式	J（搅）	锥形反转出料式	Z（锥）	C（齿）	齿圈传动锥形反转出料混凝土搅拌机	JZC
				M（摩）	摩擦传动锥形反转出料混凝土搅拌机	JZM
				R（内）	内燃机驱动锥形反转出料混凝土搅拌机	JZR
				Y（液）	液压上料锥形反转出料混凝土搅拌机	JZY
		锥形倾翻出料式	F（翻）	C（齿）	齿圈传动锥形倾翻出料混凝土搅拌机	JFC
				M（摩）	摩擦传动锥形倾翻出料混凝土搅拌机	JFM
强制式		涡浆式	W（涡）	—	涡浆式混凝土搅拌机	JW
		行星式	N（行）	—	行星式混凝土搅拌机	JN
		单卧轴式	D（单）		单卧轴式机械上料混凝土搅拌机	JD
				Y（液）	单卧轴式液压上料混凝土搅拌机	JDY
		双卧轴式	S（双）		双卧轴式机械上料混凝土搅拌机	JS
				Y（液）	双卧轴式液压上料混凝土搅拌机	JSY

混凝土搅拌机型号的编制方法如下：

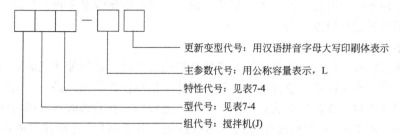

更新变型代号：用汉语拼音字母大写印刷体表示
主参数代号：用公称容量表示，L
特性代号：见表7-4
型代号：见表7-4
组代号：搅拌机(J)

标记示例：

① 公称容量为 250L、内燃机驱动、第一次更新的自落式锥形反转出料的搅拌机：JZR250A。

② 公称容量为 350L、电机驱动的强制式单卧轴式机械上料的搅拌机：JD350。

7.2.3 常用的混凝土搅拌机

7.2.3.1 自落式搅拌机

自落式搅拌机又称为鼓筒式搅拌机，它以鼓筒作为工作装置。因此，在鼓筒式搅拌机上，鼓筒绕一根水平轴线或倾斜轴线旋转，且多数鼓筒两侧呈圆锥形，因此又称为双锥形搅拌机或锥形搅拌机。

鼓筒式搅拌机借助于安装在鼓筒内的搅拌叶片使混凝土拌合物提升，直到拌合物与搅拌叶片之间的摩擦力小于使拌合物下滑的重力分力时，拌合物靠自身重力下落。通过搅拌鼓筒的旋转和搅拌叶片的偏角（与搅拌筒母线或旋转轴心线的夹角）使混凝土拌合物产生轴向窜动。

（1）鼓筒式搅拌机

鼓筒式搅拌机是靠搅拌筒内径向布置的搅拌叶片，把搅拌筒内的拌合物提升到约为搅拌筒直径的 0.7 倍处，然后靠拌合物的自重下落，进行拌合混合。这种搅拌机的出料，是靠一个可翻转的出料溜槽，在出料时把它伸入搅拌筒，将自由下落的拌合物向外引出。鼓筒式搅拌机结构如图 7-5 所示。

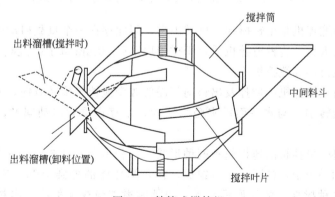

出料溜槽(搅拌时)
搅拌筒
中间料斗
出料溜槽(卸料位置)
搅拌叶片

图 7-5 鼓筒式搅拌机

鼓筒式搅拌机的筒径不能过大，因为筒径增大，拌合物的落差也会随之增大，这样会导致从高处落下的大骨料损坏叶片和搅拌筒筒体，并加剧磨损，所以鼓筒式搅拌机不能用于搅拌含有大粒径骨料的混凝土。这种搅拌机的搅拌叶片与搅拌筒母线平行，拌合物的提升、自落基本只是上下运动，而很少有轴向窜动，因此，鼓筒式搅拌机的搅拌时间长，生产效率低。当它在搅拌干硬性混凝土时，既不能均匀搅拌，又不易将混凝土拌合物卸出，因而鼓筒式搅拌机仅适用于搅拌塑性混凝土。

（2）双锥反转出料式搅拌机

双锥反转出料式搅拌机是鼓筒式搅拌机的更新换代产品。这种搅拌机的旋转轴线如同鼓筒式搅拌机一样呈水平配置，搅拌筒与鼓筒式搅拌机的搅拌筒类似，是由一端装料，而另一端卸料。卸料是通过改变搅拌筒旋转方向（反转）进行的。在装料时搅拌筒转向又恢复到正转搅拌的方向。图7-6（a）为它的搅拌筒结构示意图，图7-6（b）为搅拌筒内部叶片布置展开示意图，从图中可以看出，此种搅拌机搅拌筒中的高、低叶片均与搅拌筒母线成40°左右的夹角，而且倾斜方向相反。在搅拌时，低叶片将物料推向进料侧，高叶片将物料推向出料侧；推向进料侧的物料被进料锥挡回搅拌筒，推向出料侧的物料被出料锥和出料叶片背面钢板挡住而折回搅拌筒。这种叶片布置方式使物料除产生提升、自落之外，还在搅拌筒中产生比较剧烈的轴向窜动。

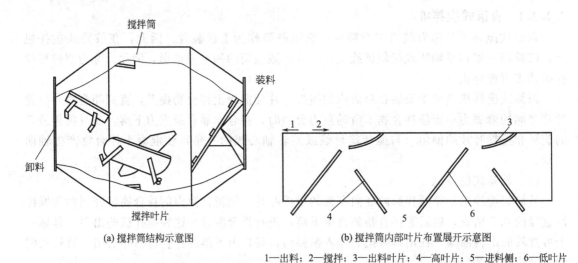

(a) 搅拌筒结构示意图　　　　(b) 搅拌筒内部叶片布置展开示意图

1—出料；2—搅拌；3—出料叶片；4—高叶片；5—进料侧；6—低叶片

图7-6　双锥反转出料式搅拌机及搅拌叶片布置示意图

双锥反转出料搅拌机是正转搅拌，反转出料，因此存在一个重载启动的问题，导致搅拌机容量不可能做得太大。这种搅拌机适合于搅拌坍落度10mm以上的混凝土。

（3）双锥倾翻出料式搅拌机

双锥倾翻出料式搅拌机的搅拌及出料均不需要改变搅拌筒旋转方向，而是用气缸或液压油缸改变搅拌筒旋转轴线与水平面的夹角来实现，不存在重载启动问题，因而搅拌机容量较大。

双锥倾翻出料式搅拌机的搅拌筒有两种形式。一种是有一进料口和一出料口，搅拌筒由进料锥、出料锥和一个很短的圆柱体所组成，在短圆柱体的外圆上套一带有托轮辊道的大齿圈，图7-7是这种搅拌筒的外形示意图。搅拌时搅拌筒成水平状，出料时搅拌筒轴线与水平面夹角为55°，由于出料口朝下，搅拌筒可边卸料边旋转，卸料速度快而且卸料干净。图7-8为倾翻搅拌筒内部叶片布置示意图，进料锥和出料锥体内各装有4块叶片，叶片呈弧形，都向中部倾斜。物料搅拌时，沿叶片左右交叉运动，其搅拌效果与锥形反转出料搅拌机相同，且不会产生拌合物溢出现象。这种搅拌机搅拌筒的径向尺寸较大，存在的主要问题是圆柱部分太短。

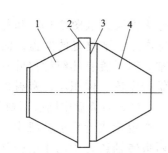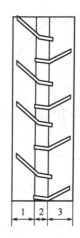

图7-7 双锥倾翻搅拌筒外形图
1—出料锥；2—大齿圈；3—托轮；4—进料锥

图7-8 倾翻搅拌筒内部叶片布置示意图
1—进料锥；2—圆柱部分；3—出料锥

（4）对开式搅拌机

对开式搅拌机属于自落式搅拌机，也可以做成强制自落式。对开式搅拌机的工作原理如图7-9所示，进料锥一侧一般只旋转，而卸料锥一侧既可旋转，也可轴向移动。在两锥中间，有一个能调整压紧力的橡胶垫，能确保两锥在关闭时具有良好的密封性。卸料时，搅拌筒从中部分开，卸料迅速、干净。对开式搅拌机所需功率为双卧轴强制搅拌机的50%左右，而衬板寿命是双卧轴的两倍，且允许较大尺寸的骨料进入搅拌筒。

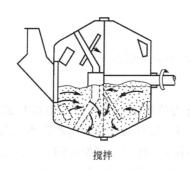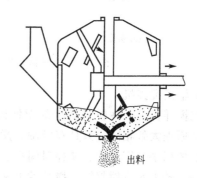

搅拌　　　　　　　　　　　　出料

图7-9 对开式搅拌机的工作原理

7.2.3.2　强制式搅拌机

与自落式搅拌机不同的是，强制式搅拌机并不是通过重力作用进行搅拌，而是借助搅拌叶片对物料进行强制导向搅拌。其搅拌叶片可以是铲片形式，也可以是螺旋带形式；叶片既可以绕水平轴旋转（卧轴式），也可以绕垂直轴旋转（立轴式）。这种搅拌机的搅拌强度通过叶片速度来确定，与自落式搅拌机相比，强制式的搅拌作用强烈，一般在30～60s的搅拌时间内就可以将拌合物搅拌成匀质的混凝土。在制备特种混凝土和专用混凝土时，强制式搅拌机需适当延长搅拌时间，而自落式搅拌机几乎不可能用于搅拌特种混凝土。在搅拌容量相同时，强制式搅拌机的驱动功率虽然比自落式的要大，但可以通过强制搅拌机缩短搅拌时间来弥补。

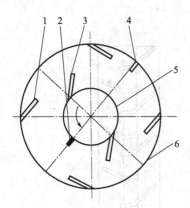

图 7-10　立轴涡浆式搅拌机
的叶片布置图

1—外叶片；2—内刮板；3—内叶片；
4—外刮板；5—内筒；6—外筒

（1）立轴式搅拌机

立轴式搅拌机的搅拌原理是靠安装在搅拌筒内带叶片的立轴旋转时对物料挤压、翻转、抛出等复合动作将物料进行强制搅拌的。与自落式搅拌机相比，强制式搅拌机具有搅拌质量好，搅拌效率高，适合搅拌干硬性、高强和轻质混凝土等特点。

立轴式搅拌机可分为涡浆式（图 7-10）和行星式（图7-11）两种，其搅拌筒均为水平放置的圆盘。涡浆式的圆盘中央有一根竖立转轴，轴上装有几组搅拌叶片，立轴涡浆强制式搅拌机具有结构紧凑、体积小、密封性能好等优点，因而是主要机型；行星式的圆盘中则有两根竖立转轴，分别带动几个搅拌铲。在定盘式行星搅拌机中，搅拌铲除绕本身轴线自转外，两根转轴还绕盘的中心公转；在转盘式行星搅拌机中，两根转轴除自转外，不做公转，而是整个圆盘做与转轴回转方句相反的转动。目前，由于转盘式能量消耗较大，结构也不够理想，故已逐渐被定盘式所代替。

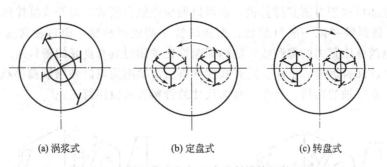

(a) 涡浆式　　　　　　(b) 定盘式　　　　　　(c) 转盘式

图 7-11　立轴涡浆式与行星式强制搅拌机的原理

（2）卧轴式搅拌机

卧轴式搅拌机是一种较为新型的搅拌机，可分为单卧轴式搅拌机和双卧轴式搅拌机两类。其工作原理大致相同，只是双卧轴式搅拌机采用双筒双轴工作，生产效率更高。卧轴式搅拌机具有体积小、容量大、搅拌时间短、生产效率高等优点。其搅拌筒水平放置，筒内有一根水平轴，轴上装有搅拌臂，搅拌臂上又装有侧叶片和螺旋形叶片，叶片有左旋和右旋两种，拌合时可把物料反复地从两端推向中部，再进行左右螺旋运动，物料在搅拌筒内进行轨迹复杂的强烈运动，故在很短时间内便能形成匀质的拌合料。

双卧轴式搅拌机（图 7-12）的搅拌筒内有两根搅拌轴，它们同步回转，相应的就有 4 个轴支撑和 4 套轴端密封。它的两根搅拌轴的转速相等，旋转方向相反，如图 7-12 中箭头所示。装在这两根轴上的搅拌叶片将搅拌筒内物料刮向搅拌筒中间部分，物料在搅拌筒中的分布如图 7-13 所示。由图 7-13 可看出，搅拌筒内壁的 AB 段和 CD 段，根本接触不到搅拌物料，其衬板可用一般普通钢板制造；而 EF、FG（卸料门段）、GH 这三段衬板在搅拌时始终与物料相接触，因此这些区段的衬板比较容易磨损。失效后必须更换，而且必须是整体更换。否则，衬板因新旧不同，衬板厚薄不同，造成叶片与衬板之间的间隙不同，导致卡料现象发生，并使衬板更易磨损和破碎。

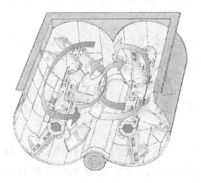

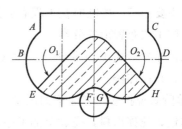

图 7-12　双卧轴式搅拌机示意图　　　　图 7-13　双卧轴式搅拌机物料分布示意图

图 7-13 所示的搅拌筒外形比较适合中、小型搅拌机，因为上部进料口变小了，搅拌筒的刚性较好。对于大、中型搅拌机，它们大都是作为搅拌楼的主机来使用，在搅拌机上方有砂和石进料口、水泥称量斗、外加剂称量装置、搅拌用水计量装置等。因此一般把搅拌筒外形设计成上方下圆形状，即从 B、D 点向上为垂直线，把 AB 段和 CD 段圆弧线拉直，以增大搅拌筒上口尺寸。

7.2.3.3　连续式搅拌机

连续式搅拌机与其他形式的搅拌机相比，其投资费用和能量消耗都较小，而且易于同各种混凝土的运输车辆匹配。美国在 20 世纪 40 年代开始致力于连续式混凝土搅拌机的研究工作，但是因为受连续称量容易失准的原因，所以发展比较迟缓。近年来，由于已较好地解决了连续配料和连续称量的难题，因此，连续式搅拌机又有了新的生命力。

连续式搅拌机有自落式和强制式两种形式。自落式搅拌机的搅拌筒为鼓筒，鼓筒是倾斜安装的，鼓筒内壁具有搅拌叶片，它能使物料产生附加的轴向运动，将物料输送到卸料位置。强制式搅拌机是应用螺旋搅拌原理，有单轴式搅拌机和双轴式搅拌机两种。在这种结构形式中，在搅拌筒中运转的螺旋以适当的转速和螺距，像螺旋输送机一样进行搅拌和输送，将物料连续推向卸料位置。

7.3　混凝土搅拌楼

7.3.1　搅拌楼的分类及机型代号

混凝土搅拌楼是用来集中搅拌混凝土的联合装置，因此也被称为混凝土预拌工厂。搅拌楼的主要功能是将各种原材料拌制成所需要的混凝土产品。因此，混凝土搅拌楼最主要的部分就是搅拌系统。但为了实现生产的工业化，还需要有其他配套装置，如供料系统、计量（称量）系统、电气系统及辅助设备（如空气压缩机、水泵等），用以完成混凝土原材料的输送、上料、称量、储存、配料、出料等工作。

7.3.1.1　搅拌楼的分类

（1）按结构分类

搅拌楼按其结构不同可以分为固定式搅拌楼、装拆式搅拌楼和移动式搅拌楼三种类型。

固定式搅拌楼：这是一种大型混凝土搅拌设备，生产能力大，主要用在预拌混凝土搅拌楼、大型预制构件厂和水利工程工地。

装拆式搅拌楼：这种搅拌楼是由几个大型部件组装而成，能在短时间内组成和拆装，可随施工现场转移，适宜于建筑施工现场使用。

移动式搅拌楼：这种搅拌楼是把搅拌装置安装在一台或几台拖车上，可以移动转移，机动性好，主要用于一些临时性工程和公路建设项目中。

（2）按工艺布置形式分类

按工艺布置形式不同可分为单阶式（垂直式、重力式、塔式）和双阶式（水平式、横式、低阶式）搅拌楼。

① 单阶式搅拌楼工艺流程如图7-14所示，原材料一次性提升到搅拌楼顶层的料仓中，再经过称量，搅拌出料，完成全部工序，由上而下的垂直生产工艺称为单阶式搅拌楼。材料从储料斗开始的各个工序完全是靠自重下落来实现的，便于自动化生产。

其优点是产量大、工艺紧凑、占地面积小、机械化程度高；缺点是投资大、建筑高度高、设备复杂，需配备大型运输设备。单阶式搅拌楼主要应用在大、中型混凝土制品厂。

② 双阶式搅拌楼工艺流程如图7-15所示，原材料经过二次提升，第一次提升至料仓，经称量后第二次提升进行搅拌和出料，完成全部工序过程。

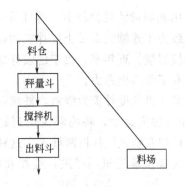

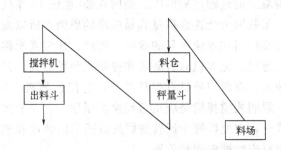

图7-14　单阶式搅拌楼工艺流程图　　　　图7-15　双阶式搅拌楼工艺流程图

其优点是建筑高度低、设备简单，仅需小型运输设备、投资少、建设快；缺点是效率低、占地面积大，主要应用在中、小型混凝土制品厂。

单阶式搅拌楼与双阶式搅拌楼各有优缺点，应根据环境、投资规模和生产需要等综合选取。由于双阶式搅拌楼建筑高度小，容易架设安装，因此适宜于拆装式搅拌楼和移动式搅拌楼，其中移动式搅拌楼必须采用双阶式工艺流程。

（3）按作业形式分类

按其作业形式不同可以分为周期式搅拌楼和连续式搅拌楼。周期式搅拌楼的进料和出料按一定周期循环进行；连续式搅拌楼的进料和出料为连续进行。

（4）按生产能力分类

搅拌楼按生产能力可分为大、中、小型三类。对于预制品工厂，一般年产量1万立方米以下的为小型，年产量1万～3万立方米的为中型，年产量在3万立方米以上的为大型。对于混凝土搅拌楼，通常小时产量在15m³以下的为小型搅拌楼，每小时产量在15～50m³的为中型搅拌楼，每小时产量在50m³以上的为大型搅拌楼。

7.3.1.2　搅拌楼的机型代号

混凝土搅拌站（楼）的型号由搅拌机装机台数、组代号、型代号、特性代号、主参数代号、更新变形代号等组成，其型号说明如下：

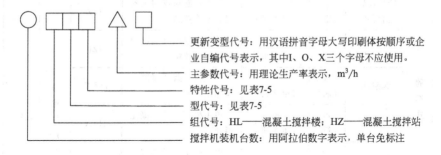

更新变型代号：用汉语拼音字母大写印刷体按顺序或企业自编代号表示，其中I、O、X三个字母不应使用。

主参数代号：用理论生产率表示，m³/h

特性代号：见表7-5

型代号：见表7-5

组代号：HL——混凝土搅拌楼；HZ——混凝土搅拌站

搅拌机装机台数：用阿拉伯数字表示，单台免标注

表 7-5　代号的排列和字符的含义

组		型		装机台数	产品		主参数代号		特性代号
名称	代号	名称	代号		名称	代号	名称	单位	
混凝土搅拌楼	HL	周期式	锥形反转出料式	Z（锥）	2（双主机）	双主机锥形反转出料混凝土搅拌楼	2HLZ	理论生产率	m³/h	船载式C
			锥形倾翻出料式	F（翻）	2（双主机）	双主机锥形倾翻出料混凝土搅拌楼	2HLF			
					3（三主机）	三主机锥形倾翻出料混凝土搅拌楼	3HLF			
					4（四主机）	四主机锥形倾翻出料混凝土搅拌楼	4HLF			
			涡浆式	W（涡）	—（单主机）	单主机涡浆式混凝土搅拌楼	HLW			
					2（双主机）	双主机涡浆式混凝土搅拌楼	2HLW			
			行星式	N（行）	—（单主机）	单主机行星式混凝土搅拌楼	HLN			
					2（双主机）	双主机行星式混凝土搅拌楼	2HLN			
			单卧轴式	D（单）	—（单主机）	单主机单卧轴式混凝土搅拌楼	HLD			
					2（双主机）	双主机单卧轴式混凝土搅拌楼	2HLD			
			双卧轴式	S（双）	—（单主机）	单主机双卧轴式混凝土搅拌楼	HLS			
					2（双主机）	双主机双卧轴式混凝土搅拌楼	2HLS			
			连续式	L（连）	—	连续式混凝土搅拌楼	HLL			

续表

组		型		装机台数	产品		主参数代号		特性代号
名称	代号	名称	代号		名称	代号	名称	单位	
混凝土搅拌站	HZ	周期式					理论生产率	m³/h	移动式 Y 船载式 C
		锥形反转出料式	Z（锥）	—（单主机）	单主机锥形反转出料混凝土搅拌站	HZZ			
		锥形倾翻出料式	F（翻）	—（单主机）	单主机锥形倾翻出料混凝土搅拌站	HZF			
		涡浆式	W（涡）	—（单主机）	单主机涡浆式混凝土搅拌站	HZW			
		行星式	N（行）	—（单主机）	单主机行星式混凝土搅拌站	HZN			
		单卧轴式	D（单）	—（单主机）	单主机单卧轴式混凝土搅拌站	HZD			
		双卧轴式	S（双）	—（单主机）	单主机双卧轴式混凝土搅拌站	HZS			
		连续式	L（连）	—	连续式混凝土搅拌站	HZL			

标记示例如下：

① 搅拌机为一台锥形反转出料混凝土搅拌机，理论生产率为 25m³/h，第一次更新设计的周期式移动混凝土搅拌站，标记为：HZZY25A。

② 搅拌机为两台涡浆混凝土搅拌机，理论生产率为 120m³/h，第二次变形设计的周期式移动混凝土搅拌楼，标记为：2HLW120B。

③ 搅拌机为一台连续式双卧轴混凝土搅拌机，理论生产率为 180m³/h，第三次更新设计的连续式混凝土搅拌站，标记为：HZL180C。

④ 搅拌机为两台双卧轴混凝土搅拌机，理论生产率为 120m³/h，第二次变形设计的周期式混凝土搅拌楼，标记为：2HLS120B。

7.3.2 输送系统

任何一种搅拌系统都有几套输送物料的输送系统。这些输送设备中一套是用来输送砂、石等骨料的，一套是用来输送水泥、粉煤灰及矿渣微粉等粉体材料的，还有一套是用来输送搅拌用水及液体外加剂的。

7.3.2.1 骨料输送设备

（1）皮带运输机

皮带运输机是搅拌系统中最常用的骨料输送设备，皮带运输机的主要优点是：

① 输送速度快且是连续的，所以效率高。

② 可以沿一定倾斜度把骨料输送到几十米的高处。

③ 输送平稳，无噪声，消耗功率小。

④ 工作可靠，维修容易。

图 7-16 是皮带运输机的构造示意图。由输送带 1（平皮带或波纹带等）绕在传动滚筒 14 和改向滚筒 6 上，由张紧装置张紧，并用上托辊 2 和下托辊 10 支承，当驱动装置驱动传动滚筒回转时，由传动滚筒与胶带间的摩擦力带动胶带运行。物料一般是由料斗 4 投至胶带上，由传动滚筒处卸出。

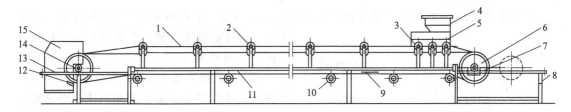

图 7-16　皮带运输机构造示意图

1—输送带；2—上托辊；3—缓冲托辊；4—料斗；5—导料拦板；6—改向滚筒；7—螺丝拉紧装置；8—尾架；
9—空段清扫器；10—下托辊；11—中间架；12—弹簧清扫器；13—头架；14—传动滚筒；15—头罩

但皮带运输机不能自己上料，必须用其他设备为其上料，或者将皮带机收料部分放在砂、石储仓的下方，使骨料从上方靠自重落到皮带机上进行输送。

（2）装载机

装载机是配合移动式和拆迁式搅拌楼最理想的骨料转运工具，它载运量较大，而且运行速度快，自装自卸，使用非常方便。它与混凝土配料机相配合，可组成装载机与配料机式供料设备，它是目前国内移动式和拆迁式搅拌楼使用最多的一种供料设备。另外，装载机还可以在固定式搅拌楼中用于垛料和上料。

（3）提升斗

提升斗是搅拌楼中骨料二次提升机构之一，提升斗和钢丝绳卷筒配合组成砂石提升供料设备，在使用悬臂拉铲和配料机的搅拌楼中一般采用这种形式。

7.3.2.2　粉料输送设备

粉料输送设备有两种类型：一种为机械式，如螺旋输送机或螺旋输送机与提升机组成的输送系统；另一种为气力输送系统。

（1）螺旋输送机

螺旋输送机是通过控制电机带动的螺旋叶片的旋转和停止，来输送粉料的机械式输送机。螺旋输送机的结构如图 7-17 所示，电机 6 带动装有螺旋叶片 4 的轴转动，物料通过进料口 5 装入螺旋输送机内，物料在螺旋叶片 4 的推动下沿壳体轴向移动，然后从出料口 2 处卸出。螺旋输送机不仅可以实现水平输送也可以实现倾斜垂直输送，并且输送能力强，可以防止扬尘和避免物料变潮。

螺旋输送机结构设计简单，投资费用相对较低，所以应用非常广泛，与其他连续输送机械相比，螺旋输送机优点为：结构简单紧凑，体积较

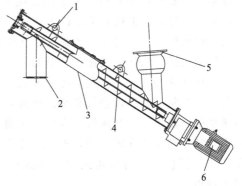

图 7-17　螺旋输送机结构示意图
1—悬索；2—出料口；3—壳体；4—螺旋叶片；
5—进料口；6—电机

小，可以安装到其他输送设备无法安装的工作地方；不但能够实现物料的输送、提升和装卸，而且在输送过程中可同时对物料进行松散、混合、搅拌、加热和冷却等一系列的工艺操作；输送槽是密封的，可以实现密闭输送，物料不易抛散，灰尘不易外扬，减少了扬尘等对环境的污染；在输送量相同的情况下输送成本较低；可以实现多点进卸料，工艺安排灵活，一台螺旋输送机可以同时实现物料向两个方向输送，输送方向可逆；相对于其它连续输送机械，螺旋输送机更加安全可靠，并且操作方便，便于维修。

（2）斗式提升机

斗式提升机是一种在带或链等挠性牵引构件上，每隔一定间隔安装若干个钢质料斗作连续向上输送物料的机械，斗式提升机具有占地面积小、输送能力大、输送高度高（一般为30～40m，最高可达80m）、密封性好等特点。所以斗式提升机是混凝土搅拌系统中垂直输送水泥粉料的另一种理想设备。

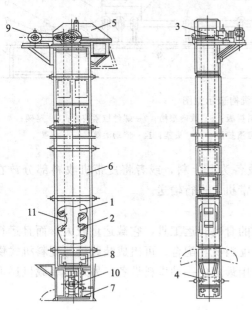

图7-18 斗式提升机构造示意图

1—胶带；2—料斗；3—驱动滚筒；4—张紧轮；5—外罩的上部；6—外罩的中间节段；7—外罩的下部；8—观察孔；9—驱动装置；10—张紧装置；11—导向轨板

图7-18为斗式提升机的构造示意图，它的主要组成包括闭合的牵引胶带1、固定在牵引胶带上的料斗2、驱动滚筒3、张紧轮4和封闭外壳。经过一段时间的使用，牵引胶带可能会因伸长而影响正常工作，这时必须调整张紧轮，使牵引胶带保持正常张紧。

斗式提升机依据牵引构件分为带式和链式；料斗形式分可为深斗式和浅斗式等。运送水泥一般选择深斗带式提升机。

（3）气力输送设备

使粉体材料悬浮在空气中，把这种混合气体沿管道输送的设备称为气力输送设备。气力输送是一种管路输送方式，所以气力输送没有回程。管路输送是指在输送线路中没有机械传动部分，而物料完全在管道中输送的输送方式。这种输送设备的优点是占地面积小，对空间位置无特殊要求，容易布置，输送速度快，运输量大，没有噪声，管理人员少，维护费用低，等。但是，它消耗能量比较大，几乎比斗式提升机多一倍。能量消耗大的原因，一是材料与管壁的摩擦；二是作为风源（空气压缩机）的效率比较低。

气力输送按输送空气在管道中的压力，可以分为吸送式和压送式。吸送式气力输送系统的气源设备安装在气力输送系统的末端，当风机（或空气压缩机）工作时，管道内的压力小于大气压为负压，所以空气和粉料被吸入输料管。压送式气力输送系统气源设备安装在气力输送系统的进料端，当风机（或空气压缩机）工作时，管道中的压力大于大气压为正压，所以空气和粉料被压入输料管。吸送式和压送式两种形式可以组合，组合形成的输送装置称为复合式，复合式具有吸送式和压送式两者的特点。

吸送式气力输送系统是气力输送系统中比较理想的输送方式，由于输送管道内为负压，压力低于外部大气压，因此管道内气体不存在向外泄漏的问题，因此比较适合于对一些有毒或者有害物料的输送。与吸送式气力输送系统相比，压送式气力输送系统输送容量比较高并且适合于较远距离的输送。压送式气力输送系统的组成如图7-19所示。

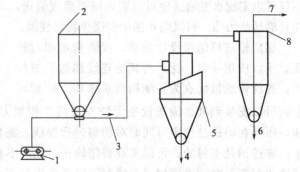

图7-19 压送式气力输送系统结构示意图

1—风机（空气压缩机）；2—供料装置；3—输料管路；4—物料；5—分离器；6—灰尘；7—空气；8—除尘器

在混凝土搅拌楼粉料储存输送系统工作过程中，我们经常选用气卸式散装水泥运输车往粉料储存仓中输送水泥，它是一种压送式气力输送方式。气卸散装水泥运输车的工作原理是：空压机工作，压缩空气从主风管进入水泥罐内使水泥流态化，在流态化的过程中，逐渐使水泥罐内的压力提高，水泥罐体内与粉料储存仓内形成一定的压力差，在压力差的作用下，罐内流态化的水泥从出口经过管道被输送到水泥储存仓中。

7.3.3　储料系统

储料系统包括原材料的储料系统（粉料罐、水池、骨料储料仓、骨料待料斗和外加剂罐等）和成品混凝土的储料系统两部分。

为实现混凝土生产的连续性，提高生产率，配制混凝土所需原材料必须保证具有一定的储存量，以确保生产的稳定性，因此储料系统各部分容积的大小应满足原材料的供应。其储存量以能满足原材料集运所必要的周转时间及在排除故障的时间内还能连续生产混凝土为宜。成品混凝土的储料系统主要是为了缓解搅拌机卸料快与搅拌车进料速度较慢、搅拌车周转时间较长的矛盾。

（1）粉料罐

粉料罐的基本结构如图 7-20 所示，它是储存粉状物料的筒仓，用来储存如水泥、掺合料（矿粉、粉煤灰、沸石粉和硅灰等）、干式粉状外加剂等材料。筒仓的截面几乎都是圆形，因为这种形状受力状况最好，有效容积也最大。按容积的不同有 50t、100t、200t、250t、300t 等不同规格，以满足不同情况的使用需要。可运输的粉料罐一般容量为 50t、100t；较大的粉料罐如达到 200～500t，则需在搅拌楼现场进行制作或拼装。

粉料罐中粉料的流动性与物料的种类、温度和储存时间长短有关，刚输送来的水泥温度较高，经气体输送后较为疏松，其堆积密度约为 $0.8～1.0t/m^3$（$1t/m^3 = 10^3 kg/m^3$，下同），很容易流动。在积压一段时间后，其堆积密度可达到 $1.6t/m^3$，有时甚至会更高。这种存放时间较长的水泥流动性较差，在卸料时常常发生起拱现象。

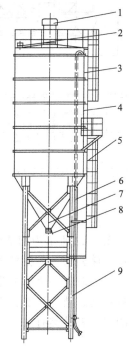

图 7-20　粉料罐示意图
1—仓顶收尘机；2—压力阀；
3—料位指示器；4—仓体；
5—检修梯子；6—吹灰管；
7—助流气垫；8—手动
蝶阀；9—支腿

为了提高粉料罐的卸料性能，常在筒仓的下部锥体上安装破拱装置，它可以破坏粉料拱桥，使卸料通畅。破拱装置目前有气吹破拱、锤击破拱和助流气垫破拱等。

① 气吹破拱是在仓体锥部离出料口一定高度处设 3～6 个吹气孔进行气吹破拱，气吹破拱因接触面有限，有时效果并不明显，同时因压缩空气中含水，容易造成气嘴阻塞。

② 锤击破拱是利用气锤锤击仓体来实现破拱，但锤击过程中噪声较大，且对仓体壁有破坏。

③ 助流气垫破拱是利用气垫气流的推力作用推动起拱物料，达到破拱的作用。

（2）骨料储料仓

骨料储料仓是储存砂石料的仓体，和骨料计量部分连成一体后，通常被称为配料站。配料站起到储存砂石料以及在称量砂石料时控制配料的作用。上部仓体可以由混凝土浇筑而成，也可以整体做成钢结构，常以地仓式配料站和钢结构配料站进行区分。

图 7-21 所示为地仓式配料站。筛网用来筛除骨料中不符合粒径要求的粗骨料，以保证设备的正常运转。开关储料斗门可对计量斗配料，储料斗门为弧形门，通过调节斗门与料斗的间隙，能够有效地防止料门卡料。压缩气体通过电磁阀到达气缸活塞两端，使气缸活塞杆动作，从而驱动斗门的开关，实现对各种骨料的配给。因砂有较大的黏性，在配料时，斗门打开，振动器延时振动，使砂顺畅下料。

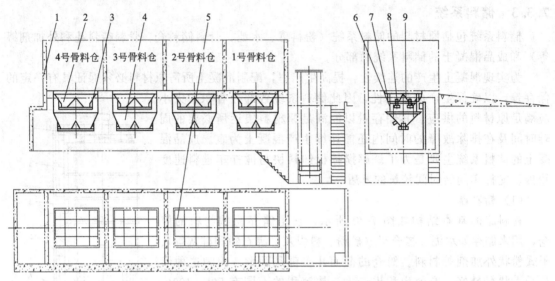

图 7-21　地仓式配料站

1—储料仓；2—料斗；3—传感器；4—计量斗；5—筛网；6—振动器；7—气缸；8—储料斗门；9—计量斗门

图 7-22 所示为钢结构配料站，前板、后板、隔板、侧板和储料斗等构成钢结构配料站的骨料储料仓，各板采用插销连接，仓下部设有筛网，避免大粒径骨料进入称量斗中。每一个仓下面对应一个称量斗，采用独立称量方式，保证称量的精确性。该结构具有上料方便、下料顺畅、结构紧凑、安装快捷、运输方便等特点。配料站中的仓体数量与所配制混凝土需要的砂石料种类有关，有 3 仓、4 仓和 5 仓等不同规格，一般 4 仓即可满足使用需要。

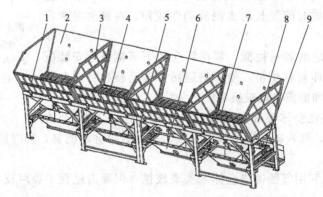

图 7-22　钢结构配料站

1—前板；2—后板；3—隔板；4—储料斗；5—支架；6—骨料计量斗；7—筛网；8—侧板；9—传感器

(3) 骨料待料斗

骨料待料斗如图 7-23 所示，它是个过渡料斗，可以起到暂存骨料的作用。骨料待料斗缩短了搅拌楼的工作循环时间，是提高搅拌楼生产率的重要保证。因骨料在进入骨料待料斗时会有较强的冲击力，在斗体 3 内部往往衬有可拆换衬板或其他耐磨机构；防尘帘 2 用于减少骨料待料斗内的粉尘外扬。骨料待料斗工作过程为气缸 6 驱动斗门 5 打开后，振动器延时动作，使骨料待料斗中的骨料快速卸尽。

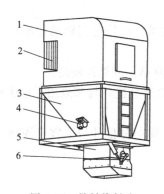

图 7-23　骨料待料斗
1—斗罩；2—防尘帘；3—斗体；4—振动器；
5—斗门；6—气缸

图 7-24　液体外加剂罐
1—进料口；2—罐体；3—液位显示器；4—爬梯；
5—回流管；6—外加剂泵；7—排污阀（出料口）

（4）外加剂罐

外加剂罐是储存液体外加剂的罐体，如图 7-24 所示。随着外加剂的普遍使用，它已成为混凝土搅拌楼的必备设备。罐体一般为圆柱形，液位显示管用来显示罐内外加剂的位置高度，向外加剂罐内加料时，可防止外加剂溢出。由于外加剂存放时间久了容易在罐底沉淀，需要将其排出，因此，在罐体底部设有排污阀。在使用过程中为了使液体外加剂的成分均匀，防止沉淀，在罐体上设置了回流管。外加剂泵启动后，泵出的一部分外加剂送到外加剂计量斗进行计量，而另一部分通过回流管又被送回罐内，在罐内形成冲击，使外加剂处于流动状态，从而避免了外加剂的沉淀，保持了外加剂的匀质性，有利于保证混凝土质量的稳定性。

（5）混凝土卸料斗

混凝土卸料斗如图 7-25 所示，它是成品混凝土从搅拌机卸出后，落入搅拌车前的一个过渡料斗。混凝土卸料斗起到了对成品混凝土的暂存作用，对搅拌车可起缓冲作用，并可让搅拌机中的混凝土料快速卸出。

7.3.4　计量系统

7.3.4.1　计量方式的分类

搅拌楼中物料的计量方式一般采用质量法进行计量，过去水和外加剂也曾采用体积法进行计量，但目前所有原材料均要求采用质量计量。

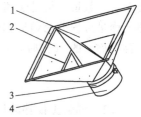

图 7-25　混凝土卸料斗
1—斗体；2—耐磨衬板；
3—卡箍；4—橡胶管

① 根据一个计量斗（称量斗）中所称量物料的种类可分为单独计量和累计计量，两种计量方式的计量精度相同。单独计量是每个计量斗只称一种物料；累计计量是每个计量斗可称多种物料，即称完一种物料后，在同一计量斗中再累加称另一种物料。通常双阶式搅拌装置多采用累积称量，单阶式搅拌装置多采用单独称量。

② 按秤的传力方式可分为杠杆秤、电子秤以及杠杆电子秤三种计量方式。杠杆秤一般由多级杠杆和圆盘表头组成，电信号由表头内的高精度电位器发出；电子秤是由多个传感器

直接悬挂计量斗；杠杆电子秤一般由一级杠杆和一个传感器组成。上述三种形式各有其优缺点，具体如下：

a. 杠杆秤可靠性好，但所占空间较大，由于表头弹簧、摆锤等工艺复杂，因此成本相对较高。

b. 电子秤结构简单，所占空间小，但使用多个传感器，对传感器要求较高，一个传感器损坏时，检查较困难。

c. 杠杆电子秤将杠杆秤的表头改换为传感器，结构简单、可靠性较高。

但总的来说，随着传感器技术和微机技术的发展，大部分搅拌楼都采用了电子秤或杠杆电子秤的计量方式。

③ 按作业方式，可分为周期分批计量和连续计量。周期分批计量适宜于周期式搅拌装置，而连续计量适宜于连续式搅拌装置。

7.3.4.2 计量系统的要求

（1）准确

一般称量器自身的精度都能达到 0.1％～0.5％，但由于物料下落时的冲击，给料装置与秤斗间有一定距离等原因，计量达不到这样的精确度。《预拌混凝土》（GB/T14902—2012）中规定，每盘混凝土原材料计量的允许偏差应符合表 7-6 的规定，原材料计量偏差应每班检查一次。

表 7-6　各种原材料计量的允许偏差（按质量计）

原材料种类	水泥	骨料	水	外加剂	掺合料
每盘计量允许偏差/％	±2	±3	±1	±1	±2
累计计量允许偏差[①]/％	±1	±2	±1	±1	±1

① 累计计量允许偏差是指每一运输车中各盘混凝土的每种材料计量和的偏差。

称量误差对混凝土的强度影响很大，特别是水胶比的计量精度。所以在称量时要提高水泥和水的计量精度，并应测定骨料的含水率和对搅拌用水进行修正。

（2）快速

采用高级的称量器，还可以使一套计量设备为 2～4 台搅拌机供料，这样大大节省了称量设备的数量。但是快速与准确两者是相互矛盾的，为了解决这一矛盾，许多自动计量设备都把称量过程分为粗称和精称两个阶段，在粗称阶段大量给料，缩短给料时间。当给料量达到要求称量的 90％时，开始精称；在精称阶段，小量给料以提高称量的精度。

思 考 题

7.1　混凝土搅拌的任务是什么？其搅拌过程分为哪几个阶段？

7.2　简述混凝土的搅拌理论，并根据搅拌理论分析自落式搅拌机和强制式搅拌机的差异性。

7.3　简述提高混凝土搅拌质量的方法。

7.4　简述混凝土搅拌机种类、数量等的选用原则及搅拌机数量的计算过程。

7.5　简述混凝土搅拌楼的分类和工艺流程。

7.6　简述混凝土搅拌楼的组成及各部分的作用。

第8章
混凝土的输送工艺

混凝土的输送工艺主要包括混凝土从搅拌站到施工现场的运输及施工现场混凝土由运输车通过泵车、输料管、转运斗等设备输送至施工部位两个方面。新拌混凝土必须在具有一定流动性和可塑性的条件下,采用各种设备输送到指定的施工地点。混凝土在运输过程中,应控制混凝土不分层、不离析、不泌水以及组成成分不发生变化,并应控制混凝土拌合物性能,满足施工要求。

8.1 常用混凝土输送设备简介

当混凝土的输送距离(或输送时间)超过某一限度时,混凝土有可能在运输过程中发生分层离析,甚至出现初凝现象,严重影响混凝土的质量,这是施工所不允许的。为此,混凝土的输送系统作为混凝土生产部门与混凝土施工部门的联系纽带,对确保混凝土工程质量具有十分重要的意义。根据混凝土结构类型和浇筑方法,混凝土输送系统可以按照图8-1所示进行分类。

混凝土输送设备 { 水平输送设备 { 长途运输设备:搅拌运输车等
短途运输设备:人力推车、机动手推车、机动翻斗车、
自卸汽车、混凝土泵、输送管道等
垂直输送设备:升降机、塔式起重机、提升机、皮带运输机、输送管等

图 8-1 混凝土的输送系统

当采用机动翻斗车运输混凝土时,道路应平整、避免颠簸,运输时间不应大于45min。当采用搅拌罐车运送混凝土拌合物时,卸料前应快挡旋转搅拌罐不少于20s;因运距过远、交通或现场等问题造成坍落度损失较大而卸料困难时,可采用在混凝土拌合物中掺入适量减水剂并快挡旋转搅拌罐的措施,减水剂掺量应有经试验确定的预案,但不得加水;搅拌罐夏季最高气温超过40℃时,应有隔热措施,冬期应有保温措施。当采用泵送混凝土时,混凝土运输应能保证混凝土连续泵送,并应符合现行标准《混凝土泵送施工技术规程》(JGJ/T 10—2011)的有关规定。混凝土拌合物从搅拌机卸出至施工现场接收的时间间隔不宜大于90min,如需延长运输时间,应采取相应的有效技术措施,并应通过试验验证。

8.1.1 水平输送设备

(1) 人力推车

常用的人力推车有独轮手推车和双轮手推车,如图8-2所示。独轮手推车可装混凝土

$0.04\sim0.06m^3$，双轮手推车一般可装混凝土 $0.17m^3$。

人力推车在使用中应注意的事项如下：

① 运输路面或车道板须平整，并须随时清扫干净，以免车子振动使混凝土产生离析。

② 运输路面或车道板的坡度，一般不宜大于 15%，一次爬高不宜超过 2～3m，运距不宜超过 200m。

③ 运输途中如混凝土产生离析及和易性损失较大，应进行二次搅拌，雨天或低温运输混凝土时，车上应加覆盖物。

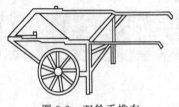

图 8-2 双轮手推车

图 8-3 自卸汽车

(2) 自卸汽车

一般采用的自卸汽车如图 8-3 所示。以解放牌自卸汽车为例，其载重量为 3.5t，每车可装 $1.2m^3$。用自卸汽车运输混凝土时注意的事项如下：

① 最佳的运输距离为 500～2000m，道路应保持平整，以免混凝土受振离析。

② 车厢必须严密，混凝土的装载厚度不应少于 40cm。

③ 每次卸料应尽量将混凝土卸净，并定期加以清洗。

(3) 混凝土搅拌车

进行现浇混凝土施工时，运输混凝土可以分为地面运输（又称下水平运输）、垂直运输和楼面运输（又称上水平运输）三种情况。

地面运输混凝土所采用的混凝土搅拌运输车，详见本章 8.2 节。

(4) 混凝土泵

混凝土泵结合布料管道，可实现长距离水平和垂直输送混凝土，详见本章 8.3 节。

8.1.2 垂直输送设备

(1) 起重机

常用的起重机输送设备有塔式起重机和井架起重机，如图 8-4 和图 8-5 所示。

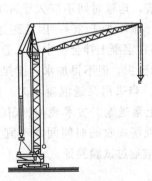

图 8-4 塔式起重机

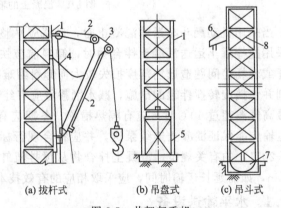

(a) 拔杆式　　(b) 吊盘式　　(c) 吊斗式

图 8-5 井架起重机

1—井架；2—钢丝绳；3—拔杆；4—安全索；5—吊盘；
6—卸料溜槽；7—吊斗；8—吊斗卸料

利用吊罐（吊斗）运输混凝土时应注意的事项如下：

① 吊罐（吊斗）出口至浇筑面的高度，一般以 1.5m 为宜。

② 斗门开关必须保持灵活方便，使斗门敞开的大小可自由调节，以便能控制混凝土的出料数量。

（2）皮带运输机

皮带运输机运输混凝土，适用于大体积混凝土工程，适宜的运距为 300~400m。常用胶带机的宽度为 40~60cm，每小时可运输混凝土约 20~30m³。

用皮带机运输混凝土应注意的事项如下：

① 运输带的坡度不得超过表 8-1 的规定。

② 尽可能使皮带在满载情况下运输，运输的极限速度不宜超过 1.2m/s。

③ 皮带机机头下部应装设刮浆板，卸料处应设挡板或无底箱，使混凝土垂直下落。

④ 混凝土坍落度不宜小于 25mm，不宜大于 150mm。

⑤ 带式运输机上应搭设盖棚，以免日晒、雨淋等。

表 8-1 运输带的最大倾角

坍落度/mm	向上输送坡度	向下输送坡度
<40	20°	12°
40~80	15°	10°

8.2 混凝土搅拌运输车

8.2.1 搅拌运输车的工作方式

混凝土搅拌运输车（又称混凝土罐车）实际上就是在载重汽车或专用运载底盘上，安装有混凝土搅拌装置的组合机械，它兼有运载和搅拌混凝土的双重功能，可以在运输混凝土的同时对其进行搅拌或搅动。基于混凝土搅拌运输车的工作特点，通常可以根据混凝土运距长短、现场的施工条件以及混凝土配合比和质量要求等不同情况，采取下列不同的工作方式。

（1）预拌混凝土搅动运输

这种运输方式是搅拌运输车从混凝土搅拌站装入已经搅拌好的混凝土，在运行至工地的途中，使搅拌筒以 1~3r/min 的低速转动，将载运的预拌混凝土不停地进行搅动，防止出现离析等现象，从而使运到工地的混凝土质量得到控制，并相应增长了运距。但这种运输方式，其运距（或运送时间）不宜过长，应控制在预拌混凝土开始初凝以前，具体的运距或时间应视混凝土配合比、道路情况以及气候等条件而定。

（2）混凝土拌合料搅拌运输

这种运输方式又可以分为湿料搅拌运输和干料注水搅拌运输两种情况。

① 湿料搅拌运输。搅拌运输车在配料站按照混凝土配合比装入水泥、掺合料、砂石骨料、水、外加剂等拌合原材料，然后在运送途中或施工现场，使搅拌筒以 8~14r/min 的搅拌速度转动，对混凝土进行拌合，从而完成搅拌工作。

② 干料注水搅拌运输。在配料站按混凝土配合比向搅拌筒内加入水泥、掺合料、砂石骨料等干料，然后把搅拌用水和外加剂加入车内的水箱里面。在进行运送的过程中，经过一段距离或者一段时间之后，把水喷向搅拌筒里面，对混凝土进行一定的搅拌。当然，也可以

到工地的时候再进行搅拌。

混凝土拌合料的搅拌运输，比预拌混凝土的搅动运输更能进一步延长对混凝土的输送距离（或时间），尤其是混凝土干料的注水搅拌运输，可以将混凝土运送到很远的地方。当使用混凝土运输车的实际装载量小于额定值的50％时，再加之相对运输时间较长时，是可以当作自落式搅拌运输车使用的，但应有试验数据验证。另外，这种运输方式又用搅拌运输车代替了混凝土搅拌站的搅拌工作，因而可以节约设备投资，提高生产率。但是，搅拌运输车由于其搅拌装置的搅拌强度限制，难以获得像混凝土搅拌站生产的那样均匀一致的混凝土。所以，在对混凝土的质量要求越来越高的现代建筑施工中，预拌混凝土的搅动运输成为搅拌运输车的主要工作方式。

当然，这种搅拌运输车对混凝土的运送距离并不是无限制的。从运输的经济性和合理性来看，对于不同装载容量的搅拌运输车都有它的经济运距，有些国家已对某些配套使用的搅拌运输车的运距（运送时间）作了具体规定，以求达到最佳的经济效果。目前混凝土搅拌运输车的平均运距为10～15km，《混凝土质量控制标准》（GB 50164—2011）中要求混凝土的运输时间应满足表8-2的要求。

表8-2 混凝土的输送时间要求 　　　　　　　单位 min

混凝土强度等级	温度<25℃	温度≥25℃
<C30	120	80
≥C30	90	60

现在，混凝土搅拌运输车多作为混凝土搅拌站的配套输送机械，通过它们将混凝土搅拌站与许多施工现场联系起来。若将混凝土搅拌运输车与混凝土输送泵配合，在施工现场进行接力输送，则可以完全不需要人力的中间周转而将混凝土连续不断地输送到施工浇筑部位，实现混凝土输送的高效能和机械化，这不仅大大地提高了劳动生产率和施工质量，而且有利于现场的文明施工，对现场狭窄的施工部位更能显示出它的优越性。

8.2.2 搅拌运输车的分类、组成及型号

（1）分类

混凝土搅拌运输车按装载容量的大小可分为2m³、3m³、4m³、6m³、8m³、9m³、10m³、12m³、14m³九个档次，不同机种在结构上也有许多差异，但从基本结构来看，它们都是由相对独立的混凝土搅拌装置和运载底盘两大部分组成。因此，按上述两个基本组成部分的主要特征，可以将混凝土搅拌运输车作如下分类：

①按运载底盘结构形式的不同，可以分为普通载重汽车底盘搅拌运输车和专用半拖挂式底盘搅拌运输车。

②按混凝土搅拌装置传动形式的不同，可以分为机械传动混凝土搅拌运输车、液压传动混凝土搅拌运输车和机械-液压传动混凝土搅拌运输车。

（2）组成

图8-6所示为国产JC6型混凝土搅拌运输车，由传动系统、供水系统、搅拌筒、附加车架、汽车底盘及车架、进料装置、卸料装置等组成。搅拌筒通过支承装置斜卧在机架上，可以绕其轴线转动，搅拌筒的后上方只有一个筒口可以通过进出料装置控制器进行装料或卸料。工作时，发动机通过传动系统驱动搅拌筒，搅拌筒正转时进行装料或搅拌，反转时则卸料。搅拌筒的转速和转动方向是根据搅拌运输车的工序，由工作人员操纵控制机构来实现的。

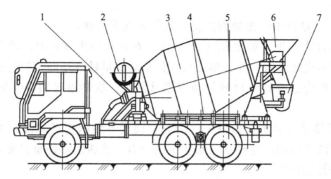

图 8-6 JC6 型混凝土搅拌运输车

1—搅拌装置传动系统（简称传动系统）；2—供水系统；3—搅拌筒；4—附加车架；

5—汽车底盘及车架；6—进料装置；7—卸料装置

搅拌运输车供水系统的设置，主要用于清洗搅拌装置。如果用作干料搅拌运输需要供给搅拌用水时，则应适当增大水箱容积。

（3）型号

依据《混凝土搅拌运输车》（GB/T 26408—2011）规定，搅拌车型号由企业名称代号、车辆类别代号、主参数代号、产品序号、结构特征代号、用途特征代号和企业自定代号等组成，其型号说明如下：

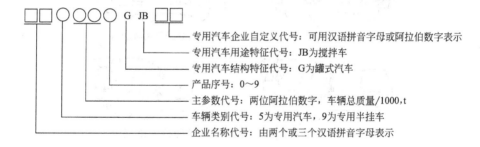

专用汽车企业自定义代号：可用汉语拼音字母或阿拉伯数字表示
专用汽车用途特征代号：JB为搅拌车
专用汽车结构特征代号：G为罐式汽车
产品序号：0~9
主参数代号：两位阿拉伯数字，车辆总质量/1000,t
车辆类别代号：5为专用汽车，9为专用半挂车
企业名称代号：由两个或三个汉语拼音字母表示

标记示例

① XXX 公司生产的第一款总质量为 25000kg 的混凝土搅拌运输车，标记为：ZLJ5250GJB。

② XXX 公司生产的第十五款总质量为 25000kg 的混凝土搅拌运输车，标记为：AH5254GJB1。

③ XXX 公司生产的第一款总质量为 35000kg 半挂式混凝土搅拌运输车，标记为：HDJ9350GJB。

8.2.3 搅拌运输车的传动系统

搅拌运输车的搅拌筒，当完成装料、搅拌（或搅动）和卸料等不同工况时，需做不同速度和不同方向的转动，其动力供给由传动系统引取动力，按工况而控制动力的传递。由于搅拌运输车的搅拌装置是安装在汽车底盘上，并在运输行驶中工作，因此其动力的供给、动力设备的配置以及传动系统的结构等，与一般搅拌机相比均有其相应的特点。

混凝土搅拌运输车的搅拌筒驱动动力引出方式有两种：一种是直接从汽车的发动机中引出动力；另一种是从安装在汽车上的专用发动机引出动力，也就是从搅拌运输车专用的单独柴油机中引出动力。

① 直接从汽车发动机中引出动力的又可以分为以下三种：

a. 发动机前端动力引出，如图 8-7(a) 所示。在这种结构形式中，动力直接从发动机曲轴处引出，不需要另设离合器，而且出力大。但是对于机械传动的搅拌运输车则不宜采用这种动力引出方式，因为这将导致机械传动困难且复杂。这种形式适合于液压传动的搅拌运输车。

b. 发动机飞轮端动力引出，如图 8-7(b)。目前世界各国生产的混凝土搅拌运输车，有90%以上都采用了液压传动，这样从飞轮端引出动力，就能使管路布置更为合理紧凑，所以这种方式得到了普及和推广。

c. 从减速箱动力引出，如图 8-7(c)。这种形式特别适应于汽车在停止行驶时进行作业的工程车。对于混凝土搅拌运输车，因还需要在汽车行驶时进行搅拌筒的运转，还需另设一种专用离合器，这种离合器也容易磨损。

② 从单独柴油机动力引出，如图 8-7(d) 所示。对于搅拌运输车，除了在汽车停止行驶时进行装料、搅拌、卸料和冲洗作业外，还需在汽车运行时进行搅动和搅拌作业。针对这一特点，采用单独柴油机驱动搅拌筒是比较理想的。但是这种输送车的制造成本较高、装车重量较大，噪声也较大，因而一般只在超过 $6m^3$ 的较大容量搅拌运输车上使用。

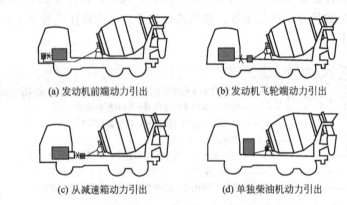

(a) 发动机前端动力引出　　　　　　　(b) 发动机飞轮端动力引出

(c) 从减速箱动力引出　　　　　　　　(d) 单独柴油机动力引出

图 8-7　传动系统的动力引出形式

8.2.4　搅拌筒构造及工作原理

（1）搅拌筒的构造

搅拌运输车的搅拌筒绝大部分都采用梨形结构，如图 8-8 所示。整个搅拌筒的壳体是一个变截面而且不对称的双锥体，外形似梨，从中部直径最大处向两端对接着一对不等的截头圆锥，底段锥体较短，端面封闭；上段锥体较长，端部开口。通过搅拌筒的中心轴线在端面上安装着中心转轴 5，上段锥体的过渡部分有一条环形滚道 2，它焊接在垂直于搅拌筒线的平面圆周上。整个搅拌筒通过中心转轴和环形滚道倾斜卧置在固定于机架上的调心轴和一对支承滚轮所组成的三点支承结构上，所以搅拌筒能平稳地绕其轴线转动。搅拌筒的动力来自于液压马达对中心转轴的驱动。

搅拌筒内部结构如图 8-9 所示，它与双锥形和梨形搅拌机的内部构造都不相同，这是为适应在单一筒口不需倾翻直接可以反转卸料和正转装料搅拌的工艺要求而设计的。搅拌筒从筒口到筒沿内壁对称焊接着两条连续的带状螺旋叶片 2，当搅拌筒转动时，两条叶片做绕搅拌筒轴线的螺旋运动，这是搅拌筒对混凝土进行搅拌或卸料的基本装置。为提高搅拌效果，

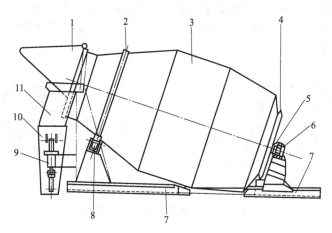

图 8-8　搅拌筒的外部结构

1—进料斗；2—环形滚道；3—滚筒壳体；4—筒底；5—中心转轴；6—调心轴承；7—附加车架；
8—支承滚架；9—活动卸料溜槽的调节机构；10—活动卸料溜槽；11—固定卸料溜槽

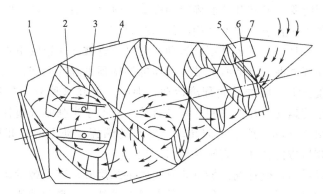

图 8-9　搅拌筒的内部结构

1—搅拌筒；2—带状螺旋叶片；3—辅助搅拌叶片；4—安全盖；
5—辅助出料叶片；6—进料导管；7—进料斗

筒内还装有辅助搅拌叶片 3。

在搅拌筒的筒口处，沿两条螺旋叶片的内边缘焊接着一段进料导管 6，进料导管与筒壁将筒口以同心圆的形式分割为内外两部分，中心部分的导管为进口，混凝土由此装入搅拌筒。导管与筒壁形成的环形空间为出料口，从出料口的端面看，它被两条螺旋叶片分割成两半，卸料时，混凝土在叶片反向螺旋运动的顶推作用下从出料口进行卸料。

进料导管的作用如下：

① 使导管口与加料漏斗的泄孔紧密吻合，防止加料时混凝土外溢，并引导混凝土迅速进入搅拌筒内部。

② 保护筒口部分的筒壁和叶片，使之在加料时不受混凝土骨料的直接冲击，以延长使用寿命，同时防止这种冲击造成叶片的变形而影响卸料性能。

③ 导管与筒壁及叶片形成卸料通道，它可使卸料更加均匀连续，并改进了卸料性能。搅拌筒中段设有两个安全盖 4，用于发动机出现故障时对混凝土的清理和维修。

（2）搅拌筒的工作原理

从搅拌筒的内部结构可知，搅拌筒是依靠回转的筒体带动其中的两条螺旋叶片，对混凝土进行搅拌和卸料的。图 8-10 是通过搅拌轴线的垂直剖面示意图。图 8-10(a)、(b) 分别为被剖搅拌筒的两部分，图中斜线表示剖面部分的螺旋叶片，α 为其螺旋升角，β 为搅拌筒轴线与底盘平面的夹角。

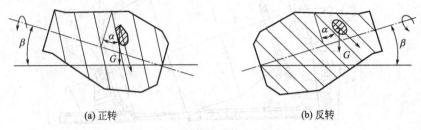

(a) 正转　　　　　　　　　　　　　　　　　(b) 反转

图 8-10　搅拌筒工作原理示意图

工作时，搅拌筒绕其自身轴线转动，混凝土因与筒壁及叶片的摩擦力和内在的黏着力而被转动的筒壁沿圆周带起来。在达到一定高度后，在其自重（G）作用下，克服上述摩擦力和内聚力而向下翻跌和滑移。因为搅拌筒在连续地转动，所以混凝土在不断地被提升而又向下跌滑的运动中，同时受筒壁和叶片所确定的螺旋形轨道的引导，产生沿搅拌筒切向和轴向的复合运动，使混凝土一直被推移到螺旋叶片的终端。

如果搅拌筒按图 8-10(a) 所示做正向转动，混凝土将被叶片连续不断地推送到搅拌筒的底部，显然，到达筒底的混凝土势必又被搅拌筒的端壁顶推翻转回来，这样，在上述运动的基础上又增加了混凝土上下层的轴向翻滚运动，混凝土就在这种复杂的运动状态下得到搅拌。因混凝土受到螺旋运动叶片的强制推移和翻滚，故属于半强制式搅拌。

如果搅拌筒按图 8-10(b) 所示反向转动，叶片的螺旋转动方向也相反，这时混凝土即被叶片引导向搅拌筒口方向移动，直至从筒口卸出。

从上述分析可以看出，搅拌筒的转动带动连续的螺旋叶片产生螺旋运动，使混凝土获得既有切向又有轴向的复合运动，从而使搅拌筒兼具有搅拌或卸料的功能。螺旋叶片的曲线参数、搅拌筒的几何形状和尺寸、搅拌筒的转速和转动方向等，都是决定搅拌筒螺旋运动工作性能的重要因素。

根据搅拌筒的构造和工作原理，可以对搅拌运输车的各工况作如下描述：

① 装料。搅拌筒在驱动装置带动下，以大约 6~10r/min 的正向转动，混凝土拌合物经加料斗从导管进入搅拌筒，并在螺旋叶片引导下流向搅拌筒的中下部。

② 搅拌。对加入搅拌筒的"混凝土拌合物"，在搅拌运输车行驶途中或现场，使搅拌筒在 8~12r/min 的转速下正向转动，拌合物在转动的筒壁和叶片的带动下翻跌推移，进行搅拌。

③ 搅动。对于加入搅拌筒的"预拌混凝土"，只需搅拌筒在运输途中按 1~3r/min 的低速正向转动，此时，混凝土只受轻微的扰动，以保持混凝土的匀质性。

④ 卸料。改变搅拌筒的转动方向，并使之获得 6~12r/min 的反转转速。混凝土在叶片螺旋运动的顶推作用下向筒口方向移动，最后流出筒口，通过固定和活动卸料溜槽，卸入混凝土泵的受料斗或其他工作容器。

8.2.5　搅拌筒装料和卸料装置

搅拌筒的装料和卸料装置是辅助搅拌筒工作的重要机构，其结构如图 8-11 所示。加料斗 1 为一广口漏斗，斗体犹如一个纵轴向剖开的半圆锥体，卸孔在平面斗臂一侧，并朝搅拌筒口与进料口贴合。整个加料斗通过斗壁上缘的销轴铰接在门形支架 6 上，因此，加料斗可以绕铰接轴向上翻转，从而露出筒口以便对搅拌筒进行清洗和维护。在加料斗曲面斗壁的两侧（或中间）焊有凸块，搭在门形支架上，与上部铰链共同构成对加料斗的支承。

在搅拌筒卸料口两侧，设置两片断面为弧形的固定卸料溜槽 7，它们分别固定在两侧的门架上形成 V 形，其上端包围着搅拌筒的卸料口，下端向中间聚拢对着活动卸料溜槽 3。活动卸料溜槽通过活动溜槽调节臂 4 和活动溜槽调节转盘 5 斜置在汽车尾部的机架上。调节转盘 5 能使活动卸料溜槽在水平面内做 180° 的扇形转动，丝杆式伸缩臂又可使活动卸料溜槽在垂直平面内做一定角度的俯仰，从而使卸料溜槽适应不同的卸料位置，并加以锁定。

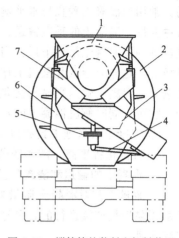

图 8-11　搅拌筒的装料和卸料装置
1—加料斗；2—搅拌筒；3—活动卸料溜槽；4—活动溜槽调节臂；5—活动溜槽调节转盘；6—门形支架；7—固定卸料溜槽

8.2.6　供水系统

搅拌运输车供水系统，主要用于清洗搅拌装置，其用水一般由搅拌站供应。如果进行干料注水搅拌运输或在一些特殊地区需要车载搅拌用水，则应考虑增大储水量，但不能随意增大水箱容积，以免汽车底盘超载。

传统的搅拌运输车供水系统一般由水泵、水泵驱动装置（机械驱动、电机驱动或液压驱动）、水箱和量水器等组成，与一般搅拌机供水系统相似。但现代的搅拌运输车常采用压力供水，简化了系统结构，节省了动力，减轻了整车质量，省去了水泵及一套驱动装置，同时便于压力喷水清洗及搅拌，压力供水及压力喷水系统如图 8-12 所示。

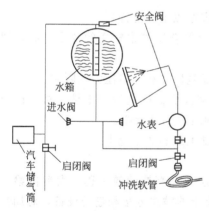

图 8-12　压力供水系统示意图

压力供水系统设置了一个能承受一定空气压力的密封水箱、水表及有关控制阀。工作时，利用汽车制动系统中储气筒内的压缩空气，通入水箱而将水箱所储的水从管道压出，通过截止阀和装设在搅拌筒出料口处的喷嘴，即能向搅拌筒内喷射，也可通过冲洗软管供清洗用。压力水箱容积一般为 200～270L。

8.3　混凝土泵送设备

8.3.1　混凝土泵

在混凝土施工过程中，混凝土的现场输送和浇筑是一项较为关键的工作，要求迅速、及时，并且在保证混凝土质量的前提下能够降低劳动消耗和工程造价。尤其是在一些方量大的钢筋混凝土构筑物（大型设备基础、大坝、地下及水下工程等）和高层建筑中，如何正确选择输送设备就显得尤为重要。

混凝土泵作为一种混凝土短距离输送设备，能一次连续地完成水平输送和垂直输送，具有机械化程度高、效率高、劳动强度低和施工组织简单等优点，已在国内外得到了广泛的应用。常用的混凝土垂直与水平输送机械有：升降机、起重机、皮带运输机及混凝土泵。升降机主要用于混凝土的垂直输送，但进出升降机还是需要使用人力手推车，极不方便。塔式起重机则利用混凝土吊罐吊运，当建筑物比较高大时，起重机还要兼运各种建筑材料、构件及模板等，这样会导致起重机工作繁忙，产生交叉作业甚至会相互干扰。皮带运输机对垂直高度较高的混凝土输送则显得无能为力。混凝土泵在所有混凝土运输设备中是比较理想的一种，它可以同时解决混凝土的水平输送、垂直运输等浇筑问题。

① 混凝土泵送施工具有以下特点。

a. 机械化程度高，需要的劳动力少，施工组织简单。

b. 混凝土的输送和浇筑作业是连续的，施工效率高，工程进度快。

c. 泵送工艺对混凝土质量要求比较严格，也可以说泵送是对混凝土质量的一次检验。又由于泵送是连续进行的，泵送中混凝土不易离析，混凝土坍落度损失不大，因此容易保证工程质量。

d. 由于泵送不需要人力的中途周转，减少人员在危险区域现场走动，使得作业相对更安全。

e. 对施工作业面的适应性强，作业范围广，混凝土输送管道既可以铺设到其他设备难以到达的地方，又可以使混凝土在一定压力下充填浇筑到位，还可以把泵串联使用，以增大输送距离和高度，满足各种施工的要求。

f. 与其他施工机械的相互干扰小。在泵送的同时，输送管附近可以进行其他施工作业。

g. 在正常泵送条件下，混凝土在管道中输送不会污染环境，能实现文明施工。

h. 在施工布置得当的条件下，能够降低工程造价。

② 混凝土泵送施工方法也有一定的局限性，主要表现在以下几方面。

a. 混凝土的配合比除了应符合工程质量要求外，还要符合用管道输送的要求，如对坍落度、粗骨料最大粒径和砂率等都有一定的限制。

b. 混凝土的输送距离受到输送管直径、混凝土泵分配阀性能和出口压力的限制。

c. 混凝土泵操作人员要有一定的技术水平，不仅要掌握机械的使用与维护方法，还应懂得一些混凝土施工工艺方面的知识，能够判断混凝土的质量和可泵性。

d. 混凝土泵输送干硬性混凝土比较困难，限制了混凝土泵的使用范围。

e. 气温低于 -5℃时，需用特殊措施才能泵送。

根据混凝土泵的特点，混凝土泵主要用于大型的高层或超高层建筑工程、大型桥梁工程、隧道工程等。在不同的施工条件下，合理地选择混凝土的输送方法和输送设备，对加快工程进度、降低工程造价、提高劳动生产率、保证混凝土结构的质量等都有极其重要的意义。

8.3.1.1 混凝土泵的分类及特点

按混凝土泵的形式可分为固定式混凝土泵（固定泵）、混凝土拖式泵（拖泵）和车载式混凝土泵（车载泵）三种，如图8-13所示。固定式混凝土泵（HBG）是指安装在固定机座上的混凝土泵；混凝土拖式泵（HBT）是指安装在可以拖行的底盘上的混凝土泵；车载式混凝土泵（HBC）是指安装在机动车辆底盘的混凝土泵。

按混凝土泵的构造和工作原理不同，混凝土泵又可以分为活塞式泵、挤压式泵、隔膜式泵及气灌式泵等。多种形式的混凝土泵中，应用最早、最多也最有生命力的泵是活塞式混凝土泵。其特点是可靠性高、输送距离长而且易于控制。活塞式混凝土泵又分为机械式、液压式（油压和水压）两种形式。

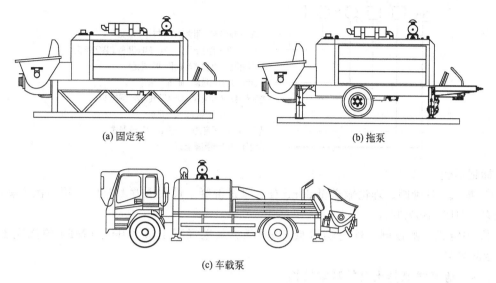

(a) 固定泵　　　　　　　　　　　　　(b) 拖泵

(c) 车载泵

图 8-13　混凝土泵的结构形式

机械式混凝土泵自问世以来并没有多大的改型，泵的基本构造大致相同，在工作原理和机械构造方面较为简单。这种泵机体笨重、噪声高、传动系统复杂、料斗高加料不便、产生堵塞时不能进行反泵清除故障，故已基本被淘汰。

目前普遍采用的混凝土泵主要是液压活塞式混凝土泵。液压活塞式混凝土泵是通过压力油（水）推动活塞，再通过活塞杆推动混凝土缸中的工作活塞进行压送混凝土，其工作原理如图 8-14 所示。液压活塞式混凝土泵又分为单缸式和双缸式两种。双缸式在结构上虽较单缸式复杂，但因为是双缸交替工作，故输送工作连续、平稳、生产效率高。所以，大、中型的混凝土泵均采用双缸式液压活塞式混凝土泵。

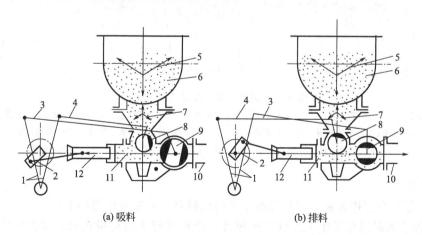

(a) 吸料　　　　　　　　　　　　　(b) 排料

图 8-14　液压活塞式泵的工作原理示意图

1—拉杆机构；2—曲柄轴；3—排出阀操作杆；4—吸入阀操作杆；5—搅拌叶片；6—料斗；
7—喂料器；8—吸入阀；9—排出阀；10—输送管；11—混凝土缸；12—活塞

8.3.1.2　混凝土泵的型号与编制

根据《混凝土泵》（GB/T 13333—2004）中规定，混凝土泵的型号由组代号，型代号，特征代号，主参数，更新、变型代号组成，型号说明如下。

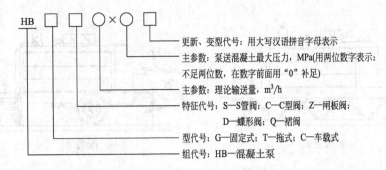

更新、变型代号：用大写汉语拼音字母表示

主参数：泵送混凝土最大压力，MPa(用两位数字表示；
不足两位数，在数字前面用"0"补足)

主参数：理论输送量，m³/h

特征代号：S—S管阀；C—C型阀；Z—闸板阀；
　　　　　D—蝶形阀；Q—裙阀

型代号：G—固定式；T—拖式；C—车载式

组代号：HB—混凝土泵

标记示例

① 拖式、S管阀、理论输送量 80m³/h、泵送混凝土最大压力 16MPa，第一次更新的混凝土泵：HBTS80×16A。

② 固定式、闸板阀、理论输送量 80m³/h、泵送混凝土最大压力 6MPa 的混凝土泵：HBGZ80×06。

8.3.1.3 活塞式混凝土泵的基本结构

活塞式混凝土泵由料斗、分配阀、推送机构、液压系统、电气系统、机架及行走装置、罩壳、输送管道八个部分组成。现以混凝土拖式泵为例介绍其中的重要组成部分，其具体结构如图 8-15 所示。

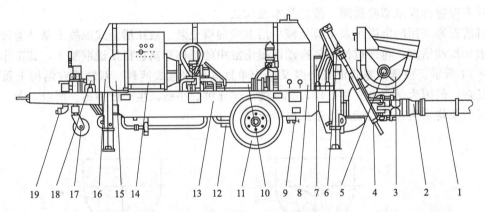

19　18　17　16　15　14　　　　13　12　11　10　9　8　7　6　5　　　4　3　　2　　　1

图 8-15　混凝土泵的基本构造示意图

1—输送管道；2—Y 形管组件；3—料斗总成；4—润阀总成；5—搅拌装置；6—滑阀油缸；7—润滑装置；
8—油箱；9—冷却装置；10—油配管总成；11—行走装置；12—推送机构；13—机架总成；
14—电气系统；15—主动力系统；16—罩壳；17—导向轮；18—水泵；19—水配管

(1) 料斗

料斗内部装有搅拌装置，它是混凝土泵的储料器，其主要作用如下：

① 搅拌装置可以对混凝土进行二次搅拌，降低混凝土的离析现象，并改善混凝土的可泵性。

② 螺旋布置的搅拌叶片起到向分配阀和混凝土缸喂料的作用，从而提高混凝土泵的吸入效率。

③ 混凝土输送设备向混凝土泵供料的速度与混凝土泵输送速度很难控制完全一致，料斗可以起到中间过渡作用。

料斗由料斗本体和搅拌叶片装置两部分组成，料斗本体如图 8-16 所示。料斗本体由料

斗体、方格网、防溅板和料斗门等四部分组成。料
斗前后左右用四块厚钢板焊接而成。左右两带圆孔
的侧板用来安装搅拌装置，而其后壁由混凝土出口
与两个混凝土缸连通，前臂与输送管道相连。

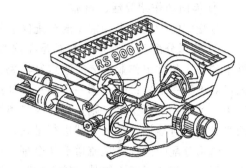

图 8-16　料斗本体示意图

　　搅拌装置包括搅拌部件、搅拌轴承及其密封
件三部分，如图 8-17 所示。搅拌轴部件由螺旋搅
拌叶片、搅拌轴、轴套等组成。搅拌轴由中间轴、
左半轴、右半轴组成，通过轴套用螺栓连接成一
体，轴套上焊接着螺旋搅拌叶片，这种结构形式
有利于搅拌叶片的拆装。搅拌轴靠两端的轴承、
轴承座支撑，搅拌轴承采用调心轴承，轴承座外部还装有黄油嘴的螺孔，其孔道通到轴承座
的内孔，工作时可对轴承进行润滑。为防止料斗内的混凝土浆进入搅拌轴承，左、右半轴轴
端装有 J 形密封圈。左半轴轴头通过花键套和液压马达连接，工作时由液压马达直接驱动搅
拌轴带动搅拌叶片旋转。

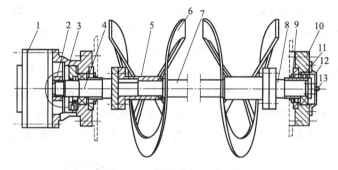

图 8-17　搅拌装置示意图

1—液压马达；2—花键套；3—马达座；4—左半轴；5—轴套；6—搅拌叶片；7—中间轴；
8—右半轴；9—J 形密封套圈；10—轴承座；11—轴承；12—端盖；13—油杯

（2）分配阀

　　分配阀是混凝土泵的核心机构，也是最容易损坏的部分，它是位于料斗、混凝土缸和输
送管三者之间，协调各部件动作的机构。泵的好坏与分配阀的质量与形式有着密切的关系，
它将直接影响混凝土泵的使用性能（如堵管问题、输送容积效率以及工作可靠性等），而且
也直接影响混凝土泵的整体设计（如料斗的高度等）。

　　对于单缸的混凝土泵来说，分配阀应该具有"二位三通"的基本性能（二位即吸料或排
料；三通即通料斗、混凝土缸、输送管）。

　　对双缸的混凝土泵来说，两个缸共用一个料斗；处于吸入行程的工作缸，把混凝土吸入
工作缸；而另一个处于排出行程的工作缸，则把吸入的混凝土推送到输送管中去，所以这种
分配阀须具有"二位四通"的基本性能（二位即吸料或排料；四通即通料斗、混凝土缸Ⅰ、
混凝土缸Ⅱ、输送管）。

　　混凝土泵与常见的油泵、气泵和水泵不同，它输送的是具有特殊性能的混凝土拌合物，
所以对分配阀的设计一般有以下特殊的要求：

　　① 良好的吸料、排料性能。

　　② 良好的密封性。

　　③ 良好的耐磨性。

④ 换向动作须灵活、可靠。

分配阀的种类很多，常见的分配阀有管形分配阀、闸板式分配阀和转动式分配阀三种。

① 管形分配阀　管形分配阀是在混凝土输送缸与输送管之间设置一摆动管件来完成混凝土的吸入和排出作业的。对于双缸活塞式混凝土泵，管阀口与两个输送缸口交替接通，管阀口对准哪一个缸口时，哪一个输送缸就进行排料，而另一个输送缸就从料斗中吸料。而对于单缸活塞式混凝土泵，则是当管阀口离开输送缸口被料斗后壁封住时，输送缸进行吸料；而当管阀口对准输送缸时，即进行排料。

管形分配阀的优点是流道形状合理、没有截面变化、泵送阻力小，从而使料斗的高度大为降低，故便于混凝土搅拌运输车向料斗卸料，而且结构简单、流道畅通、耐用，磨损后易于更换。由于没有了输送管口的 Y 形管，所以不易堵塞。缺点是它在料斗中，使料斗中的搅拌叶片布置困难，容易有死角，当混凝土的坍落度较小时，管阀的摆动阻力大，摆动速度降低，影响了混凝土的吸入效率。

管形阀从结构上可分为立式和卧式两种；从形状上来看又可分为 S 形阀、C 形阀和 Q 形阀等几种。

a. S 形阀。S 形阀是目前最常用的一种转向阀。S 形阀的基本结构如图 8-18 所示。分配阀 10 呈 S 形，其壁厚也是变化的，磨损大的地方壁厚也大。摇臂轴与摇臂相连，在摇臂轴穿过料斗处有一组密封件起密封作用。大部分 S 管在切割环内装有弹性（橡胶）垫层，可对切割环与眼镜板之间的密封起一定的补偿作用。其摆动油缸可设置在料斗的后方，也可设置在料斗的前方。后置式摆动油缸利用摆动轴水平伸入料斗中与阀体连接，推动阀体摆动，但摆动轴与阀体连接形成的屏障会影响混凝土的流动，从而降低泵的吸入效率；前置式摆动油缸则去掉了摆动轴及其支承，泵的吸料性能大为提高，而且安装维护方便。

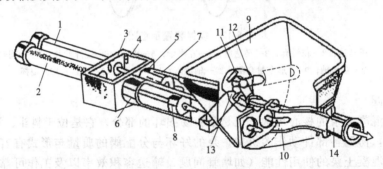

图 8-18　S 形阀工作原理示意图

1,2—主油缸；3—水箱；4—换向机构；5,6—混凝土缸；7,8—活塞；9—料斗；
10—分配阀；11—摆臂；12,13—摆动油缸；14—出料口

S 形阀最大输送压力为 16MPa，最大理论垂直输送距离是 350m，水平输送距离是 1500m。

当混凝土泵发生堵管现象而需要停机时，应该先把输送管道中的混凝土抽回。如图 8-19 所示，此时应该通过反泵操作，使处于吸入行程的混凝土缸与分配阀连通，处于推送行程的

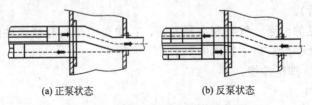

(a) 正泵状态　　　(b) 反泵状态

图 8-19　混凝土泵工作状态示意图

混凝土缸与料斗连通，从而将输送管道中的混凝土抽回料斗。

b. C形阀。由于C形阀出口可直接通向布料杆，无论从压力损失还是结构紧凑上来说都是很有利的。如图8-20所示，C形阀的转动在上方，吸口直接与料斗相连，摆动缸在料斗外，摆管无径向窜动，噪声低。C形阀的最大特点是摆动点位于料斗之上，转动部分不易被混凝土砂浆侵入，所以寿命长、可靠性高；阀口切割环还可以进行自动补偿。缺点是摆动管在下弯道处由于曲率半径较小，阻力较大；另外摆动管与料斗壁之间会有粗骨料堆积，导致摆动困难。尽管C形阀有自身的缺点，但由于其结构上的优点与修理上的优势，目前它仍被广泛地使用在拖泵与泵车的结构中。

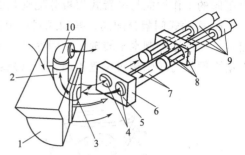

图 8-20　C形阀工作原理示意图

1—料斗；2—C形阀；3—摆动管口；4—工作缸口；
5—耐磨板；6—缸头；7—输送缸；8—清水箱；
9—液压缸；10—输送管口

c. 摆动裙阀（Q形阀）。摆动裙阀是一个处于混凝土泵料斗内的摆动体，当它摆动时，料斗内的混凝土被推开，摆动裙阀的驱动机构也置于料斗之外。裙阀的特点是进口细、出口大、阀体短、内径大、不截流、压力损失小；从构造上可以实现相当好的力矩平衡，消除料斗"抬头"现象。裙阀回转阻力比一般S形阀要小，阀口切割环与眼镜板的间隙在整个磨损范围内可以自动补偿调节，过大的轴向力有助于封闭开口。除了输送混凝土外，此类阀也可输送稀薄的介质。

② 闸板式分配阀　闸板式分配阀由外置油缸驱动，是应用较多的一种分配阀，闸板的往返运动使混凝土缸的进料口做周期性开闭，实现混凝土的反复泵送。采用闸板阀的混凝土泵适用于混凝土需求量大、质量要求高的场地施工。其特点是吸料性能强劲、工作效率高、操作简单、维修方便、浇筑质量好。

闸板阀的优点是构造简单、制作方便、耐磨损、寿命长；关闭通道时，比较省力；开关迅速、及时。闸板阀的缺点是对于双工作缸的泵送必须有Y形管，其料斗的高度要比其他阀的高；闸板磨损后与阀口的间隙无法补偿，因而失去密封性，不能作高压输送。

闸板阀的种类很多，主要有平置式、斜置式和摆动式等几种形式。

a. 平置式闸板分配阀。平置式闸板分配阀如图8-21所示，多用于双缸混凝土泵，是目前混凝土泵使用较多的一种分配阀。这种阀的优点是闸板阀动作准确、迅速，闸板与阀之间的空隙在工作压力作用下能进行自动补偿使其密封性能良好。这种闸板的换向速度一般为0~2s，混凝土中的粗骨料不易卡住闸板。其缺点是吸入通道角度变化较大，混凝土拌合物吸入难度大。

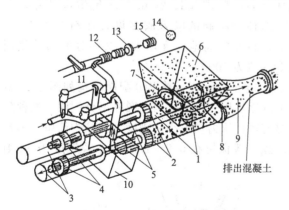

图 8-21　平置式闸板分配阀

1—混凝土缸；2—推压混凝土的活塞；3—油压缸；4—油压活塞；5—活塞杆；6—料斗；7—吸入闸板；8—排出闸板；9—Y形管；10—水箱；11—水洗装置换向阀；12—水洗用高压软管；13—水洗用法兰；14—海绵球；15—清洗活塞

b. 斜置式闸板分配阀。斜置式闸板分配阀如图8-22所示。此分配阀具有"二位三通"

功能，由油缸 2 控制使闸板 3 上下运动，来控制混凝土缸 4 与料斗 1 和输送管 6 的通路。为降低料斗的离地高度，斜置式闸板分配阀一般设置在料斗的侧面，可使泵体紧凑。这种闸板分配阀的工作性能与平置式闸板分配阀相似，其缺点是维修时所需的修理时间较长。

c. 摆动式闸板分配阀。摆动式闸板分配阀如图 8-23 所示，由扇形闸板 1 和舌形闸板 2 组成，由油缸控制水平转轴 3 来回摆动，实现"二位四通"功能。该分配阀构造简单，通过对扇形闸板与转轴相对位置的调整，以减弱由于摩擦而产生的阀板与阀体之间的间隙。

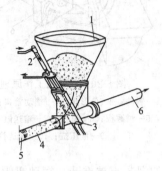

图 8-22　斜置式闸板分配阀

1—料斗；2—油缸；3—闸板；4—混凝土缸；5—活塞；6—输送管

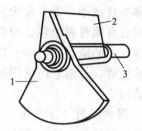

图 8-23　摆动式闸板分配阀

1—扇形闸板；2—舌形闸板；3—水平转轴

③ 转动式分配阀

a. 圆柱形分配阀。圆柱形分配阀如图 8-24 所示，是靠两个带孔的圆柱形阀芯的转动，来达到"二位三通"的性能，实现交替地吸料和排料。这种分配阀的构造简单，加工容易，阀芯刚度大，动作快速；但其缺点是阀芯和阀体的接触面大，砂浆流入会使阀的转动阻力大大增加，过分强烈的摩擦会影响阀的使用寿命，若阀芯和阀体之间的间隙超过 2mm 则不能继续使用。此外，这种分配阀的吸入阀多设置在料斗的下方，往往使料斗的离地高度增大。这种分配阀的使用寿命一般为 3000～5000m³。

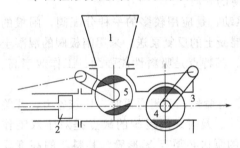

图 8-24　圆柱形分配阀

1—料斗；2—活塞；3—输料管；
4—排出阀；5—吸入阀

b. 球形分配阀。球形分配阀结构如图 8-25 所示，其阀芯为一个不完整的球体，内有混凝土流道，用它可取代两个圆柱形分配阀。这种分配阀的优点是体积小，可使泵的结构紧凑；通道短，压力损失小；刚度大，结构简单。其缺点是阀芯的加工较复杂；阀芯与阀体之间的间隙一般保持在 0.5～1.0mm，若超过 2mm 则

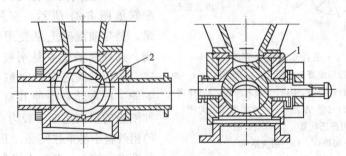

图 8-25　球形分配阀

1—阀芯；2—钢牙块

砂浆易漏入，由于阀芯与阀体的接触面大，转动阻力大，磨损严重，使用寿命较短；间隙不能调整，维修、装拆都不便。为延长其使用寿命，阀芯表面一般都进行镀铬，铬层厚约 0.3mm。

c. 蝶形分配阀。这种分配阀是在料斗、混凝土缸、输送管之间的通道上设置一个蝶形板，通过蝶形板的翻动来改变混凝土的通道。其优点是结构简单紧凑、阀室小、流道短、运动阻力小，使用寿命长，维修方便，阀的出端不需要 Y 形管。其缺点是混凝土流道的截面变化大，吸入或排出流道方向改变剧烈，有时会造成混凝土在阀内堵塞的现象。蝶形分配阀有立轴式和水平轴式两种。

立轴式蝶形分配阀如图 8-26 所示，是分配阀常见的结构形式。这种阀的阀板可以在水平方向翻转，混凝土泵的工作缸、阀、输出口在同一水平面上。垂直轴蝶形阀一般安装在集料口的下方，通过阀箱使混凝土缸与输送管道连通，在回转油缸作用下，蝶形阀的闸板将两个缸口交替分别与料斗和输送管接通（接通料斗的缸进行吸料，接通输送管的缸进行排料）。

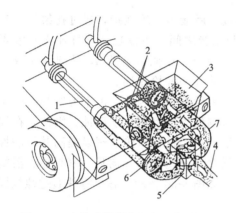

图 8-26　立轴式蝶形分配阀工作原理图
1—液压活塞；2—供水管接口；3—混凝土料斗；4—输料管；
5—阀箱；6—混凝土活塞；7—立轴旋转阀板

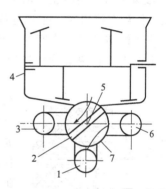

图 8-27　水平轴式蝶形分配阀
1—输料管；2—蝶阀阀板；3—吸料混凝土缸；4—料斗；
5—蝶阀水平轴；6—排料混凝土缸；7—蝶阀阀体

这种分配阀的优点是：由于阀芯是一块薄板，它与阀体的接触小，故砂浆不易卡塞在阀芯与阀座之间，使用寿命长、结构简单、检修方便，出料口不需用 Y 形管。

水平轴式蝶形分配阀如图 8-27 所示，这种阀的阀板可以在垂直平面内翻转，混凝土泵的工作缸和阀轴线在同一水平面上，但和输送管相连接的阀的出口都在下部。

水平布置的水平轴 5 由液压缸驱动，蝶阀阀板 2 随之转动，使料斗 4 与混凝土缸 3（或6）、输料管 1 与混凝土缸 6（或 3）相通，完成吸料和排料过程。两混凝土缸吸料和排料交替进行，从而使泵实现连续排料。使用这种阀时，料斗高度应稍高，混凝土流道要比立轴式蝶阀畅通。

（3）推送机构

推送机构是混凝土泵的执行机构，它把液压能转换为机械能，通过油缸中活塞的推拉交替动作，使混凝土克服管道阻力输送到浇筑地点。它主要由主油缸、混凝土缸和水箱三部分组成。

① 主油缸　主油缸由油缸体、油缸活塞、油缸头、活塞杆及缓冲装置等组成。主油缸的主要特点是其换向冲击压力很大，必须要有缓冲装置。油缸中的主要装置为活塞，活塞的工作原理如图 8-28 所示，活塞的前后移动带动活塞杆来回进出，通过油的不断进出形成油

压，从而形成泵的动力。缓冲装置工作原理如图 8-29 所示。当液压缸活塞接近行程尽头，越过缓冲油口时其单向节流阀打开，使高压油有一部分经缓冲油口到达低压腔，使两腔压差减小，活塞速度降低，达到缓冲的目的，并为活塞换向做准备；另外，缓冲装置还有为封闭腔自动补油、保证活塞行程连续进行的作用。

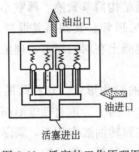

图 8-28　活塞的工作原理图

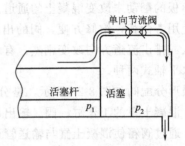

图 8-29　缓冲装置工作原理图

② 混凝土缸　混凝土缸前端与分配阀箱体连接，后端与水箱连接，通过托架与机架固定，或与料斗直接相连，并通过拉杆固定在料斗与水箱之间。主油缸活塞杆伸入到混凝土缸内，活塞杆前端通过中间连杆连接着混凝土缸的活塞。中间接杆用 45 号圆钢制成，其两端有定位止口，两端分别与油缸活塞杆和混凝土活塞用螺栓相连。

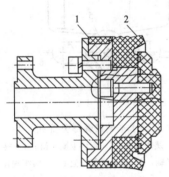

图 8-30　混凝土活塞总成图
1—导向环；2—混凝土密封体

混凝土缸一般采用无缝钢管制造，由于内壁与混凝土及水长期接触，承受着剧烈的摩擦和化学腐蚀，因此，在混凝土缸内壁镀有硬铬层，或经过特殊热处理以提高其耐磨性和抗腐蚀性。混凝土活塞由活塞体、导向环、密封体、活塞头芯和定位盘等组成，如图 8-30 所示，各个零件通过螺栓固定在一起。

③ 水箱　水箱用钢板焊成，既是储水容器，又是主油缸与混凝土缸的支持连接件。其上有盖板，打开盖板既可以清洗水箱内部，又可观测水位。在推送机构工作时，水在混凝土缸后部随着混凝土缸活塞来回流动，其所起的主要作用如下。

a. 清洗作用。清洗混凝土缸缸壁上的残余砂浆。

b. 隔离作用。防止主油缸泄漏出的液压油进入混凝土中，以免影响混凝土的质量。

c. 冷却润滑作用。冷却润滑混凝土活塞、活塞杆及活塞杆的密封部位。

（4）液压系统

混凝土泵的液压系统取决于混凝土泵的缸数、分配阀的结构形式和有无布料装置，有单泵单回路、双泵双回路、三泵三回路的定量和变量系统。

带布料装置的混凝土泵车，其液压系统由两个独立的回路组成，用三个不同排量的油泵分别驱动混凝土缸和分配阀、布料杆和支腿以及搅拌器。混凝土泵车上的液压系统因机种而异，但是其基本原理相同。

混凝土泵液压系统的一般额定工作压力约为泵送压力的三倍，如对泵送压力为 8MPa 的混凝土泵，其液压系统的额定工作压力约为 24MPa。驱动混凝土缸和分配阀的液压系统如图 8-31 所示，由混凝土缸的驱动油缸和分配阀的控制油缸的协同工作，完成混凝土缸的进料和排料，也可控制驱动油缸的行程来改变混凝土缸的排量。

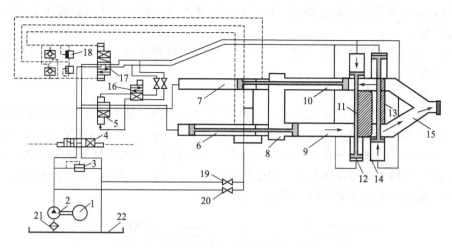

图 8-31　驱动混凝土缸和分配阀的液压系统

1—发动机；2—定量油泵；3—溢流阀；4—主换向阀；5—换向阀；6—左驱动油缸；7—右驱动油缸；8—水洗槽；

9—左混凝土缸；10—右混凝土缸；11—吸入阀；12—吸入阀控制油缸；13—排出阀；

14—排出阀控制油缸；15—Y形管；16—电磁换向阀；17—换向阀；

18—缓冲补油阀组；19,20—截止阀；21—滤油器；22—油箱

8.3.1.4　其他形式的混凝土泵

（1）挤压式混凝土泵

挤压式泵按其构造形式，可以分为转子式双滚轮型、直管式三滚轮型和带式双槽型三种，目前应用较多的为转子式双滚轮型。挤压式泵一般为液压驱动，它的缺点是挤压泵的泵压不高，泵送距离有限；靠胶管的弹性恢复吸入混凝土，吸入力小；只能用于塑性混凝土，不适用于干硬性混凝土等。正是由于存在这些缺点，所以限制了挤压式泵的进一步发展。图 8-32 为转子式双滚轮型挤压式混凝土泵的结构示意图。

泵室中有挤压胶管 6，胶管下端为吸入口，与混凝土料斗 8 的底部相通；另一端为排料口，与输送管 1 相连接。当滚轮架上的滚轮 5 一边转动一边挤压胶管 6 时，管内的混凝土被挤压出去，而滚轮后方胶管内部则因混凝土流走而形成负压，于是料斗 8 中的混凝土就被吸入到挤压胶管中来。

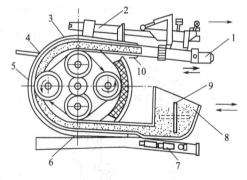

图 8-32　转子式双滚轮型挤压式混凝土泵

1—输送管；2—缓冲架；3—垫板；4—链条；
5—滚轮；6—挤压胶管；7—料斗移动油缸；
8—混凝土料斗；9—搅拌叶片；10—密封套

挤压式混凝土泵具有以下特点：

① 如果使滚轮架反向回转，则可以将输送管路中的混凝土抽回，这对于排除堵管故障及洗管都是比较方便的。

② 由于用挤压法造成管道中混凝土的压力比活塞式混凝土泵小，所以这种泵的泵送距离较小。目前挤压泵的最大水平输送距离为 300m，最大垂直输送高度为 60m。

③ 这种泵的结构紧凑、构造简单、制作方便。

④ 这种泵的驱动装置以液压马达为佳，因其可以自由调整滚轮架的回转速度从而改变混凝土的输送量。

⑤ 挤压式软管虽然用耐磨橡胶制成，但仍损坏严重，这是挤压式混凝土泵难以普及的一个重要原因。

⑥ 适宜输送轻质混凝土及砂浆，一般用来输送坍落度 100～120mm、骨料粒径不大于 30mm 的混凝土。

（2）水压隔膜式混凝土泵

水压隔膜式混凝土泵，其最大输送高度约为 20～25m，最大水平输送距离可达 100～150m；适宜泵送坍落度 80～220mm 的混凝土；自重仅为 1t，最大输送量 20～25m³/h，如图 8-33(a) 所示。水泵 8 把水箱 9 中的水吸来，经控制阀 7 压入混凝土泵体之中，压缩缸中的隔膜 4 随之立即关闭与搅拌器料斗相通的单向阀门，混凝土即被压送入输送管中。图 8-33 (b) 所示为混凝土泵处于进料时的状态。

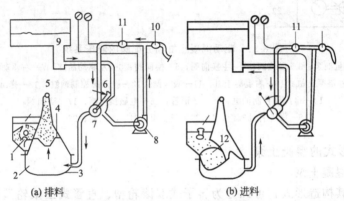

(a) 排料　　　　　　　　　　　　(b) 进料

图 8-33　水压隔膜式混凝土泵

1—混凝土加料斗（带搅拌器）；2—压力水；3—泵体；4—隔膜；5—混凝土出料口；6—手柄；
7—控制阀；8—水泵；9—水箱；10—冲洗阀门；11—截止阀；12—单向阀

水压隔膜式混凝土泵的特点是泵本身没有传动件、机动性好、构造简单、故障较少、质量很轻、维修费用较低。但是该泵的排量和输送距离都不及活塞式泵，可输送的混凝土骨料粒径也较小，用来输送骨料粒径不大于 25mm 的普通混凝土、骨料粒径不大于 15mm 的细骨料及轻质混凝土。

（3）风动罐式混凝土泵

风动罐式混凝土泵用空气作为混凝土输送的动力源，分单罐式和双罐式，目前主要用单罐式，其构造如图 8-34 所示。泵体 1 的上部有受料口和锥形管 6 相接，压缩空气进入总进气管 2 后分为两路，一路通过泵体顶部用来压送混凝土，另一路通过锥形管 6 的后部，用来吹松混凝土，防止堵管。

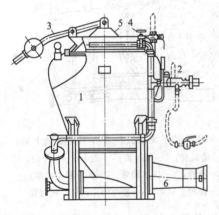

图 8-34　风动单罐式混凝土泵

1—泵体；2—总进气管；3—操纵杆；
4—气门；5—锥形活门；6—锥形管

风动罐式混凝土泵要求被输送的混凝土具有较好的和易性，坍落度不低于 60mm；泵的水平输送距离可达 250m，垂直输送高度可达 20m。

8.3.2　混凝土布料装置及混凝土泵车

8.3.2.1　布料杆的结构

用混凝土泵向建筑物输送混凝土，由于供料是连续的，而且单位时间内混凝土泵送量较大，因而在浇筑地点必须设置布料装置对混凝土进行及时分布与摊铺，以充分发挥混凝土泵的工作效率。

理想的布料装置可以将混凝土输送管路像臂架式起重机一样，装在机身及其臂架上，并在输送管端部连一橡胶软管。如此就可以进行大范围的变换浇筑，由臂架的行走、回转及变幅等动作来完成；而小范围的、细小的浇筑位移，依靠人力掌握橡胶管就可以实现。这种既担负混凝土输送又完成浇筑、布料的臂架及输送管道组成的装置被称为布料杆。布料杆的基本构造原理如图 8-35 所示，图中底座 4 是固定部分，其上通过滚珠盘 8 与回转架 1 相连，回转架 1 经空心销轴 9 与臂杆 2 相连，臂杆 2 又经空心销轴 10 与臂杆 3 相连。空心销轴使臂杆可以回转折叠。

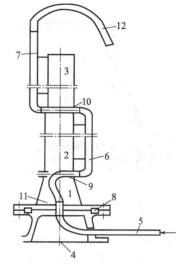

图 8-35　布料杆结构示意图
1—回转架；2,3—臂杆；4—底座；5～7—输
送管；8—滚珠盘；9,10—空心销轴；
11—回转盘接头；12—橡胶管

混凝土输送管 5 通过回转盘中心及回转盘接头 11 与上面的输送管 7 连成通路。这样回转架 1 便可以带动 2、3 节臂杆对底座回转，而臂杆 3 与臂杆 2、臂杆 2 与回转架 1 之间又可以回转折叠，而不影响混凝土在输送管中的流动。为了便于布料，在输送管的末端增加一段柔软的橡胶管或塑料管。布料杆各节臂杆之间的相对转折，都是依靠液压缸和连杆机构来完成的。布料杆分为独立式布料杆和混凝土泵车布料杆两大类。

8.3.2.2　独立式布料杆

独立式布料杆的种类很多，根据支撑结构的不同有移置式布料杆、固定式布料杆、移动式布料杆和自升塔式布料杆等形式。不同形式的布料机构具有不同的特点，可适应不同的建筑物和构筑物的混凝土浇筑工作。

① 移置式布料杆：移置式布料杆通常是放置在建筑物的上面，它需要平衡重力以保持稳定。其位置转移一般是靠塔式起重机等来吊搬，而混凝土泵置于建筑物底部的地面上。移置式布料杆主要由折叠式臂架（一般为大、中、小三节）、输送管道、回转支承装置、液压变幅机构、上下支座及配重等几部分组成。布料杆的动作采用液压驱动，控制方式有驾驶员室控制、线控及遥控三种方式。在布料杆的上部还加配了多速起重系统，可以作为塔式起重机使用。

② 固定式布料杆：该布料杆一般是装在臂柱式或格构式塔架上，而塔架可安装在建筑物的里面或旁边，这种布料杆的结构与移置式的大体相同。固定式布料杆塔架带有液压装置，可自行接高，当建筑物升高时，即接高塔身，布料杆也就随之升高。较高的塔身需要用撑杆固定在建筑物上，以提高其稳定性。

③ 移动式布料杆：该布料杆实际上就是在固定式布料杆的基础上安装了行走装置，混凝土泵也可以装在行走装置上或被其拖着一起行走。这种布料杆的特点是布料灵活方便，布料范围大，但其输送高度受到限制。

④ 自升塔式布料杆：这种布料杆附着在塔式起重机上，它是在塔式起重机的两臂头部，经局部改装，便于安装布料杆。因布料杆借助于塔式起重机的运动，所以其输送高度随着塔式起重机的升高而升高。这种布料杆的优点是输送高度高，自身结构简单。但是其使用幅度

受到限制，不能变幅，而且布料与起重作业有时会发生冲突。

8.3.2.3 混凝土泵车布料杆

混凝土泵车（臂架式泵车）就是布料杆与混凝土泵一同装在汽车底盘上的一种混凝土布料装置，混凝土泵车结构如图 8-36 所示，主要由混凝土泵、混凝土输送管、布料杆支撑装置、布料杆臂架、油缸、输送管及软管等结构组成。

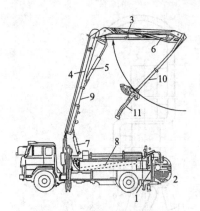

图 8-36　混凝土泵车结构图
1—混凝土泵；2—混凝土输送管；3—布料杆支撑装置；4—布料杆臂架；5～7—液压油缸；8～10—输送管；11—软管

布料杆的各节臂杆之间都有液压缸，可对布料杆进行调幅和折叠。缸体的进出口应设有液压锁，以防输油管破裂而发生臂架坠落事故。为了进行远距离操纵，还可以配用遥控电路液压缸。

布料杆的仰俯角可为 120°，臂杆可以依次展开，最前端臂杆动作最频繁，它可以摆动 180°。为便于浇筑，在最前端臂杆的末端再接一软管（橡胶软管或塑料管），这也可以防止混凝土下落高度过大而产生离析。

混凝土泵车的臂架高度是指臂架完全展开后，地面与臂架顶端之间的最大垂直距离，其主参数为臂架高度和理论输送量。按其臂架高度可以分为短臂架、长臂架、超长臂架；按臂架节数可以分为 2 节臂、3 节臂、4 节臂、5 节臂等；按其驱动方式可分为汽车发动机驱动、拖挂车发动机驱动和单独发动机驱动；按臂架折叠方式可分为 Z 形折叠、S 形折叠、回转形折叠，具体如图 8-37 所示。

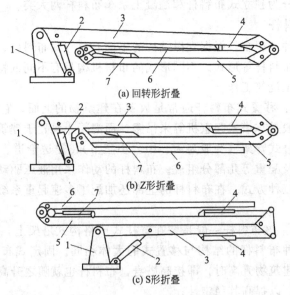

(a) 回转形折叠

(b) Z形折叠

(c) S形折叠

图 8-37　布料杆的折叠形式
1—回转支撑装置；2—变幅油缸；3—第一节臂架；4—1 号伸缩油缸；5—第二节臂架；6—第三节臂架；7—2 号伸缩油缸

为便于混凝土搅拌运输车向泵的料斗喂料，混凝土泵一般装在汽车尾部，如图 8-36 所示。其泵出的混凝土，经过混凝土输送管 8、9、10 送至软管排出。

臂架式泵车，特别适用于基础工程、地下室工程、七层以下的公共建筑物以及水塔等混凝土浇筑。图 8-38 所示为 DC-S115B 型混凝土泵车，其生产率为 15～70m³/h，最大水平输送距离（φ150mm 输送管）为 530m，最大垂直输送距离（φ150mm 输送管）为 100m。

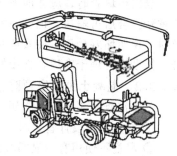

图 8-38　DC-S115B 型混凝土泵车

8.3.3　混凝土泵送设备维护

8.3.3.1　混凝土泵堵塞

在正常情况下，泵送油压最高值不会达到设定压力，如果每个泵送冲程的压力峰值随着冲程的交替而迅速上升，并很快就达到了设定压力，正常的泵送循环自动停止，主油路溢流阀发出溢流的响声，就表明发生了堵塞；有些混凝土泵设计有自动反泵回路，如频繁反泵都未恢复正常泵送，就要试用手动反泵。进行手动反泵时，只需按下反泵按钮，使两缸各进行一两个冲程的反泵循环，把管道中的商品混凝土吸回一部分到料斗后，通常就能排除堵管，有时这种反泵操作要进行多次才有效，在操作时，一般反泵 3～4 个行程，再正泵，堵管即可排除，如多次反泵仍不能恢复正常循环，表明已经堵牢。

垂直向下泵送作业时，由于混凝土自重因素的影响，在混凝土落差较大的情况下，一般反泵无法将混凝土回抽到料斗，须谨慎使用反泵功能，否则在反复反泵-正泵的操作下容易使砂浆流失，造成椎管或 S 管堵塞。

（1）分配阀出料口处的堵塞

通常泵送系统动作突然中断，并且有异常声响，设备有较强振动，但管道内无相应振动，表明混凝土泵发生了出料口堵塞情况。

排除方法是往料斗内倒入水泥浆，反复正、反向启动泵，迫使通路打开。如果此法无效，也只能人工排除，拆下相连管，去掉阀内杂物。

（2）进料口处的堵塞

通常泵送动作及液压系统均正常，无异常声音和振动，料斗内有较大骨料或结块，在进料口处卡住或拱起，表明混凝土泵发生了进料口堵塞情况。

排除方法是使泵反向运转以破坏结块，使混凝土回到料斗重新搅拌，再正向泵送。如果不起作用，则需人工清理，予以排除。

（3）混凝土输送管道堵塞

当输送压力逐渐增高，而料斗料位不下降，管道出口不出料，泵发生振动，管路也伴有强烈的振动和位移时，可判定是混凝土输送管道堵塞。

堵塞部位的判断：堵塞一般发生在弯管、锥管以及有振动的位置。此时，可用小锤沿管路敲打，声音沉闷处为堵塞处，声音清脆处为正常。用耳听，有沙沙声为正常，有刺耳声为堵塞处。

当发生堵管时，应立即采取反复进行正、反转泵的方法，逐渐使泵出口的混凝土吸回料斗重新拌合后再输送。也可用木槌敲击的方法，结合正、反转泵，使之疏通；当上述办法无效时，说明堵塞严重。查明堵塞段后，将管子拆下，用高压风吹或重锤敲击或高压水冲洗，待彻底清理干净后，再接好管道继续泵送混凝土工作。

（4）管阀处堵塞

管阀处堵塞是逐渐形成的，其主要原因是泵送完混凝土后，没有及时用高压水冲洗，致使混凝土残留在管内，天长日久逐渐加厚，堆积固结，造成堵塞。

当发生堵管时，应立即采取反复进行正、反转泵的方法，逐渐使泵出口的混凝土吸回料斗重新拌合后再输送。也可用木槌敲击的方法，结合正、反转泵，使之疏通；当上述办法无效时，说明堵塞严重。应查明堵塞段后，将管子拆下，用高压风吹或重锤敲击或高压水冲洗，待彻底清理干净后，再接好管道继续泵送混凝土工作。

8.3.3.2　混凝土泵堵塞预防措施

预防混凝土泵堵塞措施如下：

① 在安装与设计管道时，尽可能避免 90°和 S 形弯。

② 尽量不使用有明显凹坑的泵管，以减少泵送混凝土的阻力，防止堵塞。

③ 应经常检查泵管，若泵管一个方向磨损程度较大，及时将管倒换位置使用，若泵管厚度太薄时应及时更换新管，以防在工作过程中泵管打爆或因更换泵管时间较长而导致的堵管现象。

④ 为保证泵送混凝土作业的连续性，确保混凝土浇筑质量，施工作业间隔时间不宜过长，以防止堵塞。如因某种原因间隔时间较长，就应每 20min 左右启动一次泵或反泵、正转泵数次，必要时打循环泵以防堵塞。

⑤ 泵送混凝土应满足可泵性要求，必要时通过试泵确定泵送混凝土的配合比。

⑥ 首先应确定粗骨料的最大粒径与输送管径之比。泵送高度在 50m 以下时，对于碎石不宜大于 1∶3，对于卵石不宜大于 1∶2.5；泵送高度在 50～100m 时，宜在 1∶3～1∶4；泵送高度在 100m 以上时，宜在 1∶4～1∶5。针片状颗粒含量不宜大于 10%。

思 考 题

8.1　简述混凝土搅拌运输车的分类。

8.2　简述混凝土搅拌运输车的作用。

8.3　简述混凝土组成材料对可泵性的影响规律。

8.4　简述混凝土搅拌运输车的组成与工作原理。

8.5　简述混凝土泵的种类、特点及工作原理。

8.6　简述混凝土布料装置的种类和工作原理。

8.7　简述混凝土泵堵塞及排除方法。

第9章
混凝土的施工工艺

施工工艺是保证混凝土结构质量的最后、也是最关键的环节，施工工艺主要包括混凝土的浇筑、密实成型和养护三部分。我国近几年来，混凝土工程质量出现的问题大多数与野蛮施工或采用的施工方法不合理有关。施工技术虽然不是本门课程涉及的主要内容，但混凝土工程并不是一个纯粹的材料学问题，必须熟悉施工工艺相关技术才能更好地发挥出混凝土的最佳性能优势，从而确保得到高质量的混凝土结构及混凝土制品。因此，本章主要从混凝土的浇筑、密实成型和养护三个部分来讲解混凝土的施工工艺。

9.1 混凝土的浇筑

9.1.1 浇筑前准备工作

① 浇筑混凝土前，应检查并控制模板、钢筋、保护层、预埋件及其管线的尺寸、规格、数量和位置，其偏差值应符合现行国家标准《混凝土结构工程施工质量验收规范》（GB 50204—2015）的规定。此外，还应检查模板支撑的稳定性以及接缝的密合情况，并应确保模板在混凝土浇筑过程中不失稳、不跑模、不漏浆。

② 浇筑混凝土前，应清除模板内以及垫层上的杂物；表面干燥的地基土、垫层、木模板应浇水湿润，但不允许留有积水。

③ 对钢筋及预埋件应请工程监理人员共同检查钢筋的级别、直径、排放位置及保护层厚度是否符合设计及规范要求，并应认真做好隐蔽工程记录。

④ 准备和检查材料、机具等，注意天气预报，在雨雪天气不宜浇筑混凝土。如果必须浇筑时，应采取确保混凝土质量的有效措施。

⑤ 当夏季天气炎热时，混凝土拌合物入模温度不应高于35℃，宜选择晚间或夜间浇筑混凝土；现场温度高于35℃时，宜对金属模板进行浇水降温，但不得留有积水。

⑥ 当冬季施工时，混凝土拌合物入模温度不应低于5℃，并应有保温措施。

9.1.2 浇筑的一般规定

① 混凝土浇筑应保证其均匀密实。浇筑宜一次连续进行，当不能一次连续浇筑时，可留设施工缝或后浇带分块浇筑。

② 浇筑时，宜先浇筑竖向结构构件，后浇筑水平结构构件；当浇筑区域结构平面有高度差时，宜按先低后高的顺序浇筑。

③ 对非自密实混凝土必须分层浇筑，以便振动密实。每层浇筑的厚度应符合振捣的要求，如表 9-1 所示。上层混凝土应在下层混凝土初凝前浇筑完毕。

表 9-1　混凝土分层振捣时浇筑层最大厚度

振捣方法		浇筑层最大厚度/mm
插入式振捣		振捣器作用部分的 1.25 倍
表面振动		200
人工振捣	在基础、无筋混凝土或配筋稀疏的结构中	250
	在梁、墙板、柱结构中	200
	在配筋密集的结构中	150
轻骨料混凝土	插入式振捣	300
	表面振动（振动时需加荷）	200

④ 混凝土运输、输送入模的过程宜连续进行，从运输到输送入模的总延续时间不宜超过表 9-2 的规定，若超过此时间则应设置施工缝。掺早强型减水剂、早强剂的混凝土以及有特殊要求的混凝土，应根据设计及施工要求，通过试验确定允许时间。

表 9-2　混凝土从运输到输送入模及其间歇总延续时间　　　　单位：min

条件	气温≤25℃		气温>25℃	
	输送入模时间	总时间	输送入模时间	总时间
掺外加剂	150	240	120	210
不掺外加剂	90	180	60	150

⑤ 柱、墙模板内的混凝土浇筑倾落高度应符合表 9-3 的规定，当不能满足表 9-3 的要求时，应加设串通、溜管、溜槽等装置。

表 9-3　柱、墙模板内的混凝土浇筑倾落高度限值

粗骨料粒径/mm	≤25	>25
浇筑倾落高度限值/m	≤6	≤3

注：当有可靠措施保证混凝土不产生离析时，混凝土倾落高度可不受本表限制。

⑥ 浇筑混凝土时应经常观察模板、钢筋、预留孔洞、预埋件等有无移动、变形或堵塞情况，发现问题应立即处理，并应在已浇筑的混凝土初凝前修正完好。

⑦ 混凝土浇筑后，在初凝前和终凝前宜分别对混凝土裸露表面进行抹面收光处理，以增加表面密实度，减少开裂。

⑧ 当混凝土强度达到 1.2N/mm² 以上后，方可站人继续施工。

9.1.3　混凝土的冬季施工

新浇筑混凝土若处于低温环境中，其硬化速度非常慢，迟迟不能达到设计强度。当温度降至 0℃ 以下时，混凝土中的游离水便开始结冰，尽管结晶体内的凝胶水还未结冰，但此时的水化反应已经非常微弱，可视为已经停止。随着气温继续降低，大量的游离水结冰，体积膨胀，导致混凝土体积扩大，组织松散不密实，即混凝土结构已经受到破坏，其最终强度将受到严重损害。

为防止新浇筑混凝土受冻破坏，须采取一系列防范措施，提前做好各种准备，以保证混

凝土的质量。根据施工当地多年气温资料，室外日平均气温连续5d低于5℃时，即进入冬季施工阶段，混凝土结构工程应采取冬季施工措施，并应及时采取气温突然下降的防冻措施。当气温回升到此条件时，即连续5d的日平均气温高于5℃时，则为冬季施工的截止日期。

由于使用的是历年气温统计资料，故各个城市的冬季施工日期已定，如果没有特殊情况，冬季施工期基本上无明显调整，我国部分城市冬季施工起止日期见表9-4。

表 9-4　我国部分城市冬季施工起止日期

城市名称	起止日期	城市名称	起止日期	城市名称	起止日期	城市名称	起止日期
北京	11.12~3.22	拉萨	10.28~3.28	西安	11.18~3.9	上海	12.11~3.5
兰州	10.26~3.23	哈尔滨	10.13~4.23	太原	11.1~3.26	武汉	12.5~3.2
乌鲁木齐	10.12~4.11	沈阳	10.25~4.6	银川	10.29~3.27	济南	11.18~3.18

混凝土后期强度降低值的大小与混凝土受冻前的强度大小有关，受冻前强度越低，则其最终强度损失也就越大。把混凝土受冻后的最终强度与未受冻的混凝土最终强度对比，当强度损失在5%以内时，混凝土受冻前所对应的初始强度称为混凝土冬季施工的临界强度。冬季施工的混凝土，受冻前须达到的临界强度如下：硅酸盐水泥或普通硅酸盐水泥配制的混凝土，临界强度为设计混凝土强度标准值的30%；矿渣硅酸盐水泥配制的混凝土，临界强度为设计混凝土强度标准值的40%，但C10的混凝土，其临界强度不得小于5.0N/mm²。掺防冻剂的混凝土，温度降低到防冻剂规定的温度之下时，混凝土强度不得低于3.5N/mm²。

临界强度的存在主要是由于当混凝土具备一定强度时，其内部结晶体已逐渐填充了骨料间隙，孔隙水逐渐减少，此时受冻，游离水结冰、体积膨胀产生的应力已大为减少，而混凝土又已具有抵抗这部分冰晶体压力的能力，因此混凝土结构不会受到破坏，其最终强度也不会受到损失。冬季施工中，尽量不要让混凝土受冻，或在受冻的情况下，确保已达到临界强度值，从而保证混凝土最终强度不受损失。

在冬季施工环境下，混凝土的保温防冻养护方法主要有热混凝土法和蓄热法。

① 热混凝土法　热混凝土法有原料预热、热搅拌、混凝土拌合物在中间料斗预热三种方法，目的在于使浇筑成型后的制品仍蓄有一定热量，保持正温，防止冻裂，并增长至所需强度。通常采用蒸汽对原料预热，值得提出的是由于水的比热比骨料高5倍左右，故应优先考虑水的预热，当加热水不能获得足够的热量时，可加热粗、细骨料，一般采用蒸汽加热。任何情况下，不得直接加热水泥，可在使用前把水泥运入暖棚，使其缓慢均匀提高一定温度。由于温度较高时，水泥会出现假凝现象，而影响混凝土的强度增长，一般要求原材料的最高加热温度应符合表9-5中要求。

表 9-5　拌合水及骨料最高加热温度

水泥强度等级	最高加热温度/℃	
	拌合水	骨料
<52.5级	80	60
≥52.5级	60	40

若不对粗细骨料加热，水可加热到100℃，但水泥不应与80℃以上的水直接接触，投料顺序应先投入骨料和加热后的水，待水温降低之后再加水泥，以免水泥出现假凝现象。

② 蓄热法　混凝土浇筑后，利用原材料加热和水泥水化放热，并采取适当的保温措施

延缓混凝土冷却，在混凝土温度降到0℃以前达到受冻临界强度的施工方法称为蓄热法。蓄热法施工比较简单，混凝土养护不需要外加热源，冬季施工费用比较低廉，故在冬季施工时应优先考虑采用。当气温在−15～5℃条件下，基础工程或大体积混凝土，适于采用此种方法。

蓄热法保温应就地取材，选择热导率小、价廉耐用的材料，如稻草板、草垫、草袋、稻壳、麦秸、稻草、锯屑、炉渣、岩棉毡、聚苯乙烯板等，并要保持干燥。可成层或散装覆盖，并做成工具或保温模板，在保温时再在表面覆盖一层塑料薄膜、油毡或水泥袋纸等不透风材料，可有效提高保温效果，或保持一定空气间层，形成一密闭的空气隔层，起保温作用。混凝土成型后应及时做好保温覆盖，各层应互相搭盖严密。覆盖后，要注意防潮和防止透风，对于结构构件的边棱、端部和凸角，要特别加强保温、挡风。

9.1.4 分缝处理

大体积混凝土浇筑过程中，一般应进行分缝处理，从现有的施工技术水平出发，合理分缝分块不仅可以减少约束作用，缩小约束范围，而且还可以利用浇筑块的层面进行散热，降低混凝土内部的温度，使结构在温度变化的作用下，确保混凝土有自由伸缩的余地，以达到释放温度应力的目的。对于建筑工程来说，还可以满足绑扎钢筋、预埋螺栓等工序操作的需要。建筑工程中常采用的分缝处理方式有伸缩缝、施工缝和后浇带，其中伸缩缝是混凝土浇筑完毕之后一直保留的一种缝，而施工缝是在混凝土初凝后、终凝前进行浇筑处理的一种缝，后浇带是混凝土完全硬化一段时间之后再进行处理的一种缝。

9.1.4.1 伸缩缝

伸缩缝（图9-1）是为了防止结构因温度变化而被破坏所设置的一种结构缝。我国现行的《混凝土结构设计规范》（GB 50010—2010）规定：现浇钢筋混凝土连续式结构处于室内或土中条件下的伸缩缝间距为55m，露天条件下为35m；无钢筋混凝土工程的相应间距则为20m和10m。合理设置伸缩缝，对于大体积混凝土防止温度裂缝是非常有效的。

图9-1 混凝土路面伸缩缝

9.1.4.2 施工缝

为使混凝土结构具有较好的整体性，混凝土的浇筑应连续进行。若由于技术、组织的要求或人力、物力的限制，使得混凝土的浇筑不能连续进行，如中间的停歇时间超过混凝土的初凝时间时，混凝土之间所形成的接缝。施工缝并不是一种真实存在的"缝"，它只是因后浇筑混凝土超过初凝时间，而与先浇筑的混凝土之间存在一个结合面，该结合面就称为施工缝。施工缝位置应在混凝土浇筑之前确定，施工缝宜设置在结构受剪力较小且便于施工的部位。

（1）施工缝位置

柱应设置水平缝，梁、板、墙应设置垂直缝，施工缝的留置应符合下列规定：

① 柱子施工缝宜留置在基础的顶面、梁或柱帽的下面的50mm范围内，如图9-2所示。

② 梁与板应同时浇筑，但当梁高超过1m时可先浇筑梁，将其水平施工缝留置在板底

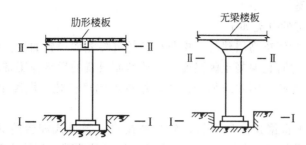

图 9-2　浇筑柱的施工缝位置图（Ⅰ-Ⅰ、Ⅱ-Ⅱ表示施工缝位置）

面以下 20～30mm 处，当板下有梁时，留置在梁托下部。

③ 对于长宽比大于 2 的单向板，垂直施工缝可留置在平行于板的短边的任何位置。

④ 有主次梁的楼板宜顺着次梁方向浇筑，垂直施工缝应留置在次梁跨度中间的 1/3 范围内，如图 9-3 所示。

⑤ 墙的施工缝留置在门窗洞口过梁跨中 1/3 范围内，也可留在纵横墙的交接处。

（2）施工缝接缝处理

当从施工缝处开始继续浇筑混凝土时，须待已浇筑的混凝土抗压强度达到 1.2N/mm² 后才能进行，而且需对施工缝作一些处理，以增强新旧混凝土的连接，尽量降低施工缝对结构整体性带来的不利影响。处理过程：先在已硬化的混凝土表面上，清除水泥薄膜和松动的石子以及软弱的混凝土层，必要时还需凿毛，钢筋上的油污、水泥砂浆及浮锈也应加以清除；随后用水清洗干净，

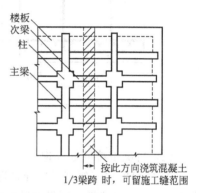

图 9-3　浇筑有主次梁楼板的施工缝位置图

并保持充分湿润，且不得留有积水。在浇筑混凝土前，先在施工缝处铺一层 10～15mm 厚与混凝土配比相同成分的水泥砂浆；浇筑混凝土时，需仔细振捣密实，使新旧混凝土结合紧密，但不得碰触原混凝土。

9.1.4.3　后浇带

为适应环境温度变化、混凝土收缩、结构不均匀沉降等因素影响，在梁、板（包括基础底板）、墙等结构中预留的具有一定宽度且经过一定时间后再浇筑的预留缝称为后浇带（"缝"很宽，故称为"带"）。后浇带将结构暂时划分为若干部分，经过构件内部收缩，在若

图 9-4　楼面板后浇带的留设

干时间后再浇捣该预留缝，从而将结构连成整体，这种"缝"便不再存在。后浇带的浇筑时间宜选择气温较低时，可用浇筑水泥或水泥中掺微量铝粉的混凝土，其强度等级应比构件强度高一等级，以防止新老混凝土之间出现裂缝，造成薄弱部位。后浇带的间距首先应考虑能有效地削弱温度收缩的能力，其次应考虑与施工缝结合。在正常施工条件下，后浇带的间距约为 20～30m。后浇带的保留时间一般为 40d，最少应为 28d，后浇带宽度一般为 70～100cm，后浇带处的钢筋不宜断开，如图 9-4 所示。

（1）后浇带的分类

钢筋混凝土后浇带的分类如下。

① 沉降后浇带：为解决高层建筑主楼与裙房的沉降差而设置的后浇施工带。

② 温度后浇带：为防止混凝土因温度变化拉裂而设置的后浇施工带。

③ 伸缩后浇带：为防止因建筑面积过大，结构因温度变化，混凝土收缩开裂而设置的后浇施工带。

混凝土后浇带也可根据其接口形状，分为平接式、企口式和台阶式三种，如图 9-5 所示。平接式施工较方便，但防水效果较差；企口式施工较烦琐，但防水效果较好；台阶式处于两者之间。

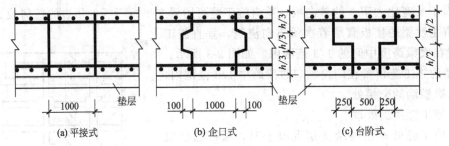

图 9-5　混凝土后浇带形式

（2）后浇带接缝处处理

① 应根据墙板厚度的实际情况决定，一般厚度小于 300mm 墙板，可做成直缝；对厚度大于 300mm 的墙板，可做成阶梯缝或上下对称坡口形；对厚度大于 600mm 的墙板可做成凹形或多边凹形的断面。

② 钢筋应保持原状还是断开，这要由后浇带的类型来决定。沉降后浇带的钢筋应贯通，伸缩后浇带的钢筋应断开，梁板结构的板筋应断开，但梁筋贯通，若钢筋不断开，钢筋附近的混凝土收缩将受到较大制约，产生拉应力开裂，从而降低了结构抵抗温度应力的能力。不同断面上的后浇带应曲折连通。

③ 后浇带混凝土浇筑，一般应使用无收缩混凝土浇筑，可以采用膨胀水泥也可采用掺合膨胀剂与普通水泥拌制。混凝土的强度至少同原浇筑混凝土相同或提高一个强度等级。

④ 施工质量控制，后浇带的连接形式必须按照施工图设计进行，支模必须用堵头板或钢筋网，槽口缝接口形式在板上装凸条。浇筑混凝土前对缝内要认真清理、剔凿、冲刷，移位的钢筋要复位，混凝土一定要振捣密实，尤其是地下室底板更应认真处理，提高其自身防水能力。

⑤ 后浇带处第一次浇筑留设后，应采取顶部覆盖、围栏保护等措施，防止缝内进入垃圾、钢筋污染等现象，同时还应防止踩踏变形等情况，避免造成清理困难。

⑥ 后浇带两侧的梁板未补浇混凝土前长期处于悬臂状态，所以，在未补浇混凝土前，两侧模板支撑不能拆除，在后浇带浇筑后混凝土强度达 85% 以上时一同拆除；混凝土浇筑后注意保护，观察记录，及时养护。

9.1.5　大体积混凝土浇筑

关于大体积混凝土目前还没有形成统一的定义，不同国家关于大体积混凝土的定义也稍有不同。国内对于大体积混凝土的定义为：混凝土结构物实体最小几何尺寸不小于 1m 的大体量混凝土，或预计会因混凝土中胶凝材料水化引起的温度变化和收缩而导致有害裂缝产生的混凝土称为大体积混凝土。日本建筑学会标准（JASS5）规定：结构断面最小厚度在

80cm 以上，同时水化热引起混凝土内部的最高温度与外界气温之差预计超过 25℃的混凝土，称为大体积混凝土。

大体积混凝土的工程量和浇筑面积很大，对结构整体性要求又很高，一般都要求连续浇筑，不允许留施工缝，要求一次连续浇筑。施工时应分层浇筑、分层捣实，但又要保证上下层混凝土在初凝前结合好，可根据整体性要求、结构大小、钢筋疏密以及混凝土供应情况等进行比较，选择浇筑方案，常用的浇筑方案有全面分层、分段分层和斜面分层三种。

① 全面分层：如图 9-6(a) 所示，当结构平面面积不大时，可将整个结构分为若干层进行浇筑，即第一层全部浇筑完毕后，再浇筑第二层，如此逐层连续浇筑，直至结束。采用此方案，结构平面尺寸不宜过大，施工时从短边开始，沿长边进行。必要时亦可从中间向两端或从两端向中间同时进行。为保证结构的整体性，要求次层混凝土在前层混凝土初凝前浇筑完毕。

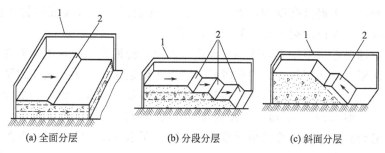

(a) 全面分层　　　　(b) 分段分层　　　　(c) 斜面分层

图 9-6　大体积混凝土浇筑方案

1—模板；2—新浇混凝土

② 分段分层：如图 9-6(b) 所示，如采用全面分层浇筑方案、混凝土的浇筑强度太高，施工难以满足时，则可采用分段分层浇筑方案。它是将结构从平面上分成几个施工段，厚度上分成几个施工层，先浇筑第一段各层，然后浇筑第二段各层，如此逐段逐层连续浇筑，直至结束。施工时要求在第一段第一层末端混凝土初凝前，开始第二段第一浇筑层的施工，以保证混凝土接触结合良好。该方案适用于厚度不大而面积或长度较大的结构。

③ 斜面分层：如图 9-6(c) 所示，当结构的长度超过厚度的三倍，而混凝土的流动性较大时，宜采用斜面分层浇筑方案。因混凝土流动性较大，采用分层分段时，不能形成稳定的分层踏步，故采用斜面分层，也就是一次将混凝土浇筑到顶，让混凝土自然流淌，形成一定的斜面，只需在下一段混凝土施工时上一段混凝土尚未初凝即可。混凝土的振捣需从下端开始，逐渐上移，以保证混凝土的施工质量。

9.1.6　水下混凝土浇筑

在一些深基础及水利工程施工中常会需要直接在水下浇筑混凝土，水下浇筑混凝土一般采用导管法。混凝土从导管下落，依靠自重扩散，边浇筑边提升导管，压迫管口周围的混凝土在已浇筑的混凝土内部流动、扩散，以完成混凝土的浇筑工作，如图 9-7 所示。

导管法浇筑混凝土的主要设备有导管、贮料斗和提升机等。导管一般由钢管制成，管径为200～300mm，每节管长 1.5～2.5m。各节管之

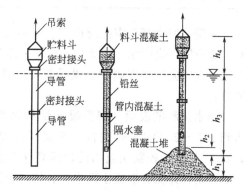

图 9-7　导管法浇筑水下混凝土示意图

间用法兰盘加止水胶皮垫圈通过螺丝连接，拼接时应注意保持管轴垂直，否则会增大提管阻力。

先将导管沉入水中距水底约 100mm 处，然后用铁丝或麻绳将一球塞悬吊在距离水面约 0.2m 处，球塞用软木或橡胶制成，直径比导管内径小 15～20mm。首先在球塞上铺几层稍大一点的水泥纸，上面再撒一些干水泥，以免混凝土中的骨料嵌入球塞与导管的缝隙，然后向导管内浇筑混凝土。

待导管和装料漏斗装满混凝土后，便可以剪断吊绳，进行混凝土的浇筑工作。水深 10m 以内时，可立即剪断；水深大于 10m 时，可将球塞降到导管中部或接近管底时再剪断吊绳。混凝土靠自重推动球塞下落，冲出管底后向四周扩散，形成一个混凝土堆，浇筑时，必须保证第一次浇筑的混凝土的量能满足将导管埋入最小埋置深度 h_1，其后应能始终保持导管底部埋入混凝土中。混凝土不断地从贮料斗加入导管，管外混凝土面不断上升，导管也相应地进行提升，每次提升高度控制在 150～200mm 范围内，且保证导管在混凝土中的埋置深度满足要求，以保证混凝土浇筑的顺利进行。

导管底部应埋入已浇混凝土内部一定深度，以免新浇混凝土与水接触而降低强度，其埋置深度越大，混凝土向四周扩散的匀质越好，混凝土就越密实，表面坡度越平缓。但导管埋置深度越深，混凝土的流动阻力越大，越易出现堵管现象；一般来说，其最大埋置深度不宜超过 5m。若埋置深度较小，混凝土流动阻力小，浇筑速度快，不易堵管，但混凝土的匀质性和密实度不易得到保证，导管最小埋置深度不宜小于表 9-6 中的规定。当在泥浆中浇筑混凝土时，最小埋置深度为 1m。

表 9-6　导管的最小埋置深度

混凝土水下浇筑深度/m	≤10	10～15	15～20	＞20
导管埋入混凝土的最小埋置深度/m	0.8	1.1	1.3	1.5

工程施工中要求水下浇筑混凝土时，混凝土表面的上升速度不宜小于 0.3m/h，在泥浆中浇筑混凝土时，其速度不宜小于 1.0m/h。导管内混凝土必须维持一定的高度，保证导管混凝土具有足够的出口压力，方能顺利地向四周扩散，以完成水下浇筑工作。导管所需最小出口压力可在表 9-7 中查用。

表 9-7　导管底部最小出口压力

导管作用半径/m	≤2.5	2.5～3.0	3.0～3.5	3.5～4.0
最小出口压力/Pa	$0.75×10^5$	$1.0×10^5$	$1.5×10^5$	$2.5×10^5$

混凝土的浇筑工作应连续进行，不得中断，若出现导管堵塞现象，应及时采取措施疏通，若不能解决问题，需更换导管，采用备用导管进行浇筑，以确保混凝土浇筑连续进行。浇筑过程中应严格控制导管提升高度，只能上下升降，不准左右移动，以免造成管内返水事故。

与水接触的表面一层混凝土结构松软，浇筑完毕后应及时清除，一般待混凝土强度达到 2.0～2.5MPa 后进行。软弱层厚度在清水中应至少取 0.2m，在泥浆中应至少取 0.4m，其标高控制应超出设计标高这个数据。当采用多根导管同时浇筑混凝土时，应从最深处开始，并保证混凝土面水平、均匀上升，相邻导管下口的标高差值应不超过导管间距的 1/15～1/20。

9.1.7 柱基础混凝土浇筑

民用建筑常见柱基形式为台阶式基础，台阶式基础施工时一般按台阶分层一次浇筑完毕，中间不允许留施工缝，倾倒混凝土时宜先边角后中间，使混凝土充满模板。各台阶之间最好留有一定时间间歇，以便给下部台阶混凝土一段初步沉实的时间，以避免上下台阶之间出现裂缝，同时也便于上一台阶混凝土的浇筑。一般是按顺序先浇柱基的第一级，再依次施工第二级，但注意必须在第一级混凝土初凝前完成第二级混凝土的浇筑。

浇筑多阶柱基时为防止垂直交角处出现吊脚（上台阶与下口混凝土脱空），第一级混凝土捣固下沉20～30mm后暂不填平，在继续分层浇筑第二级混凝土时，沿第二级模板底圈将混凝土做成内外坡，如图9-8所示。外圈边坡的混凝土在第二级混凝土振捣过程中自动摊平，待第二级混凝土浇筑后，将第一级混凝土对齐模板顶边拍实抹平。柱基础施工时，还需注意连接钢筋的位置，若发生位移和倾斜，需立即进行纠正。

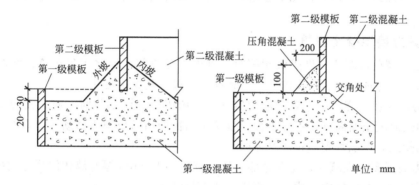

图9-8 台阶式柱基础第二级模板底圈混凝土做成内外坡示意图

9.1.8 柱子混凝土浇筑

① 混凝土的浇筑顺序是先柱后梁、板，浇筑时应从两端向中间推进，以免柱模板在横向推力作用下向另一方倾斜。

② 柱子开始浇筑前，应在底部先浇筑一层50～100mm厚与混凝土同配比的水泥砂浆或减半石混凝土，以避免构件下部由于砂浆含量减少而出现蜂窝、麻面、露石等质量缺陷。

③ 柱子混凝土浇筑倾落高度应符合表9-3的规定，当不能满足表9-3的要求时，应加设串通、溜管、溜槽等装置。

④ 柱子混凝土应一次连续浇筑完毕，如需留施工缝时应留在主梁下面，无梁楼板应留在柱帽。

⑤ 在与梁板整体浇筑时，应在柱浇筑完毕后停歇1～1.5h，待柱混凝土初步沉实后再浇筑梁板。

⑥ 浇筑整排柱子时，应按从两端由外向内对称的顺序浇筑，以防柱模板在横向推力下向一方倾斜。

⑦ 柱子混凝土的分层厚度应当经过计算确定，并且应当计算每层混凝土的浇筑量，用专制料斗容器称量，保证混凝土的分层准确，并用混凝土标尺杆计量每层混凝土的浇筑高度，混凝土振捣人员必须配备充足的照明设备，保证振捣人员能够看清混凝土的振捣情况。

⑧ 浇筑完后，应及时将伸出的搭接钢筋整理到位。

9.1.9 梁、板混凝土浇筑

① 梁、板应同时浇筑，浇筑方法应由一端开始用"赶浆法"，即先浇筑梁，根据梁高分层浇筑成阶梯形，当达到板底位置时再与板的混凝土一起浇筑，随着阶梯形不断延伸，梁板混凝土浇筑连续向前进行，如图9-9所示。

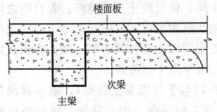

图9-9 梁、板同时浇筑方法示意图

② 和板连成整体、高度大于1m的梁，允许单独浇筑，其施工缝应留在板底以下20～30mm处。浇捣时，浇筑与振捣必须紧密配合，第一层下料慢些，梁底充分振实后再下第二层料，用"赶浆法"保持水泥浆沿梁底包裹石子向前推进，每层均应振实后再下料，梁底及梁侧部位要注意振实，振捣时不得触动钢筋及预埋件。

③ 梁柱节点钢筋较密时，此处宜用同强度等级的细石混凝土浇筑，并用小直径振捣棒振捣。

9.1.10 剪力墙混凝土浇筑

① 如柱、墙的混凝土强度等级相同时，可以同时浇筑，反之宜先浇筑柱混凝土，预埋剪力墙锚固筋，待拆柱模后，再绑剪力墙钢筋、支模、浇筑混凝土。

② 剪力墙混凝土浇筑除遵守一般规定外，在施工门窗洞部位时，应先在洞口两侧同时浇筑，且两侧混凝土面高度差不能太大，以防止门窗洞口部位模板移动。窗户部位应先浇筑窗台下部混凝土，停歇片刻后再浇筑窗间墙。

③ 剪力墙混凝土浇筑前，先在底部均匀浇筑50～100mm厚与墙体混凝土同配比砂浆或减半石子混凝土，并用铁锹入模，不宜用料斗直接灌入模内。

④ 浇筑墙体混凝土应连续进行，间隔时间不应超过2h，每层浇筑厚度按照规范的规定实施，因此必须预先安排好混凝土下料点位置和振捣器操作人员数量。

⑤ 振捣棒的移动间距应小于40cm，每一振点的延续时间应以表面泛浆为宜，为使上下层混凝土结合成整体，振捣器应插入下层混凝土50～100mm。振捣时注意钢筋密集及洞口部位，为防止出现漏振，须在洞口两侧同时振捣，下料高度也要大体一致。大洞口的洞底模板应开口，并在此处浇筑振捣。

⑥ 墙体混凝土浇筑高度应高出板底20～30mm。混凝土墙体浇筑完毕之后，将上口甩出的钢筋加以整理，用木抹子按标高线将墙上表面混凝土找平。

9.1.11 楼梯混凝土浇筑

（1）施工缝设置

楼梯施工缝宜留置在结构受剪力较小且便于施工的部位，在现浇混凝土结构中，楼梯间两侧墙多为现浇混凝土墙，楼梯和墙不能同时施工，给楼梯施工缝的留置带来困难。对楼梯施工缝的留置，可按照以下方式留置：

① 框架结构或楼梯间两侧后砌隔墙的，楼梯施工缝应按规范要求留在楼梯踏步的上三步或下三步处。

② 楼梯间两侧为现浇混凝土墙时，楼梯的施工缝宜把楼梯梁的1/2处，即上跑楼梯梁的全部和休息平台的1/3～1/2处，全留出不浇筑，具体要求如下：

a. 下层剪力墙浇筑混凝土时，上跑楼梯梁一侧墙上应留置楼梯梁的梁窝。

b. 下跑楼梯梁浇筑混凝土时，休息平台楼梯梁只浇到一半，上跑楼梯梁那部分不浇，而且在上跑楼梯一侧休息平台的 1/3~1/2 处留置施工缝也不浇筑混凝土。

　　c. 楼面浇筑混凝土时，上跑楼梯梁在剪力墙的支座处须塞泡沫块留置梁窝。

　　d. 上跑楼梯支模时，将楼梯梁、休息平台、楼梯梁支座处的施工缝表面应剔凿清理干净，露出石子。

　　e. 在上跑楼梯混凝土浇筑时，接槎处浇水湿润，并浇筑一些同混凝土配合比的无石子砂浆，仔细振实，形成一体。

　　③ 如按叠合梁对待，把梁打到休息平台底或楼板底。这种做法必须严格按叠合面的规定进行处理。

　　④ 板式楼梯，踏步作为受力板支在两侧剪力墙上时，可在平行于踏步板的任何位置留施工缝。

　　（2）施工工艺

　　楼梯段混凝土自下而上浇筑，先振实底板混凝土，达到踏步位置时再与踏步混凝土一起振捣，不断连续向上推进，并随时用木抹子（或塑料抹子）将踏步上表面抹平。混凝土浇筑完毕后，应在初凝后加以覆盖和浇水，浇水次数应能保持混凝土有足够的润湿状态，养护期一般不少于 7 昼夜。

9.2 混凝土的密实成型

　　混凝土原材料经搅拌后获得的混凝土拌合物，在浇筑入模后呈松散状态，其中含有占混凝土体积 5%～20% 的孔洞和气泡。只有通过合适的密实成型工艺，才能使混凝土拌合物填充到模板的各个角落以及钢筋的周围，并排除混凝土内部的空隙和残留的气泡，使混凝土密实。

　　混凝土的成型和密实，其实属于两个不同的概念。成型是指混凝土拌合物在模型内流动并充满模型，从而获得所需外形的过程；而密实是指混凝土拌合物向其内部空隙流动的过程。通常情况下成型和密实是同时进行的，而有些混凝土（如泡沫混凝土、加气混凝土等）仅需要成型工艺而不需要密实工艺。

　　目前，混凝土的密实成型工艺主要可以分为振动密实成型、压制密实成型、离心脱水密实成型、真空脱水密实成型和喷射密实成型等。

　　① 振动密实成型是利用机械措施迫使混凝土拌合物的各颗粒发生振动，从而使不易流动的拌合物液化，以达到密实成型的目的。这种方法设备简单，效果较好，能保证混凝土达到良好的密实度；并且振动还加速了水泥的水化作用，使混凝土的早期强度增长速度加快，所以该方法的应用非常广泛。但是这种方法也存在能耗大、噪声大等不足之处。

　　② 压制密实成型是利用机械对浇筑入模的混凝土拌合物施加压力（静力）排除空气，使拌合物颗粒相互压紧而密实；当水量较多或压力较大时，也可脱去多余水分。

　　③ 离心脱水密实成型是利用环形模型在离心机上高速旋转，模型内的混凝土拌合物受离心力的作用，脱去部分水分而密实成型，这种方法一般常用于生产管状制品。

　　④ 真空脱水密实成型是利用机械抽真空的方法，将混凝土拌合物中的多余水分和空气排除，从而使混凝土密实，这种方法常用于流动性混凝土拌合物的成型过程。

　　⑤ 喷射密实成型是借助喷射机械，利用压缩空气或其他动力，将按一定配合比的水泥、砂、石及速凝剂等均匀拌合，并将拌合物通过喷管喷射到受喷面上，在数分钟之内凝结硬化而成型的混凝土。

9.2.1 振动密实成型

9.2.1.1 振实原理

匀质的混凝土拌合物介于固态与液态之间,内部颗粒依靠物料间的摩擦力、黏聚力处于悬浮状态。当混凝土拌合物受到振动时,振动器的能量以脉冲的方式传递给物料颗粒,迫使其参与振动,此时的振动能消除物料间的摩擦力,而无内摩擦的物质处于液态,故此时的混凝土拌合料暂时被液化,处于"液化状态"。于是混凝土拌合物能像液体一样很容易地充满容器,能迫使气泡上浮,排除原拌合物中的空气和孔隙;在重力作用下物料颗粒下沉,物料颗粒同时又受到振动的干扰而排列成一种比较紧密的结构。这样一来,通过振动就使混凝土完成了成型和密实的工作。

混凝土能否被振实与振动的频率和振幅有关。物料都具有自身的振动频率,当振源频率与物料自身的振动频率相同或接近时,会出现共振现象,使得振幅明显提高,从而增强振动效果。一般来说,高频对较细的颗粒效果较好,而低频对较粗的颗粒较为有效,故一般根据物料颗粒大小来选择振动频率。当采用较大的振幅振动时,使混凝土密实所需的振动时间缩短;反之,所需振动时间延长;如振幅过小,不能达到良好的振实效果;而振幅过大,又可能使混凝土出现离析现象。

9.2.1.2 振动设备及操作要点

目前,我国主要采用的是以电为动力的振动设备,其他形式的振动设备应用很少。振动器的振幅一般都控制在 0.7~2.8mm。振动器频率在 50Hz 左右时为低频振动器,在 200Hz 左右时为高频振动器。

在混凝土施工中使用的振动密实机械类型较多,根据对混凝土的作用方式不同,大致可以归纳为内部振动器、表面振动器、附着振动器和振动台四种类型,如图 9-10 所示。

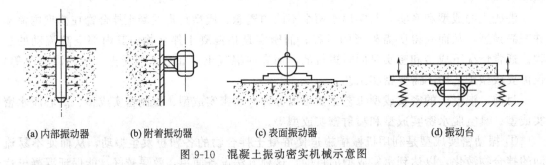

(a) 内部振动器　　　(b) 附着振动器　　　(c) 表面振动器　　　　　(d) 振动台

图 9-10　混凝土振动密实机械示意图

（1）内部振动器

内部振动器又称插入式振动器,主要由振动棒、软轴和电动机三部分组成。振动棒是工作部分,长约 500mm,直径 35~50mm,内部装有偏心振子,电动开动后,由于偏心振子的作用使整个棒体产生高频的微幅振动。振动棒和混凝土接触时,便将振动传给混凝土,很快使混凝土密实成型。插入式振动器的适用范围广泛,可用于大体积混凝土、基础、柱、梁、墙、厚度较大的板及预制构件的捣实工作。当结构配筋较密或厚度较薄时,不宜采用插入式振动器。内部振动器工作时,通常是由人工手持操作,并随时转到下一个振捣点,对于较大的振动棒也可以通过机械吊挂的方式进行工作。

① 内部振动器分类　内部振动器的种类很多,一般可按下列特征加以区分:

a. 按驱动方式来分,有电动、气动、液压和内燃机驱动等方式。气动和液压振动器各有特点,但受使用条件限制,内燃机驱动的振动器只有在缺乏电源的场合使用,而电动振动器由于电源可随时架设，电动机和上述几种动力设备比较，具有结构简单、体积小、质量小等优点，因而内部振动器大部分均采用电机驱动。

b. 按动力设备（主要是电动机）与工作部分（振动棒）之间的传动形式来分，有软轴和电动机内装式两种。为了便于移动作业，尽量减轻工人手持操作部分的质量，对于中小直径振动器都将电动机和振动棒分开，中间接以较长的挠性传动软轴进行驱动。对于大直径的内部振动器，因为振动棒直径大，软轴力矩大而难制造，所以都将电动机装入振动棒内直接驱动偏心轴。

c. 按振动棒激振原理的不同来划分，有偏心式和行星式两种。其激振结构和工作原理如图 9-11 所示。

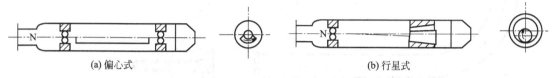

(a) 偏心式　　　　　　　　　　　(b) 行星式

图 9-11　振动棒激振原理示意图

偏心式振动棒激振原理如图 9-11(a) 所示，它的工作原理是在振动棒中心安装具有偏心质量的转轴，偏心转轴在电机带动下高速旋转时产生的离心力通过轴承传递给振动棒外壳，从而使整个棒体处于振动状态。要达到较好的振动效果，要求振动器的振动频率在 10000r/min 以上，而偏心式一般只能达到 6000r/min。由于偏心式振动器工作时的激振力主要通过轴承传递，因而转轴两端的支承轴承经常在高速重载条件下工作，这将影响其使用寿命。而且偏心式的电动功率大、机体重，操作移动都不方便，目前呈被淘汰趋势。

行星式的激振原理如图 9-11(b) 所示，在振动棒内部安有一转轴，转轴下部带有一个滚锥，转轴在由电机带动自转时，带动下部滚锥沿滚道公转，从而形成滚锥体的行星运动，而使棒体产生振动。转轴滚锥沿滚道每转一周，振动棒体就产生一次振动，因而只要转轴以较低的转速带动滚轴转动，就能使振动棒产生较高的振动频率。振动棒振动频率与滚锥轴转速的关系见式(9-1)：

$$N = n \times \frac{d}{D-d} = \frac{n}{\dfrac{D}{d}-1} \tag{9-1}$$

式中　N——振动棒的振动频率，r/min；

　　　n——滚锥轴的自转速度，r/min；

　　　D——滚道的内径，mm；

　　　d——滚锥的直径，mm。

从式(9-1) 中可见，在电机转速不变的情况下，只需调整滚道与滚锥直径的比值，便可使振动棒在一般电动机的驱动转速下获得较高的振动频率，通过改变高速滚道和滚动锥体的直径比值，即可取得不同的振动频率值。行星式激振克服了偏心式激振的主要缺点，因而在电动软轴式振动器中得到了最普通的应用。

电动软轴行星插入式振动器（见图 9-12）被广泛用于建筑工程施工中，为适应各种混凝土工程的需要，电动软轴行星插入式振动器已发展了许多规格的产品，并且都按振动棒直径系列化。目前这种振动器的棒径大多为 25~70mm。使用的振动频率也很宽，一般为 200~260Hz。这种振动器具有结构简单、传动效率较高、振动件质量小、软轴使用寿命长等优点，因而在所有振动器中是应用量最大、使用范围最广的一种振动器。

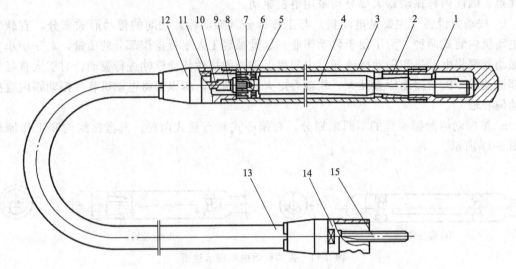

图 9-12　行星插入式振动器构造示意图

1—棒头；2—滚道；3—振动棒壳体；4—转轴；5—油封；6—油封座；7—垫圈；8—轴承；9—软轴接头；

10—软轴；11—软管接头；12—锥套；13—软管；14—连接头；15—圆形插头

② 内部振动器操作要点：

a. 内部振动器（又称插入式振动器）的振捣方法有垂直振捣和斜向振捣两种，如图 9-13 所示，可根据具体情况采用，一般以垂直振捣为多。垂直振捣容易掌握插点距离，控制插入深度，不易产生漏振，不易触及钢筋和模板，混凝土受振后能自然沉实、均匀密实。而斜向振捣是将振动棒与混凝土表面成 40°～45°插入，操作省力、效率高、出浆快，易于排除空气，不会发生严重的离析现象，振动棒拔出时不会形成孔洞。

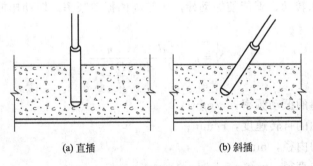

(a) 直插　　　　　　　　　　　(b) 斜插

图 9-13　插入式振捣棒的插入方向

b. 使用插入式振动器垂直振捣的操作要点是："直上直下、快插慢拔，插点均匀、切勿漏插，掌握时间、层层扣搭"。其中"快插"是为了防止先将表面混凝土振实而无法振捣下部混凝土，与下部混凝土出现分层、离析现象；"慢拔"是为了让混凝土有充足时间填满振动棒抽出时形成的空洞。振动过程中，宜将振动棒上下略为抽动，以使混凝土振捣均匀。

c. 分层振捣混凝土时，每层厚度不应超过振动棒有效长度的 1.25 倍（振动棒的作用半径一般为 300～400mm）；移动间距不大于振捣作用半径 R 的 1.5 倍。振捣上一层时应插入下层50～100mm，如图9-14所示，以使两层混凝土结合牢固。振捣时，振捣棒不得触及钢筋和模板。

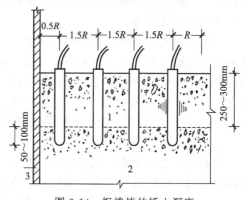

d. 振动时间要掌握适当，过短混凝土不易被捣实，过长又可能使混凝土出现离析。一般每个插入点的振捣时间为20～30s，而且以混凝土表面呈现浮浆，不再出现气泡，表面不再沉落为准。

e. 振动时插点排列要均匀，可采用"行列式"或"交错式"（见图9-15）的次序移动，且不得混用，以免漏振。每次移动间距，对于普通混凝土不宜大于振捣作用半径 R 的1.5倍；对于轻骨料混凝土，不宜大于其作用半径 R 的1.0倍。布置插点时，振动器与模板的距离不应大于振动器作用半径 R 的0.5倍，并应避免碰撞模板、钢筋、芯管、吊环、预埋件或空心胶囊等。

图 9-14　振捣棒的插入深度
1—在浇层；2—下层；3—模板

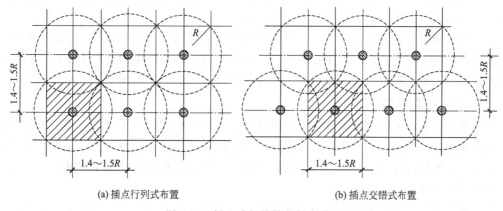

(a) 插点行列式布置　　　　(b) 插点交错式布置

图 9-15　插入式振捣棒的插点排列

(2) 表面振动器

表面振动器又称为平板式振动器，它是把振动器固定在一个平板上，其构造一般是在电机转轴的两端各装一个偏心振子，外部罩上外壳保护，电机开动后，带动偏心振子高速旋转从而使整个设备产生振动，再通过平板将振动传递给混凝土。适用于坍落度较小的塑性、干硬性、半干硬性混凝土或厚度较薄而表面外露较大的混凝土结构，如平板、楼地面、屋面等构件。

表面振动器在使用时，在每一位置应连续振动一定时间，一般为25～40s，以混凝土表面出现浆液，不再下沉时为准，移动时应有一定的路线，并保证前后左右相互搭接30～50mm，防止漏振。表面振动器的有效作用深度，在无筋或单筋平板中约为200mm，在双筋平板中约为120mm。在振动倾斜混凝土表面时，应由低处逐渐向高处移动，以保证混凝土振实。

(3) 附着振动器

附着振动器又称为外部振动器，其振动器构造同表面振动器的工作部分，一般是利用螺栓或钳形夹具将其固定在模板上，振动器的振动能量通过模板传给混凝土，从而使混凝土被振捣密实。外部振动器的振动作用距离较近，仅适用于振捣钢筋较密、厚度较小等不宜使用插入式振动器的结构。

使用外部振动器时，其振动作用半径一般为 250mm 左右，当构件尺寸较大时，需在构件两侧安设振动器同时进行振捣，一般是在混凝土入模后开动振动器进行振捣，混凝土浇筑高度需高于振动器安装部位，当钢筋较密或构件断面较深较窄时，也可以采取边浇筑边振动的方法；外部振动器应与模板紧密连接，其设置间距应通过试验确定，一般为每隔 1～1.5m 设置一个振动器；振动时间的控制是以混凝土不再出现气泡，表面呈水平时为准。

（4）振动台

混凝土振动台也称台式振动器，振动台是一个支承在弹性支座上的工作平台，平台下面有振动机构，振动机构工作时就带动工作台一起振动。振动台主要由上部框架、下部框架、支承弹簧、电动机、齿轮同步器、振动子等组成。模板固定在平台上，随着振动机构做上下方向的定向振动。振动台主要用于混凝土制品厂预制构件的振捣，具有生产效率高、振捣效果好等优点。

混凝土构件厚度小于 200mm 时，可将混凝土一次性装满振捣，如厚度大于 200mm，则需分层浇筑，每层厚度不应大于 200mm，或边浇边振，振捣时间根据实际情况决定，一般以混凝土表面呈水平、不再冒气泡、表面出现浮浆时为准；当振实干硬性混凝土或轻骨料混凝土时，宜采用加压振动的方法，压力为 1～3kN/m²。

振动台的最大优点是其所产生的振动力和混凝土的重力方向是一致的，振波正好通过颗粒的直接接触由下向上传递，能量损失较少。而插入式振动器产生的是水平振波，和混凝土重力的方向不一致，振波只能通过颗粒间的摩擦来传递，所以其效率不如振动台高。

9.2.2 压制密实成型

在一般情况下，混凝土拌合物经振动处理，可以获得较好的密实成型效果。但是其不足之处在于整体振动时由于带动模型一起振动，因此能量使用不够合理，能耗较大，对于水胶比较小的干硬性混凝土拌合物，其振动能耗更大，振动时间也较长，振幅衰减大，因而很难达到较高的密实度。

压制密实成型工艺，并不是将能量均匀分布到混凝土的整个体积，而是集中在局部区域内，形成应力集中，使混凝土容易发生剪切位移，颗粒产生移动。这样，在外部压力的作用下，混凝土拌合物即发生排气和体积压缩过程，并逐渐波及整体，最终达到较好的密实成型效果。随压力的大小及拌合物性能的不同，有时压制工艺仅起密实成型作用，有时则在密实成型的同时还可以起到脱水的作用。

混凝土拌合物在搅拌过程中混入大量空气，因而拌合物应视为一个三相系统，即由固相、液相和气相所组成。固相颗粒有大有小，呈不规则的形状，表面或致密或多孔，随着粒径的减小和比表面积的增加，颗粒相互靠近时所产生的附着力增大。除参与水化作用的水外，拌合物中多余的水分起以下作用：

① 润湿固体颗粒并使颗粒间发生湿接触。
② 提高拌合物塑性并降低成型时的摩擦力。
③ 有助于较为均匀地成型并制取强度较好的制品。
④ 由于毛细管压力而集结粉状材料，有助于提高颗粒之间的粘结力。

但是拌合物中过多的水分也是有害的，因为在成型时水分妨碍颗粒的相互靠近，增加了弹性变形并会助长裂纹和层裂。这是由于压制成型时，部分水膜从颗粒间的接触处被挤入气孔中，当卸去外压力后，水又重新进入颗粒之间，将颗粒推开，使成型结束的试件发生膨胀。因此，从拌合物的均匀性和密实性考虑，在压制成型时，适宜的液相量是极其重要的。

9.2.2.1　压制成型过程

（1）压制开始前

压制开始前，拌合物是一种不密实的、松散的宏观均质体，只有在自身所受重力作用下才发生塑性变形，并认为它是各向同性的。

（2）压制开始后

压制开始后，拌合物即处于三向应力状态，拌合物在模头的压力下发生压缩变形，首先受力的是大粒径骨料，并楔入比较小的颗粒，颗粒之间互相靠近，重新组合，空气通过颗粒间隙排出，坯体体积显著减小，气孔率下降，颗粒接触面积增大。由于毛细管压力，固体颗粒松散的均质体转变为连续的、有一定密实度的均质体，坯体的塑性强度提高。模箱侧壁由于受到模头压力使坯体产生侧向膨胀压力而变形，变形值根据模箱刚度而定，变形值的大小就是坯体侧向膨胀值。当继续增大压力时，颗粒产生塑性、脆性及弹性变形，颗粒接触表面有可能遭到破坏，内部空气通路堵塞，内部空气受到压缩并部分溶于液相。由于水膜的黏滞力和颗粒的机械咬合作用而阻碍颗粒的迅速移动，延长了颗粒的移动时间，因而坯体的弹性变形增大，坯体已转变为成型的制品。

（3）制品推出模箱后

制品推出模箱后，由于模头压力和模箱侧压力的突然消失，制品内部的压缩空气压力及颗粒的弹性膨胀力使制品在三维方向产生弹性膨胀，制品尺寸将大于模箱尺寸，制品的湿体积密度降低。

9.2.2.2　压制成型方法

压制密实成型工艺常用方法一般有静力压制、振动加压、挤压、振动挤压等。

① 静力压制工艺制度包括成型最大压力、压制延续时间及加压方式。该种成型方法需采用较高的成型压力，其压强达几兆帕至几十兆帕。因为静力压制工艺所需的成型压力较大，故一般只适用于成型小型制品。加压速度一般以较缓慢为宜，这样容易使拌合物中的气体在压力作用下排出，但会导致生产效率降低。

② 振动加压工艺是先对拌合物施加振动，使之达到初步密实和表面平整，再进行加压振动，以达到最终密实成型状态。

③ 挤压或振动挤压工艺则是利用螺旋铰刀挤压拌合物，或再辅以振动，使之成型和密实。挤压成型工艺的工作原理如图9-16所示。混凝土拌合物通过料斗由螺旋铰刀向后挤送，在此过程中，受已成型空心板阻力作用而被挤压密实，挤压机在反作用力的作用下，朝相反方向前进，挤压机后面则形成一条连续的混凝土多孔板带。挤压成型实现了混凝土成型过程

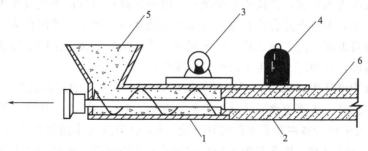

图 9-16　挤压成型原理示意图

1—螺旋铰刀；2—成型管；3—振动器；4—压重；5—料斗；6—已成型空心管

的机械化，可降低劳动强度，提高生产率，节约模板，并可根据实际需要切成任意长度的板材，是预制构件场生产预应力空心板的主要成型工艺。

采用挤压成型时，螺旋铰刀所设成型管的断面应随板孔形状而定，可取圆形或矩形，其数量按板孔的数量配置；如需生产实心板，则只需把成型管拆除即可。螺旋铰刀螺距的大小直接影响挤压力，螺距越小，挤压力越大，混凝土越密实，但机械的行速减慢，送料量减少。因此，可将空心板两侧铰刀的螺距适当增大，长度加长。螺旋铰刀的转速以 $40\sim50r/min$ 为宜，其转向应分为两组，分别以相反的方向旋转以减少挤压机行走时的偏斜。挤压成型多孔板切断方法有两种：一种方法是在混凝土初凝前按所需长度切断混凝土部分，待混凝土达到一定强度后再放松、切断预应力钢丝；另一方法是在混凝土达到一定强度后用钢筋混凝土切割机整体切断。

9.2.3 离心脱水密实成型

离心脱水密实成型工艺是混凝土拌合物成型工艺中的一种机械脱水密实成型工艺，是将装好混凝土的钢模放在离心机上，当钢模高速旋转一定时间后，由于离心力的作用使混凝土均匀分布在钢模的内壁，并将混凝土中的多余水分挤出，使混凝土密实。离心法广泛用于管桩、管柱、管式屋架、电杆和水管等预制混凝土构件的生产。

图 9-17 所示为常用的离心成型设备，该设备架设在底座的托轮上，托轮在电动机带动的主轴旋转下将作用力传递给环形模具，经模具再将动力传到从动轮上，从而使环形模具在电动机作用下产生不同速率的转动，最终使模具内的拌合物在所产生的离心力作用下脱水密实成型。

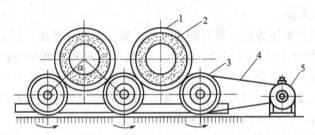

图 9-17　离心成型设备工作原理图
1—滚圈；2—管模；3—托轮；4—传送皮带；5—电动机

9.2.3.1 离心脱水密实成型过程

离心成型过程中的拌合物可视作黏度很小的不可压缩的液体，这种假定对于流动性拌合物，在不计模型和钢筋骨架的阻力时，是符合实际情况的。若无离心力作用，则液体在重力作用下其自由表面为水平面；当离心力增至一定值时，液体的自由平衡表面则是圆柱面。

在离心过程中，混凝土拌合物在离心力以及其他外力（重力、冲击振动）的作用下，粗细骨料和水泥颗粒沿离心力方向运动，也可视作沉降，结果是将多余的水分挤出，从而提高了混凝土的密实度，但同时也产生了内外分层现象。

混凝土拌合物就其组成来讲，可以近似地认为是一个多相的悬浮系统，即粗骨料与砂浆、细骨料与水泥浆、水泥与水三个悬浮系统。在离心时，这三个系统将分别产生沉降和密实。如果用 V_1 表示粗骨料在砂浆中的沉降速度，V_2 表示砂在水泥浆中的沉降速度，V_3 表示水泥在水中的沉降速度，那么混凝土的结构和性能将随沉降速度的变化而变化。

首先假定 $V_1>V_2>V_3$，而且速度差很大时，可将这三个同时开始而不同时结束的沉降过程看作是按顺序进行的，即先发生粗骨料在砂浆中的沉降，然后是砂在水泥浆中的沉降，最后是水泥颗粒在水中的沉降。在悬浮体内，固相颗粒受到的离心力，首先压于其附近的液相上，液相在压力作用下，将向表面流动。固相颗粒在不断下沉的过程中也逐渐相互靠近，最后颗粒受到的离心力全部通过底层颗粒传递给钢模。此时，液相由于解除了固相压力作用，停止向外流动，固相颗粒产生相互搭接，而水泥颗粒沉降的结果，是把一部分水挤出混凝土外，而少部分水却保留在骨料间的空隙中。由于颗粒距离很近，上述沉降过程并非完全是自由沉降，相互之间还有干扰沉降和压缩沉降，故上述规律只能是大致的。

混凝土拌合物在离心沉降密实后明显地分为混凝土层、砂浆层和水泥浆层，称为外分层；而在粗骨料间因水泥、砂的沉降形成水膜层，称为内分层。当 V_1 与 V_2 相近并大于 V_3 时，则在内壁形成较厚的水泥浆层，一般发生于水胶比高而砂率较低的情况。当 V_1 与 V_2 相近并小于 V_3 时，将形成较厚的砂浆层，一般发生于砂率高、坍落度小的情况。

如果离心过程中有冲击振动，则上述情况将发生一定的变化，即 V_1、V_2 与 V_3 的关系都将发生改变。一般来说，低频振动有利于粗骨料的沉降，因此，用自由托轮式离心时，一般都将产生分层现象，如图 9-18 所示。

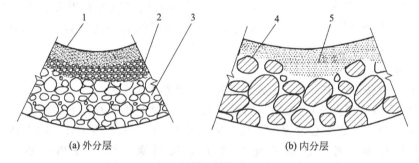

图 9-18　离心混凝土结构分层情况示意图

1—水泥浆层；2—砂浆层；3—混凝土层；4—骨料；5—水膜层

混凝土拌合物在离心成型后，将产生以下主要变化：

① 密实度提高。坍落度为 $50\sim70$mm 的混凝土拌合物经离心成型后，排出水分约 $20\%\sim30\%$，混凝土的密实度显著提高。

② 外分层。经离心成型后，混凝土结构里层为水泥浆，外层为混凝土，砂浆为中间层。这种混凝土结构，强度低于与离心成型后混凝土配合比和密实度相同的匀质混凝土。这是因为在承载时，混凝土层因具有较高的弹性模量而承受较大的荷载，砂浆与水泥浆体的弹性模量低而承受较小的力，因而在总荷载比匀质混凝土小的情况下即可遭受破坏。由于破坏了毛细通道的水泥浆层具有较高的抗渗性，因此，在一定限度内，外分层对保证混凝土的抗渗性是有利的。

③ 内分层。当骨料沉降稳定后，由于水泥颗粒继续沉降的结果，在骨料颗粒的下表面处将形成水膜，从而局部破坏了骨料颗粒与水泥石界面间的粘结力。因此内分层对混凝土的强度、抗渗性是不利的。

离心时适度的振动作用可以加速混凝土结构的形成，但当混凝土基本密实后再进行过大的振动，反而会使已成型的混凝土因振动而开裂。离心成型过程不仅是混凝土内部结构强化（提高密实度）的过程，而且还伴随着结构的破坏过程（内、外分层和振动的破坏作用）。

由图 9-19 可见，在离心初期，因密实度提高较快，此时内分层及冲击振动的破坏作用尚未产生，所以硬化后混凝土的抗压强度随离心时间的延长而提高，但提高的速度越来越缓

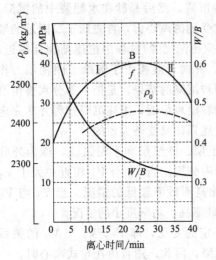

图 9-19　离心混凝土强度（f）、剩余
水胶比（W/B）、体积密度（ρ_0）
与离心时间的关系

慢。到离心成型后期，即随离心时间延长，密实度不再显著变化时，上述的不利因素将占据优势。从此时起，硬化后混凝土的抗压强度将随离心时间的延长而降低。

由图 9-19 可见，强度曲线由提高段 I 和降低段 II 两段组成。根据原材料、混凝土配合比不同，高峰 B 可能提前或推迟，而当离心力过小时也可能不出现（或出现的时间无限推迟），相应的强度值也将发生变化，变化的速率也不相同。

由图 9-19 还可以看出，强度高峰 B 产生在剩余水胶比 W/B 或体积密度 ρ_0 趋于稳定阶段。此后，随着离心时间延长，不利因素增长，强度反而下降。

9.2.3.2　离心脱水密实成型制度

混凝土的分层现象除了与原材料和拌合物的性质有关外，还与离心成型制度有很大关系。离心成型制度主要指各个阶段的离心速度以及离心时间。此外，分层投料对离心制度和混凝土性能也有很大的影响。

（1）离心速度

离心速度一般按慢、中、快三挡速度变化，具体情况如下：

① 布料阶段转速（慢速）。慢速为布料阶段，其主要目的是在离心力作用下，使拌合物均匀分布并初步成型。在离心过程中，布料阶段转速不宜很大，否则拌合物将迅速密实而不易沿模壁均匀分布，同时还将产生严重的分层现象。该阶段离心机转速一般为 80～150r/min，使混凝土沿模板内壁均匀分布，内部形成空腔。

② 过渡阶段转速（中速）。中速则为必要的过渡阶段，不仅是由慢速到快速的调速过程，而且还可以在继续布料及缓慢增速过程中达到减弱内外分层的目的。该阶段转速一般为 250～400r/min，起继续布料的作用，并能减少分层。

③ 密实成型阶段转速（快速）。快速为密实阶段，其主要目的是在离心力作用下使拌合物充分密实。该阶段转速一般为 400～900r/min，起到成型和密实混凝土的作用。

（2）离心延续时间

离心过程中各阶段的延续时间，一般由试验来决定。其延续时间的长短，对制品质量起很大的影响作用。

① 慢速离心时间的确定。慢速阶段所需时间主要随管径大小和投料方式而变化，一般控制在 2～5min。

在其他工艺参数不变的条件下，慢速时间 t、混凝土 28d 强度 f 和拌合物坍落度 s 三者关系如图 9-20 所示，由图可知，硬化后的混凝土强度 f 随着慢速时间 t 的增加而逐渐增加，当混凝土强度达到最大后，如再延长时间，强度反而有降低的趋势，故取混凝

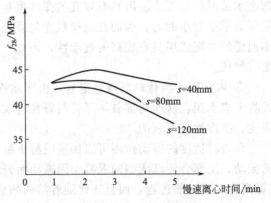

图 9-20　不同坍落度拌合物慢速离心时间
与硬化后 28d 强度的关系

土强度 f 最大值时所对应的时间为最佳慢速离心时间。混凝土的坍落度 s 越小，则最佳慢速离心时间越长。

② 中速离心时间的确定。应尽量减少甚至克服离心力的突增，使拌合物能很好地分布就位，初步形成混凝土骨架和毛细管通道，使多余水分和空气沿此通道及时排出，从而减少内分层现象，提高制品的密实度和抗渗性。中速时间一般控制在 2～5min。

中速离心时间与混凝土强度的关系如图 9-21 所示，由图可见，中速离心时间并不是越长越好。不同的中速离心速度，硬化后强度的最高值也不同；中速离心速度 v 越大，达到强度最高值的中速延续时间越短。因此，实际生产中应选择合适的中速离心时间。

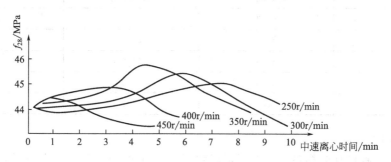

图 9-21　不同转速下中速离心时间与混凝土 28d 强度的关系

③ 快速离心时间的确定。快速离心时间随管径的大小而变化，且有最佳时间值，一般为 7～30min。如快速离心时间过短，拌合物中多余水分未完全排出，即水胶比未能降低至最佳值；相反，快速离心时间过长，会使混凝土产生裂缝等，从而降低了制品的质量。

快速离心时间、离心速度和硬化后混凝土强度三者关系如图 9-22 所示，图中所用混凝土的配合比为水泥∶砂∶砾石＝1∶1.5∶2.7，在小型轴式试验室离心机上成型，慢速转速 125r/min，慢速离心时间为 3min。

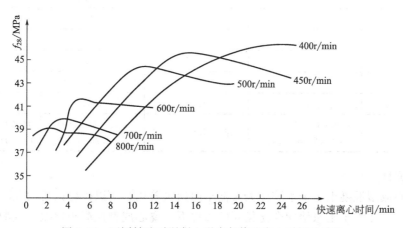

图 9-22　不同转速时混凝土强度与快速离心时间的关系

由图 9-22 可见，当快速离心速度一定时，随着离心时间的延长，硬化后的混凝土强度呈先增大后降低的趋势，不同快速离心速度下均有一个强度高峰值及与之相对应的最佳旋转时间。随着离心速度的增加，最佳离心时间越来越短，而混凝土强度也越来越低，这是由剩余水胶比过大和材料的内分层现象的影响所致。因此合理选择快速离心时间，有利于提高混凝土强度和生产率，并改善混凝土的性能。

9.2.3.3 离心脱水密实成型混凝土性能

（1）强度

原始水胶比相同时，由于离心脱水的作用，离心成型混凝土的强度比振动成型混凝土的强度高，由表9-8看出，随着原始水胶比的增大，强度提高系数也随之增大，这是由于离心成型剩余水胶比远小于振动成型混凝土的水胶比。

表 9-8　离心成型混凝土与振动成型混凝土的强度对比

原始水胶比	28d 抗压强度/MPa		强度提高系数
	离心成型	振动成型	
0.70	50.3	23.0	2.19
0.60	52.1	25.9	2.01
0.50	63.8	31.9	2.00
0.45	66.8	35.3	1.89
0.40	70.7	46.2	1.53

（2）抗渗性

由于离心过程中拌合物各组分的沉降速度不一，因而形成了各层组分比例不同的混凝土层状结构。从离心前后的各层材料的组成情况（见表9-9）可见，离心后混凝土各层的剩余水胶比由内壁到外层递增，水泥含量则由内层到外层递减。在管芯内壁的水泥浆层主要起抗渗作用，壁厚为 30mm 的预应力管芯，抗渗试验的压力可在 1.5MPa 左右，较普通混凝土高。

表 9-9　离心脱水密实成型前后混凝土各层的材料组成

项目	离心前	离心后		
		水泥浆层	砂浆层	混凝土层
层厚/mm	70	5	12	53
水胶比	0.45	0.22	0.26	0.30
砂率/%	44	0	100	39.1
水泥含量/(kg/m³)	625	1045	620	576
体积密度/(kg/m³)	2100	1275	1560	2480
配合比	水泥：砂：石：水＝1：1.2：5：0.45	水泥：水＝1：0.22	水泥：砂：水＝1：1.26：0.26	水泥：砂：石：水＝1：1.18：1.83：0.30

（3）抗冻性

因为离心成型混凝土剩余水胶比大大低于原始水胶比，所以硬化以后的孔隙率和吸水率均较小。因此，在混凝土原始配合比相同的条件下，离心成型混凝土比振动成型混凝土的孔隙率低，因抗渗性提高而使抗冻性也随之提高。

9.2.4　真空脱水密实成型

在混凝土浇筑施工中，为了获得较好的工作性，一般都采用有较大流动性的混凝土进行浇筑。混凝土经振捣后，其中仍残留有水化作用以外的多余游离水分和气泡。混凝土的真空吸水处理，就是利用真空泵和真空吸盘将混凝土中的游离水和气泡吸出，同时利用模板外的大气压力对模板内混凝土进行压实，从而达到降低水胶比，提高混凝土早期强度，改善混凝土物理力学性能，加快施工进度的目的。该工艺在现浇混凝土方面应用较为广泛，如道路、楼板、停车场、飞机场以及水工构筑物等。

　　混凝土真空吸水设备通常由真空吸水泵、真空吸盘、振动梁、抹光机等组成，其工艺顺序如图9-23所示。真空吸水泵一般安装在可移动的小车上。在放置真空吸盘前应先铺设过滤网，过滤网须平整紧贴在混凝土上，以防止吸入水泥等微粒，并应保持其良好的透水性能；放置真空吸盘时应注意周边的密封，防止漏气，并保证两次抽吸区域有30mm的搭接。真空吸水后要进一步对混凝土表面碾压抹光，保证表面的平整。

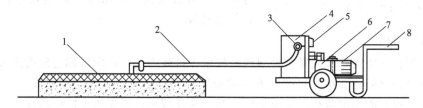

图 9-23　真空吸水设备工作示意图

1—真空吸管；2—软管；3—吸水进口；4—集水箱；5—真空表；6—真空泵；7—电动机；8—手推小车

9.2.4.1　真空脱水密实成型分类

　　按真空作业方式，真空密实成型可分为上吸法、下吸法、侧吸法及内吸法四种方式，如图9-24所示。上吸法是将真空吸盘安放在混凝土的上表面，通过真空泵抽吸混凝土中的部分水分进行真空脱水，适用于现浇混凝土楼板、地板、路面、机场跑道以及预制构件等。下吸法是将真空吸盘安放在构件的底面，从下部进行真空脱水，适用于现浇混凝土薄壳、隧道顶壁以及预制构件等。侧吸法是将真空吸盘安装在构件的侧面进行真空脱水，适用于现浇竖直混凝土构件、水池、桥墩、水坝等。内吸法是将一组包有滤布的真空芯管埋置在混凝土内部进行真空脱水，适用于现浇混凝土框架、预制混凝土梁、柱以及大体积混凝土结构等。

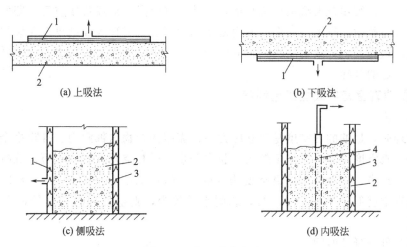

(a) 上吸法　　　　　　　　　　　　　(b) 下吸法

(c) 侧吸法　　　　　　　　　　　　　(d) 内吸法

图 9-24　真空脱水方法

1—真空吸垫；2—混凝土；3—模板；4—内吸管

9.2.4.2　真空脱水密实成型过程

　　基于对上述四种脱水密实成型原理的阐述，结合实际工艺过程的分析，真空脱水密实成

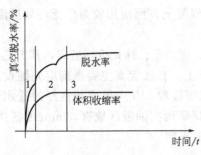

图 9-25　真空脱水率与时间的关系曲线

型过程分为以下三个阶段，具体如图 9-25 所示。

（1）初始阶段

由脱水之初到固相颗粒开始接触形成复合骨架为止，该阶段称为初始阶段。固相颗粒未接触之前，τ_0 与 η 均变化不大，因此脱水速度近似于常数。脱水和密实同时进行，脱水量与时间大体呈直线关系，拌合物体积被压缩，复合骨架逐步形成。该阶段的特点是脱水量较大，脱水持续时间较短，密实度增加效果显著。

（2）延续阶段

由固相颗粒开始接触形成复合骨架到颗粒紧密排列为止，该阶段称为延续阶段。混凝土的可压缩性显著降低，液相的连续性不断被破坏，颗粒之间的水膜层厚度减小。τ_0 与 η 增大，以致固相承受的外部荷载增大而水所承受的荷载减小，因而脱水速度减慢。

（3）停止阶段

脱水结束，拌合物已经形成物理密实堆积结构，该阶段称为停止阶段。当作用在混凝土上的荷载等于其剪应力及水的残余压力时，真空处理过程也就随之结束。在此阶段，混凝土体积不再压缩，除局部区域在气相膨胀（气泡膨胀及水分汽化膨胀）作用下仍有少量脱水外，脱水密实过程基本停止。继续进行真空处理，只能导入过量的空气，形成贯穿毛细孔。

真空脱水密实成型是脱水与密实同步进行的过程，在理想状态下，体积脱水量 ΔV_w 应等于混凝土的体积压缩量 ΔV_e。试验结果表明，真空脱水量通常大于混凝土体积压缩量，即 $\Delta V_w > \Delta V_e$。也就是说，脱水以后固相颗粒未能填充所有孔隙，而 ΔV_w 与 ΔV_e 之差即为孔隙体积的增量 ΔV_p。因此，真空脱水密实成型混凝土的孔隙率实际上要高于振实密实成型混凝土的孔隙率，而真空脱水密实成型混凝土硬化后的强度也稍低。真空脱水密实成型混凝土的这种特征，与真空处理过程中的脱水阻滞及混凝土的分层离析现象有关。局部区域颗粒间摩擦阻力过大，细颗粒无法填充脱水空穴，使脱水受阻，形成负压空间，即发生脱水阻滞现象。靠近真空腔的混凝土表面形成薄而密实的砂浆层，又称表面结皮。在该层中，细骨料颗粒及水泥含量增大，导致远离真空腔的水分无法排出。因而，表面水胶比常低于内层，强度也会存在一定的差异。

9.2.4.3　振动真空密实成型工艺制度

（1）真空度

真空处理时，足够的真空度是建立压力差、克服拌合物内部阻力、排除多余水分及空气的必要条件。真空度越高，脱水量越大，脱水停止之后真空延续时间越短，混凝土也就越密实。在实际生产中，一般选用的真空度为 $500 \sim 600\,mmHg$（$1\,mmHg = 1.3 \times 10^2\,Pa$）。一般情况下，当真空度低于 $400\,mmHg$ 时，总脱水量较少，真空处理时间延长，生产效率相应降低。

（2）真空处理延续时间

真空处理延续时间与真空度、混凝土制品的厚度、水泥用量和品种、混凝土拌合物的坍落度及温度等因素有关。

① 真空度和混凝土配合比一定时，混凝土厚度越大，真空处理所需的延续时间越长。在 $500\,mmHg$ 真空度下，用水胶比为 $0.60 \sim 0.65$ 的普通混凝土所做的试验结果见表 9-10。

表 9-10　混凝土厚度与真空处理延续时间的关系（真空度为 500mmHg）

混凝土厚度(d)/cm	<5	6～10	11～15	16～20	21～25
真空延续时间/min	0.7d	3.5+(d-5)	8.5+1.5(d-10)	16+2(d-15)	26+2.5(d-20)

注：如采用火山灰质水泥，真空处理延续时间应延长 1.5 倍。

还应指出，真空处理开始时有大量多余水分和空气从混凝土中排出，随着真空处理过程的延续，脱水效率急剧下降。实际真空度低于 500mmHg 时，真空处理时间应比表 9-10 所列数值延长很多。因此，实际真空度较低时，制品厚度不宜过大。

② 水泥用量、品种及拌合物坍落度对真空处理延续时间的影响。一般情况下，水泥用量越大，混凝土拌合物坍落度越大，真空处理时间就越长。如采用火山灰水泥，由于其保水性较大，所需真空度及真空处理时间应适当提高和延长。在相同真空度下，其延续时间较普通水泥混凝土延长 1.5 倍。因此，每一特定情况下的真空处理时间应从试验中获得。

③ 真空处理时的振动制度。真空处理时的长时间振动将引起混凝土的分层离析，因此宜进行短暂间歇振动，每次振动时，应暂停抽真空。因为真空度较大时，骨料之间相互挤紧，难以移动，影响密实效果。在振动前停止或减小真空度，真空腔内会进入空气、提高压力，而拌合物内仍处于真空状态，此时进行振动，拌合物内部阻力小，密实效果最好。

9.2.4.4　真空脱水密实混凝土的性能

（1）初始结构强度

真空处理结束后，混凝土内的孔隙由于失去部分水分而形成弯月面，并产生使孔壁收缩的微管压力，从而将混凝土的颗粒骨架约束在一起。此外，密实成型后，混凝土的内摩擦力也必然增加。在微管压力和内摩擦力的作用下，使混凝土具有较高的结构强度。因此，真空处理后，混凝土制品可以立即脱模，从而大大提高了模型的周转率。

（2）不同龄期的强度

在自然养护条件下，振动真空密实成型混凝土的强度增长较快。与未经真空处理的普通振动混凝土相比较，3d 抗压强度约提高 46%，7d 抗压强度约提高 35%，28d 抗压强度约提高 25%；7d 抗拉强度约提高 21%，28d 抗拉强度约提高 15%。

真空密实成型混凝土强度提高的主要原因为：因初始含水量较高，和易性较好，因而易于搅拌均匀；经真空处理后，水胶比降低；真空脱水密实与振动密实相结合，可达到较好的密实效果，而相同最终水胶比的干硬性混凝土很难直接达到与真空处理混凝土同样的密实效果。

（3）收缩率、抗渗性及抗冻性

由于真空密实成型混凝土的密实度较高，其初期的收缩与膨胀同采用最优配比的振动混凝土基本一致，其后期的收缩与干硬性混凝土没有本质上的区别，而较普通振动混凝土小得多。对于真空密实成型砂浆，其收缩率的降低则更为明显，只相当于振动密实成型砂浆的一半，与普通混凝土相近。真空密实成型混凝土密实度高、毛细管小、孔隙率低、表面坚实光滑，因此不易透水。一般其饱和吸水率比振动密实成型混凝土低 40%～50%，因此，真空密实混凝土的抗渗性好。由于真空密实混凝土具有坚实的表面，因而其抗冻性也比一般混凝土提高 2～2.5 倍。

（4）表面硬度和耐磨性

真空密实成型混凝土由于水胶比降低、密实度提高而使表面硬度增大，耐磨性能提高。这在真空盘一侧表现得更为明显，如在真空处理后立即进行机械抹光，则其表面硬度与耐磨性还能进一步提高。

9.2.5 喷射成型

喷射混凝土是指借助喷射机械，利用压缩空气或其他动力，将按一定配合比的水泥、砂、石子及速凝剂等拌合料，通过喷枪喷射到受喷面上，在数分钟之内凝结硬化而成型的混凝土。

与传统的现场浇筑混凝土不同，喷射混凝土一般不需立模，也不用振捣，而是依靠高速喷射的压力，将拌合物连续喷射到受喷面上，通过冲击、挤压使混凝土达到密实效果。在物相组成与结构上，喷射混凝土与普通混凝土没有本质区别，但由于其施工技术及施工工艺特点与传统现浇混凝土不同，因此喷射混凝土的物理力学性能及工程应用范围与现浇混凝土有着显著的区别。喷射混凝土在土木建筑工程中得到广泛应用，主要应用领域见表 9-11。

表 9-11　喷射混凝土的主要应用领域

序号	工程类型	应用对象
1	地下工程	矿山竖井、巷道支护、交通或水工隧洞衬砌、地下电站衬砌
2	边坡加固或基坑护壁	公路、铁路、水库区护坡，厂房或建筑物附近护坡，建筑基坑护坡
3	薄壁结构	薄壳屋顶，蓄水池，预应力油罐，灌渠衬砌
4	建筑结构工程修补	修补水池、水坝、水塔、烟囱、住宅、厂房、桥梁等
5	耐火工程	烟囱和各种热工窑炉衬里的建造修补
6	建筑工程加固	各类砖石或混凝土结构工程的加固
7	防护工程	各种钢结构的防火、防腐层

喷射混凝土均采用速凝剂，速凝剂的作用是使混凝土喷射到工作面上后很快能够凝结。其基本特点为：它能使混凝土在较短的时间内凝结（一般 3～5min 初凝，10min 内终凝）；使混凝土的早期强度明显提高，而后期强度降低幅度不大（小于 30%）；使混凝土具有一定的黏度，以防回弹量过高；使混凝土保持较小的水胶比，以防收缩过大，并提高混凝土的抗渗性能。

喷射混凝土的工艺流程主要有干喷、潮喷、湿喷、混合喷射等，它们之间的主要区别在于各工艺流程的投料程序不同（主要是加水和速凝剂的时间不同）。下面主要介绍干喷法和湿喷法。

9.2.5.1　干喷工艺

（1）干喷工艺流程

干喷工艺流程如图 9-26 所示。干喷工艺是将水泥、砂子、石子、粉状速凝剂等按一定比例混合成干拌合料后，用强制式搅拌机拌合均匀，再投入到干式喷射机内用压缩空气输送到喷头，在喷头处加入水混合之后，以一定的压力、一定的距离喷射到受喷面上的方法。

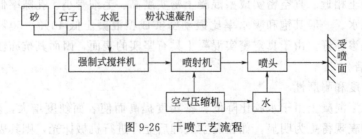

图 9-26　干喷工艺流程

（2）干喷工艺的特性

① 工艺流程简单、方便，所需施工设备机具较少，只需有强制搅拌机和干喷机械即可。

② 输送距离长，施工布置较方便、灵活，输送距离可达 300m，垂直距离可达 180m。

③ 速凝剂可在进入喷射机前加入，拌合较容易均匀。

④ 干喷工艺粉尘及回弹量均较大，工作环境差，喷料时有脉冲现象，喷射出的混凝土均匀度较差。

⑤ 拌合水在喷头处施加，喷射混凝土的匀质性较差、实际水胶比不易准确控制。

⑥ 喷射施工人员的经验和临场应变调节能力对喷射混凝土质量影响很大，喷射混凝土质量受施工人员操作能力波动较大。

9.2.5.2 湿喷工艺

（1）湿喷工艺流程

湿喷工艺是为了克服干喷工艺粉尘浓度大、回弹损失大等缺点而发展起来的。湿喷工艺流程如图 9-27 所示。湿喷工艺是将所有喷射骨料和胶凝材料事先加水搅拌均匀，即各材料进入喷射机前或在喷射机中加入足够的拌合用水（扣除液体速凝剂所占的水量）并拌合均匀，再由各类湿喷机喷送到受喷工作面上。

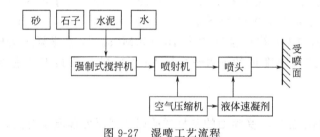

图 9-27　湿喷工艺流程

（2）湿喷工艺特性

① 混凝土拌合料可掺入全部拌合用水，充分拌合，这有利于水泥充分水化，因而混凝土强度较高。

② 水胶比能较准确控制，但比干喷法用水量大。

③ 速凝剂一般不能提前加入。

④ 粉尘、回弹量均较低，生产环境状况较好。

⑤ 湿喷机械设备较复杂。

⑥ 输料距离和高度远比干喷法要小，喷射系统布置需靠近工作面。

⑦ 由于拌合物事先加水，故施工中途不得停机，停喷后要尽快将设备冲洗干净。

⑧ 水泥用量相对干喷法要多，一般达 $500\mathrm{kg/m^3}$。

9.2.5.3 工艺参数选择与比较

为了说明湿喷工艺与干喷工艺各自的工艺特点，把各指标的性能比较列于表 9-12。

表 9-12　干喷工艺与湿喷工艺技术性能比较

指标	干喷法	湿喷法（风动型）	湿喷法（泵送型）
机械设备	简单	较简单	较复杂
粉尘浓度	一般大于 $50\mathrm{mg/m^3}$	可降低 50%～80%	可降低 80%以上
耗风量	较大	可降低 50%左右	可降低 50%以上

续表

指标	干喷法	湿喷法(风动型)	湿喷法(泵送型)
回弹率	20%~40%	可降低至10%左右	可降低至5%~10%
水胶比	0.40~0.50	0.50~0.55	0.55(掺入高效减水剂)
压送距离/m	水平300,垂直180	水平60,垂直30	水平100,垂直30
设备清洗	容易	困难,中途不能停歇	困难,中途不能停歇
水泥用量/(kg/m³)	400	450~480	480~560
混凝土所需坍落度/mm	50~70	80~100	100~120

9.2.5.4　喷射混凝土特性

喷射混凝土的性能除与原材料的品种与质量、拌合物的配合比、施工工艺和施工条件有关外,还与施工人员的技术水平有直接关系。

(1) 抗压强度

当拌合物以高速喷向受喷面时,水泥颗粒和骨料的重复猛烈冲击使混凝土层连续受到挤压。同时,喷射工艺可以采用较小的水胶比,这可以保证喷射混凝土有较高的抗压强度和抗拉强度。例如:采用 P·O 42.5 级水泥,配合比为水泥：砂：石子＝1：2：2,不加速凝剂的喷射混凝土层中切割下来的 100mm×100mm×100mm 试件,28d 抗压强度约为 30~40MPa,180d 抗压强度约为 40~50MPa。掺加速凝剂的喷射混凝土,早期强度明显提高,1d 抗压强度可达 6.0~15MPa;28d 抗压强度与不掺速凝剂相比降低约10%~30%。

(2) 粘结强度

喷射混凝土的粘结强度与受喷面的基材材质以及基层处理质量有关。喷射混凝土与坚硬岩层或坚固旧混凝土的粘结强度一般为 1.0~2.0MPa。高速喷射混凝土可嵌入受喷面裂缝中,增加粘结强度,喷射前对受喷面进行有效清洗,喷射时正确的操作,对提高粘结强度和提高钢筋握裹力有重要影响。

(3) 变形性能

与普通混凝土一样,喷射混凝土的收缩包括干燥收缩、温度收缩和化学收缩等。由于喷射混凝土中的水泥用量大,砂率大而粗骨料少,单位面积绝对用水量较大,以及由于回弹使粗骨料中的大粒径数量减少等原因,喷射混凝土的收缩值要比普通混凝土大得多。我国有关单位的实测表明,360d 的标准收缩值为 0.8~1.4mm/m,自然养护条件下的收缩值更大。美国报道的收缩值变动范围在 0.6~1.5mm/m。收缩容易引起喷射层开裂,微裂缝可能不影响安全性,但会降低抗渗性。加强早期养护有利于减少收缩裂缝,使用纤维混凝土是减少收缩裂缝的有效措施。

喷射混凝土的徐变早期发展得很快,但稳定期较早。速凝剂的掺入使喷射混凝土的徐变加大,这是因为后期水泥矿物的水化受到阻碍,后期强度相比普通混凝土有所降低所引起的。

(4) 耐久性

喷射混凝土有较好的抗冻性。有关实测表明,喷射混凝土试件经 200 次冻融循环后检测合格,300 次冻融循环后的试件仍无明显破坏。这是因为喷射混凝土喷射成型时混凝土中引入了 2.5%~5.3% 的空气,在喷射层中形成非贯穿的气孔,有利于提高混凝土的抗冻性;另外,水胶比小,密实性好,也是抗冻性好的原因。但喷射混凝土的抗渗性稍差,对于有特殊抗渗要求的喷射混凝土，除选择级配良好的骨料外，还要采取掺防水剂、纤维等措施。

9.3 混凝土养护工艺

混凝土养护是保证混凝土施工质量的一项重要工序，混凝土成型后，应及时进行养护。混凝土养护的目的，一是创造各种条件使水泥充分水化，加速混凝土硬化；二是防止混凝土成型后因曝晒、风吹、寒冷等条件而出现的不正常收缩、裂缝等破损现象。混凝土中拌合水的用量虽比水泥水化所需的水量大得多，但由于蒸发，骨料、模板和基层的吸水作用以及环境条件等因素的影响，可使混凝土内的水分降低到水泥水化必需的用量之下，从而妨碍了水泥水化的正常进行。因此，如果混凝土养护不及时、不充分，不仅易产生收缩裂缝、降低强度，而且会影响到混凝土的耐久性及其他性能。试验表明，未养护的混凝土与经充分养护的混凝土相比，其28d抗压强度约降低30％左右，一年后的抗压强度约降低5％左右，由此可见养护对混凝土工程的重要性。

养护是获得优质混凝土的关键工艺之一，其中养护温度、养护湿度和养护时间是养护过程中控制的三大要素。根据介质温度和湿度条件的不同，养护工艺可以分为标准养护、自然养护和快速养护三种类型。

（1）养护温度

混凝土养护期间应注意采取保温措施，防止混凝土表面温度受环境因素影响（如曝晒、气温骤降等）而发生剧烈变化，养护期间混凝土的芯部与表层、表层与环境之间的温差不宜超过20℃。大体积混凝土施工前应制定严格的养护方案，控制混凝土内外温差，满足设计要求。混凝土在冬季和炎热季节拆模后，若天气产生骤然变化时，应采取适当的保温（冬季）、隔热（夏季）措施，防止混凝土产生过大的温差应力，从而造成混凝土冷缩的后果。

（2）养护湿度

因为水是水泥水化反应的必要条件，只有周围环境湿度适当，水泥水化反应才能不断地顺利进行，使混凝土强度得到充分发展。从理论上分析，新浇混凝土中所含水分完全可以满足水泥水化的要求且有剩余，但由于蒸发等原因常引起水分损失，如果湿度不够，水泥水化反应不能正常进行，当毛细孔中水蒸气压力降至饱和湿度的80％以下时，水化反应基本停止，严重降低混凝土强度。水泥水化不充分，还会促使混凝土结构疏松，形成干缩裂缝，增大渗水性，从而影响混凝土的耐久性。因此，在混凝土浇筑完毕后，应在12h内进行覆盖，防止水分蒸发，在夏季施工的混凝土，要特别注意浇水保湿。

（3）养护时间

在正常养护条件下，混凝土的强度将随养护时间的增长而不断发展，最初7～14d内强度发展较快，以后逐渐缓慢，28d达到设计强度。28d后强度仍在发展，其增长过程可延续数十年之久。对于采用硅酸盐水泥、普通硅酸盐水泥或矿渣硅酸盐水泥配制的混凝土，采用浇水和潮湿覆盖的养护时间不得少于7d；对于采用粉煤灰硅酸盐水泥、火山灰硅酸盐水泥、复合硅酸盐水泥配制的混凝土，掺加缓凝剂的混凝土、大掺量矿物掺合料混凝土或有抗渗要求的混凝土，采用浇水和潮湿覆盖的养护时间不得少于14d。

9.3.1 标准养护

《普通混凝土力学性能试验方法标准》（GB/T 50081—2002）对标准养护规定如下：试

件成型后应立即用不透水的薄膜覆盖表面，采用标准养护的试件，应在温度为（20±5）℃的环境中静置一昼夜，然后编号、拆模。拆模后应立即放入温度为（20±2）℃，相对湿度为95％以上的标准养护室中养护，或在温度为（20±2）℃的不流动的 $Ca(OH)_2$ 饱和溶液中养护。标准养护室内的试件应放在支架上，彼此间隔10～20mm，试件表面应保持潮湿，且不得被水直接冲淋。标准养护龄期为28d（从搅拌加水开始计时）。标准养护是目前试验室常用的方法，用于混凝土强度质量评定。

9.3.2　自然养护

自然养护是指在自然气温条件下（平均气温高于5℃），用适当的材料对混凝土表面进行覆盖、浇水、挡风、保温等养护措施，使混凝土的水化作用在所需的适当温度和湿度条件下顺利进行。自然养护主要有覆盖浇水养护和塑料薄膜养护两种方法。

（1）覆盖浇水养护

在混凝土浇筑完毕后3～12h内一般采用纤维质吸水保温材料，如麻袋、草垫等材料对混凝土表面加以覆盖，并定期浇水以保持湿润，使混凝土在一定的时间内保持水泥水化作用所需要的适当温度和湿度条件。浇水养护简单易行、费用少，是现场最普遍采用的养护方法。覆盖浇水养护注意事项如下：

① 覆盖浇水养护应在混凝土浇筑完毕后的12h内进行。

② 混凝土的浇水养护时间，对于采用硅酸盐水泥、普通硅酸盐水泥或矿渣硅酸盐水泥配制的混凝土，不得少于7d；对于采用粉煤灰硅酸盐水泥、火山灰硅酸盐水泥、复合硅酸盐水泥配制的混凝土，掺加缓凝剂的混凝土、大掺量矿物掺合料混凝土或有抗渗要求的混凝土，采用浇水和潮湿覆盖的养护时间不得少于14d。

③ 每日浇水次数以能保持混凝土具有足够的湿润状态为宜，一般气温在15℃以上时，在混凝土浇筑后最初3d内，白天至少每3h浇水一次，夜间也应浇水两次；在以后的养护中，每昼夜应浇水3次左右；在干燥气候条件下，浇水次数应适当增加。

④ 混凝土的养护用水宜与拌制水相同。

⑤ 当日平均气温低于5℃时，不得浇水。

对大面积结构，如地坪、楼层面板等可采用蓄水养护；对于贮水池类工程可于拆除内模后，待混凝土达到一定强度后注水养护；对于一些地下结构或基础，可用土回填以代替洒水养护。

（2）塑料薄膜养护

此方法以塑料薄膜为覆盖物，使混凝土与空气隔绝，水分不再被蒸发，水泥靠混凝土中的水分完成水化作用而凝结硬化。这种养护方法的优点是不必浇水，操作方便，能重复使用，能提高混凝土的早期强度，加速模具的周转，但应该保持薄膜布内有凝结水。这种方法主要适用于不易浇水养护的高耸构筑物或大面积混凝土结构，可以节省人力。该方法适用的条件为：首先保证气温不低于10℃，亦不高于35℃，另外，混凝土表面不能被污染。塑料薄膜养护有两种方法：

① 直接覆盖法：该方法是将塑料薄膜直接覆盖在混凝土构件上，最好是用两层薄膜，下层用黑色，上层用透明的，周围压严，以达到不用浇水也能保持湿度并提高养护温度的目的。这种方法比覆盖浇水养护混凝土温度可提高10～20℃。

② 喷洒塑料薄膜养护剂法：当混凝土的表面不便浇水或不便使用塑料薄膜养护时，可采用将塑料溶液喷洒在混凝土表面上，待溶液挥发后，在混凝土表面结合形成一层塑料薄膜，使混凝土表面与空气隔绝，封闭混凝土中的水分不再被蒸发，而完成水化作用。这种养

护方法一般适用于表面积大的混凝土施工和缺水地区，但应注意薄膜的保护，防止薄膜破损，如有破损应立即补救。

以往，喷膜保水主要研究的养护剂是乳液型和溶剂型两类，乳液型主要有氯乙烯-偏氯乙烯共聚乳液（氯-偏共聚乳液）、石蜡乳液、沥青乳液和高分子乳液，溶剂型主要有过氯乙烯溶液、松香溶液、树脂溶液。由于这两类养护剂都有一定的局限性（如膜的强度不高、影响后期装饰等），所以，近年来研制出了反应型的以无机硅酸盐为主体的养护剂系列和有机与无机复合的养护剂系列。无机硅酸盐为主体的养护剂的作用机理为：喷洒该类养护剂后，养护剂在混凝土表面与水泥水化产物发生反应，从而加速水泥水化，并在混凝土表面形成密实、坚硬的面层，阻止混凝土中的水分过早散失，有利于水泥充分水化，从而保证混凝土强度。有机与无机复合的养护剂的作用机理为：养护剂中的无机组分在渗透剂的作用下，能较容易地渗入混凝土表层，与水泥中的某些物质反应，反应物有效地填塞了混凝土的毛细孔；而有机组分则沉积于混凝土表面，由于空气氧化作用及自身聚合作用，会在混凝土表面形成连续的柔软薄膜，从而有效防止水分的蒸发，达到双重养护的目的。

喷洒时间应视混凝土泌水蒸发情况而定，以表面不见浮水，手指轻按无痕迹时即可喷洒。若过早喷洒，会影响塑料薄膜与混凝土表面结合，过迟则会影响混凝土强度。喷洒厚度以 $2.5m^2/kg$ 为宜，厚度要均匀一致。薄膜形成后严禁在上面行走或划破表面薄膜，如有损坏应立即补救。喷洒塑料薄膜养护的缺点是 28d 混凝土强度偏低 8％左右；同时由于成膜很薄，起不到隔热防冻的作用。故夏季薄膜成型后要加防晒设施（不少于 24h），否则易发生丝状裂缝。

9.3.3 快速养护

标准养护及自然养护时混凝土硬化非常缓慢，因此，凡能加速混凝土强度发展过程的工艺措施，均属于快速养护。快速养护时，在确保产品质量和节约能源的条件下，应满足不同生产阶段对强度的要求，如脱模强度、放张强度等。这种养护在混凝土制品生产中占有重要地位，是继搅拌及密实成型之后，保证混凝土内部结构和性能指标的决定性工艺环节。采用快速养护有利于缩短生产周期，降低成本。快速养护按其作用的实质可分为热养护法、化学促硬法、机械作用法。

（1）热养护法

热养护法是利用外界热源加热混凝土，以加速水泥水化反应的方法，它可分为湿热养护、干热养护、干-湿热养护三种。

① 湿热养护法。以相对湿度 90％以上的热介质加热混凝土，升温过程仅有冷凝而无蒸发过程发生。随介质压力的不同，湿热养护又有常压、无压、微压及高压湿热养护之分。湿热养护过于注重从传热学角度选择介质参数，因而以快速加热促进结构的形成，却忽视了湿热膨胀对混凝土的破坏作用。因此，不得不以限制升温速度、预养和变速升温等方法来抑制升温期的结构破坏过程。这种方法既难以大幅度缩短养护周期，又无法显著减小被养护混凝土构件的残余变形和改善被养护混凝土构件的性能。

② 干热养护法。在升温过程中，混凝土不增湿或少增湿，甚至以水分的蒸发过程为主。因此，混凝土构件在低湿介质中升温，这虽然具有破坏作用小、养护周期短、制品表面较好等优点，但全过程均处在低湿介质中，存在混凝土失水过多、水泥水化条件不合理、后期强度损失较大、降温效果较差等弊端。

③ 干-湿热养护法。干-湿热养护介于两者之间，目的是为了取干热养护混凝土构件不需

要预养，湿热养护能使水泥快速水化之优点，补两种养护方法之缺点。干-湿热养护制度所得到的混凝土水分损失少，足以正常水化，并且能缩短养护周期，节约能源，后期强度也能持续增加。

（2）化学促硬法

化学促硬法是指用化学外加剂或早强快硬水泥来加速混凝土强度的发展过程，简便易行，节约能源。

（3）机械作用法

机械作用法是以活化水泥浆、强化搅拌混凝土拌合物、强制成型低水胶比干硬性混凝土及机械脱水密实成型促使混凝土提高早期强度的方法。该法设备复杂，能耗较大。

在实际操作应用中，提倡将多种工艺措施合理综合运用，如热养护和促硬剂、热模热拌和外加剂等，力求获得最大的技术经济效益。下面将主要介绍常见的几种热养护方法，化学促硬法及机械作用法在此不作详细介绍。

9.3.3.1 蒸汽养护

蒸汽养护是缩短养护时间的方法之一，一般宜用65℃左右的蒸养。混凝土在较高湿度和温度条件下，可迅速达到所要求的强度。施工现场由于条件限制，现浇预制构件一般可采用临时性地面或地下的养护坑，上盖养护罩或用简易的帆布、油布覆盖。蒸汽养护过程可分为静停、升温、恒温和降温四个阶段。

静停阶段：将浇筑成型的混凝土放在室温条件下静停2～6h（干硬性混凝土为1h），以增强混凝土对升温阶段结构破坏作用的抵抗力，避免蒸汽养护时在构件表面出现裂缝和疏松现象。

升温阶段：通入蒸汽，使混凝土原始温度上升到恒温温度。升温速度不宜太快，以免混凝土内外温差过大产生裂缝。升温速度一般为10～25℃/h（干硬性混凝土为35～40℃/h）。

恒温阶段：升温至要求的温度后，保持温度不变的持续养护时间。恒温阶段是混凝土强度增长最快的阶段。恒温的温度与水泥品种有关，对普通水泥一般不超过80℃，矿渣水泥、火山灰水泥可提高到90～95℃。如温度再高，虽然可使混凝土硬化速度加快，但会降低其后期强度。恒温时间一般为5～8h，应保持90%～100%的相对湿度。

降温阶段：混凝土构件由恒温温度降至常温的过程称为降温阶段。降温速度也不宜过快，否则混凝土会产生表面裂缝。一般情况下，构件厚度在100mm左右时，降温速度不大于20～30℃/h；构件出室时的温度与室外气温相差不得大于40℃；当室外气温为负温时，构件出室时的温度与室外气温相差不得大于20℃。

（1）常用的蒸汽加热养护方法

混凝土工程中常用的蒸汽加热养护方法有蒸汽室法、蒸汽套法、内部通汽法、毛管模板法和热模热拌法，具体加热养护方式、养护特点及其适用范围如表9-13所示。

表9-13 常用蒸汽加热养护方法

名称	加热养护方式	养护特点及适用范围
蒸汽室法（简易蒸汽室法）	用砖（或利用地坑、槽）作围护墙，在木框或搭设的脚手杆上，铺设席子、油毡纸或塑料薄膜作活动盖，构成蒸汽室，或在构件周围用保温材料（木材、砖、棚布等）加以围护，然后四周用草垫或砂压严封闭接缝，内设蒸汽管喷汽加热混凝土。施工要设排除冷凝水的沟槽，防止侵入地基冻结，并注意使蒸汽喷出口离混凝土外露面不小于30mm	施工方便简单，养护时间短，但耗汽量较大。适用于现场预制数量较多，尺寸较大的大、中型构件或现浇地面以下墙、柱、基础、沟道、构造物等

续表

名称	加热养护方式	养护特点及适用范围
蒸汽套法	在结构的模板外围再做一层紧密不透气的模板或其他围护材料,做成蒸汽保温外套,并做成工具式便于周转,在期间通入蒸汽加热混凝土。模板与套板间空隙不超过15cm。为了加热均匀,应分段送汽,一般水平构件(地梁、吊车梁等)沿构件每1.5～2.0m分段通汽;垂直构件每3～4m分段通汽,蒸汽分别从每段的下部通入汽套中,同时要设置排除冷凝水的装置,套内温度可达30～40℃	分段送汽,温度容易控制,加热均匀,养护时间短,耗汽量一般为800～1200kg/m³,但设备复杂,费用较大。 适用于柱、梁及肋型楼板等整体结构、预制构件接头等的加热
内部通汽法	在混凝土构件内部预留直径为25～50mm的孔洞(用钢管或胶管充水成孔),插入短管或排管通入蒸汽加热,下部设冷凝水排出口。梁内留孔应设0.5%的坡度,当混凝土达到抗冻强度后,用砂浆或水泥浆将孔洞封闭。构件加热一般可不保温,但低于-10℃时,为避免温差过大,减少热损失,表面应采取简单围护保护措施;混凝土加热温度一般控制在30～45℃	施工简单,热量可有效利用,节省蒸汽(200～300kg/m³)、燃料及设备;但加热温度不够均匀。 适用于加热预制多孔板及捣制柱、梁等构件
毛管模板法	在混凝土木模板内侧沿高度方向开设通长的通汽沟槽(又称毛管),在外部设分汽箱和蒸汽管,蒸汽由支气管送入分汽箱,然后送入毛管沟槽加热混凝土,再由上端的φ20mm气孔逸出。通气槽可做成三角形、矩形或半圆形,间距20～25cm,用0.5～2mm厚铁皮或6～9mm厚木板条或胶合板封盖。模板制作应严密,分汽箱应做成凹形,围绕结构一周,净截面不小于30mm×50mm,垂直方向每隔2.5～3.5m设一个,水平方向每隔1.5～2.0m设一个。冷凝水通过底部的水门或分汽箱预留孔排出。每个通汽槽高度不宜超过3.5m(水平不超过2.0m),加热温度用汽量调节	蒸汽用量少,耗汽量为400～500kg/m³,利用率高,加热均匀,温度易控制,养护时间短;但模板制作较复杂,耗料多,需一定设备,费用大。 适用于框架结构柱及墙等垂直构件,加热效果较好;对于水平放置的构件,效果较差,加热不均匀,不宜采用
热模热拌法	采用特制的空腔式模板,或在构件胎模内预理3～4根直径为30mm蒸汽排管,用纤维板或硬制泡沫塑料板封闭,造成蒸汽热模(台模),通汽加热混凝土,或仅在模底通入蒸汽,自下而上加热构件,使其均匀受热,再加上热拌骨料蓄热,使混凝土强度快速增长	可在严寒(-30℃)的条件下使用,加热温度较均匀,能节省能源,缩短生产周期。 适用于有条件的现场预制构件和中、小型低碳冷拔钢丝预应力构件

(2) 常用的蒸汽加热养护室

目前,常用蒸汽加热养护室形式有坑式养护室、折线形隧道式养护室和立式养护室三种。

① 坑式养护室:坑式养护室构造如图9-28所示,可间歇进行生产,其设备简单,但生产效率低,能源浪费大。

② 折线形隧道式养护室:折线形隧道式养护室构造如图9-29所示。由于饱和蒸汽轻,自然聚积在中部形成恒温区,两边斜坡分别为升温区和降温区。此方法可连续生产,即构件可一批接一批连续不断地从一个区移动到另一个区进行养护。

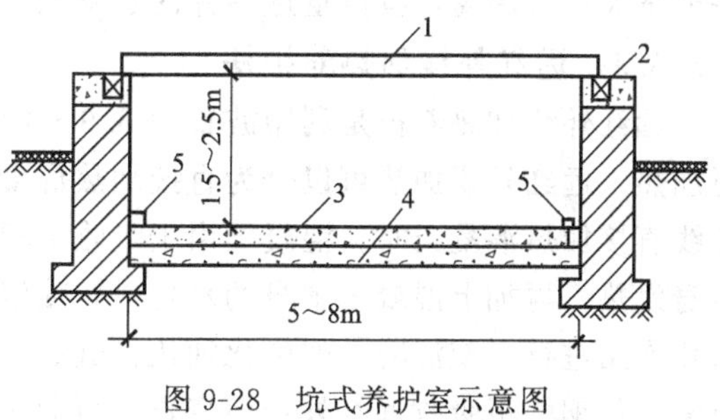

③ 立式养护室:立式养护室如图9-30所示,它是利用蒸汽比空气轻、高温饱和蒸汽聚集于上部,自然形成窑内温度由下而上逐渐升高的湿热环境,构件在上升、横移及下移的过程中,完成了升温、恒温、降温的过程,同时也实现了机械化连续生产。

图9-28　坑式养护室示意图

1—坑盖;2—水封;3—混凝土地面;
4—白灰炉渣;5—蒸汽管

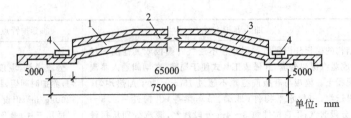

图 9-29　折线形隧道式养护室示意图
1—升温区；2—恒温区；3—降温区；4—运模车

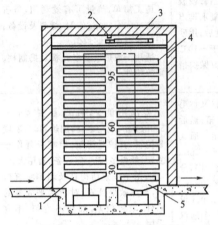

图 9-30　立式养护室示意图
1—升降机；2—蒸汽管；3—横移机；
4—带有构件的模板；5—升降机

9.3.3.2　电加热养护法

电加热养护法是利用电流通过不良导体混凝土或电阻丝所发出的热量来养护混凝土，其方法有电极法、电热器法、电磁感应法等。

（1）电极法

电极法即在新浇筑的混凝土中，每隔一定间距（200～400mm）插入电极（直径 6～12mm 短钢筋），接通交流电源，利用新浇筑混凝土本身的电阻，变电能为热能进行加热。电加热时，要防止电极与钢筋接触而引起短路。

（2）电热器法

电热器法是利用电流通过电阻丝产生的热量进行加热养护。根据需要，电热器可制成板状，用以加热现浇楼板；也可制成针状，用以加热装配整体式的框架接点；对于大模板施工的现浇墙板，则可用电热模板加热。

（3）电磁感应法

电磁感应法是利用在交变的电磁场中，使铁质材料产生感应电动势及涡流电流，通过铁质电阻变为热能的原理，使钢模板及混凝土中的钢筋发热，并使它传到混凝土中。

通电加热应在混凝土表面覆盖后进行。电加热过程中，须注意观察混凝土表面的温度，当表面开始干燥时，应先断电，并浇温水湿润混凝土表面。电热法设备简单，施工方便，但耗电量大，费用高，应慎重选用并注意安全。

9.3.3.3　远红外线加热养护法

远红外线加热养护是利用波长为 5.6～1000μm 的远红外线电磁波对新浇混凝土进行辐射加热。远红外线加热可以分为直接加热混凝土和直接加热混凝土钢制模板两种方式。远红外线直接加热混凝土时，混凝土由于吸收了辐射热能，同时由于水分子在辐射下发生共振，本身发热，再加上混凝土本身的水化热，使混凝土的内部温度很快升高，进一步促进水泥的水化作用进行，使混凝土的硬化加快；远红外加热钢模板，即以钢模板作为远红外线辐射的对象，使钢模板吸收远红外线而变热，再通过钢模板而加热混凝土。用远红外线加热养护混凝土制品，混凝土内部温度高，养护时间短，抗压强度高，而且节约能源。

9.3.3.4　太阳能养护法

一般太阳光谱可以分为紫外区（波长＜0.40μm）、可见光区（波长 0.40～0.76μm）和红外区（波长＞0.76μm）。紫外线可产生强烈的化学作用和生物作用，红外线被物体吸收后主要引起热效应。太阳能养护工艺实际上是利用太阳的辐射能对混凝土进行加热养护。混凝土中大部分矿物成分对红外线吸收峰值波长在 $20\mu m$ 之内，试验发现混凝土对红外线的吸收率可达 90%。太阳能养护是在混凝土制品上加盖集热装置，使覆盖透光罩的混凝土制品直接吸收太阳的辐射能量，引起内部分子的热运动，通过加热并蓄热，使混凝土温度升高，达到加速硬化的目的。

集热装置的作用，不仅是吸收太阳能，进行光热转换，而且将砌块封闭起来，防止混凝土中水分大量蒸发。因此，在集热装置所覆盖的空间，具有较高的湿度，形成了某种程度的干-湿热养护条件。

（1）太阳能养护的分类

目前国内混凝土制品太阳能养护的方式主要有太阳能养护池、太阳能养护罩和太阳能养护棚三种形式。

① 太阳能养护池　太阳能养护池一般建于地上，用砖砌成池状，上面罩以单层或双层玻璃窗（或透明塑料薄膜），玻璃窗要做成一定的坡度，以增加日照面积和便于排水。池壁和地底均设蛭石保温层并用掺有黑烟子的水泥砂浆抹面。在池壁和池顶交接处设有泡沫塑料压条，以加强玻璃罩与池壁之间的密封。这种太阳能养护池在北京地区夏季池内最高温度可达 85℃，相对湿度可保持在 70%～80%。夜间池外温度为 20℃，池内混凝土制品温度仍保持在 35℃ 以上。这种养护方式的养护周期一般为夏季 1～2d，春、秋季 2～3d，冬季 3～6d。冬季及连续阴雨天气，太阳能养护池内也可加蒸汽排管或串片等辅助措施进行加热。

② 太阳能养护罩　太阳能养护罩是在混凝土砌块上方加透明罩，使罩内保持一定的温度和湿度。养护罩透光材料和罩形应合理选择，方能使太阳辐射能量最大限度地穿透到罩内，并能较长久地保留罩内的热量。太阳光谱中的可见光和红外线含有大量辐射热能，选用透光材料，其光学性能应以能够最大限度地透过可见光和红外线为先决条件。目前，国内所用透光材料主要是玻璃、聚氯乙烯塑料薄膜、透明聚酯玻璃钢。太阳能养护罩可以充分利用太阳能的辐射能，即使是在阴天，因太阳能散射辐射的作用，也可使罩内温度高于自然气温。如济南地区，8 月份的阴天，罩内温度最高可达 57℃。制品在太阳能养护罩内养护时，表面还可以盖上黑色塑料布，以起到保温和增加吸收辐射能的作用。这种养护方法的养护周期，夏季 1～2d，春、秋季 2～3d，冬季 3～6d。太阳能养护周期一般为自然养护周期的 1/3。

③ 太阳能养护棚　这种养护设施利用太阳的辐射能并附加一些简易的暖气设备，可在严寒的冬季用来养护混凝土。北京某厂搭盖了一个塑料大棚全长 70m，宽 16m，沿高 2m，总面积 1000 余平方米，既是混凝土制品的生产设施，又是太阳能养护棚。太阳能养护棚可采用钢骨架和木骨架，每个骨架上部搁置钢或竹、木桁条，骨架四周和顶上铺单层透明塑料膜（事先可用电烙铁把单幅的塑料薄膜烫粘起来），在铺好的薄膜上沿顺向钉木压条，以利排水。整个结构要保证大雪时不被压塌。在大棚的两端用 240mm 砖来封住山墙，并设置推拉门，以便利用人力车运输制品。在大棚内还设置有散热片，以备在严寒天气和夜晚气温降低时，补充热源。

在初冬，白天可不通汽，在最寒冷的月份，每天下午 4 时通汽，次日上午 8 时停汽。经测试，在晴天室外温度为 −5℃，养护棚内温度能保持 10℃，夜间可保持 0℃ 以上。在棚内生产的混凝土制品，5～6d 即可达到规定的强度出棚。

（2）太阳能养护的优点

太阳能养护混凝土制品具有以下优点：

① 太阳能养护混凝土砌块，升温速度比较缓慢，湿度较大，一般每小时升温不超过10℃，所以砌块的养护质量较好，表面坚硬，干净，无起鼓现象；混凝土的早期强度可以迅速提高，后期强度也可以正常发展。

② 太阳能养护混凝土，投资少，成本低，设施简单，使用方便。由于太阳能养护不耗能源，若以年产量 $4000 \sim 5000 m^3$ 的混凝土制品计算，与蒸汽养护相比，一年可节省 $400 \sim 1000t$ 煤。

③ 太阳能养护混凝土，与自然养护相比可缩短养护周期 $1/3 \sim 2/3$，加快了场地使用周转期。

④ 混凝土在养护过程中，不需要浇水盖草帘，节约了养护用水，降低了劳动强度，改善了场地面貌。

思 考 题

9.1　请简述施工缝与后浇带的区别。

9.2　请简述全面分层、分段分层、斜面分层浇筑的特点及适用范围。

9.3　预拌混凝土振捣时应注意什么问题？

9.4　简述常用的混凝土振动器工作原理及适用范围。

9.5　简述混凝土离心脱水密实成型、真空脱水密实成型、压制密实成型、喷射成型的基本原理。

9.6　现代混凝土为什么对养护提出了更高的要求？

9.7　谈谈夏季施工的特征及对混凝土性能的影响。

9.8　列举并分析三种常用的混凝土养护方法。

9.9　冬季施工为何要进行防冻措施？

第10章
特种混凝土

混凝土自问世以来,已风行全世界,成为一种必不可少的基本建筑材料。它的主要优点是廉价、高强、耐久、可塑性好。为满足需要,上世纪末,人们开始研究具有特殊功能的混凝土即特种混凝土。特种混凝土一般使用某些或部分特殊材料和特别工艺条件生产,具有某些特殊性能,使用在特定场合和环境下。与普通混凝土相比较,特种混凝土的组成材料不只限于普通水泥、砂、石和水,它对原材料的质量、计量及施工技术等有很高的要求。

随着社会的现代化发展和科技的进步,特种混凝土的品种越来越多。目前国内外学者已研发出上百种特种混凝土,主要有纤维增强混凝土、聚合物混凝土、大体积混凝土、自密实混凝土、清水混凝土、透水混凝土、透光混凝土、3D打印混凝土、自修复混凝土、喷射混凝土、道路混凝土、水下不分散混凝土、轻骨料混凝土、泡沫混凝土、活性粉末混凝土、防辐射混凝土、海洋混凝土、耐酸混凝土、耐热混凝土、补偿收缩混凝土、彩色混凝土等,本书只对前8种混凝土进行介绍,如读者有其他需求,可以自行查阅相关书籍和文献进行了解。

10.1 纤维增强混凝土

纤维增强混凝土(fiber reinforced concrete,FRC)也称纤维混凝土,是以水泥浆、砂浆或混凝土为基体材料,以金属材料、无机纤维或有机纤维为增强材料组成的一种复合材料。它是将短而细的具有高抗拉强度、高极限延伸率、高抗碱性等良好性能的纤维均匀地分散在混凝土基体中形成的一种新型建筑材料。在混凝土中掺加纤维的目的有两种:第一,以提高混凝土强度为主要目标,对于这种纤维混凝土材料,要求纤维具有比混凝土基材高很多的抗拉强度和刚度,例如,钢纤维混凝土;第二,以提高混凝土抗裂、抗收缩为主要目标,一般采用刚度比混凝土低的合成纤维。

10.1.1 发展历程

混凝土的固有弱点是脆性大而容易产生裂缝。高强混凝土的抗拉强度与抗压强度之比仅为0.06(当混凝土的等级超过C45时),脆性显著,塑性明显下降,因为脆性破坏会随时产生,高强混凝土结构的跨度不能增幅太大。当结构受弯时,荷载等于破坏荷载的15%~20%时就开始产生裂缝,此时钢筋的应力远小于屈服极限,随着裂缝扩展会造成结构物性能的降低,以致使用寿命缩短。在结构设计时因裂缝宽度的限制,高强建筑材料的优越性得不到充分应用。因此,混凝土性能的提高显得十分重要。

其实，现代混凝土除了要达到高抗压、高抗拉等要求外，还要容易施工，并能长期保持高强、高韧性、高抗渗性等性能，纤维混凝土是在对混凝土改性的过程中应运而生的。提高混凝土韧性的一个有效方法就是加入少量 0.5%～2%（体积含量）的纤维，纤维在 FRC 中的主要作用在于减少因水泥基体收缩而引发的微裂纹并缩小其尺度，在受荷初期延缓与阻止基体中微裂纹的扩展并最终成为外部荷载的主要承载者。

近代关于纤维混凝土的理论研究开始于 1901 年，由美国的 Portre 首创。1911 年美国的 Garhma 正式将钢纤维掺到混凝土中，并初步验证了它的优越性。1940 年前后，美、英、法、德等国家先后取得了纤维混凝土的一些相关专利。1963 年，美国学者 Roumladi 从理论上阐明了钢纤维的增强作用和机理，从而为钢纤维混凝土的进一步研究开发奠定了理论基础。美国在 1990 年和 1991 年举行了纤维增强混凝土的专题报告会，正式拉开了纤维增强混凝土研究与应用的序幕；1959 年韩国举行了纤维增强水泥混凝土的专题报告会；1996 年在北京举行了第三届国际水泥混凝土报告会，表明纤维增强混凝土的研究与应用已经国际化。

事实上，利用纤维增强混凝土并非当代的新设想，勤劳智慧的中华人民早在民间便有了将稻草或毛发混合拌入泥浆或土墙的经验，至于利用人造纤维来改善混凝土的性能，则还是近十几年才逐渐出现的思路和方法。

国内对纤维混凝土的研究起步较晚，中国土木工程学会混凝土及预应力混凝土学会纤维混凝土委员会于 1986 年在大连召开了全国纤维混凝土学术会议，截至 2017 年已经成功召开了 16 届。我国 1997 年在广州召开了国际纤维混凝土学术会议。近二十年来，随着纤维生产技术不断发展，纤维成本逐步降低，有关纤维混凝土材料、构件以及结构的试验研究、理论分析、数值模拟、设计方法日益完善，纤维混凝土工程应用更是如火如荼。

混凝土掺入纤维后，成本过高、性能不稳定是纤维混凝土应用中的主要问题。纤维一般用量较大，价格较高，纤维掺量大时，纤维在混凝土中容易产生纤维团，使得搅拌困难，在施工过程中钢纤维容易外露，这也增加了施工的难度。钢纤维容易发生锈蚀，影响混凝土耐久性和使用安全。玻璃纤维由于耐碱性差，玻璃纤维增强混凝土的应用受到限制。此外，目前我国碳纤维大部分依赖进口，国内碳纤维生产能力仅占世界高性能碳纤维总产量的 0.4% 左右，生产成本高，制约了碳纤维增强混凝土的发展和应用。

目前纤维混凝土的发展主要有以下三个方向：

① 通过化学或物理的方法改性纤维。通过物理或化学的方法对纤维进行改性，改善纤维与水泥基之间的界面粘结，增加纤维与水泥基的粘结力，可以提高纤维的作用效果。

② 不同类型纤维的混杂。混凝土具有多相、多组分，在多尺度层次上复合的非均质结构特征。不同尺度和不同性质的纤维混合增强，可在水泥基中充分发挥各种纤维的尺度和性能效应，并在不同的尺度和性能层次上相互补充、取长补短。

③ 纤维新品种的研究开发和研究。新型玄武岩纤维和水镁石纤维混凝土是新近研究开发、很有发展前景的新型混凝土，具有优异的综合性能和性价比。

10.1.2 性能概述

10.1.2.1 分类

① 按纤维混凝土基体的不同，可以分为以下几种。

a. 纤维水泥：由纤维与水泥浆或掺有细粉活性材料或填料的水泥浆组成的复合材料，多用于建筑制品，如石棉水泥瓦、石棉水泥板、玻璃纤维水泥板等。

b. 纤维砂浆：在砂浆中掺入纤维而形成的，多用于防裂、防渗结构，如聚丙烯纤维抹面砂浆、钢纤维防水砂浆等。

c. 狭义的纤维混凝土：专指基体含有粗骨料的混凝土，依基体混凝土的特征，又可分为纤维轻质混凝土、纤维膨胀混凝土、纤维高强混凝土等。

② 按纤维材质不同，可以分为以下几种。

a. 金属纤维混凝土（如碳钢纤维、不锈钢纤维等）。

b. 无机纤维混凝土，包括天然矿物纤维（如石棉纤维）、人造纤维（如抗碱玻璃纤维、抗碱矿棉纤维、碳纤维、陶瓷纤维等）。

c. 有机纤维混凝土，包括植物纤维（如木纤维、竹纤维、剑麻纤维等）、合成有机纤维（如聚丙烯纤维、芳纶纤维、尼龙纤维、聚乙烯纤维、丙烯酸纤维）等。

③ 按纤维弹性模量，可以分为以下几种。

a. 高弹模纤维混凝土，指弹性模量高于混凝土基体者（如钢纤维、石棉纤维、玻璃纤维、碳纤维、改性聚乙烯醇纤维、芳基聚酰亚胺纤维等）。

b. 低弹模纤维混凝土，指弹性模量低于混凝土基体者（如聚丙烯纤维、聚乙烯纤维和绝大多数植物纤维）。

④ 按纤维长度，可以分为以下几种。

a. 非连续的短纤维混凝土（如钢纤维、石棉纤维、短切玻璃纤维、短切聚丙烯醇纤维等）。

b. 连续的长纤维混凝土（如玻璃纤维网格布、连续的玻璃纤维无捻粗纱、聚丙烯原纤化薄膜等）。

⑤ 按纤维配制方式，可以分为以下几种。

a. 乱向短纤维增强混凝土，其中的短纤维呈乱向二维和三维分布，如玻璃纤维、石棉玻璃纤维、普通钢纤维、短碳纤维、短芳纶纤维、短聚丙烯纤维等。

b. 连续长纤维（或网布）增强混凝土，其中的连续纤维呈一维或二维定向分布，如长玻璃纤维（或玻璃纤维网格布）、长碳纤维、长芳纶纤维、纤维增强树脂筋等。

c. 连续长纤维和乱向短纤维复合增强混凝土。

10.1.2.2 作用效果

纤维与水泥基材料复合的主要目的在于克服水泥基体的固有弱点，以延长其使用寿命，扩大其应用领域。纤维在混凝土中主要起着以下三方面的作用。

（1）阻裂作用

纤维可阻碍混凝土中微裂缝的产生与扩展，这种阻裂作用既存在于混凝土未硬化的塑性阶段，也存在于混凝土的硬化阶段。水泥基体在浇筑后的24h内抗拉强度低，若处于约束状态，当其所含水分急剧蒸发时，极易生成大量裂缝。此时，均匀分布于混凝土中的纤维可细化、分解基体材料中因塑性收缩而引起的拉应力，通过桥连基体材料中的裂缝，从而达到阻止或减少裂缝生成的目的。混凝土硬化后，若仍处于约束状态，因周围环境温度与湿度的变化而使干缩引起的拉应力超过其抗拉强度时，也极易生成大量裂缝，在此情况下纤维仍可阻止或减少裂缝的生成。

（2）增强作用

混凝土不仅抗拉强度低，而且因存在内部缺陷而往往强度难以保证。当混凝土中加入适量的纤维后，可使混凝土的抗拉强度、抗弯强度、抗剪强度及抗疲劳强度等有一定的提高。

纤维对混凝土的增强作用主要受以下几个因素影响：

① 纤维几何特征，包括纤维长径比（长度与直径之比）、纤维截面形状（圆形、矩形等）、纤维的集束状况（单丝、束状、膜裂等）、纤维长度、纤维表面特性（光滑、粗糙等）。

② 纤维自身力学性能，包括纤维抗拉强度、纤维弹性模量和极限延伸率。

③ 纤维掺量、纤维比表面积、纤维平均间距和（单位体积中）纤维根数。

④ 纤维在水泥基材中的分布和取向，纤维与水泥基材界面层的微结构及二者的界面粘结特性。

（3）增韧作用

纤维混凝土在荷载作用下，即使混凝土发生开裂，纤维还可横跨裂缝承受拉应力并可使混凝土具有良好的韧性。韧性是表征材料抵抗变形性能的重要指标，一般用混凝土的荷载-挠度曲线或拉应力-应变曲线下的面积来表示。

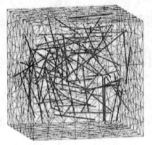

图 10-1　纤维混凝土
分散效果示意图

应强调的是，纤维混凝土中并非所有纤维都能同时起到以上三方面的作用。图 10-1 为纤维混凝土分散效果示意图，纤维在混凝土中乱向分布，形成三维有力的空间支撑体系，从而改善混凝土的内在结构。

纤维混凝土与普通混凝土相比，虽然有许多优点，但毕竟还不能代替钢筋混凝土。这主要是因为其性能的稳定性至今还没能达到准确设计的程度，研究还不够深入。纤维混凝土的和易性较差，搅拌、浇筑、振捣时容易发生纤维成团和折断的现象，粘结性能也有待改善，纤维价格也较高，造成工程造价升高等原因，都是目前限制纤维混凝土推广应用的重要因素。随着科学技术的进步和纤维混凝土研究的不断深入，我们相信在不久的将来，纤维混凝土一定会在更多的应用范围内显示出许多潜在的优越性。

10.1.2.3　常用纤维增强混凝土

目前常用的几种纤维增强混凝土有钢纤维混凝土（SFRC）、玻璃纤维混凝土（GFRC）、碳纤维混凝土（CFRC）以及合成纤维混凝土（SNFRC），常见纤维见图 10-2。为了获得需

(a) 玻璃纤维　　　　　　　　　　(b) 碳纤维

(c) 聚丙烯纤维　　　　　　　　　(d) 钢纤维

图 10-2　常见纤维示例

要的纤维混凝土特性和较低成本，近年来有些研究者将两种或两种以上纤维复合使用，这样就形成了混杂（混合）纤维混凝土。

（1）钢纤维混凝土

钢纤维混凝土于 20 世纪 60 年代由美国首先开发应用。钢纤维属于金属纤维，它的弹性模量高，价格较碳纤维低，它与混凝土组成复合材料后，可使混凝土的抗弯拉强度、抗裂性、韧性和抗冲击强度等得到较大改善。但也有研究资料表明，钢纤维对混凝土的抗压强度并无明显促进作用，甚至还有所降低，与素混凝土相比，对于钢纤维混凝土的抗渗性、耐磨性、耐冲磨性及对防止混凝土早期塑性收缩等还存在正反（提高与降低）两方面甚至居中的观点。此外，钢纤维造价较高且搅拌困难，有生锈问题，对由于火灾引起的爆裂几乎无效等，这些问题都在不同程度影响了其在土木工程中的应用。

（2）聚丙烯纤维混凝土

聚丙烯纤维是研究与应用最多的合成纤维，它的化学稳定性好，和大多数化学物质不发生作用；表面疏水性，不会被水泥浆浸湿；易燃性导致混凝土的耐火性降低；对单丝聚丙烯纤维而言，纤维与基体间的粘结较差，结果使拔出强度较低。聚丙烯纤维在混凝土的碱性环境下非常稳定，有较高的熔点，表面憎水，100％的湿强保持率，质量轻、价格低、加工性能优良。它的缺点是耐火性差，对阳光和氧气敏感，弹性模量低，与水泥基体粘结弱，但这些缺点并非是致命的，因为纤维被包覆在水泥基体中，光和热的影响受到限制。聚丙烯纤维弹性模量低，虽不能提高强度，却能在极低掺量下阻止温度变化产生的裂缝和塑性收缩裂缝；可显著提高混凝土的韧性、抗冲击性能、阻裂性和抗热爆性能等，同时还能提高耐久性以及延缓钢筋锈蚀。

聚丙烯纤维对普通混凝土早期收缩裂缝具有抵抗作用，主要表现在两个方面：一是减少混凝土的早期自由收缩；二是抑制混凝土早期收缩裂缝的出现和发展。普通混凝土出现早期收缩裂缝主要是由于混凝土表面水分蒸发、散失，内部水分向表面迁移，使得混凝土内部出现拉应力。当混凝土内部的塑性收缩产生的应变超过极限拉应变时，混凝土内部就会出现裂缝。而在混凝土中掺入聚丙烯纤维后，均匀分布在混凝土中的大量纤维（尤其是彼此连接的膜裂纤维）起"承托"骨料的作用，延缓了骨料沉降，减少混凝土内部水分向表面转移。另一方而，在混凝土中出现的微小裂缝受到纤维的限制，这些裂缝只能绕过纤维或拉断纤维才能继续发展，这样就增大了裂缝出现、开展所需的能量，使得裂缝更加难以出现。

（3）玻璃纤维混凝土

玻璃纤维具有原料易得、拉伸强度高、断裂伸长低、弹性模量高、防火、防霉、耐热、耐腐蚀和尺寸稳定性好等优点。它有很好的抗湿性，湿态下它不发生溶胀、延伸、碎裂和其他化学反应。除对强碱和氢氟酸外，玻璃纤维有很好的抗侵蚀性。玻璃纤维作为水泥增强材料，在增强形式上主要有耐碱玻璃纤维增强普通波特兰水泥、普通硅酸盐玻璃纤维增强低碱度水泥以及耐碱玻璃纤维增强水泥。

尽管玻璃纤维已用于铺设混凝土路面，但是对玻璃纤维混凝土的物理性能研究得较少，玻璃纤维混凝土在使用中也暴露出很大的缺点，即玻璃纤维混凝土暴露于大气中一段时间以后，其强度和韧性会有大幅度下降。即由早期的高强度、高韧性向普通混凝土退化，加之其耐碱性不过关，现多应用于结构加固工程。

（4）碳纤维混凝土

碳纤维是 20 世纪 60 年代开发研制的一种高性能纤维，具有低密度、高强度、高硬度、高抗拉强度、高弹性模量、高耐磨损、耐高温、安全、与混凝土粘结良好等优点。但由于碳纤维生产成本较高，应用受到一定限制。最近几年开发的沥青基短碳纤维已使它们的价格大为下降，但是与其他聚合物纤维比较，其价格仍然很高。生产碳纤维的原料除沥青外，还有聚丙烯腈纤维，聚丙烯腈基碳纤维非常贵，难以实用化；沥青基碳纤维价格降低很多，弹性模量和强度也降低很多，但与其他合成纤维相比依然具有优越性。在所有的合成纤维中，碳纤维的增强效果最好。碳纤维表面具有活性的羧基，能与同样含有丰富羧基的水泥进行较强的化学结合；并且碳纤维表面很粗糙，与水泥基体有良好的物理结合，从而使混凝土呈现良好的塑性变形特性。碳纤维还具有导电功能，可用于抗静电地面或电磁屏蔽室，也可通过热电效应，用于结冰和除冰。

（5）混杂纤维混凝土

混杂纤维混凝土指的是将几种不同种类的纤维（钢纤维、聚丙烯纤维、碳纤维等）或几种不同尺寸的纤维按一定比例混合，同时掺入混凝土中。高模量纤维可提高混凝土的强度，而低模量、大变形纤维掺入混凝土后可明显提高其韧性，欲同时提高混凝土的强度和韧性，用单一纤维难以实现。选用高弹性纤维如钢纤维，则体积含量受到限制，分散、搅拌困难；用低弹高延性纤维如聚丙烯纤维可提高复合材料的韧性，但增强作用不明显。

目前，应用最广泛的是用钢纤维和有机纤维混杂，常用的有机纤维有聚丙烯纤维和聚丙烯腈纤维等。一般而言，采用钢纤维与其他有机合成纤维混杂是节省造价、减轻自重的一种途径。高强纤维增强、增韧效果均很好，但价格较高；低弹纤维增强效果较差，增韧效果较好，价格便宜。可通过合理的材料设计，经纤维混杂，相互取长补短，在不同层次和受荷阶段发挥混杂效应来增强混凝土。混杂纤维混凝土是混凝土研究的一个新兴领域，在许多方面尚待进一步系统地探讨和研究。

10.1.3 工程应用

目前纤维混凝土广泛应用在高速公路、桥梁路面、隧道、码头铺面、机场道面、国防工程、水利工程（如大坝）、工业建筑地面、刚性防水、修复工程（如水池类结构裂缝渗水修复、坝体及挡墙修复）、建筑墙面（如墙体保温板）等。也可用于结构复杂应力区、抗冲磨结构。在抗爆结构及抗震结构（如连续梁，利用纤维混凝土的变形吸收地震能量）中亦有应用。其中纤维混凝土预制件如图 10-3 所示。

(a) 电缆检查井　　　(b) 防盗检查井　　　(c) 卧式收水井

(d) 立式收水井　　　(e) 立式收水井

图 10-3　纤维混凝土预制件

（1）钢纤维混凝土

钢纤维对混凝土具有显著的阻裂、增强和增韧作用，经过多年的研究和工程应用实践，钢纤维混凝土的优良性能已得到全世界广大工程界的认可，钢纤维混凝土在土木、水利等许多工程领域都得到了广泛应用。钢纤维混凝土在桥面工程、路面工程、机场跑道、隧道衬砌、码头铺面、工业建筑地面、水工结构物、刚性防水、结构复杂应力区、抗冲磨结构以及某些军事工程等中得到广泛应用。国内外都有大量应用钢纤维混凝土，并取得良好效果的工程实例。

图10-4 平阴黄河公路大桥

山东省平阴黄河公路大桥（图10-4）建于1969年，全长963.52m。主桥上部结构为两联三跨连续栓焊钢桁引桥，上部结构为单跨标准跨径为33m的预应力混凝土工字梁与钢筋混凝土行车道板组成的迭合式组合梁，经过多年使用，桥面铺装损坏严重。为提高桥梁的技术状况，延长桥梁的使用寿命，加固维修桥面铺装的方法就是洗刨旧桥混凝土，改用钢纤维混凝土桥面铺装。滑模摊铺双钢混凝土桥面的优势除了上述各项性能和耐久性提高以外，桥面的平整度特别优异，能够达到动态平整度1.0的水平。在桥面铺装施工过程中进行现场取样试验，经过28d养护，测试得出普通混凝土、钢纤维混凝土的抗压与抗折强度。通过钻孔取芯进行劈拉试验，钢纤维混凝土比普通混凝土的抗折强度提高28.99%，抗压强度提高了8%。通过对试验路半年通车试验的调查分析，无明显断板、开裂等现象。由此可见，采用钢纤维混凝土路面，确实收到了良好的使用效果。

（2）聚丙烯纤维混凝土

在众多的合成纤维中，聚丙烯纤维、尼龙一类的低弹性模量合成纤维由于价格低廉、物理力学性能良好、生产工艺先进以及良好的施工性能而被国内外作为非结构性补强材料，广泛应用于桥面板、路面、工业建筑地面、刚性防水屋面、水工建筑物等混凝土工程中。

陕西宝鸡"法门寺合十舍利塔"工程（图10-5）为钢骨混凝土双向折线往复倾斜双塔体结构，高度147m，建筑面积7万平方米，塔身分为11层，在54m第4层处，设计有18m球冠状穹顶结构，穹顶壳体混凝土厚度为0.2m，球冠上部由3道环梁和8根弧形工字钢梁与壳体连在一起。原施工方案采用支设内外双层模板，浇筑大流动性混凝土，由于楼面结构十分复杂，上层模板的安装及拆除十分困难，支拆模费用将大大增加，室内狭小混凝土浇筑质量也难以保证。经试验和研究后决定采用低坍落度泵送聚丙烯纤维混凝土，利用聚丙烯纤维在混凝土中的增稠效应，取消上层模板，一次浇筑成形的施工方案，于2007年10月23日成功完成了垂直泵送54m穹顶施工任务，效果良好。

图10-5 法门寺合十舍利塔

图10-6 上海世博会法国馆

（3）玻璃纤维混凝土

2010 年上海世博会法国馆（图 10-6），是一个网格交错的四方形建筑，该建筑外表的白色混凝土网格，使用的是玻璃纤维增强混凝土的新材料。这种混凝土网格，不仅有防风、抗震的效果，抗压能力、弯曲度等属性也比一般的混凝土要好许多。而且除了对建筑结构有所加强之外，这层光滑透薄的白色表皮还方便装饰，能够增强建筑物外墙的审美表现力。

（4）碳纤维混凝土

1986 年日本东京的 ARK 大厦（图 10-7）一次使用碳纤维混凝土幕墙板（碳纤维 3%）32000m²，每块的尺寸为 1147mm×3176mm，可承受 63MPa 的风压，外墙减轻了 40% 的重量，使大楼钢架的重量减轻 400t，在使用中，表现出良好的耐久性和体积安定性。

图 10-7　日本东京 ARK 大厦

10.2　聚合物混凝土

聚合物混凝土是由有机聚合物、无机胶凝材料、骨料有效结合而形成的一种新型混凝土材料的总称。确切地说，它是混凝土与聚合物的复合材料。它克服了普通水泥混凝土抗拉强度低、脆性大、易开裂、耐化学腐蚀性差等缺点，扩大了混凝土的使用范围，是国内外大力研究和发展的新型混凝土。

10.2.1　发展历程

我国在建筑材料中掺入聚合物以起到增强和防水目的具有悠久的历史。古代城墙一般都兼有防敌入侵和抵挡洪水的作用，普通土石混合物有时很难满足这些要求，因此工匠们常将糯米和黏土混合用于城墙建设，效果较好，许多建筑物至今仍保持很高的强度与承载力。万里长城的建筑者还将天然的聚合物与石灰混合作为胶结料，并将米汤掺进石灰砂浆中进行抹面与钩缝，粘结力相比普通石灰砂浆大有提高。南京城城墙顶部和内外两壁的砖缝里，都浇筑了一种"夹浆"，这种夹浆是用石灰、糯米汁（或高粱汁）再加桐油掺合而成的，凝固后黏着力很强，能够使城墙经久不坏，考虑到南京城墙在经历了多次战乱与自然灾害后至今仍保存良好，这应该是我国古代聚合物应用在建筑材料改性最成功的例子了。

国外历史上成功应用聚合物改性建筑材料的例子也很多。西方国家在刚开始使用灰浆时，由于施工工艺和材料质量问题，灰浆凝结后裂缝很多，用于地下工程经常出现漏水现象。古罗马人在建筑白灰中掺入尿液以试图提高灰浆的性能；法国一名工匠在灰浆中添加牛羊血粉刷的地窖无一处发生渗水问题，这可能是西方国家历史上有记载的聚合物和建筑材料结合最早的成功例子。

但真正意义上的聚合物改性水泥砂浆和混凝土的研究与应用开始于近代，这也是资本主义建设发展的黄金时期，当时所用的聚合物主要为天然胶乳。1923 年，Cresson 采用天然胶乳改性得到了聚合物混凝土材料方面的第一个专利。1924 年 Lefebure 用配合比的方法来设计天然胶乳改性的水泥混合料。美国在 20 世纪 50 年代开始了聚合物混凝土的商业应用，最初是用于生产人造大理石，接着用于生产建筑墙面板。20 世纪 70 年代中期，聚合物用于修复混凝土构件。1971 年美国混凝土协会成立了一个聚合物混凝土委员会，美国塑料工业协会（SPI）也成立了一个聚合物混凝土委员会，从事混凝土聚合物复合材料方面的组织工作。1975年在英国召开了首届聚合物混凝土国际会议，以后每隔3年召开一次，其中1990年第6届和2013年第14届会议均在我国上海同济大学举行。1994年中、日、韩三国倡导组织了东亚混凝土中的聚合物国际会议，并于2000年正式改名为亚洲聚合物混凝土国际会议。我国对聚合物混凝土的研究主要开始于70年代，随后的研究工作与国际同步。

近几年，随着人们环保意识的加强和对资源充分利用等方面的关注，聚合物改性混凝土的研究又呈现了新的方向——废弃物的利用。美国北得克萨斯州大学Palos等人把聚合物固体废料用于砂浆改性，将ABS塑料回收料磨碎成粉末掺入到水泥砂浆中，掺量为水泥质量的8%、15%和25%。抗压试验发现，掺8%、15%ABS粉末的砂浆的弹性模量有所增加。掺加ABS后，砂浆与钢筋的粘结性变差，但如用马来酸酐预先对ABS进行处理，则粘结性可以改善。我国有学者将片状模塑料先进行裂解，然后将裂解过的废料掺入到水泥砂浆中，他们发现，裂解过的片状模塑料能够改善混凝土的性能，提高强度，提高抗氯离子的扩散能力。

10.2.2 性能概述

10.2.2.1 特点

在混凝土中加入聚合物乳液能够起到"填充效应""粘结效应""滚珠效应"等作用，因此，通常会在以下几个方面对混凝土材料的性能产生影响。

（1）和易性

混凝土中加入聚合物后其和易性一般均有较大提高，这是由于聚合物粒子极小，能起到"滚珠效应"而降低拌合阻力，且聚合物乳液里面含有的表面活性物质能够起到引气的作用，这同样能够提高和易性。但是应当注意的是，有些聚合物（如常见的聚羧酸类减水剂）具有减水和引气作用，提高的是拌合物的流动性；有些聚合物（如聚乙烯醇溶液）能够提高水相的黏度，导致拌合物稠度增加，黏聚性和保水性提高，但流动度有所降低。

（2）蓄水性能

聚合物粒子在水泥混凝土的毛细孔以及微孔中起到的填充以及密封效应，能够防止混凝土中的水分蒸发出去，同时，若采用的是自乳化的聚合物乳液，由于其具有亲水基团，能够促进吸收空气中的水分，这些均有利于混凝土的水化。在干燥环境下，混凝土中的聚合物所起到的保水作用更具有重大意义。

（3）粘结性能

聚合物改性混凝土材料对于基材的粘结能力远大于单一的混凝土材料，这种现象归因于聚合物本身所具有的粘结性能。这种优良的粘结性能对于混凝土建筑物的修补具有重要意义，因为采用单一混凝土材料修补存在新旧水泥粘结能力较差的问题。此外，聚合物基混凝土材料对于瓷砖、钢铁、岩石以及木材都有较好的粘结能力。

（4）力学性能

① 拉伸强度和弯曲强度：由于聚合物加入后降低了混凝土内部孔隙率，使结构更加致密，另外，通过物理和化学粘结作用将水泥结构连接在一起，构成了两种网络的互穿，通常情况下，聚合物改性混凝土材料的拉伸强度和弯曲强度较纯水泥混凝土大。

② 弹性模量：聚合物材料的韧性及形变能力都要大于水泥混凝土材料，较水泥混凝土材料而言，聚合物改性混凝土材料的弹性模量较小。

③ 抗压强度：水泥混凝土在加入聚合物形成复合材料后，其抗压强度一般都会增加，但有些聚合物的加入对混凝土抗压强度影响不大，甚至还会出现强度降低的现象。聚合物可

以在常温和低温下固化，聚合物混凝土的强度发展一般比普通水泥混凝土要快很多，一般来说，聚合物混凝土 24h 的强度可以达到最终强度的 80％。

（5）耐久性

普通水泥混凝土硬化后其内部存在大量的微孔和毛细孔，而这些孔隙对于溶液和气体而言是很好的渗入通道，当氯离子、碳酸根离子、水等渗入到混凝土内部时，会引起混凝土耐久性降低。在聚合物混凝土中，用作胶凝材料的聚合物组分最终全部参与固化反应，因而聚合物混凝土中没有连通的毛细孔，使得聚合物混凝土抗渗透性比水泥混凝土高得多，因而具有优良的耐久性（包括耐水、耐冻融、耐腐蚀等）。在实际应用中，聚合物改性混凝土材料的性能受到所采用的聚合物种类、水泥和砂的种类、水胶比、聚胶比、浆骨比、养护条件等多种因素的影响，是各种因素综合作用的结果。

聚合物改性混凝土弥补了普通混凝土的一些缺点，但其在应用中也仍存在如下几方面问题：

① 使用寿命方面：对于聚合物混凝土的施工仍处于探索阶段，其使用寿命并没有充分可靠的数据保证，仍在研究探索中。

② 成本方面：聚合物混凝土性能比普通混凝土有很大提高，但它的价格比普通混凝土高，因此，在保证力学性能的基础上降低成本将是需要克服的一个难题。

③ 相互混合方面：聚合物水泥基复合材料的黏度大，需要强有力的搅拌机进行拌合，如果聚合物乳液在砂浆中分布不均匀，将直接影响其在工程中的应用及性能。

④ 施工方面：聚合物混凝土要求骨料的含水率极小，这对于现场施工来说存在一定困难。另外，依据聚合物和水泥自身的性能，根据使用现场对材料性能的要求，选用恰当的聚合物、设计合理的水胶比也是需要进一步研究解决的问题。

10.2.2.2 分类

（1）聚合物分类

① 聚合物乳液：常用的有丁苯橡胶、氯丁橡胶、天然橡胶等胶乳，聚丙烯酸酯、聚丙烯酸酯-苯乙烯共聚物、环氧树脂等高分子乳液等。

② 可再分散性聚合物粉末：通常是将聚合物乳液通过喷雾干燥制得。其优点在于可以与混凝土产品预先混合甚至是实现预先混合包装，而在加水拌合时可以再次分散于水中，减少工艺的复杂性。常用的可再分散性聚合物粉末有聚丙烯酸酯、乙烯-醋酸乙烯共聚物等。

③ 水溶性聚合物：主要有甲基纤维素、羟乙基纤维素、聚乙烯醇、聚丙烯酰胺等。一般情况下，水溶性聚合物可以提高水相的黏度，对于大流动性的混凝土，能提高其稠度而避免或减小骨料的离析和泌水，但又不会对其流动度造成明显影响。另外，水溶性聚合物还会形成一层极薄的薄膜，从而提高砂浆和混凝土的保水性。

（2）聚合物基混凝土分类

① 纯聚合物混凝土（polymer concrete，PC），也称树脂混凝土。它是由聚合物代替水泥作为胶结料与骨料拌合，浇筑后经养护和聚合而成的一种混凝土。这种材料是将聚合物材料作为基体材料，而混凝土材料仅仅作为填料而已（混凝土并未发生水化反应，即彼此间并未形成化学结合）。由于混凝土材料的价格远远低于聚合物材料，因此能够起到降低成本的作用；同时，加入混凝土后还可以减小聚合物在固化过程中的收缩率，防止固化过程中产生内应力而影响材料耐久性。这种材料在一些地坪涂料和防水涂料、溶剂型环氧树脂混凝土砂浆中应用比较广泛。

② 聚合物浸渍混凝土（polymer impregnated concrete，PIC）。它是将已硬化的普通混

凝土放在有机单体里浸渍，然后通过加热或辐射等方法使混凝土孔隙内的单体产生聚合作用，从而使混凝土和聚合物结合成一体，以实现其改性和补强的功能。按其浸渍方法的不同，又分为完全浸渍和部分浸渍两种。其特点是混凝土不仅仅只是作为填料，而是聚合物加入前便已发生水化反应而成为真正意义上的混凝土材料成品。目前常用的聚合物单体包括丙烯酸盐类、丙烯酸酯类、聚氨酯类、环氧树脂灌浆材料等。其中环氧树脂灌浆材料，由于其具有优良的渗透性、耐腐蚀性、耐水性以及良好的力学性能，在公路、建筑物地基补强、桥梁、港口、水电大坝等大型工程中有广泛的应用。

③ 聚合物改性混凝土（polymer modified concrete，PMC），也称聚合物水泥混凝土（polymer cement concrete，PCC）。它是将聚合物与水泥复合作为胶结料与骨料拌合，浇筑后经养护和聚合而成的一种混凝土。其特点是所使用的材料分别为水剂聚合物和水泥混凝土砂浆原料，在拌合及后来的养护等过程中，水泥混凝土的水化反应与聚合物的固化成膜反应是同时进行的，进而发展成为高分子膜与水泥混凝土基体材料相互贯穿的结构，从而达到改性的目的。

以上三种聚合物混凝土，其生产工艺不同，它们的物理力学性质也有所区别，其造价和适用范围也不相同。从经济效益讲，如用每单位体积材料作比较，聚合物混凝土的价格高于普通水泥混凝土，但如用单位强度和使用年限作比较，则聚合物混凝土价格要低于普通水泥混凝土的价格。

10.2.2.3 聚合物改性机理

在聚合物改性胶结料内部结构的形成过程方面，对于不同的聚合物品种有着不同的解释。比较成熟的有 Ohama 聚合物成网模型和 Konietzko 双重网模型。

（1）Ohama 聚合物成网模型

"Ohama 聚合物成网模型"将聚合物改性混凝土材料的形成过程分为以下三个阶段：

第一阶段：当聚合物乳液加入水泥混凝土原料中并经过拌合后，乳液粒子便均匀地分布在水泥混凝土的浆体之中，此时，混凝土接触到水并开始发生水化反应。随着水化的不断进行，水泥水化产物逐渐形成，并且液相中的水化产物也达到饱和，同时乳液粒子沉积在水泥凝胶的表面（内部可能含有未水化的水泥）。

第二阶段：随着水化过程的不断进行，水泥凝胶结构逐渐发展，其结构内毛细孔中水分不断减少，导致聚合物颗粒逐渐絮凝在一起，在水泥凝胶表面形成一层密封层结构，因此，水泥浆体中较大的孔隙被聚合物填充，孔隙率降低。此外，这种密封层也起到桥梁的作用，粘结了骨料、水化水泥凝胶以及未水化水泥颗粒的表面。

第三阶段：随着水化过程的深入发展，聚合物中的水分不断被水化反应吸收，最终聚合物完成成膜过程而形成连续的聚合物网络结构。此时，硬化水泥浆体包裹在聚合物网膜中间，从而改善了水泥石的结构形态。

（2）Konietzko 双重网模型

Konietzko 指出，Ohama 模型认为只是聚合物形成空间网结构，硬化水泥浆体包裹在聚合物网膜中间。Konietzko 模型分为四个阶段，前三个阶段与 Ohama 模型基本一致。第四阶段认为聚合物膜与水泥硬化浆体都形成空间连续的网状结构，相互交织形成双重网状结构并将骨料包裹在中间。Konietzko 的结构模型分为以下四个阶段：

第一阶段：聚合物均匀地分散在水泥混凝土体系中。随着水泥颗粒的水化，体系中的一部分水被水泥水化所结合。

第二阶段：由于体系中的水分减少，聚合物开始堆积在一起，水泥进一步水化。

第三阶段：聚合物成膜阶段，聚集在一起的聚合物越来越多，水分进一步减少，聚合物就会融合在一起聚合成膜，这时聚合物就会产生一定的结构强度。

第四阶段：聚合物膜在水泥混凝土中形成空间连续的网状结构，这时水泥硬化浆体也会在聚合物网中形成连续的网状结构。最后，这两种结构相互交织形成双重网状结构一起将混凝土中的骨料包裹在中间。

聚合物改性混凝土的形成过程同样是一个复杂的物理化学作用的结果，即不单单只存在上面的物理作用过程，同时，也存在着各种化学作用。例如水泥水化过程中会产生 Ca^{2+}、Al^{3+}、Fe^{3+}、OH^- 等，当采用的聚合物乳液中存在羧酸根离子或者其他可反应的基团时，便可以相互结合，以增强两种网络之间的结合力，使材料强度更高。

10.2.3 工程应用

经过不断地发展，聚合物基混凝土材料在建筑工程中的地位越来越重要，已广泛应用于公路、建筑、电子和机械等方面。聚合物混凝土常用于有特殊防水防腐要求的场地施工，路面、桥面以及裂缝的修补工程等场合。

在预制件领域，聚合物混凝土可以用来建筑污水净化槽、水渠、竖井、管线、井盖和集油槽等。对于许多建筑结构来说，采用聚合物混凝土可使其重量减少到传统水泥混凝土的1/3。此外，聚合物混凝土不透水，并能抵抗化学物质的侵蚀，可以用来制造井盖，取代传统的铸铁或轻金属井盖，如图10-8所示。

图 10-8　聚合物基混凝土井盖

图 10-9　玻璃钢聚合物夹砂管道

在管道方面的应用，玻璃钢与聚合物混凝土结合起来，制造夹砂管道（图10-9）的应用发展较快。树脂砂浆与玻璃钢组成夹层结构，重量轻，强度可以与钢管相比。由于聚合物混凝土良好的耐化学性能，它被广泛应用于化工厂、牛奶厂、啤酒厂及其他类似场所。典型产品有地板、试验台、墙板、机器基础和集液槽。由于重量轻并且卫生，所以聚合物混凝土可被用来制作饲料槽。这种材料具有光洁的表面，细菌在上面蔓延要比在粗糙的混凝土表面困难得多，而且聚合物混凝土可用化学清洗剂清洗，而普通水泥混凝土会被清洗剂侵蚀。此外，聚合物混凝土还是很好的绝缘材料，可用于电力工程。另外，聚合物混凝土在园艺植物防寒温室、花台等方面也有应用。

在机械工程领域方面，由于对机械操作速度及精度的要求越来越严格，因此，对机器台座及机架的要求也越来越高。聚合物混凝土机架减振效果比铸铁高6倍，还具有耐油耐冷却液侵蚀的性质。一般机架通常采用彩色聚合物混凝土，不需要再涂颜色。

在装饰应用领域，掺入着色骨料或颜料的聚合物混凝土被用来制造花岗岩、大理石等的替代品。人们已经用这种材料制出了幕墙板、窗台、地板、桌面等物品。

在修补工程领域，由于聚合物的引入，聚合物水泥混凝土改进了普通混凝土的抗拉强度、耐磨、耐蚀、抗渗、抗冲击等性能，并改善了混凝土的和易性，可应用于现场灌筑构筑物、路面及桥面修补，如美国的布鲁克林大桥（见图10-10）；也可用于混凝土储存罐的耐蚀面层，新老混凝土的粘结等方面。

图10-10 修复后的美国布鲁克林大桥

图10-11 重庆市聚合物混凝土透水降噪彩色路面

在道路工程领域，聚合物混凝土既可用于道路修补加固，还可用于道路建设。重庆市南岸辅仁路E线为该市第一条彩色城市道路（图10-11），中间两车道采用红色，边缘两车道为墨绿色，远处看去就像绿草坪中铺设了两条红地毯，与人行道上的绿树、红花相映生辉，形成一道格外美丽的城市风景。彩色仅是这种新型路面的一种辅助功能，聚合物柔性水泥混凝土透水降噪路面是一种新型路面结构，路面材料既不同于普通的水泥混凝土，也不同于沥青混凝土的性能，而是既具有水泥混凝土路面的高强度，又具有沥青路面的高柔性——既具有无机材料的稳定性，又具有有机材料的粘结能力。该路面结构具有弹性好、强度高、噪音低、透水性强、扬尘少、阻燃、耐油、耐酸碱等优点，施工时采用摊铺机一次成型，无须碾压，施工速度快，路面平整度好，行车舒适性大大提高。路面还具有维修简单、快捷等优点。

在建筑工程领域，普通混凝土遇水容易发生分散和离析现象，在混凝土中可以掺入一种被称为抗分散剂的聚合物，可制备水下不分散混凝土。由于所加聚合物的减水塑化作用，使新拌混凝土具有极好的流动性，不需振捣可自流平。遇水时抗分离性强，具有缓凝性，几乎没有泌水现象。水下不分散混凝土自研制成功以来，已经在交通、铁道、水利、电力、城建、石油、石化、煤炭、核电、冶金及国防等系统中得到广泛的应用。应用范围遍布全国许多省市。如：秦山核电站三期取水口工程（图10-12），上海600t龙门吊承重平台，丰淮线黄河特大桥围堰工程，大连、青岛码头修补、鸭绿江护岸工程，钱塘江大堤加固工程等。

图10-12 秦山核电站三期

10.3 大体积混凝土

国内对于大体积混凝土（mass concrete）的定义为：混凝土结构物实体最小几何尺寸不小于1m的大体量混凝土，或预计会因混凝土中胶凝材料水化引起的温度变化和收缩而导致有害裂缝产生的混凝土称为大体积混凝土。

日本建筑学会标准（JASS5）规定：结构断面最小厚度在80cm以上，同时水化热引起混凝土内部的最高温度与外界气温之差预计超过25℃的混凝土，称为大体积混凝土。

目前大体积混凝土没有一个统一的定义，其定义也只是一个相对的概念，我国规定最小尺寸大于1m的结构是大体积混凝土；尺寸虽然没有大于1m，但是如果不采取措施进行控制，会产生有害裂缝的结构也应属于大体积混凝土，因此应将定量和定性分析相结合去理解大体积混凝土的含义。比如，厚度只有20～30cm的水池、20～40cm的地下隧道、20～50cm的立墙及厚度为100cm左右的筏式基础等，严格说来，按几何尺寸不应认为是大体积混凝土，但从温度收缩裂缝控制角度来说应是"大体积混凝土"。

10.3.1　发展历程

现代意义上的大体积混凝土，应该从人类在水利工程中建造混凝土水坝开始。后来，随着生产技术和生产力的不断提高，建设领域的逐渐扩大，大体积混凝土又逐渐应用于建造其他大型混凝土或钢筋混凝土结构，如船坞、大型设备的基础、核电站压力壳、高层建筑的基础等。人类对大体积混凝土的性能及质量的关注，也是从对水坝质量的控制开始的。

从20世纪初开始，美国的施工人员就已经对大体积混凝土的防裂措施进行了研究。1915年美国Arrow Rock大坝在施工中出现了大量的温度裂缝，这引起了众多学者的关注，研究人员意识到水泥水化热引发的温度应力可能是混凝土内部产生温度裂缝的直接原因。1932年，美国在建造Morris大坝时首次研制了低热水泥，以降低水泥的水化热。1933年后，美国在修建世界第一座超过200m高的Hoover大坝时，已经开始对大体积混凝土进行全面研究，并提出了一系列施工技术措施，包括采用低水化热的水泥、控制浇筑层厚度、限制浇筑的间歇时间和预埋冷却水管等。1940年美国在建造Hiwassee大坝时，首次将水泥用量从225kg/m³减少到163kg/m³，结果证明，减少水泥用量这一温控措施是可行的。到1960年左右，美国已经形成了一套较为完整的大体积混凝土施工控制体系。

美国加州大学的Wilson在1968年开发出了二维有限元程序DOT-DICE，把时间过程分析法引入了混凝土温度应力分析，可以模拟不同时间段施工的大体积混凝土结构温度场，并在Dwor Shak大坝温度场的计算中获得了成功应用。1992年，Barrett等人在美国的第三次碾压混凝土会议上提出在大坝温度应力的分析中引入Smeared Crack开裂模型，开始了大规模使用有限元软件来分析计算混凝土温度场的研究。

在寒冷的西伯利亚和中亚地区，20世纪50年代，苏联建造了多座混凝土坝，由于没能很好地解决温度控制问题，建成后的大坝出现了很多裂缝。在20世纪70年代建造215m高的托克托古尔坝时，苏联提出了"托克托古尔施工法"，原理是利用覆盖在结构表面能够自动升降的帐篷来创造篷内人工气候，夏季能有效遮阳，冬季能对混凝土保温。这种方法有效解决了大体积混凝土开裂问题，一直沿用至今。

日本学者自20世纪80年代以来，在大体积混凝土的温度裂缝成因、温度控制标准等方面作了较深入的研究，在约束分析法的研究方面也取得了一些重要成果，比如提出采用有限元法和差分法来计算坝体结构的温度场，采用ADINA程序对宫濑大坝计算了三维应力场，成功预测了坝体在施工期和运行期间开裂的可能性。

中国的大体积混凝土研究虽然起步较晚，但发展速度却较快。中国水利水电科学研究院朱伯芳院士在20世纪50年代，率先研究了大体积混凝土温度及温度应力问题，在有限元及温度应力等方面取得了丰硕成果，并出版了一系列著作，填补了中国在该领域系统研究的空白。1973年朱伯芳院士与宋敬廷合作编制了我国第一个混凝土温度徐变应力有限元程序，并成功应用于三门峡大坝底孔混凝土温度应力分析，实现了我国历史上首次大体积混凝土温度应力仿真计算。

我国冶金建筑研究总院的王铁梦教授一直致力于工民建结构的裂缝研究，于 1974～1976 年间提出了混凝土结构承受连续式约束温度收缩应力的基本公式，并据此形成了"抗-放"兼施的一整套有害裂缝综合控制理论和近似计算方法，简称"王铁梦法"。统一了留缝与不留缝的两种设计流派的技术观点，并结合实践提出伸缩缝及裂缝控制的计算公式等，并在此基础上制定了大体积混凝土设计与施工的行业标准《块体基础大体积混凝土施工技术规程》（YBJ 224—91），指导我国大体积混凝土设计与施工。

随着有限元模拟软件的不断完善，特别是进入 21 世纪以来，许多学者对大体积混凝土结构工程的温度应力场进行了计算机模拟计算，比如沙牌水坝、小湾水坝、溪洛渡水坝、巴东长江大桥承台等许多国内研究者都对其结构工程的温度应力场进行了计算机模拟计算，并取得了良好的社会效益和巨大的经济效益。

10.3.2　性能概述

10.3.2.1　特点

大体积混凝土结构被广泛应用到工程建设各个领域，其特性越来越引起人们的关注，大体积混凝土结构主要特点如下：

① 工程条件复杂。大体积混凝土结构物或者构件体积庞大、混凝土用量大，由此导致工程条件复杂多样。

② 对裂缝的控制要求高。大体积混凝土多用于坝体、基础等，对构件的要求除了一般的强度、刚度、稳定性等之外，还有整体性、防水性、抗渗性等诸多要求。所以在大体积混凝土质量控制中，混凝土裂缝的控制成为关键性问题。

③ 抗拉强度低。大体积混凝土结构设计中通常要求不出现拉应力或出现很小的拉应力，但混凝土是脆性材料，其抗拉强度只有抗压强度的 $1/20\sim1/10$。大体积混凝土拉伸变形能力很小，工程试验资料统计表明：短期加载作用下，其极限拉伸变形值为 $(0.6\sim1.0)\times10^{-4}$；长期加载时的极限拉伸变形也只有 $(1.2\sim2.0)\times10^{-4}$。大体积混凝土在施工和运营阶段由于温度变化会产生很大的拉应力，要把这种由于温度变化而引起的拉应力控制在允许范围内颇不容易，因此，大体积混凝土结构往往容易出现温度裂缝。

④ 温度应力大。大体积混凝土在浇筑的初期，水泥在水化过程中将释放出大量的水化热，而混凝土自身又是热的不良导体，聚集在内部的大量水化热不易散发，导致大体积混凝土内部中心温度很高，此时混凝土弹性模量并不大，徐变较大，升温主要引起的是压应力；随着时间推移，出现了降温，混凝土弹性模量变得比较大，而徐变仍较小，当混凝土内部温度与外界温度相差较大，出现较大的温差（即温度梯度很陡时），内外约束会造成大体积混凝土产生很大的温度应力，很容易造成大体积混凝土开裂。

⑤ 配筋率偏低。像大坝、水工结构等大体积混凝土通常不配筋，或只在表面配置少量钢筋，温度裂缝产生的巨大拉应力主要靠混凝土承担，抗拉性能差的混凝土很容易产生裂缝。在土木建筑领域，承台、筏板等大体积混凝土基础虽然配置了钢筋，与大体积混凝土结构的巨大断面相比，配筋率是极低的，且钢筋分布不均匀。而大体积混凝土短期内产生的水化热巨大，温度应力还是主要依靠混凝土来承担，大体积混凝土开裂问题依然严重，随着大体积混凝土强度等级提高，裂缝问题愈演愈烈。

⑥ 暴露于周围环境。大体积混凝土结构通常是暴露于周围环境中，结构表面与水或空气直接接触，其温度的分布变化受介质影响大，外界的温度和湿度变化会在结构内部产生拉

应力，从而影响结构的安全。

10.3.2.2 温度裂缝预防

大体积混凝土结构因温度应力引起的裂缝问题相当普遍，要占工程结构裂缝的 80% 左右。温度裂缝对大体积混凝土结构产生许多不利影响，如裂缝会引起地下室渗漏，会导致钢筋锈蚀、混凝土碳化、碱-骨料反应，甚至严重影响到混凝土耐久性，导致建筑物提前退役，给国家经济建设造成巨大的损失，大大地增加了维修成本。

工程实践与理论研究表明：温度应力大小与水泥水化热程度、混凝土材质情况、降温方式、气候条件、结构约束系数、施工工艺、养护条件等众多因素有关。温度应力比其他各种外荷载产生的应力总和还要大，要把这种由于温度变化所引起的拉应力限制在允许范围内是颇不容易的。大体积混凝土温度裂缝控制问题一直是工程界长期关注并迫切需要解决的重要研究课题，可以从以下几个方面进行控制预防。

（1）水泥品种选择及用量控制

因为水泥水化产生的水化热是混凝土升温的主要热源。因此，选用中低热水泥品种是控制混凝土升温的最重要的措施。例如，强度等级为 42.5MPa 的火山灰质硅酸盐水泥和矿渣硅酸盐水泥，其 3d 水化热分别为 150kJ/kg 和 180kJ/kg，而同等级的普通硅酸盐水泥，其水化热却高达 250kJ/kg，分别增加 67% 和 39%。

大量工程实践资料表明，单方混凝土水泥用量每减少 10kg，混凝土中的温度将相应降低 1℃。因此，为了控制混凝土温升，避免温度裂缝，可以采取两种措施：一方面在满足强度和耐久性的前提下，尽量减少水泥用量，对于普通混凝土，控制水泥用量不超过 400kg/m³；另一方面，可以请设计单位对结构实际承受荷载和强度、刚度进行复核，并取得监理部门和质量检验部门认可，采用 f_{45}、f_{60}、f_{90} 代替 f_{28} 作为混凝土的设计和验收强度。这样，可以使混凝土每立方米水泥用量减少 40~70kg，混凝土水化温升相应降低 4~7℃。

（2）外加剂的选择

缓凝剂可使水泥的水化热释放速度放慢，有利于热量的消散，能使混凝土内部的温升有所降低，这对于避免产生温度裂缝是有利的，因此，大体积混凝土所用的外加剂一般宜选择缓凝剂和减水剂并用或者采用缓凝型减水剂。表 10-1 为大体积混凝土掺入木钙类缓凝型减水剂后水化热的变化情况，从表中可见，掺入缓凝型减水剂后，水泥 7d 水化放热量并未改变，但是 1d 放热量明显降低，放热峰的出现延迟了 7.9h，最高温度相比不掺木钙类缓凝型减水剂而言，降低了 3.4℃。

表 10-1 木钙类缓凝型减水剂对水泥水化热的影响

编号	木钙掺入量/%	水化热/(J/g)			放热峰		推迟出现放热峰的时间/h
		1d	3d	7d	出现时间/h	温度/℃	
1	0	106.7	163.2	201.7	21.5	33.3	0
2	0.25	64.4	142.3	203.8	29.4	29.9	7.9

（3）掺合料的选择

大体积混凝土掺入各种矿物掺合料（粉煤灰、矿渣、火山灰、沸石粉等）不仅可以减少水泥用量，而且可以改善混凝土的工作性能，有利于施工操作。掺入掺合料还可以延长混凝土的凝结时间，有利于热量的消散，因而也是一项控制温度裂缝的有效措施，其中用得最多的是粉煤灰。粉煤灰最明显的特点是改善混凝土的和易性和降低水化热。有资料表明，粉煤灰取代 20％的水泥可使 7d 水化热下降 11％，取代 30％的水泥可使 7d 水化热下降 25％。目前，大体积混凝土中粉煤灰用量有日趋增大的局势，从过去的 15％左右增大到 30％，甚至到 50％。但是应注意，目前我国优质粉煤灰数量越来越少，应确保粉煤灰质量符合国家有关标准，同时，粉煤灰掺量对混凝土性能的影响必须通过试验来确定，达到要求才可以使用。

（4）骨料的选择

通常情况下，大体积混凝土所需强度往往不是很高，因而配合比中的骨料用量比较高，约占混凝土绝对体积的 80％～85％。所以，正确选择用砂石骨料对保证混凝土质量、节约水泥用量、降低水化热和降低工程成本都至关重要。骨料选择首先要根据就地取材的原则，选择成本较低、质量优良的天然砂石骨料或经试验和实践证明可用的人工骨料。另外，还必须充分考虑骨料的级配和最大粒径，从而尽可能节约水泥用量并达到工程设计和施工中对混凝土其他方面的要求。

① 骨料的质量要求　大体积混凝土中的骨料的质量，应符合国家标准的规定。骨料含泥量多少是影响混凝土质量的最主要因素，骨料含泥量过大，对混凝土的强度、干缩、徐变、抗渗、抗冻融、抗磨损及和易性都产生不良影响，尤其会增加混凝土的收缩，引起抗拉强度下降，对混凝土抗裂十分不利。因此，在大体积混凝土中，粗骨料含泥量不得大于 1％，细骨料不得大于 2％。

② 骨料颗粒级配的要求　大体积混凝土结构工程应优先选择用自然连续级配的粗骨料配制。这种粗骨料配置的混凝土具有较好的和易性、较少的用水量、较少的水泥用量和较高的抗压强度等优点。在选择粗骨料最大粒径时，可根据施工条件，尽量选择粒径较大、级配良好的石子。有关试验结果表明，采用 5～40mm 石子比采用 5～20mm 的石子，每立方米混凝土用水量可减少 15kg 左右，水泥用量可节约 20kg 左右，混凝土温升可降低 2℃。但是，骨料粒径增大后容易引起混凝土的离析，所以要充分发挥水泥的最佳作用，粗骨料应选择一个最佳的最大粒径。这个参数不仅与施工条件和工艺有关，而且与结构物的形状和配筋间距等有关。因此，进行混凝土配合比设计时，必须进行最大粒径和级配的优化设计，施工时要加强搅拌，仔细认真浇筑和振捣。

大体积混凝土中的细骨料以采用优质的中、粗砂为宜，细度模数宜在 2.6～2.9 范围内。细骨料过细时用水量和水泥用量增大，过粗时混凝土和易性变差，都不利于大体积混凝土的施工，因此大体积混凝土对细骨料的要求更严格。有关试验资料表明：当采用细度模数为 2.8，平均粒径为 0.381mm 的中粗砂时，与采用模数为 2.1，平均粒径为 0.336mm 的细砂相比，每立方米水泥用量可减少 28～35kg，用水量可减少 20～25kg，从而可显著降低混凝土的温升和减少混凝土的开裂。

（5）控制混凝土出机温度和浇筑温度

为了降低混凝土的总温升，减少结构物的内外温差，控制混凝土出机温度与浇筑温度同样非常重要。大体积混凝土浇筑温度越高，水泥水化越快，混凝土内部的温升就越大。一般来讲，浇筑温度每提高 10℃，混凝土内部温度约增加 3～5℃。为了降低浇筑温度，可对混凝土材料进行冷却，以降低混凝土的出机温度，水的比热容最大，最简单的办法是采用冷却拌合水。但是由于水在整个混凝土体系中所占的热容量百分比并不大（表 10-2），因此，有时单纯冷却拌合水并不能完全有效地降低混凝土的出机温度和浇筑温度，需要配合其他冷却方式进行才行。

表 10-2 预冷各种原材料的冷却效果

原材料	质量/(kg/m³)	比热容/[kJ/(kg·K)]	预冷却 1℃散失的热量/kJ	混凝土预冷却温度/℃
石子	1600	0.84	1344	0.55
砂子	550	0.84	462	0.19
水泥	150	0.84	126	0.05
水	120	4.2	504	0.21
混凝土	2420	1.01	2436	1.00

混凝土预冷却的方法主要有采用冰预冷拌合水（或在混凝土拌合时掺冰屑）和预冷骨料法（湿法、干法和真空汽化法）。湿法是通过冰水与骨料进行接触降温，可采用浸水或喷水法；干法是用冷空气对骨料进行吹风冷却；真空汽化法是利用骨料周围空间形成部分真空，使骨料水分蒸发、吸热来冷却骨料。

(6) 优化设计方案

① 地基处理　大体积混凝土一般都是厚实、体重的整浇式结构物，地基对结构应力的状态影响十分明显。在设计时，应防止地基产生不均匀沉降，并应改善地基对基础约束的影响。当地基是软土层时，为了防止基础产生不均匀沉降，通常用砂垫层或其他办法加固。砂垫层可以提高地基的承载能力，还可以在施工时设置盲沟排水，这对减少地下水和地表水的影响都有明显作用。

② 合理分层分块　根据结构特点的不同，大体积混凝土浇筑可分为全面分层浇筑、分段分层浇筑和斜面分层浇筑，必须注意的是，应在第一层混凝土初凝前，继续浇筑上面一层，并振捣完毕。对于可以采用分缝处理的大体积混凝土，可以通过设置伸缩缝、施工缝和后浇带来控制温度裂缝。从现有的施工技术水平出发，合理分缝分块不仅可以减少约束作用，缩小约束范围，而且也可以利用浇筑块的层面进行散热，降低混凝土内部的温度，使结构起到调节温度变化的作用，确保混凝土有自由伸缩的余地，以达到释放温度应力的目的。

(7) 改善施工方法

目前控制大体积混凝土施工温度裂缝的方法很多，较为常见的有预埋冷却水管法、保温材料覆盖法以及相变材料（PCM）控制法等。不同的控制方法都有各自特点，在具体工程中应当从施工现场条件、工程预算、技术水平及绿色环保等方面进行综合考虑。

① 预埋冷却水管法　预埋冷却水管法主要是指在大体积混凝土浇筑之前，预先在混凝土内部架设冷却水管，大体积混凝土浇筑完成之后，通过预埋的水管通入冷却水进行内部降温。由于该方法降温效果显著，已经被众多工程所使用，但是也存在很多缺陷：首先，该方法造价较高，所有的预埋管线一般都采用钢材；其次，施工操作较为复杂，同时由于需要增加预埋管线的施工流程，因此工期随之增加；最后，一旦预埋管线出现渗漏等问题，将会在大体积混凝土内部产生永久性缺陷，大大影响结构的使用寿命。

② 保温材料覆盖法　大体积混凝土产生温度裂缝的一个重要原因是混凝土中产生了温度梯度。当表面混凝土在空气中冷却时，尤其是在冬季施工时，表面和内部温度差会导致产生超过混凝土抗拉强度的拉应力，使混凝土开裂。为了降低混凝土内外温差，可采用混凝土表面保温的方法。表面保温材料有模板、草袋、木屑、湿砂、泡沫塑料等。

该方法适用于尺寸不大的大体积混凝土结构，尤其适用于普通民用建筑物的基础筏板、设备基础等。保温覆盖法的特点是操作简单方便，由于所用的保温材料价格低廉，因此施工成本较低，但整体来说工程效果一般。由于所用的材料大多为一次性材料，对环境不是特别友好，容易产生污染浪费等问题，因此，目前研究学者正在尝试开发绿色环保的保温材料来解决这一难题。

③ 相变材料控制法　随着材料科学的发展，国内外众多学者开始从材料层次研究大体积混凝土水化热的问题，而相变材料（phase change material，PCM）的产生更是激发了国内外学者的兴趣。目前相变材料包括石蜡、石墨、硅酸、月桂酸、硬脂酸、硫代硫酸钠、十八烷等。PCM 在温度高于相变点时吸收热量而发生相变（储能过程），当温度下降低于相变点时发生逆向相变（释放能量过程），利用 PCM 的这种储能和放能特点，在不降低混凝土其他性能的前提下，可较好地控制混凝土内部温度，从而减少混凝土温度裂缝的产生。目前，采用相变材料进行大体积混凝土温度裂缝的控制仍处于初级阶段，各方面都不算成熟，但是随着材料科学的不断发展，相关技术的不断进步，这必然会成为一个很好的解决途径。

10.3.2.3　裂缝修补措施

（1）表面涂抹法

如图 10-13 所示，这是一种在微小裂缝（缝宽<0.2mm）表面涂膜从而达到补缝目的的方法。在施工时先用钢刷打毛表面，冲洗后干燥，再用树脂填充表面气孔，最后再涂抹修补材料。该方法适用于修补稳定裂缝，涂抹材料具有密封性、不透水性和耐候性，其变形性能应与被修补的混凝土性能相近。常用的表面修补材料有环氧树脂、丙烯酸橡胶。较大的裂缝可用水泥砂浆、防水快凝砂浆涂抹。

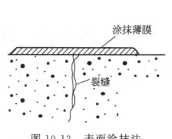

图 10-13　表面涂抹法

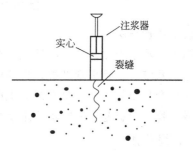

图 10-14　低压灌浆法

（2）低压灌浆法

如图 10-14 所示，此法一般用于修补 0.2～0.5mm 的裂缝。先清除裂缝表面的灰尘和油污，一般按 15～20cm 距离设置一个注入口，注入口位置尽量设置在裂缝较宽、开口较通畅或开叉的部位，灌浆时自上而下，水平缝由一端向另一端逐个修补，为防止灌浆漏浆，可在灌浆 0.5h 后补浆一次，以增强结构的整体性。

注浆器结构轻巧，无需用电，操作简便、施工快捷，可在水平、垂直等任何方向安设使用，在一些特殊工作面（如无电源、有障碍、高空、野外）尤其显示出优越性。注浆时根据裂缝长度可数个或数十个同时并用，不断注入树脂，并可用肉眼直接观察和确认注入情况。

（3）开槽法

如图 10-15 所示，它适用于修补缝宽大于 0.5mm 的较宽裂缝。根据裂缝的情况，可直接向缝内灌入不同黏度的树脂。宽度小于 0.5mm 的裂缝则应开成 V 形或 U 形槽。用水冲洗干净，待干燥后，先涂上一层界面处理剂或低黏度的树脂，以增加其填充料与混凝土的粘结力。

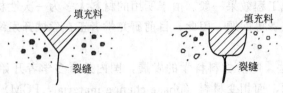

图 10-15　开槽法

（4）结构补强法

"结构补强"是指对目前可靠性不足的承重结构、构件及其相关部分采取增强、局部更换或调整其内力的措施，使其具有现行设计规范所要求的安全性、耐久性和适用性。因超荷载产生的裂缝、裂缝长时间不处理导致的混凝土耐久性降低、火灾造成的裂缝等影响结构强度时可采取结构补强法。结构补强法可分为断面补强法、增大截面法、置换混凝土法、锚固补强法、预应力锚固法等多种方法，其中预应力锚固法如图 10-16 所示。

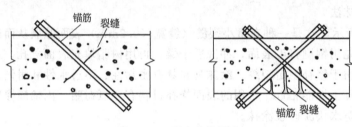

图 10-16　预应力锚固法

（5）仿生自愈合法

它是模仿生物组织损伤愈合的性能，在混凝土传统组分中复合特殊组分，在其内部形成智能型自修复系统，一旦出现裂缝，自动触发修复反应，修复裂缝。目前有三类：一类是采用形状记忆合金自修复；一类是在混凝土内预埋含有修复剂的空心胶囊或液芯纤维；还有一类是利用微生物反应引起的矿物沉积来修复混凝土。

10.3.3　工程应用

上海杨浦大桥基础底板、耀华皮尔金顿浮法玻璃有限公司熔窑深坑、新上海国际大厦基础底板、世界广场基础底板、深圳平安金融中心的底板、天津的津塔底板、北京国贸三期辎塔楼的底板、沈阳恒隆市府广场的底板、济南绿地普利中心基础底板、西安至平凉线 XPS-1 标段田家窑二号铁路大桥 1# 墩大体积承台、武汉天马微电子有限公司 M1 厂房工程、上海北大青鸟企业发展大厦基础底板以及葛洲坝发电厂等许多项目均采用大体积混凝土浇筑。

随着城市大型公共设施和高层建筑的兴建，除大坝、大型设备基础和桥梁中应用大体积混凝土外，现代工业与民用建筑中大体积混凝土也被广泛使用。同时，施工技术和混凝土技术的发展也在很大程度上促进了大体积混凝土基础的广泛应用，使得大体积混凝土在工程中的应用日趋广泛。

图 10-17　上海金茂大厦

上海建工集团承建的 88 层金茂大厦（图 10-17）的筏

基，筏基长宽均为 64m，厚度为 4m，采用 56d 强度等级为 C50 大体积混凝土，最终达到控制裂缝的目的。1m³ 混凝土中各材料用量为：42.5 矿渣硅酸盐水泥 460kg、粉煤灰 70kg、中砂 593kg、5～40mm 碎石 1021kg、自来水 193kg、减水剂 2.76kg。由于水化热温升很大，采取了冷却管冷却降温的办法，加强了保湿养护。

10.4 自密实混凝土

自密实混凝土（self compacting concrete，SCC）又称自流平混凝土或免振捣混凝土，是一种具有高流动性、良好间隙通过性、抗离析性，在浇筑时靠自重作用而无须振捣便能均匀密实成型的高性能混凝土。自密实混凝土拌合物除应满足普通混凝土拌合物对凝结时间、黏聚性和保水性等的要求外，还应满足自密实性能的要求，即填充性、间隙通过性和抗离析性。

10.4.1 发展历程

自密实混凝土出现的原因，应该追溯到 1983 年的日本。当时，由于日本缺乏熟练工人，使得混凝土结构在施工成型过程中缺乏充分的振捣，不能达到设计要求，从而引发了一系列混凝土耐久性问题。这一问题不仅在业内受到了重视，更成为了日本的社会问题，引发了社会各界的广泛关注。因此，在 1986 年 2 月日本水泥协会主办的混凝土研讨会上，日本东京大学冈村甫教授指出"日本熟练工人的减少势必会给混凝土结构耐久性带来负面影响"，并且提议开发一种不受施工质量好坏影响的免振捣混凝土。

经过大量的研究和试验，1988 年夏天，东京大学冈村甫教授第一次成功地配制出自密实混凝土。与传统混凝土相比，自密实混凝土粗骨料用量少，胶凝材料用量有所增加，水胶比远小于常规混凝土，由于添加了高性能减水剂，在不增加单方用水量的情况下可以大大提高流动性。次年，在东京举行了自密实混凝土的公开试验，会后许多大型建筑公司开始了自密实混凝土的开发。1991 年就有 13 家总承包公司的研究人员在东京大学试验室研究自密实高性能混凝土，1992 年出席日本混凝土学会关于自密实混凝土年会的单位增至 30 家。至 1994 年底，日本已有 28 个建筑公司掌握了自密实混凝土的生产技术，可见其发展速度非常惊人。

事实上，20 世纪 80 年代早期挪威建造的混凝土结构海上石油平台，由于配筋密集且结构庞大无法对混凝土振捣，所配制使用的混凝土也是依靠混凝土自身重力达到密实效果。法国于 1995 年开始研制免振捣自密实混凝土，瑞典、德国、新加坡、瑞士等国家也相继研制成功并获得应用，荷兰自 1999 年开始已将自密实混凝土用于预制建筑构件的生产。

国内对自密实混凝土的研究与应用开始于 20 世纪 90 年代初期，1987 年清华大学冯乃谦教授提出了流态混凝土概念，奠定了这一研究的基础。1993 年，北京城建集团构件厂在研制出 C60～C80 大流动性高强度混凝土的基础上开始着手免振捣自密实高性能混凝土的研制，于 1996 年获得了免振捣自密实混凝土的国家专利。之后，中建一局、中国铁道建筑总公司及深圳、济南、天津、宁夏等地陆续有了自密实混凝土应用于工程实践的报道。2003年，广州西卡建筑材料公司天津分公司先后在天津和北京举办了"高性能混凝土、自密实混凝土研讨会"，推动了京津地区自密实高性能混凝土的发展。

自密实混凝土的出现很好地解决了普通混凝土发展过程中的各种问题，它不仅适应了当代混凝土工程超大规模化、复杂化的要求，而且为混凝土走向绿色化、高性能化提供了技术保障，是混凝土工艺的一次革命。

10.4.2　性能概述

（1）主要特点

与普通混凝土相比，自密实混凝土具有以下特点：

① 高流动性　保证混凝土能够在自重作用下克服内部阻力（包括胶凝材料的黏滞性与内聚力以及骨料颗粒间的摩擦力）以及混凝土与模板、混凝土与钢筋间的粘附性，产生流动并填充模板与钢筋周围。

② 高稳定性：保证混凝土质量均匀一致，在浇筑过程中砂浆与骨料不会离析，浇筑后既不会泌水也不会沉降分层。

③ 高间隙通过性：保证混凝土穿越钢筋间隙时不发生阻塞等现象。

④ 高填充密实性：保证混凝土能够完全填充模板，并自行排出浇筑过程中带入的气泡，达到密实成型效果；密实填充性是流动性、稳定性和间隙通过性的综合表现。

（2）综合效益

自密实混凝土被称为"近几十年中混凝土建筑技术最具革命性的发展"，其综合效益如下：

① 降低劳动强度　无须工人进行振捣操作即可保证混凝土良好的密实性，减少了工人的劳动强度，需要工人数量减少。

② 提高生产效率　由于不需要振捣，混凝土浇筑需要的时间大幅度缩短，从而提高生产效率。

③ 改善工作环境和安全性　没有振捣噪声污染，避免工人长时间手持振动器导致的"手臂振动综合征"。

④ 改善混凝土的表面质量　自密实混凝土无须振捣，避免了工人振捣因素导致混凝土表面产生气泡、蜂窝、麻面等各类缺陷问题，不需要进行表面修补，能够逼真呈现模板表面的纹理或造型。

⑤ 增加结构设计的自由度　因自密实混凝土能自由流动不需要振捣，可以浇筑成型形状复杂、薄壁和密集配筋的结构。

⑥ 降低施工成本　由于自密实混凝土具有较大的流动度，因此可以减少混凝土对搅拌机的磨损；由于无须振捣，从而也可避免了振捣对模板产生的磨损。

（3）面临的问题

在我国，对自密实混凝土的研究和应用相对起步较晚，其发展主要是在高等院校和聚羧酸减水剂生产商的带动下进行的，自密实混凝土的研究还不是很成熟，目前自密实混凝土面临的问题主要有：

① 自密实混凝土的工作性内涵较广，目前的测试方法及量化指标还不成熟。

② 对原材料要求高，砂石含泥量对自密实混凝土性能影响较大，并且胶凝材料用量大，必须掺入高效减水剂，成本高。

③ 自密实混凝土虽然节约了人工，但是对设计人员的技术要求则相应提高了，应加强相关的理论知识学习，才能确保施工质量。

④ 尚未能在中低强度等级混凝土中广泛应用。

⑤ 组成上的差异导致性能上与普通混凝土的差异，尤其是耐久性能还需进一步研究。

（4）测试方法

自密实混凝土区别于其他混凝土的最大特点就是它有很好的工作性能。自密实混凝土的工作性能主要表现在流动性、黏聚性、保水性和钢筋间隙通过性。自密实混凝土的这几项工作性能并不需要同时满足要求，而是根据对混凝土应用的不同，只需要满足其中一项或者几项内容即可。

因自密实混凝土工作性能与普通混凝土存在很大差异，如何正确、有效地评价自密实混凝土工作性能，是研究和配制自密实混凝土的关键。随着自密实混凝土工程应用领域的不断拓展，促使国内外对自密实混凝土拌合物工作性能进行了广泛的研究，并提出许多关于混凝土工作性能的测试方法及其评价指标等。目前，国内外主要的自密实混凝土工作性能的评价测试方法有 V 形漏斗法、Orimet 口下料法、T500 扩展度法、倒坍落度筒法、L 形箱法、U 形箱法、J 形环法、填充箱试验法等。自密实混凝土需要借助这些试验方法进行配合比设计与现场质量检验，并且一般需要同时采用两种以上试验方法来评价流动性、稳定性和钢筋间隙通过能力。

① V 形漏斗（图 10-18）法　将 10L 自密实混凝土拌合物装满 V 形漏斗，将表面抹平。随即打开下面底盖，测试从开盖到混凝土拌合物全部流出的时间（精确至 0.1s）。检测数据体现自密实混凝土的流动性和抗离析稳定性。V 形漏斗还有一个 V5 的检测方法，即测完 V 形漏斗后，紧接着再将漏斗装满，静置 5min，再测一次，对比两次数据的差别。V 形漏斗静置 5min（即 V5）再测，则流出时间普遍延长，且时间延长多少可以间接反映混凝土拌合物的离析程度或抗离析的能力。

图 10-18　V 形漏斗

② Orimet 流速仪（图 10-19）法　Orimet 流速仪是由英国学者 Bartos 提出的高流动性混凝土拌合物黏度测试方法。采用 Orimet 流速仪的一个重要的优点是能较好地模拟拌合物在管里运动的情况，尤其是直接以泵管作为仪器的竖管，所测拌合物流出速度可反映其塑性黏度的大小，拌合物在无明显离析的情况下，流出速度愈小，则塑性黏度愈大，反之亦然。

Orimet 流速仪试验原理为高流动性混凝土拌合物不发生离析的条件下，受自重作用从竖管中全部流出，流出速度主要受拌合物黏度系数 η 的影响。测定竖管中混凝土全部流出的时间 t 和装料混凝土体积 V_m（L），求出混凝土拌合物所需的流出速度 $V_0 = V_m / t$，V_0 值越大，则黏度系数越小。

图 10-19　Orimet 流速仪

图 10-20　T500 扩展度仪

③ T500 扩展度法（T500 扩展度仪见图 10-20）　将自密实混凝土拌合物一次性装入坍落度筒，无须插捣，快速提起坍落度筒，记录从提起坍落度筒开始到混凝土拌合物扩展度平均直径达到 500mm 时的时间（精确到 0.1s）。该方法主要用来检测混凝土的流动性和抗离析性。

④ 倒坍落度筒（图 10-21）法　该方法是由我国山东一研究学者提出的，实际上，它类似于 Orimet 流速仪和 V 形漏斗。其测试原理是根据混凝土从倒置的坍落度筒中流空的时间和落下后的坍落度、扩展度及中边差来判断自密实混凝土的工作性。这些参数能够综合反映拌合物黏度和屈服剪切应力的大小以及匀质性、抗离析性和间隙通过能力。

该试验不仅操作简单，测定快速，而且有良好的重复性，且不需要清理场地，只需将三脚架稳定地支好，使倒坍落度筒垂直于地面，就可以开始试验，因此，它为混凝土搅拌站及施工现场定量测定拌合物流动性提供了可靠的方法。

图 10-21　倒坍落度筒　　　　　　　　图 10-22　U 形箱

⑤ U 形箱（图 10-22）法　将一定尺寸箱体分为两部分，在 A、B 部分之间设隔板及一定间距的钢筋阻碍物。测试时将 A 部分装满自密实混凝土拌合物，表面抹平，静置 1min 后提起隔板，使混凝土拌合物通过钢筋流入 B 部分。混凝土穿过钢筋网片后在水平方向流平，说明混凝土钢筋间隙通过性较好；如果粗骨料堆积在钢筋后面，混凝土在钢筋网片两侧存在高度差，则混凝土的钢筋间隙通过性较差，两侧的高度差越大，说明混凝土的穿越能力越差；自密实混凝土穿越钢筋网片流到水平梁边缘的时间，可以在一定程度上反映混凝土的流动性。

⑥ J 形环（图 10-23）法　将圆钢筋焊接为一个直径 300mm 的圆环，在圆环上垂直焊接 26 根 ϕ10mm×100mm 的圆钢。测试时，将 J 形环套在坍落度筒中，用测试坍落扩展度的方法，让自密实混凝土拌合物通过 J 形环流出。然后测量环内外高度差并与不加 J 形环坍落扩展度对比。该方法可以反映出自密实混凝土的流动性及钢筋间隙通过性的情况。

图 10-23　J 形环　　　　　　　　　　图 10-24　L 形箱

⑦ L 形箱（图 10-24）法　L 形流动仪用硬质不吸水材料制成，由前槽（竖向）和后槽（水平）组成，前槽与后槽之间有一活动隔板。活动隔板前设有一垂直钢筋栅，钢筋栅由 3 根（或 2 根）长为 150mm 的 ϕ12mm 钢筋组成，钢筋间距为 40mm（或 60mm）。用混凝土拌合物填满 L 形仪前槽，静置 1min 后迅速提起活动隔板使混凝土拌合物流入后槽，混凝土拌合物停止流动后，测量前槽最高点混凝土高度 H_1 和后槽最低点混凝土高度 H_2，H_1/H_2≥0.8 时，说明混凝土拌合物有良好的间隙通过性和抗离析性能。

以上是自密实混凝土常用的检测方法，还有部分检测方法平时使用较少，在此没有逐一列出。实践表明，已有的测试方法中在评价自密实混凝土填充性、间隙通过性方面，取得了较好的效果，获得了较为一致的认同；而对于自密实混凝土的抗离析性能的测试评价试验方法，还值得商榷和进一步改进，如这些已有的抗离析性测试方法只能反映静态情况或仅反映拌合物在局部空间内的竖向运动，不足以模拟实际情况。如何解决现阶段自密实混凝土研究中出现的问题，开发更为科学、实用和准确的自密实混凝土拌合物性能测试方法也将是未来自密实混凝土研究发展的一大重要课题。

10.4.3 工程应用

自密实混凝土工程应用的首例是在 1990 年 6 月的日本，用于一个楼房建筑中。随后，自密实混凝土的应用范围和使用数量日趋增加。目前，自密实混凝土已广泛应用于各类工业与民用建筑、道路、桥梁、隧道及水下工程、预制构件中，特别是在一些截面尺寸小的薄壁结构、密集配筋结构等工程施工中，自密实混凝土也显示出明显的优越性。在一些复杂结构中，加固建筑以及大体积复杂结构中都有应用，国内已有自密实混凝土用于特殊结构的施工报道，如大型爆炸洞、水工建筑物、窄径深孔井桩、钢管混凝土等。

国外对自密实混凝土的使用更为广泛，其中比较典型的工程应用实例是日本明石海峡大桥（悬索桥，见图 10-25）。明石海峡大桥是于 1998 年 4 月建成的世界上最长的悬索桥，这座大桥架设在神户市和淡路岛北端之间的明石海峡上，大桥全长 3910m，中央支距长 1990m。该桥的 2 个锚锭分别用了 24 万立方米和 15 万立方米强度等级为 C25 的自密实混凝土。该桥通过采用自密实混凝土施工新技术，使两个锚锭的施工从两年半缩短到两年，缩短工期 20%。

图 10-25 明石海峡大桥

图 10-26 西雅图双联广场

美国西雅图双联广场（图 10-26）是至今为止自密实高性能混凝土用于实际结构中强度最高的广场。该工程中 62 层的双联广场钢管混凝土柱，由于采用了超高强（28d 抗压强度达到 115MPa）的自密实高性能混凝土，降低了结构成本 30%，这一工程是自密实高性能混凝土在重要结构工程上应用的杰出范例。

在国外，自密实混凝土应用较多，例如 1998 年竣工的瑞士水利电力项目 Cleuson Dixence 中，隧道长 15850m，斜井共 3920m 长，总共使用了 7.3 万立方米的自密实混凝土填充在岩石与钢衬之间；作为混凝土衬砌、1999 年瑞士开工的勒奇山铁路隧道长 34642m，共使用了 80 万立方米的自密实混凝土；法国 VierzonA85 公路桥梁和圣马力诺世贸中心等均采用了自密实混凝土进行施工，并取得了预期效果。

国内具有影响力的标志性工程均使用了自密实混凝土，这些工程包括：国家体育馆、国家体育场"鸟巢"工程［图 10-27(a)］、国家大剧院、三峡大坝发电站、西藏拉萨河特大桥［图 10-27(b)］、新上海国际大厦、天津滨海国际会展中心二期工程、台北金融中心 101 大楼、世博演艺中心等。

除国家工程以外，各地区工程也逐渐开始使用自密实混凝土，如厦门怡山商业中心工程采用了 C60 钢管自密实混凝土；跨沪宁铁路和京杭大运河的锡宜高速公路采用了 C50 自密实微膨胀混凝土；深圳南方国际广场使用了 C100 自密实钢管混凝土；武汉国际会展中心，其主楼中庭轴的钢骨混凝土使用了 C40 高保塑自密实混凝土；武昌地区的标志性建筑"武汉保利文化广场"使用了 5000m³ 的 C50～C60 的自密实混凝土；青岛极地海洋世界工程施

(a) 国家体育场"鸟巢"　　　　　　　(b) 西藏拉萨河特大桥

图 10-27　国内自密实混凝土工程

工中采用了自密实混凝土；长江三峡二期工程在大坝压力钢管槽回填及电站厂房三期基坑中使用了自密实混凝土；青岛体育中心综合训练馆的预应力梁、广州西塔工程、宁波博物馆和润扬长江公路大桥北锚碇基础等都使用了自密实混凝土。同时，自密实混凝土也被广泛用于桥梁和水闸等的加固工程中。

　　然而任何事物都有其两面性，自密实混凝土在具有明显的技术优势的同时，也有不利的方面，即浆骨比大，胶凝材料和水用量高，不仅成本高，而且易造成混凝土体积稳定性下降，混凝土容易开裂。尤其在我国目前骨料质量普遍较差的情况下，这一问题更突出，所以不宜盲目扩大自密实混凝土的应用范围。

10.5　清水混凝土

　　清水混凝土又称装饰混凝土，它属于一次浇筑成型，不做任何外装饰，直接采用现浇混凝土的自然表面效果作为饰面。清水混凝土表面平整光滑，色泽均匀，棱角分明，无碰损和污染，只是在表面涂一层或两层透明的保护剂，显得十分天然、庄重。

　　清水混凝土是混凝土材料中最高级的表达形式，它显示的是一种最本质的美感，体现的是"素面朝天"的品位。清水混凝土可作为外墙装饰、顶棚装饰及内墙装饰等材料，而二次加工粘贴的饰面，如瓷砖、装饰石材等，常会由于水分变化，温度、湿度的变化，饰面容易剥落，影响到装饰的美观效果及周围环境的安全性。

10.5.1　发展历程

　　清水混凝土产生于 20 世纪 20 年代，随着混凝土广泛应用于建筑施工领域，建筑师们逐渐把目光从混凝土作为一种结构材料转移到材料本身所拥有的质感上，并开始用混凝土与生俱来的装饰特征来表达建筑传递出的情感，此时多为国际主义风格。最为著名的是路易·康（Louis Isadore Kahn）设计的耶鲁大学英国艺术馆；美国设计师埃罗·沙里宁（Eero Searinen）设计的纽约肯尼迪国际机场环球航空大楼、华盛顿达拉斯国际机场候机大楼等。

　　清水混凝土建筑结构大量应用还是在第二次世界大战以后，由于二战的破坏，需要建造大量的住宅和校舍，以满足当时人们的迫切需要。如 1947～1952 年间，法国建筑家鲁格（Lugol）设计建造了大片的清水混凝土住宅，以满足当时许多无家可归的人群的住宿问题。当时的清水混凝土完全是出于经济、省钱和施工快捷考虑，没有考虑到清水混凝土表面的装饰和保护问题。日本在二战后的重建中也出现了一批清水混凝土结构的建筑，如日本大学的建筑学科馆、机械工学学科馆都是清水混凝土结构。但是建成后 30 年左右，表面污染严重，内部钢筋锈蚀，墙面严重开裂，成为危房，现已推倒重建。演绎到今天，日本的清水混凝土技术得到了极大发展。在应用上，日本改变了以前的不加修饰的水泥表面手法，利用现代的外墙修补技术，将水泥墙面拆模后进行处理，使混凝土表面达到非常精致的效果，同时又充分展现出其本身特有的原始和朴素的一面。

20世纪60年代，日本著名建筑师安藤忠雄在日本奥林匹克体育场中首次使用了清水混凝土，从此，清水混凝土作为一种新型的建筑形式，以其细腻精致的纹理，质密、近乎匀质的质感形成了其独特的美感，为越来越多的建筑师所接受。

进入21世纪以来，清水混凝土施工方法更加成熟，模板费用与一般模板相比也仅增加了10%左右，根据设计者及设计图可得到不同的饰面，省去了施工后的饰面施工，省工、省料、省费用，属于低碳技术的一个方面，因此具有更广阔的前景。

我国清水混凝土技术于20世纪70年代后期开始试用，最早主要应用在预制混凝土外墙板、桥梁、市政工程中，并取得了一定进展。后来，由于人们将外装饰的目光都投诸于面砖、玻璃幕墙等装饰材料上，清水混凝土的应用和实践几乎处于停滞状态，直至1997年，北京市设立了"结构长城杯"工程奖，推广清水混凝土技术，才使得清水混凝土重获生机与发展。此时，国内越来越多的建筑师开始认识到清水混凝土的优点，并致力于该施工技术的研究，并广泛地应用于市政工程、工业与民用建筑等领域。

2004年由联想集团公司投资、北京市建筑设计研究所设计、中国建筑股份有限公司施工建设的总建筑面积为96156m² 的联想集团北京研发基地，被建设部科技司评为"中国首座大面积清水混凝土建筑工程"。该工程标志着我国清水混凝土已经发展到一个新的阶段，也是我国清水混凝土发展历史上的一座重要里程碑。

总体来看，我国清水混凝土发展过程可概括为原始清水混凝土、普通清水混凝土、镜面清水混凝土和装饰清水混凝土四个阶段。

(1) 原始清水混凝土阶段

我国清水混凝土发展历程十分漫长，最早应用在工业建筑物、桥梁以及水利工程等方面，仅仅对漏筋、麻面和蜂窝等外观质量问题有要求，故而外观质量标准十分低下。桥梁、大坝的混凝土模板主要采用钢模或钢框竹胶模板。随着经济的飞速发展，对清水混凝土的质量标准要求不断提高，新型模板技术得到长足发展，出现了工具式、组合式和永久式三大模板体系。新体系主要是增大了单块模板面积，减少了以前模板之间的模板拼缝，并且大大提高了模板强度和刚度，新模板的开发大大提高了混凝土表面质量。但在工业和民用工程中，部分清水混凝土仍需抹灰，模板的开发只是降低了抹灰层厚度。

(2) 普通清水混凝土阶段

自1995年之后，随着部分专业模板工厂的出现和相关模板标准要求开始颁布出台，我国清水混凝土进入一个新的发展领域，实施建筑工程时，不需要在建筑墙体表面抹灰便可直接涂面漆、刮腻子进行装饰。对于民用工程，根据结构类型不同选用相应模板体系，剪力墙、柱子多选用大钢模和质量较好的胶合板，采用大钢模施工的清水混凝土观感及表面平整度极佳，基本上达到了高级抹灰标准，但一次投入大，周转率低，往往需二次改造，经济效果较差。选用竹（木）胶合板一次投入小、周转率高、切割加工方便，所以在柱、梁构件的施工中被广泛应用。

(3) 镜面清水混凝土阶段

2000年前后，清水混凝土技术已日趋成熟，被业界认可和青睐，镜面清水混凝土目前主要用于工业建筑中不做饰面的工程中。"镜面清水混凝土"是清水混凝土发展新阶段，其标准是混凝土观感质量在光泽和平整等指标达到如"镜面"效果，镜面混凝土的要求是无孔眼、无明缝，表面细致有光泽。彩色镜面清水混凝土可以呈现不同的颜色，在强烈的光线配合下美轮美奂，有很高的艺术效果，是顶级的混凝土镜面效果。

（4）装饰清水混凝土阶段

装饰清水混凝土又叫艺术清水混凝土，是目前清水混凝土最高等级的表达形式。装饰清水混凝土主要包括表面彩绘清水混凝土、实体浮雕清水混凝土和雕塑清水混凝土等多种类型。装饰清水混凝土采用特殊的材料模板，施工养护工艺先进，可以呈现特殊的造型及极美的整体美学效果，是未来清水混凝土发展的趋势。装饰清水混凝土外观质量达到了混凝土的最高境界，是建筑与自然环境的完美融合，是混凝土建筑艺术性的表露。

10.5.2 性能概述

10.5.2.1 特点

在清水混凝土技术的发展和变革中，模板技术起着决定性作用，模板体系的选择是清水混凝土施工成败的关键，不同类别的清水混凝土都有与之相对应与匹配的模板体系，根据工程类别、规模、工程施工合同要求以及承包商确定的工程质量目标等来界定清水混凝土类别，从而科学、合理地选择与之相适应的模板体系，是确定清水混凝土模板方案、进行模板设计的核心工作。

当前，常用的清水混凝土模板体系有全钢大模板体系、竹（木）胶合板体系、空腹（实腹）钢框胶合板体系、拼装大块钢模板表面粘贴 PVC 板工艺、九合板表面粘贴 PVC 板工艺、竹（木）胶合板表面粘贴 PVC 板体系和装饰清水混凝土模板体系七种。

（1）优点

清水混凝土朴实无华，厚重清雅，简约而不简单，是建筑艺术的新时尚、新风格。通过多年工程的实践，充分证明和显示了清水混凝土技术的先进性、实用性、科学性和优越性，其倍受青睐和广泛应用的原因可归纳为以下几个方面：

① 社会经济效益显著 清水混凝土的观感质量达到了较高的艺术境界，不需做任何装饰，取消了抹灰层和面层，可直接刮腻子、涂刷面漆等，因此节约了大量资金，降低了工程成本。禹州电厂一期工程采用清水混凝土技术使实际工期比定额缩短了 43d，故可早发电 71056 万千瓦时，实现直接社会效益 2842.23 万元；而北京房山二处承建的 2.29 万平方米高层采用清水混凝土工艺比总工期提前 80d，节约了大批人力和设备费用，同时使开发商提前向住户交房与售房。这些工业与民用工程例子的工程实践充分证明了清水混凝土技术产生了巨大的社会经济效益。

② 消除质量通病 清水混凝土技术由于取消了抹灰工程，从而避免了抹灰开裂、空鼓甚至脱落的质量隐患，减轻了结构施工的漏浆、楼板裂缝等质量通病。在商品房中，由于剪力墙、顶棚达到清水混凝土标准而直接刮腻子，涂面漆，在消除质量通病基础上又增大了开间、净高尺寸，既受住户欢迎，又受开发商青睐，实现了开发商、住户和承包商三方共赢。

③ 有利于环境保护 清水混凝土技术既取消抹灰又取消了湿作业，提高了现场文明施工程度，减少了冬施装修，同时也减少了建筑垃圾产生。例如：北京某建筑公司提供数据显示，未采用清水混凝土的一幢 1.5 万平方米高层，拉出垃圾 130 卡车，而采用清水混凝土的一幢 2.29 万平方米高层本应拉出 200 卡车垃圾，而今只拉出 20 卡车，符合我国可持续发展战略和大力发展"绿色建筑"的理念，产生了极大的环保效益。

（2）现存问题

进入新的世纪，清水混凝土已经取得了飞速的发展，我国已经颁布了清水混凝土设计和施工验收标准规范《清水混凝土应用技术规程》（JGJ 169—2009），解决了清水混凝土施工标准和验收规范等问题，相关的设计和施工水平也在不断地得到提高，但是仍存在一些问题和不足之处需要改进。

① 整体饰面效果差　由于设计上没有进行饰面效果设计和施工不精细的原因，导致拆模后明缝和蝉缝不交圈，表面色差较明显。由于相应预埋件的漏埋，造成二次剔凿。长期暴露在自然条件下，由于风吹日晒，逐渐失去了原来的色泽和亮度，严重影响观感效果。

② 普遍存在外观质量缺陷与通病　当前，清水混凝土已发展至镜面清水混凝土和彩色清水混凝土阶段，但是由于施工人员施工工艺不合理、落后，相应的保护养护措施不到位，行业质量标准过低等原因，导致清水混凝土工程质量缺陷和通病普遍存在，后期需要大量修补。与普通混凝土结构相比，没有凸显出来清水混凝土结构的优点。

清水混凝土刚拆模时光滑、光洁、美观、颜色均匀、色泽一致，但暴露于空气中后，由于混凝土保护层偏小，主、箍筋过密以及泵送混凝土坍落度过大等，致使构件实体的保护层部分多为砂浆，石子极少，导致混凝土表层强度极低，在温度、干缩等综合外因下，极易产生大面积龟裂。

③ 清水构件的细部不够美观和精细　由于模板细部存在设计不合理之处、施工单位重视度不够，导致滴水线、阳角线条、过渡缝等部位的质量不够精细、完美，严重时需要进行抹灰处理，无形中增加工程成本，达不到清水混凝土的装饰效果。

④ 模板的专业化发展不够　当前，与清水混凝土相适应的新型模板技术的开发、研制力度不够，从某种程度上束缚了清水混凝土技术的进一步发展，反映在模板工程方案、体系、配置、投入量和支、拆等不够科学。要解决这些问题，就是大力促进模板设施向专业化方向发展，模板工程由专业公司承包，并建立对模板企业的资质审查和认证制度，使清水混凝土质量提高到一个新的阶段和境界，真正达到完美无瑕的程度。

10.5.2.2　质量控制

混凝土拌合物的性能和混凝土浇筑施工控制水平是影响清水混凝土质量的两大重要因素。清水混凝土工程就混凝土本身而言主要需要解决两大技术难题：一是提高混凝土的抗裂性能，出现裂缝的混凝土墙面将影响建筑物的结构安全尤其是严重影响人的心理感受，因而必须采取措施提高混凝土的抗裂性能；二是提高混凝土的表面质量，混凝土表面要求保持拆模后的原貌，混凝土密实、平整、整洁、光亮，杜绝蜂窝、麻面、孔洞、漏浆、冷缝、烂根、流淌和冲刷痕迹，无剔凿、磨、抹、涂刷、修补痕迹。

（1）提高抗裂性能

引起混凝土开裂的原因很多，而且很复杂，对于清水混凝土而言，塑性收缩、干燥收缩和温度应力都会引起混凝土的开裂，从而降低混凝土的抗裂性能。因此，必须通过合适的技术途径来防止和减少塑性收缩、干燥收缩，降低由于水泥水化热引起的温升。

① 优选原材料　选取对于降低混凝土绝对温升有利的水泥、掺合料、骨料和外加剂，从而降低水泥水化热，延缓水化过程，降低放热速度及峰值，减少温度收缩，避免温缩裂缝的产生。

② 优化混凝土配合比　采用控制水胶比、单位胶凝材料总量、单位水泥用量和砂率等措施，尽量降低混凝土的绝对温升，减少混凝土内外温差，同时减小混凝土干缩和自收缩，提高混凝土体积稳定性。

③ 改善混凝土的和易性　改善混凝土的和易性，减少泌水，避免离析，提高混凝土作为非均质材料的匀质性，避免产生薄弱区域，提高混凝土构筑物的整体抗变形能力。

④ 掺入掺合料　通过掺入合适的掺合料，改善水泥基体与骨料的界面结构状态，提高界面粘结强度，从而提高混凝土抗拉极限强度。

⑤ 掺入减水剂　混凝土中掺入高效减水剂，可以减少混凝土的用水量，从而减少混凝土的收缩变形。

（2）提高表面质量

影响清水混凝土外观质量的常见问题有颜色不一致、蜂窝、麻面、斑点、露筋、跑模、线条不明、缝隙夹层、水泡气孔和缺棱掉角等，产生这些问题的原因是多方面的，可以从材料、施工、设计等环节入手，采取切实可行的技术途径。

① 各原材料应使用同一厂家大规模生产的同一品牌、同一批次和规格的产品，并保证连续供应，从原材料色泽稳定方面保证混凝土的表面颜色统一均匀。

② 优化混凝土配合比，通过改善混凝土的黏聚性，减少泌水，避免离析，提高混凝土色泽均一性；采用均化气泡措施，减少宏观气泡；提高混凝土的密实性，避免宏观缺陷。

③ 选用优质模板，严格控制模板表面的光洁度和模板安装的平整度，防止出现漏浆、蜂窝、麻面等现象。

④ 制定严谨、科学的混凝土施工方法，采用合适的浇筑和振捣工艺，避免混凝土施工过程的质量波动，防止产生局部外观缺陷，提高混凝土整体质量的均匀性和完整性。

⑤ 浇筑完成的混凝土需做好养护和必要的修复措施，并对拆模后的混凝土做好必要的保护，以避免混凝土的二次污染，影响外观。

10.5.3　工程应用

自 20 世纪 60 年代日本东京奥林匹克体育场中首次应用清水混凝土开始，演绎到今天，日本、欧洲和北美洲等发达国家的清水混凝土技术已经得到了很大的发展。如悉尼歌剧院的外墙（图 10-28）、日本国家大剧院、日本神户兵库县立美术馆（图 10-29）、津巴布韦国家体育场、英国伯明翰的 Traflbrd 中心、象牙海岸的亚穆苏克罗教堂、新欧洲议会大厦、沃夫兹堡现代美术馆、巴黎史前博物馆等，直到目前遍地开花的高架、轻轨中的桥面、桥柱等都采用清水混凝土设计。

图 10-28　悉尼歌剧院

图 10-29　日本神户兵库县立美术馆

我国也于 20 世纪 90 年代起在各类建筑结构中开始了清水混凝土建筑风格的应用，完成了一大批清水混凝土工程。进入 21 世纪后，清水混凝土技术有了进一步的创新和发展，基于美观、环保、自然的要求，开始了清水镜面混凝土技术的研究与应用，完成了一批清水镜面混凝土工程。主要包括工业建筑、市政、道桥以及一些简单的工业厂房也开始采用清水混凝土。

2002 年建成的北京东晶国际公寓、2004 年 11 月建成的联想集团研发中心、2011 年主体封顶的成都来福士广场、2005年建成的清华大学美术学院、深圳万科中心工程、武汉文化广场、蚌埠龙湖体育馆等工程，都不同程度地采用了清水混凝土饰面技术。其中联想集团研发中心的清水混凝土，是我国改革开放以来规模最大的清水混凝土工程。我国部分清水混凝土工程见图10-30。

(a) 联想研发中心

(b) 清水混凝土桥墩

(c) 上海西岸龙美术馆

(d) 河南沁北电厂

图10-30　国内清水混凝土工程

除此之外，清水混凝土工程还有很多，较为著名的有中南剧院、上海杨浦大桥、南浦大桥、南京长江三桥等交通基础设施工程。东方峡输变电工程中的龙泉变电站、青海公伯峡水电站厂房、广东肇庆500kV换流站、石嘴山电厂扩建工程220kV配电装置楼、河南沁北电厂、湖南岳阳华能电厂、湖南华电长沙电厂等工业设施；海南三亚机场、首都机场、上海浦东国际机场航站楼等机场设施工程；清华东路公寓、河北省烟草公司住宅楼、太原理工大学高层住宅楼、山西安静小区1号高层住宅楼、北京朗琴园1号楼高层等住宅楼工程均采用了清水混凝土设计。

10.6　透水混凝土

透水混凝土又称多孔混凝土，它是由骨料、水泥和水经过特殊工艺拌制而成的一种多孔环保混凝土。它自身不含（或含少量）细骨料，以粗骨料为骨架，水泥净浆（或含少量细骨料的砂浆）包裹其上，相互粘结而形成的孔洞随机分布的类蜂窝状结构，具有透气、透水和重量轻的良好特性。

透水混凝土目前还没有统一的定义，比如美国混凝土协会2002年将透水混凝土描述为"一种由水泥结合而成的开放级配混凝土"；日本混凝土协会2004年将透水混凝土描述为"拥有连续孔隙率约20%的混凝土"；而我国建筑科学研究院1989年将透水混凝土描述为"由水泥、粗骨料和拌合水拌合而成的无砂混凝土"。

10.6.1　发展历程

100 多年前人们便开始了透水混凝土的应用，据记载，1852 年英国在建造工程中因为细骨料短缺，研发了不含细骨料的混凝土，即透水混凝土。

20 世纪中叶，美国将透水混凝土用到公路与机场跑道建设工程，用来改善其排水能力和安全性能。到了 60 年代美国便启动了对透水混凝土设计方法的研究工作。1972 年，美国通过了清洁水资源法案，法案中规定各州和各大城市需要确保被收集的雨水的干净度。透水性混凝土不仅可以对雨水进行就地渗透、过滤和净化，还具有吸声、抗滑和防眩光的作用，这些良好的效果进而加速了其在城市建设中的应用。自 1970 年以来，美国的佛罗里达州、亚利桑那州、内华达州、加利福尼亚州和俄勒冈州建造了大量的透水沥青混凝土路面。

1970 年，英国首次使用多孔混凝土铺设新型道路，初期效果良好，但由于城市车辆的增多，10 年后，由于耐久性不满足要求，原路面设计的 28d 抗压强度不足 14MPa，被迫停用。1973 年，德国联邦交通部制定了《路面结构内部排水系统设计指南》，要求所有重要路面结构中必须设置内部排水系统。1974 年和 1976 年，法国在国内修建了多孔混凝土路面，1979～1981 年间，法国戴高乐机场为增强路面基层的排水能力，尝试在面层与水泥基层之间铺设了厚度为 10cm 的透水混凝土层，效果明显。

1979 年，美国率先使用多孔混凝土在某教堂附近建立了透水路面停车场，其 28d 抗压强度可达 27MPa，并为此申请了专利。从 1980 年开始，美国开始出现了可以对透水混凝土进行商业化供应的混凝土搅拌站。美国佛罗里达州在 1991 年成立了"透水性混凝土路面材料协会"。

日本由于其特殊的地理位置，常年降雨较多，然而地下水位却越发下降，20 世纪 70 年代，为了解决因为地下水位下降而导致的地基下沉问题，日本提出了"雨水地下还原战略"，从此，专家们便开始了对透水混凝土的研究，并深入研究了透水混凝土的透水性、强度、孔隙率之间的关系。由于透水混凝土在确保其透水性的情况下使得其强度不高，所以透水混凝土只能用在对强度要求不高的一些地区，比如广场、停车场、公园、人行道、低荷载的行驶路面等。日本混凝土协会在 1994～1995 年成立了"生态混凝土研究委员会"，以透水混凝土为主要课题，开展了大量研究并取得了很多成果。从 2001 年至今，日本新的市政建设和改造翻修项目广泛采用了透水混凝土材料。

我国在透水混凝土的研究和应用方面起步较晚，整体水平要落后于其他先进国家。我国首次使用透水混凝土是在 20 世纪 70 年代，为了使树木根系充分吸收地面水分，北京市园林局开发了具有透水、透气性的混凝土砌块，用于铺装皇家园林的道路和广场。中国建筑材料科学研究院在 1993 年开始进行透水混凝土与透水性混凝土路面砖的研究，并于 1995 年在国内率先成功研制出透水性混凝土，但其所配制的透水混凝土抗压强度一般在 20MPa 左右。

进入 21 世纪以来，我国开始对透水混凝土进行较多研究。2009 年中华人民共和国住房和城乡建设部（以下简称住房和城乡建设部）发布了行业标准《透水水泥混凝土路面技术规程》（CJJ/T 135—2009），这是我国第一部关于透水水泥混凝土的规范。近几年，国内正在积极推动"海绵城市"发展，大力推广透水混凝土的应用，在 2008 年的北京奥运工程和 2010 年的上海世博会配套工程中，透水混凝土材料的应用彰显了生态和环保的建设理念。我国于 2017 年举办了主题为"透水混凝土——基于强度和透水性能的混凝土配合比设计"的全国混凝土设计大赛，意在鼓励相关科研人员和企业单位积极开展透水混凝土的研发及推广应用工作。但是，总体来说我国透水混凝土的发展还比较滞后，目前的应用仅局限于一些试点工程和国际性重大工程中，为了加快透水混凝土的发展，有必要对透水混凝土做更多、更广泛的研究，开发出强度更高、透水性够好、经济性良好的透水混凝土材料。

10.6.2　性能概述

透水混凝土和普通混凝土的主要成分基本相同，都是由水、水泥、骨料组成，但不同的是透水混凝土所选用的骨料种类、配合比、制备工艺较普通混凝土有较大区别，这也是导致两者结构上很大差异的原因。透水混凝土采用单一粒径的粗骨料作为结构骨架，水泥净浆或加少量细骨料的砂浆薄层包裹其上，成为骨料颗粒之间的粘结层，最终形成骨架-空隙结构的透水混凝土材料。

（1）分类

根据实际使用情况，透水混凝土可分为现浇透水混凝土和预制透水砖两类。而现浇透水混凝土又有水泥透水混凝土和高分子透水混凝土两种。

① 水泥透水混凝土　水泥透水混凝土的原料一般由水泥、水、粗骨料拌合而成。水泥一般选用 P·O 42.5 或 P·O 42.5 以上的硅酸盐水泥、普通硅酸盐水泥或矿渣硅酸盐水泥；粗骨料一般选用单粒级或间断粒级；水一般选择当地自来水。水泥透水混凝土的水胶比一般为 0.25～0.40，孔隙率为 15%～30%。由于混凝土拌合物为干硬性混凝土，因此可以采用压力成型，但不能像对待普通混凝土一样采用振动成型，因为采用振动成型会使水泥浆体沉降，导致试块封底现象，使得透水混凝土失去透水效果。所以透水混凝土在施工过程中一定要与普通混凝土区别开。现浇透水混凝土路面结构层如图 10-31 所示。另外，透水混凝土具有低成本、制作简单的优点，可以大规模地应用于道

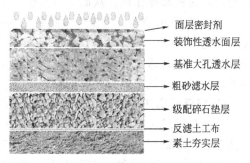

面层密封剂
装饰性透水面层
基准大孔透水层
粗砂滤水层
级配碎石垫层
反滤土工布
素土夯实层

图 10-31　透水混凝土路面结构层示意图

路铺设。任何事物有利就有弊，由于其孔隙率过大导致它的耐久性、强度、抗冻性不如普通混凝土，这也是目前研究学者的主要研究方向。

② 高分子透水混凝土　高分子透水混凝土主要是采用高分子作为胶凝材料，它可以分为沥青透水性混凝土和树脂透水性混凝土两种类型。沥青透水性混凝土是由沥青、单粒级或间断粒级的粗骨料拌合而成的。因为沥青是一种有机胶凝材料，它与水泥透水混凝土相比的情况下，这种混凝土对气候的适应性较差，比较容易在大气的影响下老化，并且温度对其影响也比较剧烈，特别是当温度升高时，沥青透水混凝土会变软，会导致沥青液体流出，最终导致透水混凝土的强度和透水性能降低。树脂透水混凝土是选用高分子树脂代替水泥或沥青作为胶凝材料配制而成的，与沥青透水混凝土、水泥透水混凝土相比较，它更耐水耐磨，但其成本较高，也容易老化。

③ 预制透水混凝土制品　预制透水混凝土制品是一种多孔结构的块体。是将水泥、粗骨料（有时可加少量的细骨料）和水拌合后，将其压制而成。预制透水砖是一种预制件，经特定的工艺和模具成型后再铺装在透水路基上。目前，透水砖主要有烧结型和免烧型两类，通常来说，透水砖的成本要比普通水泥透水混凝土高而应用范围又窄，一般将其铺筑在人行道上，预制透水混凝土砖如图 10-32 所示。

（2）优点

由于原材料和制备过程的特殊性，透水混凝土表面一般比较粗糙，其结构内部呈蜂窝状，与普通混凝土有所不同，透水混凝土的孔隙都是肉眼可见的，且孔隙的直径大多都超过了 1mm，因此具备良好的透水性能。透水混凝土的优点包括以下几个方面：

图 10-32　预制透水混凝土砖

① 降低城市排水系统的压力，保护地下水资源。透水混凝土路面的共同特点就是雨水可以通过结构中的连通孔渗透到地下土壤中，暴雨期间以及雨后，透水性路面可以通过阻挡水流的分散流出以及降低流速的方法来控制水的冲刷力度，降低暴雨带来的灾害；透水路面排水效率大大高于仅通过下水道排水的方式，因此，路面上的水可以通过孔隙流入地下，并且对水质起到净化作用，从而有效地保护水资源。

② 吸收路面噪声。由于本身结构的多孔性特点，当声波打在道路表面时，声波激起孔隙内的空气振动，不会垂直反射，能量会在混凝土内部衰减、消耗，有效地吸收声源的噪声，大面积铺筑透水混凝土时的降噪效果比较明显，假设透水铺装的强度达到机动车道路的要求，也能够降低车辆行驶时的噪声。

③ 降低城市热岛效应。透水混凝土的透气性让空气在土壤中循环时，可以吸收地面温度，进而降低城市温度，同时又由于其良好的透水性，可以提高近地面湿度，减少蒸发量，有效防止热岛效应。这对城市优化环境带来了很大的推进作用。

④ 改善交通安全性。在下雨天，透水混凝土路面不仅能够透水又能防止路面湿滑，夜间行车不仅可以减少路面本身的反光，还可以避免路面积水产生的反光效应，使交通条件更为安全。

⑤ 增强了植物的生理生化作用。透水混凝土路面具有透水透气性，使空气在土壤中能够良好地循环，土壤可以吸收空气中的水分以及热量等，提高土壤的透气性和透水性。植物树木根系发达，分布范围较大，普通混凝土水分无法渗透到地下，使得植物根系无法充分吸收地上的雨水，只能靠地下深扎根获得雨水，而透水混凝土彻底改变了这一现状，使得植物树木生长更加茂盛，对提升城市绿化，增大有效绿化进程起到了很大的帮助作用。

（3）现存问题

虽然透水混凝土优点较多，比较适合现在的"海绵城市"路面发展要求，但是其本身的一些性能也限制了透水混凝土的发展，其现存问题如下：

① 施工控制难度大。透水混凝土在浇筑过程中对施工人员技术水平要求较高，不宜强烈振捣或夯实，施工中适用平板振动器轻振铺平即可。如果振动不合理，振捣过程中水泥浆体从骨料表面离析出来，流入底部形成一个不透水层，便会降低透水性能甚至使混凝土失去透水性。

② 易堵塞。由于透水混凝土结构松散，孔隙率大，因此易被颗粒物堵塞。然而其各种优良性状都是依靠孔隙渗水来实现的，一旦孔隙被堵塞，其优点将得不到有效的发挥。

③ 不易维护。透水混凝土铺装作为新型设施，从技术层面来看还没有有效的维护方法。如当遭遇风沙天气后，细小的沙尘将透水混凝土孔隙占据，透水效果大大降低，缺乏相应维护措施。

④ 耐久性差。透水混凝土的蜂窝状结构，使其抗压、抗折性能较差；透水混凝土表面孔隙率大，容易受到空气、阳光和水的侵蚀，所以其耐久性也有待提高。

10.6.3　工程应用

法国、美国以及日本等许多发达国家对透水混凝土的研究开始较早，早在 80 年代就开始致力于研究分析透水混凝土材料，由于透水混凝土材料的强度相对较低，所以它只应用于对强度要求不高的路段，如广场、人行道、步行街、车道两旁、中央绿化隔离带、公园里的道路以及停车场等。在法国，网球是最受欢迎的运动，而 60％的网球场都是用透水混凝土材料建造的。

虽然我国对透水混凝土的研究起步比较晚，但现如今我国的研究进程也非常迅速，并取得了一定的成效，我国对透水混凝土的工程实际应用也非常广泛。

2004 年，北京市有 5 个示范区通过采用铺设透水混凝土路面的办法，收集建筑物、庭院和道路雨水用于家庭冲厕、小区绿化和地下水回灌，在暴雨条件下有效地起到了利用雨水资源、减轻城市河道排水行洪压力的作用。2008 年在奥运会广场、停车场铺设透水混凝土面积约 11.7 万平方米。利用在赛道周边设置截水沟等措施将经过透水混凝土过滤的雨水排入赛道内，实现场馆内雨水利用，平均每年利用雨水约 12 万立方米，雨水利用率约为 85％，节约了赛道补水。

上海市在新建、改建公园中也积极推广透水混凝土的应用。2010 年，整个世博园区 60％以上的路面采用了透水混凝土，例如世博中心广场、A13 广场、世博公园、世博园区内地坪、C08 广场和非洲广场等均采用了透水混凝土进行设计。经过多次降雨监测表明，雨水能迅速渗入地下，路面没有积水，夜间不反光，增加了路面通行的安全性和舒适性，同时也抑制了城市热岛效应。

除了国家重点之外，透水混凝土也用在许多城市普通工程中，如图 10-33 所示。以上海工程中的应用为例：上海市东安公园广场中的人行道选用了透水混凝土路面，在降雨量不超出一定范围的情况下，路面是不会出现积水现象的；上海市电视台的人行道也选用了透水性混凝土作为面层，并且利用水刷工艺使混凝土中的粗骨料露出，加上周围的绿色景观，景色宜人，在确保其透水性能的同时又美化了环境，很受人们欢迎。上海万科商业广场也使用了透水性混凝土铺设，同时也利用了水刷工艺使其骨料间断的点缀着色，与着色的水刷石拼接成美丽的图画，创造了良好的视觉效果。

除现浇透水混凝土外，预制透水混凝土制品的应用也越来越广泛，透水性混凝土及其制品对应的应用范围如表 10-3 所示。

表 10-3　透水性混凝土及其制品对应的应用范围

制品种类	用　途	应用范围
透水管、透水砖、U 形槽、水井、透水性混凝土联锁块、现浇混凝土	雨水渗透	人行道、公园、广场、停车场、住宅小区、体育场等
透水砖、透水混凝土联锁块、现浇混凝土	透水路铺设	人行道、公园、广场、停车场、体育场、道路、球场等
透水管	地下水排放	道路、隧道、住宅小区等
透水管、砌块	降低水压	水池底部、挡土墙后等
透水管、水井、现浇混凝土	降低地下水位	地下建筑工程等

(a) 地下建筑 (b) 广场

(c) 轻交通 (d) 运动场

图 10-33　透水混凝土应用实例

10.7　透光混凝土

透光混凝土也称"透明混凝土"或"导光混凝土"，光线可通过混凝土的一面透至另一面，离这种混凝土最近的物体可在混凝土上显示出阴影，这种特殊效果使人们觉得该混凝土既没有厚度也没有重量。透光混凝土是由大量的光学纤维或塑料树脂等透光材料和普通混凝土制成的，具有高透明度，可以透过光线的特点。

10.7.1　发展历程

2001 年，匈牙利建筑师 Aron Losonczi 发明了一种可透过光线的新型混凝土，展览之后在业界迅速传播。这种可透光的混凝土的灵感来自于他在布达佩斯看到的一件由玻璃和普通的混凝土做成的艺术品，两者的结合给了他启发。不久，Aron Losonczi 便申请了专利，并成立了自己的 Litracon 公司，Aron Losonczi 把光（light）、透明（transparent）、混凝土（conerete）三个词留头去尾，创造了一个新的英文单词 Litracon（透光混凝土）。

2002 年 Aron Losonczi 首次提出了光纤透光混凝土的概念，通过在传统的钢筋混凝土中加入导光的光纤束，实现了混凝土的透光特性，既节约电能又有装饰效果。透光混凝土概念被首次提出时所选用的导光体材料是光纤，包括玻璃光纤和塑料光纤。由于光在光纤内传导的时候可实现全反射，理论透光率达到百分之百，因此被众多学者、企业视为生产透光混凝土的首选。然而，透光混凝土在追求较高透光率的时候需要在混凝土基体中埋置大量光纤，如何高效地布置光纤成了实现透光混凝土工业化生产首先要解决的问题。除光纤外，高透明树脂由于视角比光纤更为宽广，具备高透光率、高强度以及高可塑性等特点，所制得透光混凝土对光线的捕捉能力更强，因此也逐渐引起了国内外学者、企业的重视。

从 2003 年开始，Litracon 公司就在进行不断地尝试，涉及的领域有建筑设计、雕塑、室内设计、Logo 商标、工业设计等，其中有些是竞赛作品，并且其中很多都已经建成实体建筑。随着透光混凝土生产技术的积累，国外已有多家公司开始从事透光混凝土的生产。德国的 Lucem Lichtbeton 公司以及意大利水泥集团相继加入到透光混凝土的生产行列中，所生产制品分为砖块与墙板两类，可用于建筑的墙体、屋顶、屋檐和楼梯等部位。截至今天，世界各地已有多个透光混凝土示范工程。

我国透光混凝土的研究始于 2004 年 8 月，中国建材报刊登匈牙利建筑师 Aron Losonczi 将玻璃纤维、塑料纤维植入水泥中制备出透光混凝土这一新闻之后，2009 年 7 月，北京榆构有限公司成功研制出透光混凝土，成为我国首家研制出透光混凝土的企业。其透光混凝土也是由水泥和光纤混合制成的，砌块表面像是有无数的小孔，数千个光纤维在水泥块两面之间平行而形成一个方阵，光通过这些光纤从水泥块的一端传至另一端。有序排列的透光点阵使其透光度和清晰度有如显示屏像素般清晰可见。2012 年，中建三局商品混凝土公司（现中建新西部建设股份有限公司）也成功研制出透光混凝土。从此，我国透光混凝土研究已经逐步走向正轨，实现透光混凝土研究常态化。

同传统建筑材料类似，透光混凝土可以做成预制砖制品和墙板状制品，当物体距离这种混凝土墙体较近时，可以从墙体另一侧看到物体的真实轮廓甚至颜色，就像是银幕或扫描仪一样，如图 10-34 所示。自透光混凝土的概念被提出后，其节能及装饰本征很快引起了国内外学者的重视，并在导光材料的选择、生产工艺及性能研究等方面取得一定的成果。

图 10-34　透光混凝土

10.7.2　性能概述

透光混凝土基体是指包裹导光材料的混凝土或水泥砂浆，由后期浇筑而成，是透光混凝土材料的主体。透光混凝土的基体材料可分为混凝土和水泥砂浆两类。混凝土基体的优点是强度较高，使得制品整体强度提升，但由于粗骨料粒径较大，使导光材料密度受限，影响制品的透光性能。水泥砂浆基体的优点是在导光材料密度极高的情况下，仍能保证浇筑充分，导光材料分布均匀，从而最大限度地提升制品透光性能，但是由于砂浆的强度不及混凝土基体，导致砂浆基体透光混凝土无法用于高强透光混凝土制造。

目前透光混凝土透光材料主要分为光纤维（简称光纤）和树脂两类。透光混凝土根据其添加的透光材料类型的不同，可以分为纤维类透光混凝土和树脂类透光混凝土，这两类透光混凝土的研究尚处于起步阶段。纤维类透光混凝土是由大量的光学纤维和精制的混凝土组合而成，光纤维在透光混凝土中以矩阵形式平行分布，连接每块混凝土的两个面，从而使光线穿透光纤维达到透光的效果。树脂类透光混凝土主要由特殊树脂与水泥浆料结合而成，该类透光混凝土由意大利水泥集团研制，已成功应用于 2010 年上海世博会的"意大利馆"的建设中，引起了社会各界的广泛关注。塑料树脂其制造成本要大大低于光纤维，另外，由于树脂的视角比光纤更为宽广，所制得透光混凝土对光线的捕捉能力更强。

（1）制作工艺

根据透光材料光纤加入的不同时序，透光混凝土的制作工艺可分为先植法和后植法两种。后植法相对而言简单易行，而先植法保留了混凝土部分的良好力学性能。

先植法如图 10-35 所示，是将 EPS 或 XPS 等发泡聚苯乙烯块体，按所需图形或文字要求打孔，并穿入已经准备的光纤棒（或塑料树脂模具），将带着光纤棒（或塑料树脂模具）的块体放入已经成型的模具内，再浇筑免振捣的水泥净浆或水泥砂浆，等硬化并有一定的强度后，再经过锯切露出光纤棒的光点，便成为导光的装饰水泥混凝土制品。

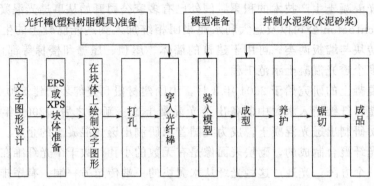

图 10-35　先植法工艺流程图

后植法如图 10-36 所示，是先制作水泥混凝土制品，然后将图形或是文字绘制在水泥混凝土制品上，再按照所需要的文字图形进行打孔，并植入已经准备好的光纤棒（或塑料树脂模具），便可制作成带有光亮图形的导光水泥混凝土制品。

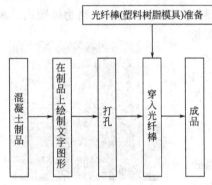

图 10-36　后植法工艺流程图

（2）优点

① 节能透光性。由于光导纤维传导光线的能力非常强，可传输 20m 而不发生损失。透光混凝土的运用，使展馆内部在白天，不需要大量玻璃幕墙，即可使阳光透过墙体射进室内。在白天达到采用自然光照，减少人工光源的使用量，节省能源的效果。

② 艺术性。用透光混凝土做成的混凝土墙就好像是一幅银幕或一个扫描器，这种特殊效果使人觉得混凝土墙的厚度和重量都消失了。并能做成不同的纹理和色彩，特别是夜晚，配合人工光源产生的光线，透过透光混凝土向外发散，使透光混凝土建筑物及制品与自然的联系更加紧密，更具艺术效果。

③ 多功能性。用透光混凝土可制成园林建筑制品、装饰板材、装饰砌块和曲面波浪形，可用于不同的场合。如制作透光混凝土墙，采集外界的光线，在发生火灾等紧急情况时，可提示人们找到安全出口。

（3）存在问题

① 对纤维类透光混凝土而言，制作工序比较复杂。采用先植法时，要求新拌混凝土应具有高自密实能力，并在浇筑过程中不产生泌水、离析现象，成型后混凝土质量均匀，并应控制混凝土的 pH 值。采用后植法时，先浇筑成型的混凝土与后植入的光纤棒之间粘结差、易脱落，混凝土的力学性能及耐久性能均易受到不良的影响。

② 对树脂类透光混凝土而言，添加导光树脂材料，不仅增加成本，而且由于树脂易老化，导致混凝土耐久性较差。

10.7.3　工程应用

到目前为止，透光混凝土主要应用在建筑设计、室内设计、城市雕塑、工业产品等领域，如图 10-37 所示。虽然实际应用的案例并不算太多，但在较少的实践中其已展示出自身的独特魅力。作为一种新型的建筑材料，透光混凝土的问世只有短短十余年时间，和传统混凝土相比它的性能还不够成熟，相关的研究和实践还需要进一步完善。透光混凝土是由透光材料和水泥基体组成的，透光材料和水泥基体的发展很大程度决定了透光混凝土的发展。透光材料（光纤、透明树脂、塑料树脂等）的高韧性、低脆性、高透光性、高耐碱性、低成本化，水泥基体材料的高强度、低碱度、低腐蚀性将成为其研究方向和发展趋势。不可否认的是，在有限的建筑设计实践中，透光混凝土已经焕发出强大的表现力和丰富的精神内涵，赋予了建筑空间鲜活的生命力，相信这种新型的建筑材料必将在今后的实践中得到大规模的推广。

(a) 砌块　　　　　　　　　　　　(b) 洗漱池

(c) 柜台　　　　　　　　　　　　(d) LOGO设计

(e) 外墙　　　　　　　　　　　　(f) 内墙

(g) 伊贝维尔教区退伍军人纪念馆　　　　(h) 上海世博会"意大利馆"

图 10-37　透光混凝土在各领域应用

10.8 3D 打印混凝土

3D 打印技术主要由 3D 建模、3D 分割、打印喷涂和后期处理四部分组成。3D 建模是 3D 打印的基础，3D 建模质量的好坏决定了 3D 打印的优劣；3D 分割是将模型分割成一层层的薄皮，此过程是由计算机的软件实现；打印喷涂是将成型材料逐层的喷涂或熔结到三维空间中，最近几年较普遍认同的是先喷一层胶水，然后再在上面撒一层材料，如此反复；后期处理是指在打印完成后一般都会有毛刺或者粗糙的表面，此时需要进行后期处理。

3D 打印混凝土技术是将 3D 打印技术与商品混凝土领域的技术相结合而产生的新型应用技术，其主要原理是将混凝土构件利用计算机进行 3D 建模和分割生成三维信息，然后将配制好的混凝土拌合物通过挤出装置，按照设定好的程序，通过机械控制，由喷嘴挤出进行打印，最后得到混凝土构件。3D 打印混凝土技术在打印过程中，无需传统混凝土成型过程中的支模过程，是一种最新的混凝土无模成型技术。

10.8.1 发展历程

3D 打印技术的概念最早出现在 20 世纪 70～80 年代，当时被称为"快速成型"技术。1983 年，美国的查克·赫尔（Chuck Hull）萌生了 3D 打印的想法，同年，便发明了 SLA（stereo lithography，液态树脂固化或光固化）3D 打印技术，查克·赫尔将它称作"立体平版印刷"；1986 年，他成立了世界上第一家 3D 打印公司"3D Systems"。1997 年美国学者 Joseph Pegna 提出了一种适用于水泥材料逐层累加并选择性凝固的自由形态构件的建造方法，从此人们便开始了建筑 3D 打印技术的研究工作。

2001 年，美国南加利福尼亚大学比洛克·霍什内维斯（Behrokh Khoshnevis）教授提出了轮廓建筑工艺（contour crafting）。轮廓建筑工艺是使用 3D 打印技术进行建筑建造的一种工艺，包括轮廓打印系统（extrusion system）和内部填充系统（filling system）两部分，其原理是先进行外部轮廓的打印，之后向内部填充材料，形成混凝土构件。此外，轮廓建筑工艺可以在 3D 打印建筑的同时，实现混凝土构件中配筋，还可以进一步尝试高层建筑的打印建设。到目前为止，国内外应用于混凝土的 3D 打印技术都源自于轮廓工艺理论。对于大型建筑实体打印，轮廓工艺也是目前最为科学、有效的技术路线，它不仅能适应混凝土材料的特点，而且受打印实体尺寸的限制也比较小。

经历了十多年的研究和发展过程，2012 年，英国拉夫堡大学的研究者研发出新型的混凝土 3D 打印技术，3D 打印机械在计算机软件的控制下，使用具有高度可控挤压性的水泥基浆体材料，完成精确定位混凝土面板和墙体中孔洞的打印，实现了超复杂的大尺寸建筑构件的设计制作，为外形独特的混凝土建筑打开了一扇大门。

国内的企业对于 3D 打印建筑的研究重点主要为技术的产业化应用探究，个别企业对于 3D 打印建筑技术的研究起步较早，如上海盈创建筑科技有限公司，已经取得了显著的研究成果，并将技术成果应用于市场。2008 年，盈创用 3D 打印机做出了国内第一面建筑墙体；2014 年，盈创在上海青浦科技园展出了全球第一批由 3D 技术打印出的整栋完整的房屋，标志着 3D 技术在我国建筑行业的一次新突破。2015 年 1 月，盈创在苏州利用 3D 技术打印出一幢地上 5 层、地下 1 层的楼房，成为当时世界范围内最高的 3D 打印建筑。2016 年 8 月，住房和城乡建设部印发了《2016～2020 年建筑业信息化发展纲要》，提出要积极开展建筑业 3D 打印设备及材料的研究工作，意味着 3D 打印建筑技术在我国建筑行业的推广应用得到了国家的鼓励和认可。2017 年 5 月 4 日，中国建筑股份有限公司技术中心（简称"中国建筑技术中心"）3D打印建筑技术中东研发中心在迪拜中建中东有限责任公司（简称"中建中东公司"）成立。

10.8.2 性能概述

（1）原材料要求

3D打印混凝土原材料和质量要求与传统混凝土有所不同，由于3D打印没有模板，它不但要满足混凝土从打印喷头出来后向周围流淌并快速凝结成型的要求，又要满足各层混凝土之间紧密连接而不至于产生冷缝的要求，还要满足混凝土在管道内和喷头内自由流动而不堵塞管道和喷头的要求。

① 胶凝材料：3D打印混凝土所使用的胶凝材料非常广泛，是广义上的混凝土胶凝材料。普通硅酸盐水泥在强度、凝结时间等方面可能无法达到3D打印的要求，需在此基础上改变水泥组成中的矿物组成、熟料的细度等方可使用，如采用硫铝酸盐水泥或者铝酸盐改性硅酸盐水泥等获得更快的凝结时间和更好的早期强度等。水泥、树脂、水玻璃、石膏、地聚合物等都可以作为3D打印混凝土的胶凝材料，其中地聚合物因为快硬早强的特点，更适合3D打印混凝土使用。

② 骨料：3D打印是通过喷嘴来实现的，喷嘴的大小决定了混凝土拌合物配制中的颗粒大小，并且必须找到最合适的骨料粒径大小。骨料粒径过大，堵塞喷嘴；粒径过小，包裹骨料所需浆体的比表面积大，浆体多，水化速度快，单位时间水化热高，将会导致混凝土各项性能的恶化。强度高、密度小、颗粒形貌接近球形的骨料更适合3D打印混凝土使用，除此之外，3D打印混凝土对骨料的颗粒级配、含泥量、有害物质含量等指标要求也更加严格。

③ 外加剂：外加剂在混凝土组成材料中占比最小，但却显著改善了混凝土的性能，3D打印混凝土对工作性能要求更高，在管道内既要具有优异的流动性，同时从喷头出来后又能在空气中快速凝结，因而必然要求外加剂具有多种功能，必须是一种复合型的超塑化剂。

（2）3D打印混凝土优点

① 施工周期短。3D打印混凝土由于具有快速凝结硬化的特点，免去了支模、养护硬化、拆模工艺，施工效率提高，施工周期大大缩短。当前我国的3D打印机可以在一天时间内完成10幢200m²的建筑，这是传统建筑方式所不能达到的速度。

② 劳动强度低。整个"打印"过程，只需要一台3D打印机、一台计算机、3～5人以及打印所需的材料。将图纸录入电脑，启动打印机，就可以开始房屋的建造工程；根据图纸以及相关数据，可以快速精准地完成建筑墙体、楼板的"打印"操作。

③ 节能环保。3D打印所需原料是经技术处理过的牙膏状的新型混凝土材料。建筑3D打印机的喷头工作方式与制作蛋糕时的奶油裱花工艺相似，打印材料从喷头中喷出，大大改善了建筑施工场地内的环境，避免了日常建筑施工现场尘土飞扬、作业噪声大的情况。同时3D打印建筑可以充分利用打印智能控制，使建筑一次成型，可减少建造过程中的工艺损耗和能源消耗。

④ 建筑形状更加自由化。由于不需要模板工程，3D打印建筑可以打印出各种不规则尺寸的复杂房型及装饰构件，让建筑的艺术性通过3D打印技术来实现。因此，3D打印对各种特殊设计结构、空间结构、研发性产品、单一样品具有比常规施工技术更明显的优势。

（3）3D打印混凝土存在的问题

3D打印建筑虽然相比传统建筑具有建筑周期短、劳动强度低、节能环保、建筑形式自由等几大突出的优势，但作为一种目前正处于研发试用阶段的新型技术，不可避免地存在以下问题：

① 原材料的问题。与传统的混凝土施工工艺相比，3D打印混凝土对原材料的流变性和可塑性具有更高的要求。普通水泥已无法同时满足建筑性能与打印技术的要求，对于骨料也有可能会采用新的破碎工艺，以便制造出粒径更小、颗粒形貌更接近圆形的骨料；外加剂在混凝土中不仅要保留已有的性能，还要解决各层之间如何完美结合的问题。

② 配合比理论的问题。3D打印混凝土技术对新拌混凝土的黏聚性、挤出性和可塑性等性能提出了特殊的要求，同时，打印过程会对混凝土的后期硬化性能产生较大影响，这并不是可以简单地依据水胶比、砂率等参数的调整而能够满足的。依据现有的混凝土配合比理论已经无法满足3D打印混凝土的工作性、力学性能与耐久性指标的要求，这就需要从新的角度去提出新的理论，以更好适应3D打印混凝土技术。

③ 力学性能的问题。通过3D打印成型的建筑，大部分是无钢筋混凝土或者是无粗骨料砂浆混凝土。目前3D打印建筑多为1～6层的低层建筑，如临时房屋或展览厂房等，对材料抗压强度要求不高，但要使3D打印建筑技术推广运用于小高层、高层建筑中，则需要进一步提高打印材料的抗压强度等力学性能。

④ 精度的问题。由于3D打印混凝土工艺发展还不完善，快速成型的零件的精度及表面质量大多不能满足工程使用的要求，不能作为功能性部件，只能作原型使用。

⑤ 软件的问题。与传统混凝土施工不同的是，3D打印混凝土是降维制造，需要将三维模型转化为二维模型以方便打印工作的进行，因此需要专业软件在电脑上完成相关的工作，再通过自动化程序使之转换为实物，所以软件是3D打印的重要部分，是将模型数据化的重要环节。

⑥ 打印设备的问题。随着技术的发展，3D打印设备也在快速发展，一台3D打印设备价格从最初的几十万美元到现在的几千美元，再到我国五千多人民币的价格，3D打印设备在不断地走向大众，走进各个领域。然而，目前的3D打印混凝土设备还不能够完全满足其应用环境的特殊性的要求。例如，目前使用的打印设备只能满足平面扩展阶段，可用于低层大面积建筑的建设，而要将几十层的建筑物打印出来，需要设计出巨型的3D打印机，对于广泛使用的高层建筑目前还无法进行打印，只能通过先打印预制件、再进行组装的方式来实现。

⑦ 安全性与耐久性问题。对于通过3D打印的建筑的结构安全性、耐久性等是否能够达到建筑验收标准的问题，目前对此的相关研究几乎为空白，还有待进一步的验证。

10.8.3 工程应用

"3D打印建筑"这一概念问世短短十几年时间里，世界各国的建筑设计公司也都在进行自己的实践和研究，3D打印混凝土应用越来越广泛，包括建筑工程、装饰工程、城市道路、公共交通、供水、排水、燃气、热力、污水处理等地下基础设施及附属设施等方面都开始尝试使用3D打印混凝土。下面简单列举几个全球颇具特色的3D打印建筑。

2013年1月，荷兰建筑设计师设计出了全球第一座3D打印建筑物，设计灵感来源于莫比乌斯环，因其类似莫比乌斯环的外形以及其像风景一样能够愉悦人的特征，故得名为Landscape House（风景屋），如图10-38所示。该建筑使用意大利的"D-shape"打印机制出6m×9m的块状物，最后拼接完成。这座975m²的奇妙建筑为世界上最大的3D打印"产品"。考虑到整体打印一座庞大的建筑的难度，设计师只打印了整体结构，外部则使用钢纤维混凝土来填充。

2014年8月，美国明尼苏达州一名工程师安德烈·卢金科及其团队用3D打印机在自家

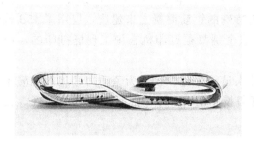

图 10-38　荷兰 "Landscape House"

的后院打印出一座占地面积为 15m² 的中世纪城堡，如图 10-39 所示。该城堡是世界上首个
3D 打印的混凝土城堡。虽然城堡大小只能容人站在里边，但这无疑是 3D 打印技术的一个
分水岭。

图 10-39　美国 "中世纪城堡"　　　　　图 10-40　苏州 3D 打印住宅楼

2015 年 1 月，我国上海盈创装饰设计工程有限公司完成了当时全球最高的 3D 打印建筑
"6 层高的住宅楼"，如图 10-40 所示。该 6 层高楼房由地下 1 层和地面 5 层组成，每层的建
筑面积为 200m²。由于建筑物较大，该住宅楼先在工厂打印构件，再运到现场进行拼接。从
打印材料到 "组装" 成房子，仅仅需要 1 个月左右的时间，节约建筑材料 30%～60%，工
期缩短 50%～70%，节约人工 50%～80%，建筑成本可至少节省 50%。3D 打印所运用的
"油墨"，是用回收的建筑垃圾、玻璃纤维和水泥的混合物制成的。

2016 年 5 月 24 日，迪拜阿联酋国际金融中心建成了全球首座 3D 打印办公室，如图 10-41
所示。该单层建筑占地面积为 250m²，打印材料为一种特殊的水泥混合物，施工时长仅为
17d，总造价 1.4 万美元。该建筑的各个部件由一台高 6m，长 36m，宽 12m 的巨型 3D 打印
机制造。中国公司盈创科技负责 3D 打印了该建筑的主体部分，后由施工方仅用 2d 拼装
而成。

图 10-41　迪拜 3D 打印办公楼　　　　　图 10-42　北京 3D 整体打印别墅

2016 年 6 月，我国北京成功建成全球首座 3D 现场整体打印的别墅，如图 10-42 所示。别墅有两层高，占地 400m²，由巨型打印机使用特殊的钢筋混凝土来建造，仅用了 45d 就建造完成，且与之前国内外的 3D 打印建筑不同，这个别墅是打印机在施工现场打印的，而不是提前打印好然后拼接而成的。

随着科技的发展，愿意从事一线体力劳动的人员越来越少，作为劳动力密集的混凝土建筑行业将迎来一次巨大的挑战，而结合了 3D 打印技术的 3D 打印混凝土技术的出现，无疑是一大福音，具有十分广阔的发展前景。

思 考 题

10.1　纤维增强混凝土增韧机理是什么？
10.2　聚合物混凝土的优点有哪些？
10.3　请简述大体积混凝土产生裂缝的原因。
10.4　自密实混凝土与普通混凝土相比有何特点？
10.5　清水混凝土制备和施工与普通混凝土有何不同？
10.6　透水混凝土对"海绵城市"建设有何推进作用？
10.7　请简述透光混凝土透光机理。
10.8　3D 打印混凝土目前存在哪些问题？

附 录

附录 1　混凝土工程常见外观质量弊病和防治措施

混凝土因其具备强度高、刚度大、可就地取材、耐久性好等特点而被广泛地使用，但是也因其受施工环境、施工工艺、施工机械、材料、施工人员操作行为等因素的影响大，易出现混凝土质量缺陷。常见的混凝土外观质量缺陷有蜂窝、麻面、孔洞、露筋、烂根、裂缝、表面疏松脱落、缺棱掉角、松顶、胀模等。当混凝土质量缺陷较轻时，容易带来结构耐久性的降低；当混凝土质量缺陷严重时，可能会影响到混凝土结构的承载能力、增大结构的挠度、加剧裂缝的形成和发展等，对建筑物的安全性能产生影响，甚至会威胁到人民的生命和财产安全。

本附录从混凝土常见质量弊病的现象描述、原因分析、预防措施及处理办法四个方面简要进行概述，由于混凝土本身是一种多组分复合材料，其原因分析除列举出来的原因之外，还存在相当多的原因，本附录内容只列举了部分常见原因，希望广大读者在遇到实际问题时，应结合实际情况分析具体原因，切勿按照本书中的原因进行一概而论的分析。

附录 1.1　蜂窝

现象描述

混凝土结构局部出现疏松、砂浆少、石子多、石子之间形成空隙类似蜂窝状的窟窿，如附图 1-1 所示。

附图 1-1　混凝土蜂窝

原因分析

① 混凝土配合比不当或砂、石子、水泥材料计量错误，加水量不准确，造成砂浆少、

石子多。

② 混凝土搅拌时间不足，没有拌均匀，和易性差，振捣不密实。

③ 混凝土下料不当，一次下料过多或过高，未设串筒，使石子集中，造成石子与砂浆离析。

④ 混凝土没有分层下料，振捣不密实或靠近模板处漏振；或混凝土时间久发硬，振捣时间不够；或下料与振捣没有很好配合，未及时振捣就下料，因漏振而造成蜂窝。

⑤ 模板缝隙未堵严，振捣时水泥浆大量流失；或模板未支牢，振捣混凝土时模板松动或位移；或振捣过度造成严重漏浆。

⑥ 浇筑混凝土使用的中砂和石子含泥量偏大。

预防措施

① 认真设计并严格控制混凝土配合比，加强检查，保证材料计量准确。

② 混凝土应拌合均匀，坍落度应适宜。

③ 混凝土下料高度如超过 2m，应设串筒或溜槽。

④ 浇筑应分层下料，分层捣固，防止漏振。

⑤ 混凝土浇筑宜采用带浆下料法或赶浆捣固法。捣实混凝土拌合物时，插入式振捣器移动间距不应大于其作用半径的 1.5 倍；振捣器至模板的距离不应大于振捣器有效作用半径的 1/2。为保证上下层混凝土良好结合，振捣棒应插入下层混凝土 50～100mm。

⑥ 混凝土振捣时当振捣到混凝土不再显著下沉和出现气泡，混凝土表面出浆呈水平状态，并将模板边角填满密实即可。

⑦ 模板缝应堵塞严密。浇筑混凝土过程中，要经常检查模板、支架、拼缝等情况，发现模板变形、走动或漏浆，应及时修复。

处理办法

① 对小蜂窝，用水洗刷干净后，用素水泥浆涂抹后，用 1∶2 或 1∶2.5 水泥砂浆压实抹平。

② 对较大蜂窝，用素水泥浆涂抹后，先凿去蜂窝处薄弱松散的混凝土和突出的颗粒，刷洗干净后支模，用高一强度等级的细石混凝土仔细强力填塞捣实，并加强养护。

③ 较深蜂窝如清除困难，可埋压浆管和排气管，表面抹砂浆或支模灌混凝土封闭后，进行水泥压浆处理。

附录 1.2　麻面

现象描述

混凝土表面出现缺浆和许多小凹坑与麻点，形成粗糙面，影响外表美观，但无钢筋外漏，如附图 1-2 所示。

附图 1-2　混凝土麻面

原因分析

① 模板表面粗糙或粘附有水泥浆、渣等杂物，模板清理不干净或清理不彻底，拆模时混凝土表面被粘坏。

② 模板未浇水湿润或湿润不够，混凝土构件表面的水分被吸去，使混凝土失水过多而出现麻面。

③ 模板拼缝不严，局部漏浆，使混凝土表面沿模板接缝位置出现麻面。

④ 模板隔离剂涂刷不匀，局部漏刷，或隔离剂变质失效，拆模时混凝土表面与模板粘结，造成麻面。

⑤ 混凝土未振捣密实，气泡未排除，停留在模板表面形成麻点。

⑥ 拆模过早，使混凝土表面的水泥浆粘在模板上，产生麻面。

预防措施

① 模板表面应清理干净，不得粘有干硬水泥砂浆等杂物。

② 浇筑混凝土前，模板应浇水充分湿润，并清扫干净。

③ 模板拼缝应严密，如有缝隙，应用油毡纸、塑料条、纤维板或腻子堵严。

④ 模板隔离剂涂刷要均匀，并防止漏刷。

⑤ 混凝土应分层均匀振捣密实，严防漏振，每层混凝土均应振捣至排除气泡为止。

⑥ 拆模不应过早。

处理办法

① 表面尚还要装饰的，可不作处理。

② 表面不再做装饰的，应在麻面部分浇水充分湿润后，用与原混凝土配合比相同的砂浆，将麻面抹平压光，使颜色一致。修补完后，应用棉毡进行保湿养护 7d。

附录 1.3　孔洞

现象描述

混凝土结构内部有尺寸较大的窟窿，局部或全部没有混凝土；或蜂窝空隙特别大，钢筋局部或全部裸露；孔穴深度和长度均超过保护层厚度，如附图 1-3 所示。

附图 1-3　混凝土孔洞

原因分析

① 在钢筋较密的部位或预留孔洞和埋设件处，混凝土下料被隔住，未振捣就继续浇上层混凝土，而在下部形成孔洞。

② 混凝土离析、砂浆分离，石子成堆，严重跑浆，又未进行振捣，从而形成特大的孔洞。

③ 混凝土一次下料过多、过厚或过高，振捣器振动不到，形成松散孔洞。

④ 混凝土内掉入工具、木块、泥块等杂物，混凝土被卡住。

预防措施

① 在钢筋密集处及复杂部位，采用细石混凝土浇筑，使混凝土易于充满模板，并仔细振捣密实，必要时，辅以人工捣实。

② 预留孔洞、预埋钢铁构件处应在两侧同时下料，预留孔洞、钢铁构件下部浇筑应在侧面加开浇筑口，下料振捣密实后再封好模板，继续往上浇筑，防止出现孔洞。

③ 采用正确的振捣方法，防止漏振。插入式振捣器应采用垂直振捣方法，即振捣棒与混凝土表面垂直振捣。插点应均匀排列。每次移动距离不应大于振捣棒作用半径 R 的 1.5 倍。一般振捣棒的作用半径为 $300\sim400\mathrm{mm}$。振捣器操作时应快插慢拔。

④ 控制好下料，混凝土自由倾落高度不应大于 2m（浇筑板时为 1m），大于 2m 时应采用串筒或溜槽下料，以保证混凝土浇筑时不产生离析。

处理办法

① 一般孔洞处理方法是将孔洞周围的松散混凝土和软弱浆膜凿除，用压力水冲洗，支设带托盒的模板，洒水充分湿润后，用比结构高一强度等级的半干硬性细石混凝土仔细分层浇筑，强力捣实并养护。突出结构面的混凝土，须待达到 50% 强度后再凿去，表面用 1∶2 水泥砂浆抹光。

② 面积大而深进的孔洞，先将孔洞周围的松散混凝土和软弱浆膜凿除，用压力水冲洗，支设带托盒的模板，洒水充分湿润后，在内部埋压浆管、排气管，填清洁的碎石（粒径 $10\sim20\mathrm{mm}$），表面抹砂浆或浇筑薄层混凝土，然后用水泥压力灌浆方法进行处理，使之密实。

附录 1.4 露筋

现象描述

混凝土内部主筋、副筋或箍筋局部裸露在结构构件表面，没有被混凝土包裹，如附图 1-4 所示。

附图 1-4 混凝土露筋

原因分析

① 浇筑混凝土时，钢筋保护层垫块位移，或垫块太少甚至漏放，致使钢筋下坠或位移，紧贴模板面外露。

② 结构、构件截面小，钢筋过密，石子卡在钢筋上，使水泥砂浆不能充满钢筋周围，造成露筋。

③ 混凝土配合比不当，产生离析，靠模板部位缺浆或模板严重漏浆。

④ 混凝土保护层太薄或保护层处混凝土漏振，或振捣棒撞击钢筋或踩踏钢筋，使钢筋

位移，造成露筋。

⑤ 木模板未浇水湿润，吸水粘结或脱模过早，拆模时缺棱、掉角，导致露筋。

预防措施

① 浇筑混凝土，应保证钢筋位置和保护层厚度正确，并加强检查，发现偏差，及时纠正。

② 钢筋密集时，应选用适当粒径的石子。石子最大颗粒尺寸不得超过结构截面最小尺寸的 1/4，同时不得大于钢筋净距的 3/4。截面较小钢筋较密的部位，应利用细石混凝土浇筑。

③ 混凝土应保证配合比准确和良好的和易性。

④ 浇筑高度超过 2m，利用串筒或溜槽下料，以防止离析。

⑤ 模板应充分湿润并认真用海绵、胶带堵好缝隙。

⑥ 混凝土振捣严禁撞击钢筋，在钢筋密集处，利用小型振动棒进行振捣；保护层处混凝土要仔细振捣密实；避免踩踏钢筋，如有踩踏或脱扣等应及时调直纠正。

⑦ 拆模时间要根据试块试压结果正确掌握，防止过早拆模，损坏棱角。

处理办法

① 对表面露筋，剔凿松散颗粒，刷洗干净后，涂刷一道纯水泥浆，用 1∶2 或 1∶2.5 水泥砂浆将露筋部位抹压平整，并用棉毡保湿养护 7d。

② 如露筋较深，应将薄弱混凝土和突出的颗粒凿去，洗刷干净后，用比原来高一强度等级的细石混凝土填塞压实，并加强养护。

附录 1.5　烂根

现象描述

基础、柱、墙混凝土浇筑后，与基础、柱、台阶或柱、墙、底板交接处出现蜂窝状空隙，台阶或底板混凝土被挤隆起，如附图 1-5 所示。

附图 1-5　混凝土烂根

原因分析

① 模板根部缝隙堵塞不严漏浆。

② 浇筑前未铺设混凝土同配合比成分的砂浆。

③ 混凝土和易性差，水胶比过大，石子沉底。

④ 浇筑高度过高，混凝土集中一处下料，混凝土离析或石子赶堆。

⑤ 振捣不密实。

⑥ 模板内清理不净、湿润不好。

⑦ 基础、柱、墙根部在下部台阶（板或底板）混凝土浇筑后没有进行间歇便接着往上浇筑。

预防措施

① 所有竖向结构模内均铺混凝土同配合比的水泥砂浆，砂浆用料斗吊到现场，用铁锹均匀下料，不得用车泵直接泵送。

② 严格分层浇筑。

③ 模板拼缝严密，钢筋保护层垫块布置均匀，合模前将模板清理干净。

④ 混凝土坍落度要严格控制，防止离析。

⑤ 按要求振捣密实。

⑥ 及时对混凝土进行洒水养护，养护时间不得少于 14d。

⑦ 基础、柱、墙根部应在下部台阶（板或底板）混凝土浇筑完毕间歇 1.0～1.5h（底板导墙要求沉实 3h），沉实后，再浇上部混凝土，以阻止根部混凝土向下滑动。

⑧ 基础台阶或柱、墙、底板浇筑完后，在浇筑上部柱、墙前，应先在基础底板或楼面，在柱、墙模板底部用混凝土维护，待上部混凝土浇筑完毕后，再将下部台阶或底板混凝土铲平。

处理办法

将烂根处松散混凝土和软弱颗粒凿去，洗刷干净后，支模，用比原混凝土高一强度等级的细石混凝土填补，并捣实。

附录 1.6　缺棱掉角

现象描述

指混凝土梁、柱、板、墙和洞口直角处混凝土局部脱落，造成截面不规则，棱角缺损，如附图 1-6 所示。

附图 1-6　混凝土缺棱掉角

原因分析

① 木模板在浇筑混凝土前未充分浇水润湿或润湿不够；混凝土浇筑后养护不好。棱角处混凝土的水分被模板大量吸收，造成混凝土脱水，强度降低，或模板吸水膨胀将边角拉裂，拆模时棱角被粘掉。

② 冬期低温下施工，过早拆除侧面非承重模板，或混凝土边角受冻，造成拆模时掉角。

③ 拆模时，边角受外力或重物撞击，或保护不好，棱角被碰掉。

④ 模板未涂刷隔离剂，或涂刷不均。

预防措施

① 木模板在浇筑混凝土前应充分湿润，混凝土浇筑后应认真浇水养护。

② 拆除侧面非承重模板时，混凝土应具有 1.2MPa 以上强度。

③ 拆模时注意保护棱角，避免用力过猛、过急；吊运模板时，防止撞击棱角；运料时，通道处的混凝土阳角，用角钢、草袋等保护好，以免碰损。

④ 冬期混凝土浇筑完毕，应做好覆盖保温工作，防止受冻。

处理办法

① 较小缺棱掉角，可将该处松散颗粒凿除，用钢丝刷刷干净，清水冲洗并充分湿润后，用 1:2 或 1:2.5 的水泥砂浆抹补齐整。

② 对较大的缺棱掉角，可将不实的混凝土和突出的颗粒凿除，用水冲刷干净湿透，然后支模，用比原混凝土高一强度等级的细石混凝土填灌捣实，并加强养护。

附录 1.7 表面疏松脱落

现象描述

混凝土结构构件浇筑脱模后，表面出现疏松、脱落等现象，表面强度比内部要低很多，如附图 1-7 所示。

附图 1-7 混凝土表面疏松脱落

原因分析

① 木模板未浇水湿透，或润湿不够，混凝土表层水泥水化的水分被吸去，造成混凝土脱水疏松、脱落。

② 炎热刮风天浇筑混凝土，脱模后未适当护盖、浇水养护，造成混凝土表层快速脱水产生疏松。

③ 冬期低温浇筑混凝土，浇筑温度低，未采取保温措施，结构混凝土表面受冻，造成疏松、脱落。

预防措施

① 木模板要浇水湿透，充分润湿。

② 混凝土脱模后必须加盖塑料薄膜并设专人浇水养护。

③ 冬期低温浇筑混凝土，按冬季施工方案采取保温措施，防止结构混凝土表面受冻，造成疏松、脱落。

处理办法

① 表面较浅的疏松脱落，可将疏松部分凿去，洗刷干净充分湿润后，用 1:2 或 1:2.5 水泥砂浆抹平压实。

② 较深的疏松脱落，可将疏松和突出颗粒凿去，刷洗干净、充分润湿后支模。用比结构高一强度等级的细石混凝土浇筑，用力捣实，并加强养护。

附录 1.8 裂缝

现象描述

混凝土在施工过程中由于温度、湿度变化，混凝土徐变的影响，地基不均匀沉降，拆模过早，早期受震动等因素都有可能引起混凝土裂缝的发生，如附图 1-8 所示。

附图 1-8 混凝土裂缝

原因分析

① 水胶比过大，表面产生气孔，龟裂。

② 水泥用量过大，收缩裂纹。

③ 养护不好或不及时，表面脱水，干缩裂纹。

④ 坍落度太大，浇筑过高过厚，水泥浆上浮，表面龟裂。

⑤ 拆模过早，用力不当将混凝土撬裂。

⑥ 混凝土表面抹压不实。

⑦ 钢筋保护层太薄，顺筋而裂。

⑧ 缺箍筋、温度筋使混凝土开裂。

⑨ 大体积混凝土无降低内外温差措施。

⑩ 洞口拐角等应力集中处无加强钢筋。

预防措施

① 浇筑完混凝土 6h 后开始养护，养护龄期为 7d，前 24h 内每 2h 养护一次，24h 后按每 4h 养护一次，顶面用湿麻袋覆盖，避免曝晒。

② 振捣密实不离析，对板面进行二次抹压，以减少收缩量。

处理办法

① 对于细微裂缝，向裂缝灌入纯水泥浆，嵌实再覆盖养护，将裂缝加以清洗，干燥后涂刷两遍环氧树脂或加贴环氧玻璃布进行表面封闭。

② 对于较深的或贯穿的裂缝，应用环氧树脂灌浆后表面再加刷环氧树脂封闭。

附录 1.9 松顶

现象描述

混凝土柱、墙、基础浇筑后，在距顶面 50～100mm 高度内出现粗糙、松散。有明显的颜色变化，内部呈多孔性，基本上是砂浆，无石子分布其中，强度较下部为低，影响结构的力学性能和耐久性，经不起外力冲击和磨损，如附图 1-9 所示。

附图 1-9　混凝土松顶

原因分析

① 混凝土配合比不当，砂率不合适，水胶比过大，混凝土浇捣后石子下沉，造成上部松顶。

② 振捣时间过长，造成离析，并使气体浮于顶部。

③ 混凝土的泌水没有排除，使顶部形成一层含水量大的砂浆层。

预防措施

① 设计的混凝土配合比，水胶比不要过大，以减少泌水性，同时应使混凝土拌合物有良好的保水性。

② 在混凝土中掺加气剂或减水剂，减少用水量，提高和易性。

③ 混凝土振捣时间不宜过长，应控制在 20s 以内，不能产生离析。混凝土浇至顶层时应排除泌水，并进行二次振捣和二次抹面。

④ 连续浇筑高度较大的混凝土结构时，随着浇筑高度的上升，应分层减水。

⑤ 采用真空吸水工艺，将多余游离水分吸去，提高顶部混凝土的密实性。

处理办法

将松顶部分砂浆层凿去，洗刷干净充分湿润后，用高一强度等级的细石混凝土填筑密实，并加强养护。

附录 1.10　胀模

现象描述

柱、墙、梁等混凝土表面出现凹凸和鼓胀，现浇混凝土胀模会造成构件尺寸增大，外形不规整，严重时需进行剔凿，影响混凝土的外观质量，如附图 1-10 所示。

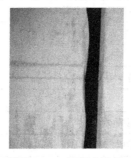

附图 1-10　混凝土胀模

原因分析

① 模板支架支承不牢固或刚度不够，混凝土浇筑后局部产生侧向变形，造成凹凸或

鼓胀。

② 模板支撑不够或穿墙螺栓未锁紧，致使结构膨胀。

③ 混凝土浇筑未按操作规程分层进行，一次下料过多或用吊斗直接往模板内面倾倒混凝土，或振捣混凝土时因长时间振动钢筋、模板，造成跑模或较大变形。

④ 钢木模板结合处，木模侧向刚度差，使结合处木模容易发生鼓胀。

预防措施

① 模板支架及墙模板斜撑必须通过木方安装在坚实支护桩上，并应有足够的支承面积。

② 柱模板应设置足够数量的柱箍，底部混凝土水平侧压力较大，柱箍还应适当加密。

③ 混凝土浇筑前应仔细检查模板尺寸和位置是否正确，支撑是否牢固，穿墙螺栓是否锁紧，发现松动，应及时处理。

④ 墙浇筑混凝土应分层进行，第一层混凝土浇筑厚度为 50cm，然后均匀振捣；上部墙体混凝土分层浇筑，每层厚度不得大于 0.5m，防止混凝土一次下料过多。

处理办法

① 凡凹凸鼓胀不影响结构质量时，可不进行处理；只需进行局部剔凿和修补处理时，应适当修整。一般用 1：2 或 1：2.5 水泥砂浆或比原混凝土高一强度等级的细石混凝土进行修补。

② 凡凹凸鼓胀影响结构受力性能时，应会同有关部门研究处理方案后，再进行处理。

附录2 常用标准目录

温馨提示：

由于建筑行业标准较多，以下内容中本教材选用了混凝土行业常用的部分标准进行列举，包括标准名称及代号，请各位读者使用下列标准之前，登录"工标网"或其他类似网站查询本标准是否废止以及现行标准，工标网网址链接为 http：//www.csres.com。

2018 年最新常用国家标准与行业标准

序号	标准名称	标准代号
1	通用硅酸盐水泥（含 2015 修改单）	GB 175—2007
2	混凝土外加剂中释放氨的限量	GB 18588—2001
3	硫铝酸盐水泥	GB 20472—2006
4	混凝土及灰浆输送、喷射、浇注机械 安全要求	GB 28395—2012
5	混凝土结构设计规范（2015 年版）	GB 50010—2010
6	地下工程防水技术规范	GB 50108—2008
7	混凝土外加剂应用技术规范	GB 50119—2013
8	混凝土质量控制标准	GB 50164—2011
9	建筑地基基础工程施工质量验收规范	GB 50202—2002
10	混凝土结构工程施工质量验收规范	GB 50204—2015
11	地下防水工程质量验收规范	GB 50208—2011
12	建筑地面工程施工及验收规范	GB 50209—2010
13	建筑工程施工质量验收统一标准	GB 50300—2013

序号	标准名称	标准代号
14	预应力混凝土路面工程技术规范	GB 50422—2017
15	大体积混凝土施工规范	GB 50496—2009
16	钢管混凝土工程施工质量验收规范	GB 50628—2010
17	混凝土结构工程施工规范	GB 50666—2011
18	钢-混凝土组合结构施工规范	GB 50901—2013
19	钢管混凝土拱桥技术规范	GB 50923—2013
20	铁尾矿砂混凝土应用技术规范	GB 51032—2014
21	低温环境混凝土应用技术规范	GB 51081—2015
22	混凝土外加剂	GB 8076—2008
23	建筑施工机械与设备混凝土搅拌站(楼)	GB/T 10171—2016
24	混凝土和钢筋混凝土排水管	GB/T 11836—2009
25	混凝土管用混凝土抗压强度试验方法	GB/T 11837—2009
26	蒸压加气混凝土砌块	GB/T 11968—2006
27	蒸压加气混凝土性能试验方法	GB/T 11969—2008
28	水泥取样方法	GB/T 12573—2008
29	用于水泥混合材的工业废渣活性试验方法	GB/T 12957—2005
30	水泥水化热测定方法	GB/T 12959—2008
31	水泥组分的定量测定	GB/T 12960—2007
32	混凝土泵	GB/T 13333—2004
33	水泥细度检验方法筛析法	GB/T 1345—2005
34	水泥标准稠度用水量、凝结时间、安定性检验方法	GB/T 1346—2011
35	先张法预应力混凝土管桩	GB/T 13476—2009
36	烧结空心砖和空心砌块	GB/T 13545—2014
37	钢渣硅酸盐水泥	GB/T 13590—2006
38	道路硅酸盐水泥	GB/T 13693—2017
39	预应力混凝土空心板	GB/T 14040—2007
40	建筑用砂	GB/T 14684—2011
41	建设用卵石、碎石	GB/T 14685—2011
42	预拌混凝土	GB/T 14902—2012
43	轻集料混凝土小型空心砌块	GB/T 15229—2011
44	混凝土输水管试验方法	GB/T 15345—2017
45	蒸压加气混凝土板	GB/T 15762—2008
46	用于水泥和混凝土中的粉煤灰	GB/T 1596—2017
47	混凝土和钢筋混凝土排水管试验方法	GB/T 16752—2017
48	轻集料及其试验方法 第1部分:轻集料	GB/T 17431.1—2010

序号	标准名称	标准代号
49	轻集料及其试验方法 第2部分:轻集料试验方法	GB/T 17431.2—2010
50	水泥化学分析方法	GB/T 176—2017
51	水泥胶砂强度检验方法(ISO法)	GB/T 17671—1999
52	用于水泥、砂浆和混凝土中的粒化高炉矿渣粉	GB/T 18046—2017
53	高强高性能混凝土用矿物外加剂	GB/T 18736—2017
54	钻芯检测离心高强混凝土抗压强度试验方法	GB/T 19496—2004
55	预应力钢筒混凝土管	GB/T 19685—2017
56	中热硅酸盐水泥、低热硅酸盐水泥	GB/T 200—2017
57	预应力混凝土用螺纹钢筋	GB/T 20065—2016
58	铝酸盐水泥	GB/T 201—2015
59	白色硅酸盐水泥	GB/T 2015—2017
60	用于水泥中的粒化高炉矿渣	GB/T 203—2008
61	建筑保温砂浆	GB/T 20473—2006
62	用于水泥和混凝土中的钢渣粉	GB/T 20491—2017
63	铝酸盐水泥化学分析方法	GB/T 205—2008
64	水泥密度测定方法	GB/T 208—2014
65	水泥混凝土和砂浆用合成纤维	GB/T 21120—2007
66	混凝土实心砖	GB/T 21144—2007
67	用于水泥中的工业副产石膏	GB/T 21371—2008
68	硅酸盐水泥熟料	GB/T 21372—2008
69	预制混凝土衬砌管片	GB/T 22082—2017
70	混凝土膨胀剂	GB/T 23439—2017
71	镁渣硅酸盐水泥	GB/T 23933—2009
72	水泥胶砂流动度测定方法	GB/T 2419—2005
73	非承重混凝土空心砖	GB/T 24492—2009
74	装饰混凝土砖	GB/T 24493—2009
75	泡沫混凝土砌块用钢渣	GB/T 24763—2009
76	钢渣道路水泥	GB/T 25029—2010
77	再生沥青混凝土	GB/T 25033—2010
78	混凝土和砂浆用再生细骨料	GB/T 25176—2010
79	混凝土用再生粗骨料	GB/T 25177—2010
80	预拌砂浆	GB/T 25181—2010
81	混凝土振动台	GB/T 25650—2010
82	承重混凝土多孔砖	GB/T 25779—2010
83	钢筋混凝土用环氧涂层钢筋	GB/T 25826—2010

序号	标准名称	标准代号
84	混凝土搅拌运输车	GB/T 26408—2011
85	流动式混凝土泵	GB/T 26409—2011
86	用于水泥和混凝土中的粒化电炉磷渣粉	GB/T 26751—2011
87	砂浆和混凝土用硅灰	GB/T 27690—2011
88	用于水泥中的火山灰质混合材料	GB/T 2847—2005
89	混凝土路面砖	GB/T 28635—2012
90	钢筋混凝土用钢材试验方法	GB/T 28900—2012
91	道路用抗车辙剂沥青混凝土	GB/T 29050—2012
92	道路用阻燃沥青混凝土	GB/T 29051—2012
93	蒸压泡沫混凝土砖和砌块	GB/T 29062—2012
94	低热微膨胀水泥	GB/T 2938—2008
95	水泥砂浆和混凝土干燥收缩开裂性能试验方法	GB/T 29417—2012
96	用于耐腐蚀水泥制品的碱矿渣粉煤灰混凝土	GB/T 29423—2012
97	干混砂浆物理性能试验方法	GB/T 29756—2013
98	石灰石粉混凝土	GB/T 30190—2013
99	温拌沥青混凝土	GB/T 30596—2014
100	海工硅酸盐水泥	GB/T 31289—2014
101	混凝土防腐阻锈剂	GB/T 31296—2014
102	活性粉末混凝土	GB/T 31387—2015
103	核电工程用硅酸盐水泥	GB/T 31545—2015
104	砌筑水泥	GB/T 3183—2017
105	建筑施工机械与设备 混凝土泵送用布料杆计算原则和稳定性	GB/T 32542—2016
106	建筑施工机械与设备 混凝土输送管 连接型式和安全要求	GB/T 32543—2016
107	彩色沥青混凝土	GB/T 32984—2016
108	钢筋混凝土阻锈剂耐蚀应用技术规范	GB/T 33803—2017
109	用于水泥和混凝土中的精炼渣粉	GB/T 33813—2017
110	防辐射混凝土	GB/T 34008—2017
111	免压蒸管桩硅酸盐水泥	GB/T 34189—2017
112	砂浆、混凝土用乳胶和可再分散乳胶粉	GB/T 34557—2017
113	喷射混凝土用速凝剂	GB/T 35159—2017
114	超细硅酸盐水泥	GB/T 35161—2017
115	道路基层用缓凝硅酸盐水泥	GB/T 35162—2017
116	用于水泥、砂浆和混凝土中的石灰石粉	GB/T 35164—2017
117	预应力钢筒混凝土管防腐蚀技术	GB/T 35490—2017
118	混凝土路面砖抗冻性表面盐冻快速试验方法	GB/T 35723—2017

序号	标准名称	标准代号
119	纤维增强混凝土及其制品的纤维含量试验方法	GB/T 35843—2018
120	自应力混凝土输水管	GB/T 4084—2018
121	混凝土砌块和砖试验方法	GB/T 4111—2013
122	水泥的命名、定义和术语	GB/T 4131—2014
123	普通混凝土拌合物性能试验方法标准	GB/T 50080—2016
124	普通混凝土力学性能试验方法标准	GB/T 50081—2002
125	普通混凝土长期性能和耐久性能试验方法	GB/T 50082—2009
126	混凝土强度检验评定标准	GB/T 50107—2010
127	粉煤灰混凝土应用技术规范	GB/T 50146—2014
128	混凝土结构试验方法标准	GB/T 50152—2012
129	混凝土结构耐久性设计规范	GB/T 50476—2008
130	重晶石防辐射混凝土应用技术规范	GB/T 50557—2010
131	预防混凝土碱骨料反应技术规范	GB/T 50733—2011
132	工程施工废弃物再生利用技术规范	GB/T 50743—2012
133	混凝土结构现场检测技术标准	GB/T 50784—2013
134	钢铁渣粉混凝土应用技术规范	GB/T 50912—2013
135	矿物掺合料应用技术规范	GB/T 51003—2014
136	超大面积混凝土地面无缝施工技术规范	GB/T 51025—2016
137	大体积混凝土温度测控技术规范	GB/T 51028—2015
138	装配式混凝土建筑技术标准	GB/T 51231—2016
139	预应力混凝土管	GB/T 5696—2006
140	用于水泥中的粒化电炉磷渣	GB/T 6645—2008
141	纤维水泥制品试验方法	GB/T 7019—2014
142	抗硫酸盐硅酸盐水泥	GB/T 748—2005
143	水泥抗硫酸盐侵蚀试验方法	GB/T 749—2008
144	水泥压蒸安定性试验方法	GB/T 750—1992
145	混凝土机械术语	GB/T 7920.4—2016
146	水泥比表面积测定方法(勃氏法)	GB/T 8074—2008
147	混凝土外加剂术语	GB/T 8075—2017
148	混凝土外加剂匀质性试验方法	GB/T 8077—2012
149	普通混凝土小型砌块	GB/T 8239—2014
150	混凝土搅拌机	GB/T 9142—2000
151	低热钢渣硅酸盐水泥	JC/T 1082—2008
152	水泥与减水剂相容性试验方法	JC/T 1083—2008
153	硫铝酸钙改性硅酸盐水泥	JC/T 1099—2009

续表

序号	标准名称	标准代号
154	复合硫铝酸盐水泥	JC/T 2152—2012
155	泡沫混凝土用泡沫剂	JC/T 2199—2013
156	快凝快硬硫铝酸盐水泥	JC/T 2282—2014
157	泡沫混凝土制品性能试验方法	JC/T 2357—2016
158	泡沫混凝土保温装饰板	JC/T 2432—2017
159	自应力铁铝酸盐水泥	JC/T 437—2010
160	石灰石硅酸盐水泥	JC/T 600—2010
161	特快硬调凝铝酸盐水泥(1996版)	JC/T 736—1985
162	Ⅰ型低碱度硫铝酸盐水泥(1996版)	JC/T 737—1986
163	磷渣硅酸盐水泥	JC/T 740—2006
164	彩色硅酸盐水泥	JC/T 870—2012
165	聚羧酸系高性能减水剂	JG/T 223—2007
166	混凝土坍落度仪	JG/T 248—2009
167	泡沫混凝土	JG/T 266—2011
168	试验用砂浆搅拌机	JG/T 3033—1996
169	钢纤维混凝土	JG/T 472—2015
170	轻质砂浆	JG/T 521—2017
171	预应力混凝土结构设计规范	JGJ 369—2016
172	轻骨料混凝土技术规程	JGJ 51—2002
173	普通混凝土用砂、石质量及检验方法标准	JGJ 52—2006
174	普通混凝土配合比设计规程	JGJ 55—2011
175	贯入法检测砌筑砂浆抗压强度技术规程	JGJ/T 136—2017
176	高强混凝土应用技术规程	JGJ/T 281—2012
177	泡沫混凝土应用技术规程	JGJ/T 341—2014
178	喷射混凝土应用技术规程	JGJ/T 372—2016
179	拉脱法检测混凝土抗压强度技术规程	JGJ/T 378—2016
180	建筑砂浆基本性能试验方法	JGJ/T 70—2009
181	砌筑砂浆配合比设计规程	JGJ/T 98—2010

参 考 文 献

[1] [美] 梅塔，蒙蒂罗．混凝土微观结构、性能和材料 [M]．欧阳东译．北京：中国建筑工业出版社，2016.

[2] 李国新，宋学锋．混凝土工艺学 [M]．北京：中国电力出版社，2013.

[3] 陈立军，张春玉，赵洪凯．混凝土及其制品工艺学 [M]．北京：中国建材工业出版社，2012.

[4] 宋少民，王林．混凝土学 [M]．武汉：武汉理工大学出版社，2013.

[5] 文梓芸，钱春香，杨长辉．混凝土工程与技术 [M]．武汉：武汉理工大学出版社，2008.

[6] 马保国．新型泵送混凝土技术及施工 [M]．北京：化学工业出版社，2006.

[7] 张巨松．混凝土学 [M]．哈尔滨：哈尔滨工业大学出版社，2011.

[8] 郭杏林．混凝土工程施工细节详解 [M]．北京：机械工业出版社，2007.

[9] 邓爱民．商品混凝土机械 [M]．北京：人民交通出版社，2000.

[10] 冯乃谦，邢锋．混凝土与混凝土结构的耐久性 [M]．北京：机械工业出版社，2009.

[11] 王士川，赵平．土木工程施工疑难释义 [M]．北京：中国建筑工业出版社，2006.

[12] 刘娟红，宋少民．绿色高性能混凝土技术工程应用 [M]．北京：中国电力出版社，2011.

[13] 孙震，穆静波．土木工程施工 [M]．北京：中国建筑工业出版社，2009.

[14] 李继业，刘经强，徐羽白．特殊材料新型混凝土技术 [M]．北京：化学工业出版社，2007.

[15] 管学茂，杨雷．混凝土材料学 [M]．北京：化学工业出版社，2011

[16] 曲德仁．混凝土工程质量控制 [M]．北京：中国建筑工业出版社，2005.

[17] 黄荣辉．预拌混凝土实用技术 [M]．北京：机械工业出版社，2012.

[18] 李玉寿．混凝土原理与技术 [M]．上海：华东理工大学出版社，2011.